Behavioral Health and Human Interactions in Space

太空中的行为健康与人际互动

[美]Nick Kanas 著

吴瑞林 马倩颖 译

北京航空航天大学出版社

图书在版编目(CIP)数据

太空中的行为健康与人际互动 / (美)尼克·卡纳斯(Nick Kanas)著;吴瑞林,马倩颖译. -- 北京 : 北京航空航天大学出版社, 2024.10. -- ISBN 978-7-5124-4526-0

Ⅰ. V527

中国国家版本馆 CIP 数据核字第 20244L3G83 号

Behavioral Health and Human Interactions in Space

太空中的行为健康与人际互动

[美]Nick Kanas 著

吴瑞林 马倩颖 译

策划编辑 董宜斌 责任编辑 张 凌

*

北京航空航天大学出版社出版发行

北京市海淀区学院路 37 号(邮编 100191) http://www.buaapress.com.cn

发行部电话:(010)82317024 传真:(010)82328026

读者信箱: copyrights@buaacm.com.cn 邮购电话:(010)82316936

北京富资园科技发展有限公司印装 各地书店经销

*

开本:710×1 000 1/16 印张:25.25 字数:538 千字

2025 年 1 月第 1 版 2025 年 1 月第 1 次印刷

ISBN 978-7-5124-4526-0 定价:189.00 元

若本书有倒页、脱页、缺页等印装质量问题,请与本社发行部联系调换。联系电话:(010)82317024

谨以此书献给我的妻子 Carolynn。50 年来，她一直给予我耐心和鼓励。我很感谢她的支持。

译者序

认识 Nick Kanas 教授是从他和德国教授 Dietrich Manzey 合著的经典《航天心理学与精神病学》(*Space Psychology and Psychiatry*)开始的。这是一本在航天心理学研究领域无法绕开的必读书目,也是我从事该领域研究的启蒙读物。该书曾于2004年获得国际宇航科学院(International Academy of Astronautics)生命科学图书奖,2009年被翻译成中文出版。Kanas 教授一直勤于写作,并不断将该领域最新研究成果和发展趋势编入专著。他于2008年出版了 *Space Psychology and Psychiatry* 第二版;2015年出版了 *Humans in Space: The Psychological Hurdles*,并获得了2016年国际宇航科学院生命科学图书奖。2023年,他又出版了 *Behavioral Health and Human Interactions in Space*,我们第一时间将该书翻译成中文版的《太空中的行为健康与人际互动》。

Kanas 教授善于总结、笔耕不辍,将这个领域原本零散的研究成果汇聚成了独有的知识体系,构建了航天心理学这个重要的分支。有人的地方就有心理学,太空也不例外。本书从太空特殊环境入手,探讨了太空中人类健康和人际互动的影响因素,聚焦睡眠、节律、认知、情绪、乘员选拔、家庭和社会支持,再到乘组内关系、乘组与地面控制人员关系、跨文化沟通等重点内容,结合真实太空任务和地面模拟两方面的研究成果提出心理调适方面的应对措施,给予航天心理学全景式的描绘。还特别加入了商业航天、重返月球、火星移民等前瞻性话题,并关注到虚拟现实等新技术在心理调适中的应用。

毫无疑问,Kanas 教授是世界范围内在航天心理学领域做出重要贡献的专家之一。他一直在美国加州大学旧金山分校(University of California, San Francisco,简称 UCSF)任职,从攻读硕士期间就开始涉及航天心理学的研究,在本书中,他也特意将自己在1971年撰写的第一份美国国家航空航天局(NASA)研究报告的要点放在了第十章。在50多年的学术职业生涯中,他主持过 NASA、国际宇航科学院、欧洲科学基金等机构的研究项目,与各国学者广泛合作,发表航天心理学相关论文100多篇。他于2005年当选为国际宇航科学院院士,曾服务于国际宇航科学院理事会;长期担任一年一度的国际宇航大会生命科学论坛联合召集人。此外,他也尝试以另一种方式让大众对航天心理学研究的意义有更直接的认识,一口气出版了三本以深空探测为主题的科幻小说 *The New Martians*、*The Protos Mandate* 和 *The Caloris Network*。基于对太空的浓厚兴趣,Nick Kanas 和夫人 Carolynn Kanas 还从世界各地收集了不少古代星图,并结集出版 *Star Maps: History, Artistry, and Cartography* 一书。

Kanas 教授一直关心和支持中国的航天心理学发展，并大力推介中国学者在这方面的研究成果。2013 年，第 64 届国际宇航大会(IAC)在北京举办时，他作了线上发言。2014 年秋季，他和加拿大不列颠哥伦比亚大学的 Peter Suedfled 教授①、Phyllis Johnson 教授一同访问北京航空航天大学，举办了"驻足星空"航天心理学国际学术论坛。2017 年春季，国际宇航科学院第 21 届"人在太空"研讨会在深圳召开，他作大会报告并参观了深圳太空科技南方研究院，了解"绿航星际"项目的开展。2017 年秋季，他再次应邀访问北京航空航天大学，为研究生讲解了 10 节航天心理学专题课程。特别是在 2017 年春节期间，我带着全家到加州旅游期间，Kanas 教授热情地邀请我们到他家中做客，还特别安排自己的孙子、孙女接待我的儿子，让跨国友谊从年幼时就开始建立。

中国载人航天在近 20 年里取得了举世瞩目的成就。Kanas 教授也多次对我说，未来的航天心理学研究必将是由中国引领，这是由中国的发射任务的频次、深度、广度所决定的。我国在航天心理学领域的研究成果，有的验证了其他国家做出的结论，有的揭示了不同文化背景的差异，也有的立足于更具雄心的太空应用场景。Kanas 教授在本书中也介绍了不少中国开展或中国参与的研究。正如齐奥尔科夫斯基的名言：地球是人类的摇篮，但人类不会永远生活在摇篮里。走出摇篮，不能也不会忽视人的心理需求。随着人类太空探索的步伐越走越快、越走越远，航天心理学领域依旧有很多值得探讨的问题。

北京航空航天大学教授　吴瑞林

2023 年秋

① Peter Suedfled 教授是航天心理学领域的一位重量级学者，曾担任加拿大心理学会主席。2016 年，他因为在极端环境心理学领域的贡献荣获了加拿大总督奖。

序

探索是我们的天性。最初作为流浪者，如今我们仍是流浪者。我们已经在宇宙海洋的岸边逗留了足够长的时间。现在，我们终于准备好驶向星辰大海。

——卡尔·萨根(Carl Sagan)《宇宙》(*Cosmos*)

2021 年 6 月，我作为一名航天精神病学家来到 NASA 工作时，结识了 Nick Kanas 博士。我渐渐了解 Nick 在载人航天心理因素方面的有关工作。这些工作立刻令我着迷起来。众所周知，冒险进入航天精神病研究领域的医生并不多，而人因是航天任务成功的重要组成部分。随着人类太空探险走得越来越远、时间越来越长，将需要更加训练有素的心理健康专业人员，他们洞察根植于航天环境中的心理挑战。

我和 Nick 的交流涵盖了行为健康和科幻小说的广泛话题。其中既有轻松简单的话题，也有深刻的反思。非常明显的是，我们有一个共同的愿望，那就是促进和引导更加深入地理解人类如何适应太空生活和工作。我乐于向 Nick 学习，因为他在公共和私人太空活动方面拥有丰富的写作、研究和咨询经验，这些工作已经持续超过 50 年，他无疑是航天人因和心理调适领域的专家。

到目前为止，能为太空中的行为健康和人类互动提供全面概括的文章并不多。这还是一个尚不成熟但极其有意义的领域。

Nick 撰写的这本著作是关于太空中的行为健康和人类互动的，涵盖了人类在这种独特环境中的全方位心理调适。他的主题组织严密，令人信服，包括从航天员选拔、团队培训和领导素质到任务准备、娱乐性太空旅行、我们重返月球和未来火星探险的方方面面。此外，Nick 还谈到了移民月球和火星所面临的挑战，并对基于地面实验和科幻小说获取的心理知识进行了一些反思。

我们正处于人类航天史上一个激动人心的时代前夕。我们已经将第一批商业乘组运送到国际空间站，并随着阿尔忒弥斯计划的实施将很快重返月球，私人非专业航天员的太空时代也已经开启。未来的十年里，我们将看到近地轨道向商业化开放，并可能使得新技术蓬勃发展。此外，休闲式太空旅行将为那些有着强烈好奇心的人创造一个机会，让他们能够冒险去一窥太空之美，感受太空之壮丽。

Nick 的工作对所有从事航天医学的人都非常有益，特别是那些希望更深入地了解人类太空心理适应的人。此外，航天精神病学/航天心理学领域的相关研究还处于起步阶段，Nick 的书可以作为航天医学这个不断发展的领域的主要教科书之一。

Charles H. Dukes

医学博士，UTMB/HHPC 航天精神病学家

写于 NASA 约翰逊航天中心

美国得克萨斯州休斯敦

前　言

2021 年是人类航天旅行史上的重要里程碑。7 月 11 日，Richard Branson[①] 的维珍银河（Virgin Galactic）将两名飞行员和四位平民，即非航天员乘客（包括 Richard Branson 本人）送入太空，成功实现了亚轨道飞行。九天后的 7 月 20 日，Jeff Bezos 和其他三位平民乘客搭乘蓝色起源（Blue Origin）火箭完成了同样的任务。9 月 15 日，Elon Musk 的太空探索技术公司（SpaceX）发射的飞船搭载了四位平民，他们完成了首次轨道任务，但并未进入任何空间站。此外，SpaceX 仍继续向国际空间站（International Space Station，简称 ISS）运送航天员和物资。10 月 5 日，俄罗斯联盟号（Soyuz）火箭将一名俄罗斯电影导演和一名女演员送到了国际空间站，他们在空间站拍摄了一部分电影镜头。6 月 17 日，中国向其新的空间站——天宫的天和核心舱——派遣了三名航天员。在同一年中，NASA 继续致力于阿尔忒弥斯登月计划（Artemis Program），包括开发其太空发射系统（Space Launch System）Block 1 的变型。

2022 年，私人和公共太空项目继续蓬勃发展，NASA 于 3 月将一枚 Block 1 火箭交付给了肯尼迪角[②]。阿尔忒弥斯一号于 11 月 16 日成功发射。然而，俄乌冲突开始改变太空领域的格局，俄罗斯在一些太空活动上中断了与西方的合作，继而转向与中国合作建立月球基地，并减少参与阿尔忒弥斯计划。截至本书印刷时，国际合作领域仍然存在不确定因素。尽管受到外部政治因素的影响，人们仍然希望月球和火星移民计划能够继续实施。

载人航天的常规问题

为了成功开展远征性的人类太空探索任务（比如飞向火星），我们需要采取渐进的方法。首先，我们可以在那些与探索任务具有相似特征的环境中开展实验，并对与人相关的问题（例如行为和人际问题）进行实地研究。这样，我们不仅可以发现可能存在的风险，还可以测试应对这些风险的对抗措施是否恰当。然后，合理的下一步是在更近的、更安全的太空设施中探索远征探险任务的各个步骤，例如国际空间站或绕月空间站等位于地月空间内的设施。

执行太空探索任务需要适当的财政和人力资源，而且这些资源需要保持多年稳

① 为了方便读者进行搜索，本文并未对书中涉及的外国人姓名进行翻译。（译者注）

② 肯尼迪角（Cape Canaveral，也被称为卡纳维拉尔角）附近有肯尼迪太空中心和肯尼迪角空军基地，NASA 的太空探索火箭都是从这两个地方发射的，所以肯尼迪角成了它们的代名词。（译者注）

定，不会随着每次政治选举而改变。在美国，每次政治选举时，太空探索任务往往都会与其他活动竞争同一笔资金而被重新调整资源分配的优先顺序。当下，美国承诺在十年内为登月活动提供适当和持续的资金，并且这一努力取得了一定的效果。为了取得成功，NASA 将工程列为首要任务，将包括人因在内的其他因素列为次要任务。功能完备的发射系统是保障人员生命安全所必需的，更不用提对任务成功的保障。这一优先级对于太空探索任务的成功完成至关重要，但仍不足够。对于未来的远征太空探索任务，需要优先考虑乘组人员作为任务的关键组成部分。在规划物理空间、资源、隐私和其他人因需求时，必须优先考虑乘组人员的需求和福祉。这些规划需要资金和人因工程学的创造性思维，但也有助于成功实现探索任务目标并最大限度地提高人类舒适度。由于承载着人类雄心壮志的太空任务往往成本高昂且相当复杂，因此，这些任务很可能由多个国家参与。基于这一特点，乘组人员内部、地面任务控制中心以及参与的各国航天局需要公开强调和讨论太空探索任务中的女性和男性的心理、社会和文化因素。

太空对人类而言充满敌意，具有一系列独特的物理危险。Schorn 和 Roma[1]将这些危险分为五类，可以通过简单的缩写 RIDGE 来记住：辐射（Radiation）、隔离和限制（Isolation and confinement）、与地球的距离（Distance from Earth）、重力变化（例如微重力，Gravity alterations）和充满敌意的环境（Environment that is hostile）。我已经在其他地方讨论过这些应激源，我将它们看作是未来长期远征任务的三个潜在障碍[2]：第一个潜在障碍涉及微重力对人体生理的影响，例如骨丢失和肌肉萎缩。尽管通过适当的锻炼，人们可以在太空生活长达 14 个月，但仍很难预测人们在像飞往火星这样持续时间更长的星际探险任务中会表现如何。在执行任务期间停留在类似月球（1/6 地球重力，或 g）或火星（3/8g）这样的部分重力环境中可能对人们具有恢复作用，但目前仍缺乏足够的数据来进行准确预测。第二个潜在障碍与宇宙射线和太阳粒子事件①的辐射有关。在轨任务期间，航天员受到地球范艾伦辐射带②的保护，但离开近地空间将使太空旅行者暴露于来自太空的电离辐射。第三个潜在障碍将是本书的主题：太空旅行中的个体行为和人际问题。个人行为健康与绩效、乘组人员之间以及乘组与外界人员的人际互动是太空旅行中重要的问题。例如，最近有一项研究回顾了太空飞行过程中出现的医疗状况，研究人员发现 98% 的医疗状况至少出现了一种和行为健康与绩效相关的症状，73% 的治疗至少产生了一种和行为健康与绩效相关的影响[3]。在第一章中，我将考虑 R（辐射）和 G（重力变化）对人类

---

① 太阳粒子事件（Solar Particle Event，简称 SPE）是一种太阳现象，当太阳发射的粒子（主要是质子）在太阳耀斑期间的太阳大气中或在日冕物质抛射激波的行星际空间中加速时，其可以穿透地球磁场并导致电离层部分电离。太阳粒子事件对航天器和航天员来说是一种严重的辐射危害。（译者注）

② 范艾伦辐射带（Van Allen Belts）是环绕地球的高能粒子辐射带。范艾伦辐射带将地球包围在中间。范艾伦辐射带内的高能粒子对各类航天器均有一定危害，但其内外带之间的缝隙则是辐射较少的安全地带。（译者注）

认知和表现的影响。但在本书中，我将重点讨论 RIDGE 中的 I(隔离和限制)、D(与地球的距离)和 E(充满敌意的环境)。

太空相似和模拟任务

本书内容取自轶事报道和实证研究。这些内容涵盖了太空环境和与之具有许多共同特征的地球环境。轶事报道包括航天局的总结报告、执行太空任务期间的日记、媒体采访以及航天员撰写的文章，或由飞行外科医生①、传记作家等撰写的关于航天员②的书籍等。由于轶事报道反映了曾经进入过太空中的人们的感受和想法，因此可以提供有价值的第一手信息，帮助我们了解“在太空这个独特环境中生活和工作是什么样的”。

在本书中，我回顾了许多实证研究，它们都与太空环境中人类行为和人际互动问题有关。实证研究意味着作者采用严格的方法来检验假设，并通过适当的统计分析来评估结果。如果这些研究结果经过同行评审后发表，并在后续研究中得到复现，那么人们会对这些研究结果更有信心。尽管本书也包含了其他信息来源，例如本书前述的轶事报道、历史信息和专家意见，但遵循上述实证原则的研究将被视为本书的“黄金标准”。

与太空有关的研究可以在太空环境中完成(例如在国际空间站上)，也可以在那些与太空环境具有许多共同特征的地球环境中完成。对于后一类研究，Cromwell 和 Neigut[4]进一步区分了隔离、密闭和极端环境(Isolated, Confined, and Extreme Environment，简称 ICEE)和隔离、密闭和受控环境(Isolated, Confined, and Controlled Environment，简称 ICCE)。

隔离、密闭和极端环境是在极端环境中进行的太空模拟，其主要任务目标并不是进行科研探索，对环境的实验控制十分有限甚至是没有，且乘组的人员构成因实地工作或培训目的而变化。而隔离、密闭和受控环境通常是模拟太空任务环境，研究是任务的主要目标，环境在一定程度上受到实验控制，乘组人员的构成受到管控并按照航天员的标准进行选拔。这些相似和模拟环境均有大量研究[4-15]，表 1 列出了其中具有代表性的研究任务。这些任务大部分由公共资金支持，但私营公司在太空领域的参与越来越多，许多公司都在使用自己的测试设施。需要注意的是，在本书中，当我泛指隔离、密闭和极端环境，以及隔离、密闭和受控环境这两种任务环境时，我将使用隔离和密闭环境(Isolated and Confined Environments，简称 ICEs)这一术语。

---

① 飞行外科医生(flight surgeons)是指在航空航天医学临床领域工作的医务人员。(译者注)

② 书原注：对于进入太空的人有很多术语进行描述，例如航天员(astronauts，美国、加拿大、欧洲)、宇航员(cosmonauts，俄罗斯)和中国航天员(taikonauts，中国)。在本书中，当提到一般的太空旅行者时，我将使用通用术语“航天员”。

表 1　隔离、密闭和极端环境，以及隔离、密闭和受控环境中的研究任务①

隔离、密闭和极端环境中的相似任务	隔离、密闭和受控环境中的模拟任务
古老的极地探险 (Nansen，Peary，Amundsen，Scott，Shackleton②)	强制卧床实验
南极和北极科考站 闪线火星北极研究站(Flashline Mars Arctic Research Station，简称 FMARS) 麦克默多站(McMurdo) 康宏站(Concordia) 警戒站(Alert) 尤里卡站(Eureka)	飞机/宇宙飞船驾驶舱模拟器
船只和潜水艇 鹦鹉螺号(Nautilus) 塔拉号(Tara)	陆地的隔离设施和相应研究 • 欧洲载人航天基础设施的隔离研究(Isolation Study for the European Manned Space Infrastructure，简称 ISEMSI) • 欧洲载人基础设施实验活动(Experimental Campaign for the European Manned Space Infrastructure，简称 EXEMSI) • 人类行为研究(HUman BEhaviour Study，简称 HUBES) • 生物学和心理学项目(Ecology and Psychology，简称 ECOPSY) • 生物圈 2 号(Biosphere2) • 加拿大航天员太空单元生命模拟项目(Canadian Astronaut Program Space Unit Life Simulation，简称 CAPSULS) • 筑波模拟器(Tsukuba Simulator) • 受控生态生命支持系统(Controlled Ecological Life Support System，简称 CELSS) • 对空间站上国际乘组飞行任务的模拟(Simulation of a Flight of International Crew on Space Station，简称 SFINCSS) • 人类探索研究模拟项目(Human Exploration Research Analog，简称 HERA) • NEK：火星 105 和火星 500 项目 • 独特地面站的国际科学研究(Scientific International Research in Unique Terrestrial Station，简称 SIRIUS)

① 各类任务和设施的详细介绍请参阅本书的术语表和缩略语部分。

② Nansen，Peary，Amundsen，Scott，Shackleton 都是极地探险历史上的重要人物。Fridtjof Nansen 是第一个成功穿越格陵兰岛冰盖的人。Robert Peary 宣称自己是第一个抵达北极点的人。Roald Amundsen 是第一个成功到达南极点的人。Robert Falcon Scott 率领的南极探险队成为第二支成功到达南极点的队伍。Ernest Shackleton 带领了“不列颠号”远征。(译者注)

续表 1

隔离、密闭和极端环境中的相似任务	隔离、密闭和受控环境中的模拟任务
海上石油钻井平台	陆地上开阔但孤立的栖息地 • 霍顿-火星项目(Haughton - Mars) • NASA 沙漠研究与技术项目(Desert Research and Technology Studies,简称 Desert RATS) • 火星沙漠研究站(Mars Desert Research Station,简称 MDRS) • 月球相似研究站(Lunar Analog Research Station,简称 LunAres),该项目由波兰发起和主导。 • 夏威夷太空探索相似与模拟项目(Hawaii Space Exploration Analog and Simulation,简称 HI - SEAS)
高山和偏僻的丛林	• 海下隔离栖息地 • 海下实验室(Sealab) • 玻陨石(Tektite) • 极端环境任务行动计划(Extreme Environment Mission Operations,简称 NEEMO)/水瓶座(Aquarius)
监狱	中性浮力罐(NASA、欧洲航天局、俄罗斯航天局、中国航天员中心等)
洞穴	微重力设施 • 主动响应重力卸载系统(Active Response Gravity Offload System) • 沿抛物线飞行的飞机:"呕吐彗星"(vomit comet)

改编自参考文献[4—15]。

太空相似和模拟研究的优缺点各是什么?就优点而言,由于太空活动既昂贵又危险,通过在地面的相似或模拟太空环境中进行新任务的测试研究,可以比直接在太空中进行实验更经济、更安全[16]。当然,地面的相似或模拟环境也可能存在安全问题。此外,由于变量是可被控制的,因此,任务研究可以最大限度地减少混杂因素,从而可以将重点放在与研究相关的重要因素上。在地面的相似或模拟太空环境中,可以招募非航天员被试,从而安全且经济地获得适合统计分析的大样本量。最后,可以在地面研究中尝试新的方法和设备,包括那些因为自身重量或体积而无法应用于飞行任务的设备[12]。

就缺点而言,没有任何相似和模拟环境可以完全复制太空的物理、生理、社会或心理因素。例如,地球上没有任何类似太空的环境可以持续产生微重力(在天空中沿抛物线弧线飞行的"呕吐彗星"飞机仅能产生不到一分钟的失重)。此外,许多在地面的相似或模拟太空环境研究都无法真正产生隔离环境,或无法营造出缺乏可呼吸的氧气和真正的危险状况。同时,基于陆地或海洋的相似任务无法产生执行实际太空任务时从太空观察地球的兴奋感。最后,研究人员需要仔细评估那些参与太空相似和模拟环境的被试的人格研究。因为参与地面上的隔离和密闭环境任务的人们与航天员之间仍存在显著的心理差异(见第 4.3.1.2 节)。

相似和模拟环境已被用于探索许多行为和人际问题,例如社会和文化问题、职业动机、单调和无聊、领导角色以及乘组人员和地面控制人员之间的关系[17]。Bishop[18]概述了在太空相似和模拟环境中的四个关键心理社会问题。第一个问题涉及乘组人员的选拔(例如专业技能和社交随和度等个人因素如何影响工作和休闲活动)。第二个问题涉及各种调节变量对人类行为的影响(例如在南极越冬期间无法撤离的受伤人员是如何影响群体士气的)。第三个关键问题涉及识别影响团队凝聚力和冲突的因素(例如不同的乘组人员构成、工作时间表、隐私政策和领导风格对凝聚力有何影响)。最后一个问题,持续变化的个人和团队因素如何影响工作绩效和任务目标的实现。

Suedfeld[19]认为,心理学研究中重要的不是物理环境本身,而是该环境所带来的心理意义。Sandal 等人[20]对不同模拟研究进行的元分析支持了这一观点。他们发现在地面隔离舱内进行的研究与在极地环境中进行的真实任务之间存在差异,在地面隔离舱内中不存在真正的危险,并且在紧急情况下易于疏散,而极地环境存在危险和真正的隔离限制。因此,在前一类任务中,工作的人们总体焦虑程度较低,并且随着时间的推移,焦虑程度稳步下降,而在后一类任务中,工作的人们则表现出较高的焦虑水平,尤其是在任务的第一阶段和第三阶段。Smith 等人[21]回顾了四类在隔离和密闭环境中利用 Schwartz 的人物价值观问卷(The Portrait Values Questionnaire,简称 PVQ)追踪被试价值观变化的研究。四类研究的被试包括登山者($n=59$)、军事人员($n=25$)、南极越冬者($n=21$)和火星模拟任务的参与者($n=12$;有关火星模拟舱的例子请参见第 9.3.2 节和第 9.5 节)。结果表明,研究中的所有团队都认为自我导向、仁爱、普世主义和刺激与他们自身的价值观最为一致(即排在前 5 位)。除了登山者外,其他三类被试都认为对权力的追求与其价值体系最不一致,其次是传统、安全和成就。然而,在 10 个价值观类别中有 5 个存在显著的组间差异。因而,作者认为未来的研究在得出任何一般性结论之前,都应考虑所研究的特定群体与不同极端环境之间的差异。

档　　案

在本书的几个章节中,有一些标题为"档案"的部分,该部分以灰色背景呈现,内容摘录自以下文章:Kanas, N. A., & Fedderson, W. E. (1971). *Behavioral, psychiatric, and sociological problems of long-duration space missions*. NASA Technical Memorandum,NASA TM X-58067. National Aeronautics and Space Administration Manned Spacecraft Center①(Kanas, N. A., & Fedderson, W. E.

① https://ntrs.nasa.gov/api/citations/19720008366/downloads/19720008366.pdf。

(1971).《长期航天任务中的行为、精神病学和社会学问题》,NASA TM X-58067,NASA 载人航天中心)。这篇文章是我于 1970 年参加加州大学洛杉矶分校高年级医学生选修课时,在得克萨斯州休斯敦 NASA/约翰逊航天中心写的。我的导师是 NASA 心理学家 William E. Feddersen(请注意他名字的正确拼写,在 NASA TM 文件中错误地出现了一个"o")。这篇文章为我后来的研究奠定了基础,而且文章中所讨论的大部分内容现在仍然适用。这篇文章还介绍了早期太空相关研究,包括潜艇、极地地区和模拟航天器研究等。这些研究曾被发表在各类期刊、政府文件和其他来源中,但如今已经很难被找到。这篇文章虽然现在已经绝版,但有兴趣的读者可以上网查看它的副本。

作为 NASA 的档案,该备忘录本就属于公开文件。我还额外获得了 NASA 的许可——在本书中大量引用该技术备忘录的内容。我做出这个决定有以下两个原因。首先,这些摘录包含了大量 20 世纪 50 年代和 60 年代的早期研究,描述了人们在真实环境中观察到的行为的情况。这些研究为我和其他人的后续工作奠定了基础,因此具有重大的历史价值。其次,这些研究将本书的内容带回到更久远的过去,与当前的资料一起,共同描述了 70 多年来太空相关研究的进展。只要我们考虑到可接受的研究标准可能会随着时间的推移而发生一些变化,我相信我们可以从过去获得更多的经验。总而言之,我认为这些被摘录的材料需要被包含进一个更现代的场景。这些材料包含了过去,当它与现在结合时,我们便可以从更好的视角来理解未来太空中的人类行为和人际互动。也许来自 Valentin Petrovich Glushko 的《航天学》中的引言最能说明这一点:"无论一个人做什么,他总是用自己的方式重建纪念碑。但仅仅使用原始的石头就已经代表着一种收获[22,p. 341]。"

在阅读这些过去的文件时,读者会注意到男性代词和男性指代对象在文章中占主导地位①。这是因为在 20 世纪 50 年代和 60 年代参与隔离和密闭环境研究的主要是男性,同时此类表述也反映了受文化偏好和偏见影响的语言风格。如今,女性同样加入了隔离和密闭环境的研究,这在本书的非档案部分所使用的语言中得到了体现。我还在第 5.3.3 节中讨论了男性和女性在隔离和密闭环境中的互动以及与性别刻板印象有关的议题。

在本书中,我对所摘录的档案内容的评论以下画线和斜体为标记,后面还有我的姓名首字母:NK。这些评论包括简短的介绍性段落。在某些情况下,我还会对档案

---

① 备忘录的原文的确涉及了很多男性代词,例如"long-term mission... involving 8—12 men"。在翻译过程中,译者采用更中性的译法,例如用乘组人员/航天员替代。这主要是由于中文语境并不会特意强调指代对象的性别,例如在日常行文中强调"任务包含 8～12 位男性"。此外,中文在指代群体时并没有不区分性别的 they,为保证简明扼要,本书在翻译时一般使用"他们"。然而,我们仍需注意潜在的语言偏见。当提到航天员、乘组人员时,我们时常会想到男性。然而,事实上,历史上已经有多位女性参与太空飞行和密闭隔离研究。更不用说,还有很多女性以科研人员、地面支持人员等多种身份为太空事业的发展做出过贡献。(译者注)

进行细微的编辑修改(例如更改动词时态以保持一致性)或移动一些材料以匹配本书中的章节大纲(特别是在研究中同时存在心理学和精神病学材料的情况时)。新增添的文本也添加了下画线和斜体标记,如指引读者参考其他部分的表述(*请参阅……/另请参阅*)。尽管没有与原始技术备忘录格式一致的源页码,但技术备忘录材料的引述仍被保留。请注意,档案中的大部分材料是轶事报道或属于调查性质。虽然是非正式研究,但这些材料仍展现了当时在自然环境下观察到的结果。本书的读者可以选择阅读灰色背景的技术备忘录,如若跳过也不会影响当前叙述的连贯性。

现在,我将引用 NASA 技术备忘录中的引言部分作为本书的序言:

档案:引言[23]

这是我与 Bill Feddersen 共同撰写的 NASA 技术备忘录的引言,该备忘录于1971 年出版。请注意,技术备忘录中提到的一些事件并非当前发生的,且其中男性代词的过度使用表明当时参与太空探索的女性相对较少,甚至女性在美国太空计划中是少数群体。此外,自那时以来,人们已经建造了许多太空模拟器以更准确地模拟太空飞行环境。在我们撰写该技术备忘录时,苏联尚未解体。

——*NK*

1971 年是 Yuri Gagarin 完成亚轨道太空飞行 10 周年,也是 Neil Armstrong 和 Edwin Aldrin 首次踏上月球以来的第三年。美国载人航天项目继续致力于开发将人类送上月球所需的工程技术。这些工程技术的重要组成部分之一是要符合医学上的生存要求。然而,基础生物学研究在其中仅占次要地位,社会科学则相对被忽视。苏联的载人航天项目在生物学领域取得了更多的成就,但同样记录了很少的社会科学数据。其中的原因显而易见:最长的航天飞行仅持续了 18 天(联盟 9 号,Soyuz 9),宇宙飞船所搭载的人数最多为 3 人。航天任务的工作量普遍较大,且具有明确的工作和目标,所有参与者都是具有高动机且适应高压与危险条件的试飞员。因为苏联和美国均没有报告航天员有任何严重的行为或精神问题以致干扰到任务执行或任务完成,人们可能会错误地认为社会科学与太空探索无关!这对于短期任务而言可能是正确的,但对于长期任务则并非如此。长期任务可能长达两年,具有 8~12 名乘组人员,任务中包含着大量闲暇,需要飞行几个月才可以完成任务目标,以及乘组可能由来自不同背景且具有不同兴趣的飞行员和科学家组成。因此,研究长期航天任务中乘组人员的行为和精神病学因素至关重要,必须在未来的太空飞行任务中进行调查研究。

Kubis 和 McLaughlin[24] 同样强调了对行为和精神病学因素进行研究的必要性。他们指出,"众所周知,人可以调动能量,可以适应压力,可以在短时间内忍受不适。但在长期调动能量以努力对抗无情压力的情况下,航天员的抵抗力和适应性很可能会出现下降,尽管他们一直在训练中学习如何应对这种情况。"

载人航天任务是必需的吗？苏联在月球机器人方面取得的成功以及美苏两国的深空探测器获得的大量数据表明，无人驾驶飞船确实对太空项目有益。然而，机器仍然存在局限性。例如，迄今为止还没有任何光电池①能够与人眼的多功能性相媲美[25]；同样地，没有计算机能够像人一样对非预设输入做出反应、评估并采取行动。Kubis 和 McLaughlin[24]估计，如果不是有航天员对紧急情况做出反应，在阿波罗任务前的太空任务中有一半可能都会失败。他们指出，"航天任务的成功在本质上依赖于航天员的信息加工、决策和高度适应能力。航天员不仅需要管理和控制航天器及其系统，而且在紧急情况下，他们还需要将自己作为智能操控者插入到那些自动但不完全可靠的系统中。"现代控制论已经认识到这一优势，即人机组合互为后备支持可以增加任务成功的机会。表Ⅰ列出了此类系统中人和机器的一些优点和缺点（见表 2）。

表 2　人机系统中人与机器的优缺点

人	机　器
可以获取附带数据并报告意外事件	无法检测或感知超出设计限制的现象
不受电磁辐射干扰	可能会受到电磁辐射的干扰或退化，尤其是在射频范围内
可以检测被外部噪声掩盖的主要信号	难以在嘈杂的环境中检测主要信号
数学计算相对缓慢且不准确	高精度的高速数学计算
长期存储大量信息，且回忆时间可变	短期存储有限数量的信息并具有非常快的调用时间
绩效随着时间的推移而恶化；需要休息以获得最佳表现	性能与时间无关；需要定期检查和维护
对航天飞行和环境的各种压力源敏感	可设计为在大多数太空条件下实现最佳性能
重量轻、耗能低	重量随着任务的复杂性和所需的可靠性而增加；耗能中等至高等
情绪化且容易感到无聊；不可消耗的	可消耗的且没有感情
候选人众多但需要较长的培训时间	必须按订单设计和制造
能够交流主观和客观经验	只能提供特定的信息
对刺激的反应存在明显的时间滞后	可以对信号立即作出响应

注：改编自参考文献[25]。

最后，人们可以在征服未知事物中获得满足感（例如登山者的动力源自"因为山就在那里"）。人类是自己命运和机器的主宰，人可以通过征服环境和开发尚未探索的领域来成长，而太空正是一个全新的领域。当 Neil Armstrong 第一次踏上月球时，所有人都对此感到兴奋和团结。因此，人类与太空息息相关。也正因如此，我们应该研究太空中人类的心理社会特征。

① 光电池（photoelectric cell）是一种可以在光的照射下产生电动势的半导体元件。（译者注）

随着暂时休眠技术(包括诱导冬眠和深低温)的不断完善,远距离航天任务固有的许多问题将逐步得到解决。通过减缓新陈代谢,航天员大部分时间都将处于暂时的休眠状态,这会降低心理和社会因素的影响。然而,要想在首次远距离航天任务中就应用暂时休眠技术仍然存在着一些实际问题。此外,尽管许多心理和社会问题将会被消除,暂时休眠这一技术本身却可能带来新的问题。最后,在休眠情况下,人不再是人机系统中的一部分,故而很多优势也不复存在。因此,航天任务可能会采用一个闭合的生态系统,航天员们在大部分时间内保持清醒并生活在其中。

火星之旅也许是长期航天任务中最实际也最具操作性的例子。根据 Hyatt[26]的估计,如果能量消耗适中,往返一次火星的旅行时长为 500 天,其中访问火星的时间为 25 天。Price 等人[27]描述了一项长达 450~510 天的火星任务,过程中还将飞越金星。他们还提议可以利用火星探测飞船登陆火星,并停留 1~60 天不等。火星任务可以被划分为四类:操作任务、科学任务、人力任务和维护任务。10 名航天员将住在飞船的中心部分,周围设有工作、娱乐、卫生和餐饮设施。前述两个提案都描述了单艘宇宙飞船的旅行。另一些提案则包含了多艘飞船。Sharpe[25]从冗余性的角度提出:“可以增加冗余性以提高超远距离任务(如火星之旅)的成功率。就像 15 世纪时,尼雅号(Nina)、平塔号(Pinta)和圣玛丽亚号(Santa Maria)一起进行了危险的航海探险一样①,我们也应该发射多艘宇宙飞船。当时,这三艘船中有两艘安全返回,而那次大航海探险也取得了成功。”

这些提案的重点之一是它们均预计飞往火星的时间约为 8 个月。在这段时间内,人们必须在失重、单调、孤立、可能存在危险又有充足的空闲时间的条件下进行人际互动。而在火星上“喘口气”后,他们在返回地球时同样面临这些挑战。迄今为止,还没有任何航天任务可以提供足够的信息来真正分析这些因素的影响。将于本年代②初发射的为期 28 天和 56 天的美国天空实验室(The U. S. Skylab)任务将为人们如何在失重环境下工作近两个月提供一些答案。然而,这也仅占飞往火星总旅行时间的四分之一。显然,建立空间站或月球实验室将更好地回答这些问题,但目前这些仍处于构想阶段。因此,我们必须从短期航天任务、地球上的长期太空模拟舱以及那些具有长期航天任务共同特征的各种社会系统中获取数据。我们希望通过这些研究的推论揭示一些有意义的趋势,尽管这些推论源自统计概率而非事实。

Sells[28]进行了一项有趣的研究,总结了 11 个他认为与长期航天飞行相关的社会系统。他首先提取了长期航天飞行任务的 56 个特征,并根据评分系统(2=高度相似;1=中等相似;0=不相似或不相关)对社会系统的每个特征进行评分。结果列

① 这三艘船是哥伦布航海时的三艘船。这次航海最终发现了美洲大陆,开启了大航海时代,因而这三艘船也成为历史上著名的船只。(译者注)

② 该技术备忘录发表于 1971 年,因此应是 20 世纪 70 年代。1973 年美国天空实验室成功发射。(译者注)

于表Ⅱ(*见表 3*)。*表 3* 显示前五个系统和后六个系统之间存在很大差异,这意味着系统 1～5 的数据可以推论至长期航天任务中。当然,*表 3* 未包含短期航天任务、太空模拟舱、失重和最新的卧床研究,这些任务的加入无疑会改变排名。Sells 选择的社会系统没有纳入许多重要的变量,而且没有一个系统接近理想的 112 分,这表明这些系统充其量也只是实际任务的近似值。

表 3　与长期航空任务相似的社会系统排名

社会系统	排　名	相似性分数
潜艇	1	79
探索组织	2	68
海军舰艇	3	61
轰炸机机组人员	4	60
远程工作站	5	59
战俘营	6	39
专业运动队	7	37
精神病院病房	8	23
监狱	9	20
工厂工作组	10	16
沉船和灾难	11	11

注:修改自 Sells,改编自参考文献[28]。

对于那些 Sells 所忽略的系统,同样的缺点也可能存在。表Ⅲ(*见表 4*)对这些信息来源进行了比较,并指出其他的系统也不能真正代表长期航天任务的准确情况。一份报告[29]有助于正确地看待这一事实:“……任何陆地、水下,甚至短期或长期轨道实验室的‘模拟实验’都不能绝对预测未来的远程任务。这些仿真研究只能提供一定程度的推测。”

表 4　长期和短期航天任务、太空模拟舱和机能减退研究的比较

因　素	长期航天任务	短期航天任务	太空模拟舱	机能减退研究
失重	有	有	无	无
乘组规模	8～12 人	1～3 人	可变	可变
时长	17 个月	短于 3 周	短于 12 个月	短于 3 个月
危险	有	有	可能有	无
救援	不太可能	不太可能	可能	可能
密闭	有	有	有	有
空闲时间	有	无	有	有

本书的章节组织

本书接下来的九章将分别讨论与太空中行为和人际问题相关的各个主题。对于本书的缩略内容，读者可以参考其他航空航天类书籍和教科书的相应章节[2，30，31]以及评论文章[32，33]。

除正文外，本书的每一章都包括重点总结（章节要点）、多个可供继续思考的问题（思想饕餮）和参考文献列表。摘自 NASA 技术备忘录的相关部分以灰色为背景并标记为“档案”。技术备忘录各部分的引言和结论可在第十章（附录）中找到，读者可以自行判断它们对当今形势的反映有多准确。在本书其他部分所涉及的大多数研究都遵循了严格的方法论，并使用恰当的统计分析检验了研究结果，这些研究结果也发表在经过同行评审的期刊上。本书优先考虑了在太空中进行的研究。此外，本书还附有术语表和缩略语解释。祝您阅读愉快！

Nick Kanas
美国，加利福尼亚州，旧金山

参考文献

[1] Schorn，J M，& Roma，P G (2021). Physical hazards of space exploration and the biological bases of behavioral health and performance in extreme environments. In L. B. Landon，K. J. Slack，& E. Salas (Eds.)，Psychology and human performance in space programs，vol. 1：Research at the frontier (pp. 1-22). CRC Press.

[2] Kanas，N. (2015). Humans in space：The psychological hurdles. Springer International Publishing AG.

[3] Roma，P G，Schneiderman，J S，Schorn，J M，Whiting，S E，Landon，L. B.，& Williams，T. J. (2021). Assessment of spaceflight medical conditions' and treatments' potential impacts on behavioral health and performance. Life Sciences in Space Research，30，72-81.

[4] Cromwell，R. L.，& Neigut，J. (2021). Spaceflight research on the ground：Managing analogs for behavioral health research. In L. B. Landon，K. J. Slack，& E. Salas (Eds.)，Psychology and human performance in space programs，vol. 1：Research at the frontier (pp. 23-45). CRC Press.

[5] Stuster，J. (1996). Bold endeavors：Lessons from polar and space exploration.

Naval Institute Press.

[6] Stuster, J. W. (2021). Behavioral challenges of space exploration. In L. R. Young & J. P. Sutton (Eds.), Handbook of bioastronautics (pp. 385-397). Springer Nature Switzerland AG.

[7] Tafforin, C. (2015). Isolated and confined environments. In D. A. Beysens & J. J. W. A. van Loon (Eds.), Generation and applications of extra-terrestrial environments on earth (pp. 173-181). River Publishers.

[8] Driskell, J. E., Salas, E., & Driskell, T. (2021). Research in extreme real-world environments: Challenges for spaceflight operations. In L. B. Landon, K. J. Slack, & E. Salas (Eds.), Psychology and human performance in space programs, vol. 1: Research at the frontier (pp. 67-86). CRC Press.

[9] Gerzer, R., & Cromwell, R. L. (2021). Spaceflight analogs: An overview. In L. R. Young & J. P. Sutton (Eds.), Handbook of bioastronautics (pp. 457-467). Springer Nature Switzerland AG.

[10] Gushin, V. (2021). Isolation chamber studies. In L. R. Young & J. P. Sutton (Eds.), Handbook of bioastronautics (pp. 499-514). Springer Nature Switzerland AG.

[11] Choukér, A., & Stahn, A. C. (2020). COVID-19-The largest isolation study in history: The value of shared learnings from spaceflight analogs. NPJ Microgravity, 6, 32, 1-7. https://doi.org/10.1038/s41526-020-00122-8

[12] Yusupova, A., Ushakov, I., & Gushin, V. (2010). Communication in long-term space flights and space simulations. Lambert Academic Publishing.

[13] Ponomarev, S., Kalinin, S., Sadova, A., Rykova, M., Orlova, K., & Crucian, B. (2021). Immunological aspects of isolation and confinement. Frontiers in Immunology, 12, 1-16. https://pubmed.ncbi.nlm.nih.gov/34248999/

[14] Cromwell, R. L., Huff, J. L., Simonsen, L. C., & Patel, Z. S. (2021). Earth-based research analogs to investigate space-based health risks. New Space, 9, 204-216.

[15] Landon, L. B., Slack, K. J., & Barrett, J. D. (2018). Teamwork and collaboration in long-duration space missions: Going to extremes. American Psychologist, 73, 563-575.

[16] Posselt, B. N., Velho, R., O'Griofa, M., Shepanek, M., Golemis, A., & Gifford, S. E. (2021). Safety and healthcare provision in space analogs. Acta Astronautica, 186, 164-170.

[17] Kanas, N. (1997). Psychosocial value of space simulation for extended spaceflight. In S. L. Bonting (Ed.), Advances in space biology and medicine (Vol. 6). JAI Press.

[18] Bishop, S. L. (2013). From earth analogues to space: Learning how to boldly go. In D. A. Vakoch (Ed.), On orbit and beyond: Psychological perspectives on human spaceflight. Springer-Verlag.

[19] Suedfeld, P. (1991). Groups in isolation and confinement environments and experiences. In A. A. Harrison, Y. A. Clearwater, & C. P. McKay (Eds.), From Antarctica to outer space. Springer-Verlag.

[20] Sandal, G. M., Vaernes, R., Bergan, T., Warncke, M., & Ursin, H. (1996). Psychological reactions during polar expeditions and isolation in hyperbaric chambers. Aviation, Space, and Environmental Medicine, 67, 227-234.

[21] Smith, N., Sandal, G. M., Leon, G. R., &Kjaergaard, A. (2017). Examining personal values in extreme environment contexts: Revisiting the question of generalizability. Acta Astronautica, 137, 138-144.

[22] Yourcenar, M. (1974). Memoirs of Hadrian (transl.). Farrar, Straus & Giroux, Publications.

[23] Kanas, N. A., & Fedderson, W. E. (1971). Behavioral, psychiatric, and sociological problems of long-duration space missions. NASA Technical Memorandum, NASA TM X-58067. Houston, TX: National Aeronautics and Space Administration Manned Spacecraft Center. https://ntrs.nasa.gov/api/citations/19720008366/downloads/19720008366.pdf

[24] Kubis, J. F., & McLaughlin, E. J. (1967). Psychological aspects of space flight. Transactions of the New York Academy of Science, Series 11, 30(2), 320-330.

[25] Sharpe, M. R. (1969). Living in space: The astronaut and his environment. Doubleday and Co., Inc.

[26] Hyatt, A. (1962). Planning for the future goals of NASA. In Proceedings of the NASA University Conference on the Science and Technology of Space Exploration (Vol. 11, pp. 15-24). NASA.

[27] Price, H. E., et al. (1965). A final report of a study of crew functions and vehicle habitability requirements for long-duration manned space flights (Vol. 1). Serendipity Associates.

[28] Sells, S. B. (1966). A model for the social system for the multiman extended-duration space ship. Paper presented at the AIAA/AAS Stepping Stones to Mars Meeting, Baltimore, MD, March 28-30, pp. 433-438.

[29] Anon. (1968, March 11). Feasibility of using undersea facilities to provide psychological and physiological data applicable to lengthy space missions. NASA CR-94259.

[30] Sipes, W. E., Polk, J. D., Beven, G., & Shepanek, M. (2016). Behavioral health and performance. In A. E. Nicogossian, R. S. Williams, C. L. Huntoon, C. R. Doarn, J. D. Polk, & V. S. Schneider (Eds.), Space physiology and medicine: From evidence to practice (4th ed., pp, 367-389). Springer Science+Business Media, L. L. C.

[31] Sipes, W. E., Flynn, C. F., & Beven, G. E. (2019). Behavioral health and performance support. In M. R. Barratt, E. S. Baker, & S. L. Pool (Eds.), Principles of clinical medicine for spaceflight (2nd ed., pp. 761-792). Springer Science+Business Media, L. L. C.

[32] De La Torre, G. G., van Baarsen, B., Ferlazzo, F., Kanas, N., Weiss, K., Schneider, S. & Whiteley, I. (2012). Future persepctives on space psychology: Recommendations on psychosocial and neurobehavioural aspects of human spaceflight. Acta Astronautica, 81, 587-599.

[33] Smith, L. M. (2022). The psychology and mental health of the spaceflight environment: A scoping review. Acta Astronautica, 201, 496-512.

致　　谢

编写这本书并非易事，在此过程中我得到了许多足以塑造思维的帮助。

我首次进入太空研究领域是在 1969 年。当时我与 Anthony Kales 合作，在加州大学洛杉矶分校医学院参与了一项由 NASA 资助的睡眠研究项目。同年，我还担任了加州大学洛杉矶分校为本科生举办的夏季太空生物学研究所的助教。该项目由 John Hanley 主持，同样得到了 NASA 的资助。我在 1994—1995 年间获得了第一个研究机会，当时我获得了欧洲航天局(European Space Agency，简称 ESA)的研究合同，参与了他们的人类行为研究(HUman BEhaviour Study，简称 HUBES)模拟实验。

自 1995 年起，我在 NASA 和国家空间生物医学研究所(National Space Biomedical Research Institute，简称 NSBRI)资助的太空项目中担任首席研究员超过 15 年。如果没有我的负责人 Craig Van Dyke 以及我在加州大学和旧金山退伍军人事务医疗中心从事研究工作的同事鼓励，这项工作就不可能完成。他们是 Alan Bostrom，Jennifer Boyd，Ellen Grund，Millie Hughes-Fulford，Eva Ihle，Charles Marmar，Thomas Neylan，Philip Petit，Stephanie Saylor 和 Daniel Weiss。我们与莫斯科生物医学问题研究所(Institute for Biomedical Problems，简称 IBMP)的同事进行了富有成效的研究合作，他们是 Vadim Gushin，Olga Kozerenko，Vyacheslav Salnitskiy 和 Alexander Sled。我要感谢 NASA 和国家空间生物医学研究所资助我们的项目并支持我们的工作，特别要感谢 Pamela Baskin，John Charles，Chris Flynn，Guy Fogleman，Mary Ann Frey，Cindy Haven，Lauren Leveton，Charles Sawin，Victor Schneider，Marc Shepanek，Scott Smith，Jeff Sutton，David Tomko，John Uri，Joan Vernikos，Alexanda Whitmire 和 Tom Williams。吴瑞林和庄逢源也在我对中国航天研究的了解过程中提供了很多帮助。我与 Alan Kelly 和 Anna Yusupova 的合作也很有意义。当然，我还要感谢所有参与我们研究的航天员、宇航员和地面任务控制人员。

本书的主干内容源自三本早期出版物。Bill Feddersen 是一位乐于助人的导师和合著者，我们在 1971 年一起出版了 NASA 技术备忘录，本书摘录了其部分内容。

Dietrich Manzey 是我的第二本书《航天心理学和精神病学》[①]的重要合著者，尤其是他具有在认知工作领域的专业知识。此后，我独立完成了第三本书《人在太空：心理障碍》。从某种意义上说，它是本书的缩略版，旨在为更广泛的读者群体编写。

在本书的成文过程中，有几个人阅读了本书的章节草稿并作出了评论，我很感谢他们的帮助。他们是 Laura Barger，Mike Barratt，Suzanne Bell，Gary Beven，Charles "Chip" Dukes，Ute Fischer，Vadim Gushin，Phyllis Johnson，Dietrich Manzey，Kathleen Mosier，James Picano，Gro Sandal，Marc Shepanek，Jack Stuster，Peter Suedfeld，Steve Vanderark 和 Jim Vanderploeg。当然，我对本书最终表达的所有评论和意见负责。

最后，我要感谢我在施普林格出版社的伙伴 Hannah Kaufman，Ramon Khanna，Michael Maimone，Ragavendar Mohan，Maury Solomon 和 Vinesh Velayudham。

Nick Kanas

2022 年 12 月

① 此书已有中文版。

作者简介

Nick Kanas，医学博士，加州大学旧金山分校精神病学的荣休教授。他曾在斯坦福大学(1967 年获得心理学学士学位)、加州大学洛杉矶分校医学院(1971 年获得医学博士学位)、加尔维斯顿得克萨斯大学医学分院(1972 年实习)和加州大学旧金山分校(1975 年精神病学实习住院医师)接受课程培训。1975—1977 年，他在美国空军担任精神病学医生。而后，他加入了加州大学旧金山分校和附属的旧金山退伍军人医疗中心，在那里进行临床和研究工作，探索人们如何应对巨大的压力。他发表了超过 220 篇专业出版物，是“Dr. J. Elliott Royer 理论精神病学奖”的获得者。

Kanas 博士 50 多年来一直致力于研究那些影响太空工作人员的心理和人际问题，并撰写相关文章。在他还是一名医学生时，他于 1969 年在 NASA 支持的加州大学洛杉矶分校夏季太空生物学研究所担任助教，并参与了 NASA 资助的睡眠研究项目。在 1970 年成为 NASA 约翰逊航天中心研究员后，他与 Bill Feddersen 博士共同撰写了技术备忘录《长期航天任务中的行为、精神病学和社会学问题》(NASA TM X-58067)，并于 1971 年出版。自 20 世纪 90 年代初以来，Kanas 博士开始参加与太空相关的研究项目，包括参与了欧洲航天局人类行为研究项目(HUBES)的心理社会研究。此后超过 15 年，他担任国家空间生物医学研究所和 NASA 的首席研究员，对在和平号和国际空间站执行任务的航天员、宇航员和地面任务控制人员开展心理和人际关系研究。他还主持了三个涉及太空模拟项目的研究：极端环境任务行动计划(Extreme Environment Mission Operations，简称 NEEMO)潜水器任务、加拿大的霍顿火星项目(Haughton-Mars Project)以及莫斯科的火星 500 项目(Mars 500)的试点阶段任务。

1999 年，Kanas 博士因其在航空航天医学心理学和精神病学方面的杰出成就而获得航空航天医学协会的 Raymond F. Longacre 奖。他在 2008 年获得国际宇航科学院生命科学奖。他还是国际宇航学院的成员和前董事，并一直担任电影和私人太空公司的顾问。

Kanas 博士与 Dietrich Manzey 博士合著了《航天心理学和精神病学》一书，该书荣获 2004 年国际宇航科学院生命科学图书奖。他撰写的《人在太空：心理障碍》一书荣获 2016 年国际宇航科学院生命科学图书奖。此外，他还出版了两本关于精神病患者团体治疗的书籍、两本关于天体制图的书籍和三本科幻小说。现在，他仍致力于撰写关于人类太空旅行行为和人际问题的文章，并提供相关咨询。

他的网站：http://nickkanas.com/　　他的邮箱：nick.kanas@ucsf.edu

目　　录

第一章　微重力下的压力、睡眠与认知

1957 年 10 月 4 日，苏联向太空发射了第一颗卫星，拉开了载人航天的序幕。人类航天史上有许多里程碑。1961 年 4 月 12 日，第一位男性宇航员 Yuri Gagarin 进入太空。1963 年 6 月 16 日，女性宇航员 Valentina Tereshkova 进入太空。Alan B. Shepard 则于 1961 年 5 月 5 日进入太空，这是水星计划（1958—1963 年，the Mercury Program）的一部分，该计划由 7 名航天员组成，每个人都独立执行了短期在轨任务。在双子座计划（1962—1966 年，the Gemini Program）期间，双人航天任务开始出现。在阿波罗“登月”计划（1963—1972 年，the Apollo Program）期间，三人航天任务开始出现。1969 年 7 月 20 日，航天员 Neil Armstrong、Edwin “Buzz” Aldrin 和 Michael Collins 首次登月，将航天飞行这一壮举推向了高潮。尽管苏联在登月竞赛中落败，但它于 1971 年 4 月 19 日发射了第一个空间站——礼炮 1 号（Salyut I）。20 世纪，苏联空间站计划的巅峰是始建于 1986 年的和平号空间站（Mir）。由于预算限制并要为仍在轨道上运行的国际空间站让路，和平号空间站于 2001 年脱离轨道。

人们一直热衷于探索人类承受太空应激源的能力。人类能否承受发射加速时的力？人类能否承受进入太空后微重力对身体的影响？他们会因为与地球上的家人和朋友的分别而出现精神病学症状吗？对于这些问题，没有人知道确切答案。因此，人们设立项目以在地球上模拟太空中的一些应激源，并监测早期太空旅行者的生理和心理状况。

在本章中，我们将研究心理生理应激源以及太空对人体所带来的压力。我们将特别关注那些会表现在行为上的问题，例如昼夜节律、睡眠、认知和绩效表现。

1.1　档案：压力与测量方式[1]

航天任务中一个公认的事实是其充满了压力。下文描述了早期研究中对应激源的分类与测量。其中许多内容至今仍然具有现实意义。

——NK

1.1.1　压力与应激源

不同的学科对压力的概念有不同的定义。压力可以是原因或结果。例如，在离心机中旋转可以被视为一种压力。同样地，导致人在高重力负荷下晕厥的生理机制也被认为是一种压力。在本书中，压力将被定义为由应激源导致的有机体的任何变化（例如晕厥），而应激源则被定义为影响有机体的某些情境（例如在离心机中旋转）。

应激源有四种类型：物理应激源、生理应激源、心理应激源和社会应激源。美国载人航天计划主要聚焦于前两类应激源，因为它们是到目前为止人们最为关心的因素。然而，随着长期任务的出现，我们也需要将后两类应激源纳入考量之中。Dunlap[2]指出，“火星任务持续时间长、航天员与地球距离遥远、外太空广阔且充满敌意，加之人类对外太空的认知有限。因此，我们仅从当前的经验预测并推断心理和社会压力不会严重影响任务成功是不明智的。”在第21届国际宇航大会上，Charles A. Berry[3]表示，密闭和团队交互所带来的问题将是影响乘组人员工作和相处能力的关键因素。

所有类型的应激源都可能影响乘组人员的行为，认识到这一点是十分重要的。例如，Yuganov等人[4]发现，在长达60天的模拟太空飞行中，75分贝强度的背景噪声会导致乘组人员出现耳鸣、头痛、睡眠不足和疲劳症状。Dunlap[2]指出，“环境应激源（如失重、电离辐射和大气污染物）的存在会降低人们对心理和社会应激源的耐受度。”一项模拟研究发现，适度增加舱内二氧化碳（达到3%）可以提高乘组人员的警觉性和任务绩效[5]。但另一项对潜水艇研究的文献综述表明高于环境的二氧化碳水平可能会引发乘组人员头痛[6]。影响人类行为和精神状态的物理和生理应激源包括加速度、振动、照明、温度、辐射、磁场、噪音、失重、大气、食物、液体、垃圾清除、仪表呈现方式、昼夜节律的破坏和睡眠不足。尽管物理和生理应激源并没有被最小化至消除，但本报告假设在执行长期太空飞行任务时，这些应激源所引起的压力将被降低到人们可承受的程度。

本报告主要关注于心理和社会应激源，包括感觉输入降低、动力缺乏、密闭、隔离、单调、空闲时间、无意识的冲突、受阻或受限的欲望、危险和紧急情况、人际关系、乘组规模和乘组构成……

Hartman和Flinn[7]回顾了过往的轶事报道，指出乘组人员在灾难和急性压力期间可能会出现不适应行为，并导致团队解体。但当乘组人员训练有素且乘组结构清晰明确时，这种情况就不太可能发生。Hartman和Flinn定义了三个可能出现问题的潜在领域：(1)可能的恐慌情境，(2)奖赏结构不稳定而导致的不合作行为，以及(3)潜在的不稳定情境。

1.1.2 心理和社会压力的测量

心理和社会压力通常通过生理、心理和社会测试测量。心理生理学测试可以测量个体的情绪、唤起或兴奋程度。根据Ruff[8]的观点，这些测试基于三个原理。第一个原理是在紧急情况下受交感神经系统调节的“战斗或逃跑”反应。例如，恐惧反应与肾上腺素的释放有关，而愤怒反应则与去甲肾上腺素的分泌有关。第二个原理是“一般适应综合征”，即应激源（寒冷和感染等）通过垂体促肾上腺皮质激素的作用引起肾上腺皮质类固醇分泌。第三个原理是应激源通过脑干及其丘脑延伸部分的上升网状激活系统引起大脑皮层的唤醒。Wang[9]和 Burch[10]证实了这一原理，并表明皮肤电反应也是体现大脑皮层唤醒的良好指标。表Ⅳ呈现了一些具有代表性的心理生理学测试，并列出了与之相关的典型心理活动(*见表 1.1*)。

表 1.1 心理生理学测试和与之相关的典型心理活动

测 试	相关心理活动
(尿液或血液中)儿茶酚胺增加	去甲肾上腺素的增加——愤怒 肾上腺素增加——恐惧
肾上腺皮质类固醇水平(尿液或血液)	压力水平升高
蛋白质结合碘(血清)	其增加与压力有关
皮肤电阻	随兴奋而降低
心率	通常在压力下增加
血压	可变化的
呼吸频率	恐惧或愤怒的增加
肌电图	与动机相关
脑电图	警觉性与脑电频率相关

注:改编自 Ruff[8]。

表 1.1 中的一些测试已用于载人航天任务中。例如，在双子座七号(Gemini Ⅶ)和九号(Gemini Ⅸ)任务中，研究人员通过测量航天员尿液中的儿茶酚胺、心率和呼吸频率来评估他们的短期和长期压力。在双子座七号任务中，Frank Borman 佩戴了脑电图(electroencephalograph，简称 EEG)的发射器。脑电设备采集了他的一般活动规律和睡眠状态的数据。来自俄罗斯的科学家也采用了类似测试。

心理生理学的测试有时会给出不一致的结果。例如，Lacey 和 Lacey[11]对几位被试在各种应激源下的反应进行了测量。研究人员发现每位被试都有自己的特点，在应激条件下被试的某些生理反应表现得过度活跃，在某些生理反应中处于平均水平，而在另一些生理反应中则表现得不活跃。研究人员还发现[11]“这些反应模式往往会从一个应激源事件复制到另一个应激源事件”。因而只选取一种生理测量方式可能不是反映特定个体压力的良好指标。而且，压力测量方式对个体进行比较时，观察到的差异可能来自于个体的特质而非实验变量本身。此外，Ruff[8]指出，考虑特定压力源对个人的象征意义是十分重要的。他指出[8]，外部危险可能会引发简单快速的反应，“当危险是内部的、具有象征意义的和可预期的，各种心理防御机制就会发挥作用……”以心率为例，Ruff[8]引用了以下报告：“Lacey(1959 年)已经表明，如果被试被要求注意和察觉环境中发生的事情，他们常见的反应是心跳减慢。而当被试必须集中注意力以完成内部象征性操作时①，或者暴露于那些需要减少环境输入的特定刺激时，心跳加速就成了常规反应。”因此，测量外部应激源的心理生理学测试还应考虑到根植于个体性格中的内部应激源。心理测试可以很好地描绘个体的内部应激源，尤其有助于描述推理能力、一般智力水平、个性特征、情绪状态和潜意识驱动力。表V给出了这些测试的分类(*见表 1.2*)

表 1.2　心理测试

测试类型	应激源
感知	阈限 闪烁融合② 感知速度 知觉保留③ 注意力 分辨
认知	问题解决 概念形成 条件学习
运动	稳定性 追踪能力 协调能力
知觉运动	反应时
人格	直接观察和访谈 自我评估(例如明尼苏达多项人格测验、Edwards 个人偏好测试) 投射测试(例如罗夏墨迹投射测试，主题统觉测验)

对于相同的压力源，心理和心理生理测试都可能给出不同的结果，因为它们具有

① 在心理学中，内部象征性操作(internal symbolic manipulations)指的是个体在心理过程中进行的符号化处理和操纵。这种心理过程涉及将外部刺激、经验或信息转化为内在的符号、象征或概念，并通过内部思考、联想、推理等认知过程对它们进行操作、组织和转换。这种内部象征性操作可以包括思维、想象、符号化记忆、概念形成和语言运用等。(译者注)

② 在心理学中，闪烁融合是指人眼对于光线的闪烁频率能够感知到的最高频率。当光线以较高的频率闪烁时，人眼无法将其作为单独的闪烁事件感知，而是将其视为连续稳定的光线。闪烁融合频率是指在闪烁频率逐渐增加的过程中，人眼刚刚感知到闪烁的临界频率。通常以赫兹(Hz)作为单位进行测量。闪烁融合频率在视觉研究中具有重要意义。它可以用来评估人眼对光线变化的敏感性和感知能力，也可以用于研究视觉注意、知觉加工和视觉疲劳等现象。(译者注)

③ 在心理学中，知觉保留是指个体在感知经验之后所保持的对刺激的记忆或持续效应。它涉及个体对感知刺激的信息在记忆中的保持和延续。当我们感知环境中的刺激时，我们的感官系统会接收并处理大量的信息。然而，这些感知体验不仅仅在瞬间发生，它们还可以在我们的记忆中产生一定的持续效应。知觉保留的研究对于理解感知过程、记忆和注意力等认知功能有着重要的意义。它揭示了感知体验在时间上的延续和记忆中的表征。(译者注)

主观性且难以解释，尤其是性格测试。然而，当与客观数据结合时，我们便可做出更有意义的解释[8]："绩效和生理变量非常适合作为测量压力的指标并表明压力大小，但它们通常是非特异性的……另一方面，性格测试告诉我们压力的性质，但很少表明其程度。通过结合这两类测试，我们可以了解压力的性质和程度——包括环境施加的压力和个体感知到的压力。"事实上，性格测试还可以揭示一些没有外在表现的情况。例如，在 Flinn 等人的太空模拟研究中[12]，性格测试加上日记信息表明，尽管被试表现得十分平静且公事公办，但他们彼此之间却怀有极其敌对的情绪。

在讨论下一主题之前，我们应该指出，没有十全十美的测试。Ebersole[6] 表示，"在潜艇上执行了五年的海上任务后，我个人认为，在这样一个隔离的群体中，使用任何访谈、投射技术和小测试都会干扰被试，导致研究结果无效……使用正式的心理测试可能会让被试相信他们的忍耐力是有限度的，而且是可以被测量的。"因此，任何类型的实验限制都可能引入误差，这是心理社会测试中一个令人担忧的问题。实验者必须警惕过于激进的实验方法。好的实验应使被试可以不知不觉地完成实验。

社会测试(测量群体行为)的种类很少。毫无疑问，造成这种情况的原因之一是设计出一项测试可以解释团队互动中存在的所有变量是非常困难的。以下是一些社会测试的样例：(1)直接观察，(2)贝尔斯互动过程分析(Bales Interaction Process Analysis，简称 BIPA)①，(3)兰金量表(Rankin Scales)，以及(4)人际投射测试。

贝尔斯互动过程分析已经被用于太空模拟研究中。通过这种方法，研究人员可以将观察到的小组成员之间的每一次言语和非言语互动都根据表Ⅵ中列出的类别进行分类。所有互动都在表中被归类，并概述了该组的交互模式。(*此处未显示表Ⅵ。贝尔斯互动过程分析的分类包含以下三个方面。积极反应：(1)表现出团结、(2)释放紧张和(3)表达同意；问题—解决尝试{任务中立区}：(4)提供建议、(5)表达意见、(6)提供方向或信息；问题{任务中立区}：(7)询问方向或信息、(8)询问意见和(9)寻求建议；消极反应：表现出(10)分歧、(11)紧张和(12)对抗。——NK*)。Flinn 等人[12]和 Hagen[13]使用这一测试评估了四组被试的人际互动。这些被试在航空医学院(School of Aviation Medicine，简称 SAM)的两人模拟太空舱(Space Cabin Simulator，简称 SCS)中度过了 14～30 天的时间。研究人员将实验结果与过往文献中报告的 21 项有关小乘组的研究进行了比较。比较结果如*图 1.1* 所示。与来自文献中的对照组相比，研究人员发现实验组呈现了更多更正式的、可被归类为任务中立区的互动，而积极和消极互动则较少。事实上，Hagen 发现归属于类别(5)—(8) 中的互动

---

① 贝尔斯互动过程分析(Bales Interaction Process Analysis)是一种心理学研究方法，用于分析和评估群体互动和沟通过程。它由社会心理学家 Robert Freed Bales 于 20 世纪 50 年代开发，被广泛应用于小组研究和团队动态分析。贝尔斯互动过程分析主要关注小组成员之间的交流和互动。它通过观察和记录参与者的语言和非语言行为来收集数据，并使用特定的编码系统进行分析。通过贝尔斯互动过程分析，研究人员可以了解团队成员之间的沟通模式、互动风格、意见表达、信息共享、冲突处理和领导行为等。这种分析方法可以揭示小组内部的动态关系、沟通效果和参与者的角色与影响。(译者注)

占总数的83%，并且类别(1)、(3)、(10)和(11)中相比于对照组具有显著的差异。这些结果表明，模拟太空舱中的被试者将他们的互动局限于对完成任务有用的范围内。此外，没有证据表明被试之间存在极端的友好或敌意。然而，这些数据还揭示了一些有趣的趋势。例如，随着时间的推移，被试给出意见的互动次数增加，而提供信息的互动次数减少。研究未发现提供信息、询问信息和征求意见之间存在明显的关系[13]。最后，*图1.1*表明，提供意见和信息比询问意见和信息更为常见。

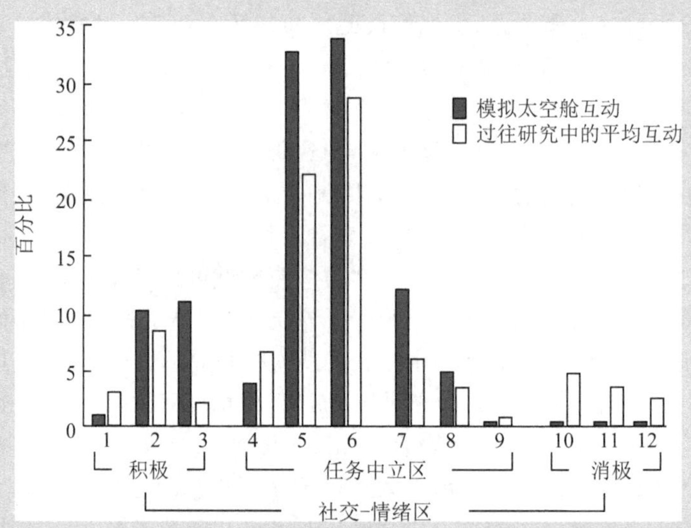

图1.1　模拟太空舱中与其他21项研究中的互动模式的比较。改编自Flinn等[12]。

然而，被试的日记和任务后汇报却表明被试之间存在着隐藏的敌意，只是由于执行任务的需要而没有公开表达。尽管被试在参与任务之前接受了大量的心理和精神测试，但每一组基本上都是随机配对的。然而，心理和精神测试结果仍可以预测一些由实验任务引发的敌意。引用Flinn等人[12]的话“在每次飞行中，由于不同的行为特质，两个被试者之间可能产生一些敌对情绪，但这些特质在飞行前的评估中很容易识别。例如，一个沉默寡言的人可能会对一个健谈同伴的滔滔不绝感到厌烦，而当后者的聊天被忽视时其会感到被拒绝……这些看似无害的习惯和举动最终可能会变得令人恼火。”被试们并没有意识到他们敌对情绪的根源所在，而且他们常常将愤怒情绪转移到外面的监控人员身上。Flinn等人[12]再次指出“被试往往没有意识到他们的队友所表现出的愤怒程度或强度。例如，被试A可能会认为队友的易怒与烦躁来源于模拟太空舱外的监控人员，而实际上被试B日益恼怒的原因是他不喜欢或厌恶被试A本人的某些行为。”(*这个例子非常好地描述了移置作用，我们稍后会进行讨论——NK*)。

将这些信息与贝尔斯交互过程分析相结合，可以完整地描绘出被试的内部感受和外显行为[12]：“在模拟太空舱研究中，更中立的互动……占据了主导，而更极端的、更带有情感色彩的互动并没有得到更多的展现。这与飞行期间的主观观察一致，即被试者之间的关系相当正式且有礼貌。被试们有意识地避免表达太多负面情绪，以免破坏彼此的关系。他们所表达的大部分负面情绪都被转移到了舱外的监控人员身上。”此外，前面提到的特殊趋势也变得清晰起来[13]：“对这种现象最明显的解释是，它代表了被试之间的心理距离不断增加，以及对他人的感受和思想失去敏感性。这似乎反映出被试在这段时间里对彼此的隐性敌意普遍增加。”

该实验的结果证明了贝尔斯交互过程分析在评估群体交互方面的实用性。然而，像这样的客观测试只能提供有关压力的定量信息，因此必须将客观测试与更主观的心理测试结合使用。这样才可描绘出一幅更完整的图景，清晰地体现出行为上的“发生了什么”和心理上的“为什么发生”。此外，模拟太空舱研究还证明了心理学和精神病学测试在预测方面的价值。

1.2 太空中的应激源

应激源是环境中对个体产生强烈、通常是负面影响的物理或心理特征。这些应激源可以是过度唤起的(例如火灾、嘈杂的声音)，也可以是唤起不足的(例如隔离、黑暗)。压力是指应激源对有机体的影响，无论是在个体层面还是群体(或团队)层面的影响。研究人员已经描述了压力对各种身体系统(例如心血管、神经内分泌)的影响，以及压力在细胞水平上的影响。

例如，从太空返回的人们和啮齿动物以及完成长期卧床实验的被试表现出血液、尿液和细胞的变化。这表明他们的身体由于微重力、电离辐射或返回到 $1g$ 环境而产生了氧化应激[14]。氧化应激本质上是自由基的产生与身体通过抗氧化剂的中和来抵消或解毒其有害影响的能力之间的失衡状态。细胞正常氧化还原状态的紊乱会导致过氧化物和自由基的产生，从而损害细胞的各个成分，包括蛋白质、脂质和DNA，进而产生毒性作用。[14，p. 240]这种变化与许多病理变化有关，包括心血管疾病、癌症和神经退行性疾病。

对于在轨航天任务而言，有四种应激源可能对航天员产生影响：物理应激源、适居应激源、心理应激源和人际应激源[15]。这些应激源的示例如表 1.3 所列。物理应激源来源于太空环境本身。为了保护航天员免受物理应激源的伤害所设计的居住舱本身也可能成为适居性应激源。心理应激源来源于个体的私人问题。人际应激源产生自一起工作的团队或工作组。我们将在后面的章节中详细讨论心理和人际应激源。

表 1.3 载人航天任务中遇到的压力源示例

物理应激源	适居性应激源	心理应激源	人际应激源
进入太空的加速度	人机互动界面不佳	与家人和朋友分割	性格冲突
微重力	狭窄的居住舱	密闭	性别差异
辐射	环境噪声	危险	性紧张
流星体撞击	撞击	高工作负荷	乘组规模
真空	空气质量差	单调	领导力问题
低温	低照明	任务持续时间	文化/语言

Dinges[16]将应激源在行为健康和绩效领域的影响划分为四类："(1)太空中生理压力导致了神经行为的削弱，使得被试无法高水平地维持任务参与的投入度、理解力和执行能力(例如由于睡眠不足、昼夜节律紊乱和视力障碍而导致的神经行为上的削弱)；(2)环境条件对特定大脑区域、神经通路或皮质网络产生不利影响，从而导致特定认知能力下降(例如，由于二氧化碳过多、缺氧而导致的特定认知能力下降)；(3)与精神和情绪加工过程相关的心理状态的改变(例如抑郁症、焦虑症和情绪失调)；(4)乘组人员和/或地面任务控制中心人员的心理社会功能失调，包括团队协调性和团队凝聚力的丧失(例如，人际冲突、寻找替罪羊、不遵守程序)。"[16,p.380]我们将在本章和后续章节中详细讨论这些影响。

太空居住舱建设方面的工程进步很大程度上减轻了物理和适居性应激源对人类的影响。我们将在第二章详细讨论有关居住舱的问题。太空环境对人的主要影响来自微重力(通常也会被称为失重)。

1.3 档案：失重与低感觉输入[1]

本节涵盖了一些早期研究材料，包括先驱性的太空任务和卧床实验，这些研究旨在更好地了解微重力对身体(特别是中枢神经系统)的影响。人工重力和运动也被考虑在内。

——*NK*

1.3.1 失　重

地球上无法进行失重状态的研究。沿开普勒抛物线飞行的飞机可以产生持续一分钟的真正失重状态，但如此短暂的失重时间很难提供有关长期太空飞行所需的信息。美国的太空计划现在使用浸水技术以模拟失重状态。然而 Henry[17]指出了这种方法的一个严重缺陷："人们可能会尝试通过漂浮在水中的方式来模拟失重状态。在这种情况下，虽然水对人的身体施加向上的浮力，但他身体内的任何器物仍会受到重力的作用，被拉向其容器腔壁。因此，在失重状态下，一个人吞下的钢球将在他的胃中自由漂浮。但如果他漂浮在水中，钢球将沉在胃壁上对其施加压力。耳蜗的水平前庭和垂直囊室中的微小耳石就像这个钢球一样，在失重状态下是可以自由漂浮的。”因而只有通过太空实验才能更准确地了解失重对人体的影响。然而，太空舱内存在着许多相互作用的因素(例如失重、密闭和危险等)，因此研究人员很难将观察到的影响归因于任何单一因素。美国和苏联关于轨道和月球飞行对生理影响的报告[18-22]显示，失重条件对人体有明显影响。其中的一些影响包括：(1)肌肉萎缩(包括心脏)；(2)体重减轻；(3)中度的心血管失调；(4)中度的运动能力下降；(5)骨密度的减小，钙调动和尿结石的形成；(6)尿中的儿茶酚胺和醛固酮减少；(7)红细胞质量的中度减少；(8)血液凝结能力降低；以及(9)因免疫反应下降而导致机会性病原体更易引发上呼吸道感染和尿路感染。

然而，迄今为止，美国的航天项目尚未发现由于这些因素而导致的严重绩效下降。Charles A. Berry[18]总结道：“乘组人员非常好地适应了失重环境。他们认为失重环境令人愉悦，并利用该环境帮助他们完成飞行活动。”

同样地，失重对乘组人员的神经心理功能的影响也很小。在双子座五号和九号任务期间进行的视力测试以及飞行前和飞行后耳石功能的测试均未显示出明显的绩效下降[23]。由于前庭和运动觉的抑制，人们会出现一些定向障碍，但他们可以通过使用视觉和触觉提示来充分补偿[17,24]。Frank Borman 在双子座七号任务期间的脑电图记录显示，θ 波(4～7 Hz)占主导地位，这被认为是他对失重条件的适应[25,26]。此外，在这次任务中还发生了一些睡眠中断。苏联宇航员 Gherman Titov 在东方二号任务期间经历了严重的恶心反应。Boris Yegorov 在东方一号任务期间出现了一些感觉上下颠倒、偶尔头晕和厌食的情况。几位美国航天员在最初的 24 小时内经历过头部闷胀，但并未伴有皮肤潮红、眼睛发红或脉搏过速的症状[22,27]。航天员还报告在太空中出现了恶心和轻度迷失方向的症状。Andrian Nikoleyev 在克雷佩林(Kraepelin)心算测试中没有遇到问题，也没有在区分几何图案方面遇到问题[22]。没有一位美国航天员经历过幻觉、妄想、人格解体或任何其他精神问题。然而，一些苏联宇航员曾经报告说，最初因感到下坠而引起的恐惧后来转变为愉悦、欢乐和欣快的感觉。Simonov[28]解释了这种愉悦感：“这种情绪是预期的危险(下坠通常与危险——中风、死亡等相关)与失重状态下体验到的安全感进行比较的结果。人在进入失重环境几秒钟后便可得出后一结论。”美国和苏联的航天员和宇航员都将舱外活动描述为一种愉悦、近乎欣喜的体验，舱外活动并未导致方向或情感问题。宇航员 A. Leonov[17]对这一体验总结道：“人们经常认为准备独自面对宇宙深渊时所带来的心理障碍是无法被克服的。但我不仅没有感觉到任何障碍，甚至都忘记了可能存在这样的障碍。”

尽管航天员艺术般地描绘了一幅总体积极乐观的画面，但在更长时间的飞行任务中,仍有一些迹象表明失重会使人们的生理和心理逐渐崩溃。在为期 18 天的双人联盟九号任务后,宇航员们报告说自己很难适应 1g 的环境。两位宇航员都经历了好几天的姿势和步态问题,有长达一周的时间都感觉自己处于"两个或两个多 g"的离心机中,还经历了长达 5 天的睡眠困难[29]。

在联盟九号飞行任务中,Andrian Nikolayev 体重减轻了近 6 磅,两人都表现出了肌肉萎缩和骨骼中钙的大量流失[30]。研究人员得出结论[29]"……显然,持续数月的载人飞行将需要制定特殊措施和手段来使宇航员的有机体(原文如此)做好准备,以承受重返大气层的重力载荷并促使宇航员重新适应地球的重力条件……也许对于星际飞行来说,航天器应配备人工重力设施。"

美国双子座七号的乘组人员经历了睡眠困难,他们平均每晚仅睡 5.3 小时,最后 4 个晚上每晚睡眠不足 5 小时。两位航天员都感到十分疲劳,并且在任务的最后 2 天中表现出烦躁和耐心缺乏[20]。虽然绩效没有明显下降,但在飞行任务后期,他们的心理压力明显增加。

1.3.2 卧床实验

在 1968 年,苏联科学家进行了一系列共五组的卧床实验。16 名年龄在 21～23 岁的健康男性被试被限制卧床 70 天。实验分为五组。第一组:严格卧床(四名被试);第二组:严格卧床并配合使用混合药物(严格依据时间表给予西卡曲林、咖啡因和安非他命)(三名被试);第三组:卧床并进行体育活动(三名被试);第四组:卧床并进行中度体育活动(三名被试);第五组:卧床并进行复杂的体育活动(三名被试)。

在实验前后以及某些情况下每隔 10 天对被试进行生理和心理测试。这些心理测试包括任务绩效、情绪稳定性、记忆力、心理效能和智力的测量。此外,在整个研究过程中还对被试进行了临床观察。这些研究的结果可参见文献[31-33]。

从生理上讲,被试在实验的前两周期间几乎没有遇到太大困难,除了轻微的苍白、肌肉无力和腰部疼痛。随后,一些功能性问题出现了。Sorokin 等人[33]描述了其中一些问题,包括:(1)肌肉萎缩和肌张力降低(大多数被试);(2)体重减轻(14 名被试);(3)关节疼痛(全部被试);(4)心血管问题(收缩期杂音、心脏疼痛、心悸)(五名被试);(5)心动过速和血压升高(所有被试的平均值数据,但特别是第一组和第二组被试);(6)运动耐力降低(一名被试);(7)凝血能力降低(五名被试);(8)因免疫反应下降而引起的上呼吸道和尿路感染(六名被试);(9)胃肠道问题(肠痉挛、便秘、厌食)(大多数被试)。

当把这些卧床实验的结果与失重条件下的研究结果进行比较时,人们可以轻易发现许多相似之处。在苏联的这项研究中,症状学①程度要高得多(包括两例阑尾炎

① 症状学(symptomatology)是研究症状的识别、发生机制、临床表现特点以及其在诊断中的作用的一门学科。(译者注)

病例和一名被试因心理原因被从实验中剔除)；然而，卧床实验对被试的测试时间是过去太空飞行时间的四倍。因此，上述比较提出了一个有趣的问题：失重的结果与卧床实验的研究结果相似是因为航天员和宇航员很大程度上也被拘束在座位上，还是因为失重和卧床实验拥有一些共同的特征？尽管前一个想法是部分正确的，但后一个想法带来了更富有成果性的讨论。

这些卧床实验研究的心理和精神病学结果很有趣。被试通常需要完成各种测试，并且研究也没有观察到被试在这些测试中出现绩效下降。此外，被试的智商、记忆力、注意力稳定性或解决问题的能力也没有下降。然而，一些被试在时间间隔测试中则表现不佳，经常提前做出反应，此外，在衡量情绪稳定性的测试中，被试的得分较低，特别是两名在研究之前被认为情绪稳定性不足和“抑制过程薄弱”的被试。临床上还观察到第一组被试有时会变得烦躁，并且都表达了终止实验的愿望。事实上，的确有一位被试终止了实验。45 天后，有两名被试出现情绪波动，伴有烦躁和神经质反应，对某些测试和工作人员表现出消极态度。一名被试表现出严重的精神困扰：头痛、恶心、头晕、无法思考、抑郁和倦怠。

第二组被试也出现了情绪波动、难以入睡的现象。然而，第三组和第四组的被试只出现了轻微的情绪问题。Bogachenko[31]对这些结果总结道：“因此，严格卧床的第一组被试和接受混合药物治疗的第二组被试在卧床期间出现了明显的心理状态变化。这些心理纷扰在允许进行体育活动的第三组被试中较不明显，在第四组和第五组被试中几乎不存在，因为这些实验组的被试有更复杂的体育运动。”

Purakhin 和 Petukhov 在另一项苏联的卧床实验研究中观察到了相似的结果[34]。在这项研究中，六名 20～35 岁的男性完成了 62 天的卧床实验。第一组被试(三名)被允许参加体育锻炼(健身自行车、橡胶弹力带、静态运动练习)，而第二组被试(三名)则在整个实验期间都在床上度过。此项研究主要关注神经系统的变化，结果总结于表Ⅶ(*见表 1.4*)。这项研究表明长时间的卧床引起了显著的神经和情绪反应。此外，运动有助于减轻这些反应。同样有趣的是，在该研究中发现了 θ 波(4～7 Hz)，与 Frank Borman 在双子座七号任务的研究中出现的脑电波相同。

表 1.4　卧床实验下的神经反应

因　素	1～2 周	3～9 周	恢复阶段
神经系统检查	乏力反应[a](肌腱反射活跃、协调问题、眼球震颤、病理反射)	乏力反应加重(尤其是第二组被试)	有所改善，但步态障碍和肌肉疼痛需要 2～7 天恢复
行为	紧张、敌意增加、睡眠中断(不提神、睡眠浅、做噩梦)、白天嗜睡	紧张、敌意增加、睡眠中断(不提神、睡眠浅、做噩梦)、白天嗜睡	有所改善

续表 1.4

因　素	1～2 周	3～9 周	恢复阶段
自主神经系统	心动过速、心率加快、出汗、震颤、血管肌张力障碍	症状加重(尤其是第二组被试)	有所改善
工作能力	下降,伴随着学习学术科目的愿望下降	下降,伴随着学习学术科目的愿望下降	有所改善
脑电图仪	没有变化	脑电波转向较慢的频率(4～7 Hz),大脑皮质对无关刺激的时间偏移形成减少	有所改善

a:*请参见 3.6.3 节对乏力/神经衰弱——NK*

我们可以从卧床研究中得出一些有趣的结论。第一,正如上一节所说,临床观察对于心理测试结果确实起到了补充和澄清的作用。第二,在维持生理和心理健康方面,锻炼的需求不容忽视。第三,长期不运动会导致情绪问题逐渐加重,正如双子座七号任务中所暗示的那样;然而,绩效仅受到轻微影响。第四,长期卧床会产生明显的生理和神经变化。第五,卧床和失重的特征具有惊人的相似性。

Purakhin 和 Petukhov[34] 对卧床研究的结果给出了有趣的神经学解释:"工作能力的下降、行为和睡眠节律的改变、检查时的反常反应(脑电检查时面对刺激没有作出反应而是睡着了)以及行为上的'突然爆发'都表明大脑皮质的张力降低①以及兴奋和抑制过程受损。脑电图上慢波的出现和皮质时间偏移形成速率的降低证实了这一点。造成上述变化的原因是对习惯性动作的持续抑制和对情绪的压抑,导致抑制过程的过度紧张,这是神经衰弱的根本原因。"众所周知,大脑皮层对脊髓具有抑制作用。如果该作用被破坏(例如,由于上运动神经元损伤),则会导致普遍的反射亢进(hyperreflexia)②。实际上,Purakhin 和 Petukhov 指出,长期肌力不足导致的感觉输入减少会使得皮质张力普遍降低,压抑皮质过程会造成功能性上运动神经元损伤。增加运动会增加对大脑的总刺激,这有助于维持皮质张力,并反过来保护抑制过程,减轻症状。

① 在脑研究中,张力(tone)可以指示神经回路的兴奋性或抑制性水平,以及神经递质的平衡和调控情况。它对于维持正常的运动协调、姿势控制和感觉处理等功能非常重要。(译者注)

② 反射亢进是由于上运动神经元,也就是中枢神经失去了对下运动神经元,也就是周围神经的抑制作用,而产生的异常兴奋。正常情况下,反射是一种自动的、无意识的生理反应,帮助维持身体的平衡和适应环境。然而,在某些疾病或损伤情况下,神经系统的功能异常可能导致反射过度反应,表现为反射动作异常强烈、持久或不适当。在这种情况下,人体对于外界刺激的反应会超过正常范围,可能引发痉挛、震颤、肌肉紧张等症状。(译者注)

1.3.3 失重与卧床实验

Goshen[35]推测，人类的直立姿势需要大量的本体感觉和肌肉调整，这反过来又给人类带来了高度的感官刺激。当人不需要对抗重力时（例如处于水平位置），人会失去许多输入刺激，并且可能出现无精打采、睡眠或病理反应。这种睡眠机制当然并非新鲜事物，但卧床实验证实了 Goshen 关于病理缺陷的想法。将这一概念扩展到失重状态，人类在失重状态下对抗重力的能力甚至比他们在地球上处于水平位置时还要小，因此失重也是一种感官刺激的减少。事实上，这是失重和卧床实验所共有的“本质”。当然，每种状态都具有相互排斥的特征，但两者都可以放在“感官刺激量表”上进行量化。然而，问题是，人类在生活中总是受到各种刺激的轰炸，这些刺激通过网状激活系统①帮助维持人们的大脑皮层张力，并且这些刺激的效果是相互叠加的。因此，单独的卧床实验会引起病理反应，但卧床实验加上偶尔的体育锻炼所产生的反应则不太严重。我们预计失重和卧床的结合会比单独出现给被试带来更严重的反应。

迄今为止，在太空飞行中，所有航天员都非常忙碌。因此，尽管存在失重状态，但他们的感官刺激水平仍然很高。Eberhard[36]曾表示，执行长期任务的乘组人员每天将有 10 小时以上的空闲时间，其中大部分时间将用于从事监测数据等低刺激工作。因此，除非能找到其他感官刺激来源，否则长期任务中的感官输入水平将会很低，并且可能接近卧床实验研究中的水平。

技术备忘录的下一部分涉及对人们的完全感官隔离的研究，在某些情况下这会导致人格解体和幻觉。鉴于这项工作与现代太空任务的相关性值得怀疑，并且为了节省本书的篇幅，我将在这里省略这些材料，并请感兴趣的读者参考文献[1,p15-17]。

——NK

1.3.4 失重与航天员

在轨飞行期间，航天员忙于监控仪器、与地面通信、进行实验、处理紧急情况、参与电视节目表演等。因此，尽管处于失重状态，感觉输入总量足以预防心理问题的发生（*这是在短期任务中——NK*）。

然而，长期任务的情境会有所不同。虽然活动还是很多，但随着时间尺度的扩大，很多活动会变成例行公事。航天员的大部分时间将花在监视仪器上，Davies[37]认为这种状态中的感觉输入是非常低的。此外，航天员每天将有超过 10 个小时的空闲时间（根据 Eberhard[36]）。如果飞行任务需要在 8 个月后才能完成目标（*例如飞往*

① 网状激活系统（reticular activating system）是指一组位于脑干和丘脑之间的神经结构，它们在调节觉醒状态和意识水平方面起着关键作用。这个系统通过向大脑皮层传递兴奋性信号，促使大脑保持清醒和警觉状态，并参与调节注意力和认知功能。网状激活系统的功能紊乱与昏迷、睡眠障碍和认知功能障碍等神经系统疾病有关。（译者注）

火星——NK），即使是最积极主动的人也可能会失去工作动力。而且，乘组中的一些航天员将是科学家，他们的主要才能在到达目的地之前都不会有用武之地。最后，太空舱的环境是有限的且单调的。所有这些因素累加在一起将导致低感觉刺激和大脑皮层唤起。此外，还要再叠加上失重状态的影响。对于其他因素的影响我们可以采取一些对抗措施，但对于失重状态能做些什么呢？

1.3.5 人工重力

Nikolayev[29]建议在进行星际飞行时使用“人造重力设施”。这一想法并不新奇，Goshen[35]已描述了实现这一思路的最具实操性的方法：“要提供人造重力，需要……一个围绕其中心轴旋转的巨大轮状结构，乘组人员位于轮状结构外围，将该结构产生的离心力作为重力。”由于作用在前庭系统（尤其是半规管）上的旋转力，许多人在这种旋转系统中都会有眩晕的感觉。Guedry[38]和 Graybiel 等人[39]对处于旋转房间中的被试进行了观察，发现当他们向除平行于旋转轴之外的任何方向移动头部时都会出现各种症状，例如眼球震颤和感觉到异常恶心。然而，当被试逐渐适应旋转时，这些症状就消失了。在几个小时之内，大多数人都不再经历任何困难。有趣的是，当房间停止旋转时，习惯了旋转条件的被试再次出现了类似的眩晕症状，他们花了几个小时才重新适应不旋转的状态。这些研究表明人类可以长时间忍受旋转系统。

但更重要的关注点是创建这样一个旋转系统时所面临的技术难度和成本。Goshen[35]指出，如果提供人工重力，现有技术水平在设计决策得以实施之前必须取得实质性进展。因此，除非有根本性的资金分配改变或工程进展，尽管人工重力具有优势，首批参与长期太空飞行的乘组人员可能仍需在失重条件下完成任务。

1.3.6 运 动

研究人员提倡通过运动抵抗失重的影响。Korobkov[40]强调运动在太空飞行任务中发挥的积极作用。他认为，由于交感肾上腺功能和网状激活系统的改善，运动可以提高条件反射的稳定性并提高中枢神经系统的张力。Korobkov 还列出了锻炼的四种效果：更好地适应压力和紧急情况、更好的心理调节、更好的生理调节以及完成飞行任务后更快地恢复到 1g 重力的状态。他引用了一项 40 天卧床研究作为证据支撑，该研究表明运动员比未经训练的人表现出更高的绩效表现和更好的忍耐力。他还指出，在离心机旋转中，考虑到“体操运动员、摔跤运动员、杂技运动员、举重运动员和登山运动员在训练中使用的练习”，这些被试可以更好地抵抗旋转所带来的影响。Davies[37]指出，适度的锻炼可以提高被试在警觉性测试中的表现：“感觉变化的增加，无论是外部信息输入（如谈话），还是通过身体关节和肌肉向大脑的本体感觉反馈提供内部信息输入（如适度的锻炼），这些都可能提高中枢神经系统的唤醒水平，从而提高绩效表现。”

最后，阿波罗任务的结果表明，15 名乘组人员中有 12 人在任务结束后的健身自行车测试中表现出运动能力下降，但在返回地球 36 小时后便可恢复[18]。因此，定期运动是长期太空飞行任务的“必须”。

1.4 对抗微重力的措施

迄今为止，微重力仍然是一个尚未解决的问题。表 1.5 总结了微重力所带来的一些生理影响。因为它们与早期太空任务和卧床实验有关，我们在第 1.3 节对它们进行了讨论。需要进一步关注的一个新领域涉及眼部变化、视力障碍和颅内压升高之间可能存在的关系，即视觉障碍颅内压（Visual Impairment Intracranial Pressure，简称 VIIP）现象，现在称为与太空飞行相关的神经眼综合征（Spaceflight-Associated Neuro-ocular Syndrome，简称 SANS），它影响了三分之二甚至更多从国际空间站返回的航天员[41,42]。微重力被认为是一个重要的致病因素，但其他因素也可能与之相关（例如辐射、高阻力运动、高钠饮食、航天器中二氧化碳含量增加）[42-44]。与太空飞行相关的神经眼综合征对健康和认知功能的潜在影响需要在未来的研究中进行进一步的检验。

表 1.5 微重力带来的常见生理应激

太空适应综合征（晕动病）
骨丢失
肌肉萎缩
体液变化及其后遗症（例如心脏、肾脏）
前庭问题
免疫反应降低

微重力的一些负面影响可以通过药物和体育锻炼来减轻（见图 1.2，另见第 1.3.6 节）；这些方法有助于但不能完全消除负面影响。对生理影响的详细讨论超出了本书的范围，有兴趣的读者可以参考[45-50]。

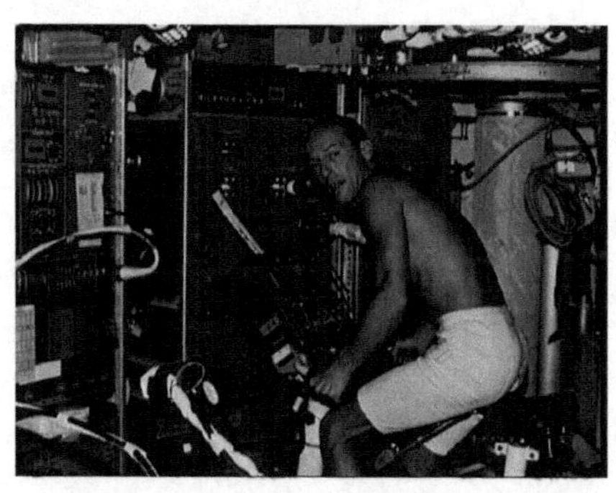

图 1.2 骨丢失和肌肉萎缩通常发生在微重力环境下，因为微重力会产生近乎失重的状态。为了在太空中减缓这一过程，乘组人员需要进行锻炼，例如，在天空实验室，航天员通过骑自行车进行锻炼（图片来源：NASA）

避免微重力影响的唯一方法是建立某种人造重力系统[51]。例如,当航天器飞往目的地时,它可以用等于一个地球重力的力加速,或者它可以通过一根长绳索与另一辆航天器连接,两者围绕共同的中心通过离心力旋转并产生 1g 的力。因为巨型轮状结构的旋转速度可以为位于轮缘上的航天员产生 1g 的重力,将航天员安置于这样的结构中也可以在轨道上实现人造重力的效果(参见第 1.3.5 节)。然而,这些解决方案在工程学上仍存在很大缺点。例如,需要研发足够坚固的系绳来连接两辆航天器。再比如,如果要建造足够大的轮状结构以在外围产生类似地球的重力,还需要考虑其成本。而且这些解决方案可能会产生自身的应激源,例如,旋转的轮状结构产生的科里奥利力(Coriolis forces)①会导致前庭系统紊乱。

人们已尝试在微重力环境中生活长达 14 个月,而往返火星的飞行任务预计单程就需耗费 7 个月。在到达这些目的地后,人们可能会在月球上(0.16g,相当于地球重力的 16%)停留一段时间或在火星上(0.38g)停留一段时间。一个新的问题是,这段停留时间能否帮助经历长期微重力状态的人们从生理上恢复。以往的经验表明,阿波罗计划里在月球上停留一段时间的航天员与那些只在轨道上执行任务并没有降落到月球表面的同事一样,都出现了相同程度的直立不耐受和平衡问题[51]。这表明在月球上经历的短暂的部分重力恢复不足以抵消微重力导致的肌肉萎缩以及心血管和前庭功能失调的影响。但这种解释尚未考虑到两组航天员在返回地球途中共同在微重力环境下度过了三天。有一些证据表明,神经前庭和其他感觉运动效应可能需要大约 0.2g 的阈值才能恢复[51]。如果属实,对于计划的两年至两年半的火星远征,也许火星的重力可以恢复微重力对人的影响。但我们尚不知这一想法究竟是真是假,以及在月球或火星需停留多长时间才能消除飞行中微重力环境所产生的生理效应。因此,研究人员需要进行更多的研究,可以利用月球基地或太空中的离心机产生 0~1g 的不同力的环境,并对其影响进行测试。

1.5 心理生理压力

除了生理压力外,太空旅行中遇到的应激源还会对航天员产生各种心理生理、心理和人际压力。最后,对后两类应激源将在后续章节中进行大量讨论。在本章的其余部分,我们将继续讨论心理生理压力。

与其他器官系统一样,微重力可以直接影响中枢神经系统,尤其是大脑。除了微重力之外,其他因素也可能发挥作用,例如,大气中的高二氧化碳含量[43]、太空舱的照明和噪声以及由于高工作量而导致的疲劳。有两个主要的心理生理领域与人类行为相关:昼夜节律与睡眠,以及认知与绩效。

---

① 科里奥利力(Coriolis forces)是指旋转体系中进行直线运动的质点由于惯性相对于旋转体系产生的直线运动的偏移。

1.6 档案：昼夜节律与睡眠[1]

在早期的人类太空旅行中，人们对微重力如何影响昼夜节律和睡眠很感兴趣。下面介绍了双子座和阿波罗计划的一些早期研究，它在今天仍然具有现实意义。

——NK

1.6.1 昼夜节律

在进化过程中，植物和动物都在生理上适应了与地球自转相关的周期性环境变化。大多数的适应都以 24 小时的周期变化，故而称为昼夜节律。体现昼夜节律的例子包括睡眠/觉醒、体温、心率、尿液排泄和许多生理功能。Rummel[52] 在他的论文中提供了更完整的列表。大多数节律是内源性的，但可能受到各种被称为“授时因子(*Zeitgebers*)”的外源同步因素的影响。虽然最重要的授时因子是光，但太空辐射和地球电磁场也可能是影响因素。Morey[53] 认为，由于光的恒定性，后面这些因素在太空情境下可能更为重要。磁暴可能会是显著的影响因素。人们尚不清楚授时因子影响身体节律的确切机制，但研究人员认为松果体与此有关[53]。Mikushkin[54] 强调内分泌腺和自主神经系统的作用。最后，Folk[55] 简述了有关昼夜节律发展的三种理论，其中，最有可能的理论认为节律都是进化过程中由基因上决定的。

破坏昼夜节律被称为去同步化。最显而易见的例子来自那些跨越多个时区的旅行者。时差所带来的症状包括不适、失眠、食欲不振、无法工作和神经紧张。提高光照的强度通常会缩短人类的昼夜节律；同样，降低光照的强度会延长昼夜节律。这种现象为洞穴学家在弱光照条件下观察到的时间感知延长提供了可能的解释[54]。

1.6.2 昼夜节律与绩效

多项研究尝试分析昼夜节律对绩效表现的影响。Flinn 等人[56] 在航空医学院的单人模拟太空舱研究中发现绩效存在昼夜变化。在不同时间开始实验的三名被试在第二天早上的大约同一时间表现出绩效下降。Frazier 等人[57] 报告，三名被试在模拟太空舱中待了 14 天，他们的绩效出现了周期性变化。被试在系统监控、视觉反应时间、沟通和不平衡匹配任务方面均表现出任务绩效的下降。这些结果表明，昼夜节律是任务绩效变化的主要原因之一。为期 15 天的洛克希德实验(Lockheed study)[58] 表明，在最初的五天中，被试的绩效峰值出现在晚上七点至十点之间，而在清晨时段表现最差。在随后的几天里，时间逐渐向更晚的时段转移；在最后几天，被试在午夜后不久表现最佳。作者对这一结果作出了有趣的解释：“研究开始于早上九点半，即醒来后大约三个半小时。然而，在整个研究过程中，被试将开始于早上九点半的工作时间看作是新一天开始的参考点，使其在心理上更接近被试正常起床的时间。

从这个意义上说，被试的‘一天’转移到了新的时区。”

最后，在 Chiles 等人[59]的研究中，他们向被试展示了其他被试在以往类似实验中的绩效曲线，并鼓励被试在感觉到自己的“敏锐度”下降时付出额外的努力。结果显示被试的绩效没有出现显著的昼夜变化。作者从中得出的结论是：“当被试全天候接受测试时……他们的绩效表现出昼夜节律的周期性……通过指导被试有意识地尝试在‘低迷’时期提高绩效，可以大大减小波动的幅度。” Morey[53]描述了动机在改变昼夜节律方面的作用：“对于动物来说，物理因素（光、温度等）在昼夜节律的重新安排中具有重要意义；但对于人类来说，心理活动、完成当天工作日程的意志力以及根据情况变化迅速重新安排的能力都是至关重要的。”

因此，以上研究表明，人们在标准化测试呈现的绩效会受到昼夜节律的影响。被试绩效的峰值是在晚上七点至十点；绩效的低谷是在凌晨两点到八点。如果没有授时因子的强烈影响，峰谷的时段会在接下来的几天里慢慢延后。当被试了解绩效表现的周期性并且具有高动机时，绩效的节律性变化就会消失。

1.6.3 太空中的昼夜节律

在太空中，研究人员也同样观察到昼夜节律的影响。在双子座七号任务中，研究人员发现 Frank Borman 的心率在肯尼迪航天中心的夜晚时间有规律地下降[27]。此外，据观察，心率节律也会随着时间的推移周期性地稳定增加[60]。研究人员在一系列双子座任务期间获得了有关节律的有趣信息[20]。执行双子座四号的航天员很难入睡。他们最长的连续睡眠时间为四个小时，指令长总共睡了不到八个小时。在双子座四号任务期间，航天员的睡眠时间是错开的。但值班航天员发出的噪声使得另一名航天员无法入睡。在双子座五号任务期间，航天员的睡眠时段被安排为与肯尼迪航天中心的夜晚相一致的时间。然而，航天员的睡眠时间仍然是错开的，其中一名航天员从下午六点睡到晚上十二点。另一名航天员从晚上十二点开始睡到早上六点。同样地，值班的航天员发出的噪声使另一个人无法入睡。尽管如此，两位航天员都倾向于在晚上十二点睡至早上六点，而在下午六点至晚上十二点并未有困意。这似乎表现出人类在太空中仍具有与地球上一致的睡眠—觉醒节律。为了验证这一点，对于执行双子座七号任务的航天员而言，他们的睡眠时间并没有被错开，并且与肯尼迪航天中心工作人员的睡眠时间保持一致。结果表明，虽然睡眠仍然不及在地球上，但航天员仍表现出（比时间错开的睡眠质量）更好的睡眠。

阿波罗任务期间也出现了类似的情况[18]。在阿波罗七号任务中，航天员的睡眠安排是错开的，但航天员报告他们的睡眠周期并不理想。有一名航天员在一次值班期间睡着了，并在另一次值班期间服用了五毫克的右旋安非他命（Dexedrine）①，以保持清醒。在阿波罗八号任务期间也出现了类似的问题，人们认为“航天员的绩效表现

① 右旋安非他命（Dexedrine）是一种中枢神经兴奋剂，可用作对抗发作性嗜睡病。（译者注）

略有下降，并且出现了轻微的程序性错误"[18]。然而，在阿波罗九号任务期间，航天员们按照正常的昼夜节律同时睡觉。结果总结如下："与前两次任务相比，航天员们的睡眠数量和质量都有明显改善，并且在恢复阶段的体检时没有出现明显的飞行后疲劳"[18]。阿波罗十号和十一号任务也遵循了类似的睡眠安排，并取得了良好的效果。然而，在阿波罗十一号任务中，航天员报告说他们很难在登月舱寒冷、嘈杂、狭窄的环境中入睡。

因此，只要存在适当的授时因子，人们就会在太空中产生与地球上类似的昼夜节律。这意味着航天员可以通过控制光的强度和睡眠—觉醒状态等因素来模拟地球上的情境。睡眠的周期性可以通过减少或增加授时因子（例如光的强度）来延长或缩短。当然，某些授时因子可能在太空中发挥比在地球上更为重要的作用。此外，研究人员尚未观察到长时间太空任务中的昼夜节律。Morey[53]将这些问题总结如下："航天员将面临一个全新的环境，与他的遗传基因所适应的环境完全不同。24 小时的昼夜节律可能会自由运转，进而导致外部和内部的不同步。因此，可能需要设置特殊的提示来防止这种异步化。此外，航天员可能会受到地球上不存在的授时因子的影响，例如高磁场、不同的紫外线辐射、宇宙簇射①以及明暗周期的显著变化……确定所有可能影响航天员节律的授时因子是开始长期太空飞行之前的一个必要条件。在此之前，为了预测长期的影响，研究人员必须对短期飞行中的航天员进行持续监测。"

1.6.4 工作/休息周期

在阿波罗任务中，航天员通常每天安排 12 小时工作、8 小时睡眠和 4 小时休息时间[18]。他们的日子忙碌且有趣。但对于更为常规的长期太空任务而言，较短的工作/休息周期可能更为适宜[58,59,61]。Chiles 等人[59]在他们的研究中发现："对于那些本质上不太有趣的任务（如在他们研究中使用的任务），较短的工作时间（例如 4 小时）更受被试们的欢迎，被试普遍预测超过 4 小时的工作时间将在长时间的测试中导致绩效下降。"当然，这些工作/休息时间表也必须进行一些调整，以适应航天员的睡眠/觉醒节律。

Andrezheyuk 等人[62]报告了两项为期 15 天的隔离舱研究，共有三名被试参与了这两项研究。第一项研究为被试安排了 16/8 小时交错的工作/休息时间表。而在第二项研究中，被试的工作/休息时间表为交错的 12/6 小时。这意味着第二项研究试图强制实施 18 小时的昼夜节律。研究人员发现被试可以适应第一种情况（"晚上"需要醒着的人在几天内就习惯了这一状态）。然而，对于所有被试来说，适应第二种

① 宇宙簇射（Cosmic/Air shower），是指宇宙射线进入大气层，与大气中的分子多次碰撞，相互作用后，产生许多游离的粒子和电磁辐射，在数公里范围内出现彩色的射束，这种现象被称为空气簇射。（译者注）

时间表更加困难[62]:"被试在注意力测试中的错误次数增加、反应时延长,重现任务的准确性下降,所能记住的材料减少,反应潜伏期增加,肌肉力量和耐力下降。与第一项研究相比,这些变化在第二项研究中更为显著。"此外,被试在清醒时昏昏欲睡,睡眠质量也很差。生化测试证实了去同步化可能引起应激。因此,该研究似乎表明,相比于简单地错开正常的24小时昼夜节律,对人们强制施行18小时的昼夜节律具有更大的负面影响。

尽管保持与地球上相似的睡眠—觉醒周期使航天员具有昼夜节律上的优势,但仍有人提议使用交错的时间表。这样在任务期间始终有一个人可以保持清醒以应对紧急情况。Seminara 和 Shavelson[63]邀请四名被试在模拟的月球基地中完成了五天的隔离研究。他们比较了被试刚醒来时和清醒一段时间后的绩效。刚刚醒来的被试在四项测试中表现出显著的绩效下降($p<0.05$)。结果表明,醒后的三分钟是绩效下降最明显的时候,且这种下降可持续到醒后十分钟内。此外,持续的隔离似乎会加剧这种影响。研究人员得出结论[63]:"我们的数据表明,如果乘组人员需要在睡眠唤醒后三分钟内执行关键行动,那么同步睡眠时间表将是不可取的。如果考虑到其他因素而需要采用同步睡眠时间表,那么应配有尽可能自动化的应急响应系统以尽量减少唤醒时的安全威胁。"

显然,在长期太空飞行任务中,航天员的工作/休息/睡眠周期的设计必须考虑许多因素。与航天员在地球上的周期相对应的16/8小时清醒/睡眠周期是理想的。清醒时间可分为4/4小时的工作/休息单元。这些周期可以由几个已知的授时因子来控制,例如光线、太空舱温度和时间。然而,出于实际考虑,飞行任务很难采用同步时间表,因为始终需要一名航天员保持清醒来监控关键仪器。如果航天员的时间表是同步的,将可能出现重大的问题[63]。因此,某种轮换的时间表是必要的。当然,这会给航天员带来压力,但是 Andrezheyuk 等人[62]的研究表明,人们很容易适应大约24小时的周期。无论如何,需要有很多的研究以探索这些周期的长期影响。

1.6.5 睡　眠

尽管不遵循经典的24小时最大—最小波模式,睡眠-觉醒通常被认为是一个昼夜节律过程。人类每天会在对应于夜晚时段的时间内连续睡眠七至八小时。在这段时间内,大部分生理节律处于较低水平。睡眠本身是周期性的,分为四个阶段,可通过观察脑电图上的慢波或快波来检测。这四个阶段的循环每晚重复五到六次。第一次循环后会出现一个新的阶段,被称为快速眼动(Rapid Eye Movement,简称 REM)或梦期睡眠阶段。它以快速、低幅度的脑电波、眼球快速运动、颈部肌肉的放松和梦境为特征。随着夜晚的推进,每个循环中快速眼动睡眠的持续时间逐渐增加,并逐渐取代第一阶段的睡眠。总体而言,睡眠周期的平均时长为90分钟,随着夜晚时间的流逝,每个周期的时长逐渐增加,最后一个周期最长。这种模式类似于自由运行的昼夜节律。

文献表明，在大多数现代潜艇任务中，睡眠困难是一个小问题，但1956年的鹦鹉螺号(Nautilus)的11天任务是个例外[64]，当时有报告表明船员出现肌肉紧张和失眠的状况。在1960年为期83天的海神号(Triton)航行中[65]，在禁止吸烟期，习惯吸烟的人出现了烦躁、紧张和失眠的情况。在1958年鹦鹉螺号为期30天的航行[64]、1960年海狼号(Seawolf)为期60天的航行[6]以及美国黑线鳕号(Haddock)为期60天的隔离研究期间，都没有发现船员出现睡眠问题。Serxner[66]最近在对两次北极星号(Polaris)潜艇巡逻艇的评估中发现，船员们没有出现睡眠障碍，梦的性质或频率也没有差异。相比之下，Natani等人[67]报告早期南极探险队员(Roald Amundsen，Richard Byrd，Robert Scott)常出现失眠和睡眠障碍。在名为国际地球物理年(International Geophysical Year)①的南极探险中，成员普遍存在这些睡眠问题。研究人员使用脑电图、眼电图(electrooculograph，简称EOG)和肌电图(electromyograph，简称EMG)进行了一项研究，有四名被试在南极度过了九个月。结果表明，虽然被试的平均睡眠时间没有发生变化，但他们的睡眠质量出现了变化，这些人患有被称为极地“大眼”症(the polar “big eye”)②的严重失眠症。研究发现，被试快速眼动睡眠的比例从27.9%下降到23.9%。第三阶段睡眠的时间减少，第四阶段睡眠消失；事实上，第四阶段睡眠在任务结束后的随访阶段中也没有恢复。Natani等人假设第四阶段睡眠的消失是人们对高海拔条件的适应性反应，且“减少慢波睡眠以避免与慢波睡眠生理相关的动脉氧水平下降”[62]。他们还报告了Agnew等人进行的一项实验。该实验表明被剥夺第四阶段睡眠的被试“变得身体不舒服、表现出退缩、攻击性减弱，并开始越来越多地担忧自己模糊的身体不适和身体感觉变化。这表明随着第四阶段睡眠剥夺的发展，被试出现了抑郁和疑病症反应”[67]。

这些结论已经得到其他南极研究人员的验证。Shurley等人[68]发现在南极站的32名被试在一周内平均每晚睡眠时长为7.55小时。Rasmussen和Haythorn[69]还在南极站发现了几起睡眠周期中断和无法休息的案例。在对几个南极站的调查中，Gunderson[70]观察到，从1964年到1966年的冬季，海军人员的失眠症增加了28%，平民的失眠症增加了4.4%。

俄罗斯的卧床实验研究同样发现了一些睡眠异常症状。Sorokin等人[33]指出，经历过最初的几个夜晚之后，“被试发现自己在晚上很难入睡，其中许多人睡得不安稳，经常醒来和做噩梦。睡眠障碍在卧床实验的第一周和第二周最为明显。但在整个卧床期间，不同程度的睡眠障碍仍持续存在。”

最后，Cramer和Flinn[71]报告了使用航空医学院的两人模拟太空舱进行的八次

① 国际地球物理年(International Geophysical Year，简称IGY)是一个历时18个月的国际科学合作计划，从1957年7月1日到1958年12月31日。该计划旨在促进对地球和太空物理学的研究，以增进对地球系统的理解。

② “The big eye”是对失眠症的一种表述方式。

为期17～30天的实验的结果："大多数乘组人员最终适应了这种有些断断续续的作息时间表。除了每隔一天有一个五小时的睡眠机会，他们的睡眠仅限于两至三个小时的长度。"被试在5～21天内适应了这种模式。然而，大多数乘组人员发现自己的睡眠不如平时那么神清气爽，并且注意到白天的疲劳阈值降低，面对意外需求时"几乎没有额外的精力来支持他们。"最后，研究人员指出了情绪、态度和效率与睡眠小时数之间的关系。

1.6.6 太空中的睡眠

前面提到了航天员在双子座和阿波罗任务期间的一些睡眠节律性变化。本节将从脑电角度简述太空中睡眠的一些特征。在双子座七号任务期间，Frank Borman戴上了脑电的发射器。在系统故障之前该设备接收了55小时的数据。Borman在太空的第一个晚上睡得很不好(几位航天员都报告了这一现象)，但在第二个晚上，他的睡眠包含了四个正常的睡眠周期，每个周期大约90分钟。尽管Maulsby在脑电记录中观察到了一些反常睡眠特征的波形[72]，但由于没有眼电设备，尚无法确定Bormam是否经历过快速眼动睡眠。此外，其他数据显示，双子座七号的两名航天员在执行任务期间都感到疲劳，平均每晚睡眠时长仅为5.3小时，任务最后的四晚每晚睡眠时间不足五个小时[20]。

Borman的脑电图数据揭示了另一个有趣的发现：θ波(4～7 Hz)占主导地位[25,26,72,73]。Walter等人[73]发现，200名航天员候选者的脑电图记录显示，在警觉性测试期间，顶枕导联的θ活动增加，在视觉辨别任务中，颞导联的θ活动增加。Adey等人[26]报告他们"观察到θ波段功率密度水平从实验室测试中的低水平(原文如此)到双子座飞行模拟器中的中等水平，再到飞行记录中一致的最高水平。"Adey等人[25]将此解释为对新体验的补偿性定向反应。在失重的情况下，这是对感觉和前庭输入减少的补偿性定向反应。在宇航员Nikolayev[22,25]和Tereshkova[72]身上同样观察到θ活动的增加，并且这一现象在苏联的卧床实验研究中也有报道。

有关地球和太空中睡眠的文献包含许多尚无法完全解释的有趣信息。然而，我们仍可以得出以下初步结论。

(1) 睡眠困难在潜艇、南极探险、卧床实验研究、模拟太空舱和在轨飞行任务中均有发生。

(2) 在南极，睡眠质量似乎受到慢波和快速眼动睡眠减少的影响[68]。

(3) 在太空中[25,26,72,73]和卧床实验中[34]，清醒状态下慢波活动的增加会影响睡眠质量。

(4) 睡眠量在太空任务中会减少，但在南极任务中并不会减少。在这两类任务中均有失眠的报道。

对于睡眠问题我们仍然需要进行更多的研究，特别是针对失重期间的睡眠研究。

1.7 昼夜节律和睡眠：研究现状

1.7.1 昼夜节律

在地球上，许多身体机能都依赖于我们已经习惯的 24 小时节律，并受自然昼夜周期的调节。但在太空中，这个周期不会自然发生（尽管在在轨任务期间，有一个与绕地球运行时间相关的 90 分钟周期）。因此，航天员需要创建自己的 24 小时节律周期来同步他们的身体机能，例如可以通过光这一重要的授时因子（字面意思是"时间给予者"）来调整航天员身体的昼夜节律以匹配地球上的昼夜节律（通常与任务控制中心的昼夜周期同步）。来自太空任务的研究表明，这种调整或同步可以成功地防止身体节律出现对生理有害的"自由运转"[74]。

已经有地面实验对光照进行了研究。在国际空间站乘员舱的高保真复制舱中进行的三项地面研究中，Brainard 等人[75]发现在使用固态、荧光或间接日光作为光源时，健康志愿者的视觉绩效和颜色辨别绩效具有等效性。然而，白色固态光辐照度的增加会使褪黑激素抑制作用越来越强。Najar 等人[76]探究了极地越冬期间标准荧白光和受黑视蛋白①优化的、富含蓝光的白光②对康宏站十名越冬人员的影响。研究人员发现，在两种光源下越冬人员的日间活动稳定性或变异性没有差异。但在标准荧白光下，越冬人员的睡眠时间减少，并且褪黑素开始分泌的时间延迟约 30 分钟。在蓝光增强光下则没有发现这一现象。而且蓝光显著增强了越冬人员的幸福感和警觉性，这可能是由于黑视蛋白的机制。Hilditch 等人[77]在实验室中对 12 名被试的绩效进行了研究，被试在至少五分钟的慢波睡眠后醒来，并暴露在红色环境光（对照组）或富含蓝光的光下一小时。与对照组相比，在蓝光条件下，被试明显更加警觉和开朗，并且感受到的抑郁和昏昏欲睡状态较少。他们在精神运动警觉测试（Psychomotor Vigilance Test，简称 PVT）中的错误也显著减少，并且反应时速度没有显著变慢。现在此类研究正在国际空间站这一真实太空条件下进行。这些实验结果有望应用到地面研究中，包括帮助轮班工人、海外旅行者和睡眠障碍患者应对昼夜节律的挑战。

---

① 黑视蛋白（Melanopsin）是一种存在于视网膜细胞中的蛋白质，它在感知光信号和调节生物钟和非视觉视网膜反应中起着重要作用。与传统视觉蛋白质不同，黑视蛋白主要存在于视网膜的非视杆细胞和非视锥细胞中，这些细胞主要负责非图像视觉功能，如光线的强度和方向感知以及影响生物钟和睡眠觉醒周期。黑视蛋白对蓝光特别敏感，它的激活可以触发一系列信号传递途径，最终影响脑内的生物钟核团和其他相关结构，调节昼夜节律和生理过程。（译者注）

② 富含蓝色的白光通常是指在白光光谱中蓝色波长成分较为明显或强烈的光。白光是由各种颜色的光混合而成的，而蓝色的成分在这种光中占有相当大的比例。（译者注）

在太空任务期间获得充足的休息对于任务的成功非常重要。Nechaev[78]的一项研究包含了28名宇航员,他们共执行了14次和平号空间站任务。这项研究表明宇航员操作错误的发生与工作/休息时间表的偏差之间存在显著相关性。Nechaev还开发了一个数学模型来预测宇航员的失误,以帮助建立宇航员失误管理方法。Klerman和Phillips[79]同样建立了数学模型,并将人类昼夜节律、睡眠、绩效表现和警觉性等因素纳入其中。这些模型在提出改善节律同步和绩效表现策略、预测个体在不同工作/休息时间安排下的表现以及优化使用光照、小憩和药物等对策上十分有帮助。在地球上进行的模拟火星任务揭示了人类在昼夜节律条件改变的情况下维持昼夜节律稳定性所面临的挑战。研究还指明航天员在未来的远征任务中学习节律同步方法是十分必要的。例如,Basner等人的研究[80]报告了参与模拟火星任务的乘组人员出现睡眠质量紊乱、警觉性下降以及睡眠—觉醒周期和计时能力的改变(请参见第9.5节)。

Barger等人[81]进行了一项有趣的实验,该实验涉及2008年远程监控凤凰火星登陆器(Phoenix Mars Lander)任务的工作人员。该项任务的目标是调查火星的极地土壤中是否存在水。工作人员需要按照火星日工作。火星日的每日时长为24.65小时,比我们的一天长39分钟。虽然相差不到一个小时,但这种时间改变可能会导致工作人员的24小时昼夜节律与其睡眠—觉醒时间表之间的不同步,从而影响他们的睡眠、认知和绩效表现。Barger的团队提供了三场有关睡眠和疲劳的一小时教育课程,在课程期间,他们“提供了有关睡眠、昼夜节律和适当对抗措施(例如,光照、小憩、使用咖啡因)的信息,帮助工作人员同步到火星时间表,以在工作时间最大限度地提高绩效表现和警觉性,并在休息时间最大限度地提高睡眠质量。”[81,p.1424]。工作人员的绩效表现通过体动记录仪(actigraphy)、每日睡眠/工作日志、精神运动警觉性测试和自动化神经心理学评估指标(Automated Neuropsychological Assessment Metrics,简称ANAM——也用于构建WinSCAT测试——参见第6.4.3节)中的认知加工测试来测量。研究还通过测定尿样中的6-硫酸酯氧基褪黑激素来测量昼夜节律。研究人员发现,87%的被试能够与火星日节律同步。当被试的工作和睡眠时间表与昼夜节律同步时,他们表现出良好的警觉性、绩效表现和睡眠时长。相反,当被试的睡眠—觉醒和工作时间表与昼夜节律不同步时,他们的疲劳感显著增加,警觉性、绩效表现和睡眠持续时间显著下降。尽管研究人员认为他们的教育课程总体上是有帮助的,但蓝光暴露的小时数与观察到的昼夜节律之间没有显著关系(甚至那些未体验蓝光暴露的被试也能够适应火星日)。研究人员对此解释道,工作人员在环境中暴露于外部光照以及其他同步的授时因子可能已经提供了足够的刺激,因而不需要额外的蓝光。这些其他的授时因子包括但不限于对一天中时间的掌握、运动、生活规律、社交沟通和集体生活。

1.7.2 睡　眠

与24小时昼夜节律相关的重要的身体周期是睡眠(见图1.3)。轶事报道和客观研究表明，航天员在太空中的睡眠时间比他们在地球上经历的睡眠时间更短、更易受干扰，而且睡眠往往更浅[74]。例如，Barger 等人[82]的一项研究通过分析体动记录仪、日记和镇静催眠药物的使用情况对 64 名航天飞机上的航天员和 21 名国际空间站上的航天员的睡眠—觉醒模式进行了研究。在航天飞机样本和国际空间站样本中，航天员在任务期间获得的总睡眠时间（每晚约六个小时）明显少于完成任务后第一周（每晚约七个小时）。航天员在发射前三个月的繁忙训练期间的睡眠时间也比任务结束后要少，但这仍然比任务期间要多。有趣的是，航天飞机上的航天员（身处太空的时间相对较短）与国际空间站上的航天员（身处太空的时间较长）之间的平均夜晚睡眠时间没有显著差异。实验人员还发现，78%的航天飞机航天员在超过一半（52%）的夜晚服用促进睡眠的药物，75%的国际空间站航天员报告服用这些镇静催眠药物。

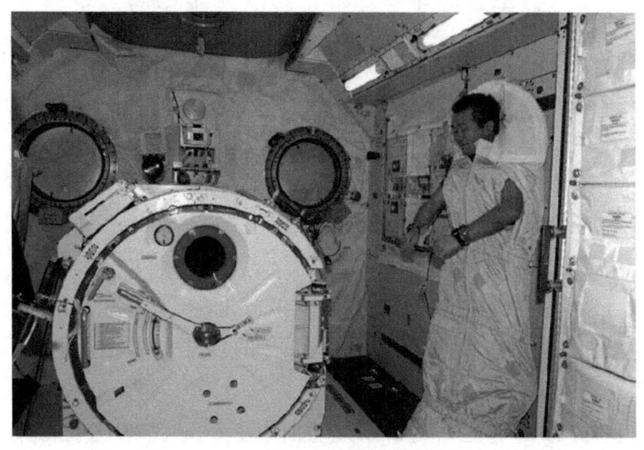

图 1.3　国际空间站上，航天员正在睡觉。在微重力环境中，任何睡眠姿势都是可行的，甚至可以站立睡觉。请注意图中航天员的双臂稍微弯曲并抬高，这是典型的中性微重力姿势。目前，国际空间站中的航天员的睡眠区域更为私密（图片来源：NASA）

睡眠不足会对人类和动物的表现产生负面影响[15]。在中国航天员中心（the Astronaut Center of China）进行的一项研究中[83]，20 名理工科专业的男性大学生志愿者被随机分配到睡眠剥夺和密闭组（Sleep Deprivation and Confinement，简称 SDC，$n=8$）或对照组（$n=12$）。两个小组执行了 11 项不同类型的复杂的计算机任务。这些任务均与太空应急操作程序相关。混合模型方差分析表明，志愿者的绩效通常会受到睡眠剥夺和密闭条件的负面影响。睡眠剥夺和操作高复杂性的结合提升了志愿者的平均操作时间。但研究人员并未发现志愿者的操作绩效随着醒来时间的增加而有显著差异，这支持了补偿控制模型的假设（参见第 1.8.1 节）。研究还发现手动操作和手动/感知混合操作比单独的感知操作（例如双向判断）需要更长的时间。

Connaboy 等人[84]在约翰逊航天中心的人类探索研究模拟(Human Exploration Research Analog,简称 HERA)设施中进行了一系列四人、为期 30 天的太空模拟任务。研究共包含九名男性被试和七名女性被试,并测试了剥夺被试一晚上的睡眠对其后续表现的影响。Connaboy 等人通过被试完成感知—动作耦合任务的准确性和反应时来评估他们的表现。该任务要求被试判断一个虚拟的小球是否可以通过虚拟孔径。结果表明,与正常睡眠条件相比,睡眠剥夺条件下被试的任务表现更差,反应时更长(即更慢)。研究人员因此得出结论:"一晚上的急性完全睡眠剥夺使被试在运动边界判断任务中的绩效表现下降,这对维持操作绩效有重要启示。慢性睡眠限制或急性睡眠剥夺可能是个体在工作场所错误增加的潜在机制之一。"[84,p.275]

Jones 等人[85]进行了一项研究,考察了睡眠不足对 19 名男性航天员和 5 名女性航天员神经行为功能的影响。这些航天员在执行任务之前、期间和之后在国际空间站上平均待了 160 天。航天员完成了计算机化的反应能力自我测试,该测试收集了有关睡眠—觉醒行为、压力、工作量、躯体行为状态和精神运动警觉性的信息。通常,航天员报告他们在太空飞行中平均睡眠时长为六个半小时。一方面,睡眠时间少于六个小时与精神运动反应速度降低、压力升高、精神疲劳和疲倦有关。睡眠时间少于五个小时与增多的负面躯体行为状态相关;另一方面,超过六个小时的睡眠时间有益于航天员的神经行为功能。研究人员据此得出的结论是,促进睡眠时长和质量将有益于那些执行长期太空任务的航天员。

在太空中出现睡眠问题并不是新鲜事。在最近一篇对太空睡眠文献的回顾中,Barger、Dinges 和 Czeisler[86]发现有关睡眠问题的报告可以追溯到早期的美国水星号任务和俄罗斯东方号任务。睡眠问题涉及许多因素:任务带来的兴奋、噪音干扰、失重的影响以及狭窄的太空舱。睡眠问题在阿波罗时代就已持续存在。在登月期间,航天员 Neil Armstrong 彻夜未眠,而 Buzz Aldrin 则因为狭窄的登月舱内的光线和噪音以及航天服冷却系统的寒冷而无法保持睡眠状态。在轨道指挥舱中,Michael Collins 则在值班时睡着了,需要服用安非他命来保持清醒[86,87]。在两次天空实验室任务期间,研究人员通过脑电图对航天员的睡眠进行了评估,研究发现参与两次飞行的航天员在最后几天都经历了睡眠中断,并且他们的快速眼动睡眠潜伏期在太空飞行任务后缩短了[86]。在 28 天的任务中,航天员的总睡眠时间较基线阶段有所减少。研究人员同样在一些执行和平号任务的宇航员身上发现睡眠较基线阶段减少以及睡眠结构的变化,从而导致宇航员在白天出现疲劳。航天飞机计划期间改善了舱内睡眠条件和照明方案,但航天员的每晚睡眠时间仍然少于基线阶段约一个小时,而且醒来的次数也有所增加。超过 20%的睡眠问题是由于乘组人员对任务的心理担忧、噪声或不利的环境温度(例如太热或太冷)造成的。

Alexander 分析了主要乘坐美国航天器完成飞行任务的航天员的长期医疗追踪数据[88],他指出国际空间站上每年报告睡眠障碍的发生率为 1.51 起(这可能少于实际情况)。每年的报告中,失眠症状为 1.31 起,睡眠过度和睡眠障碍各占 0.7 起。造成这一现象的因素有很多：微重力导致的环境变化、超短的昼夜周期、较长的工作时间、睡眠—觉醒周期持续时长的偏差、周期性噪声干扰、睡眠周期的相移以及应急响应。在地球上平均睡眠时长为七至八小时的航天员在长期飞行任务中平均睡眠时长为六个半小时。

由于以上这些原因，镇静催眠药物（例如短效巴比妥类药物）一直是在轨航天任务期间最常使用的药物类别。在轨航天任务期间同样使用觉醒诱导剂（例如兴奋剂）。NASA 疲劳管理服务团队负责制定睡眠—觉醒周期的对抗措施，包括使用机载防蓝光眼镜和可穿戴式智能戒指，其传感器可监测不同睡眠阶段的时长、静息心率和夜间活动[89]。正在研究的对抗措施包括调整工作日程、策略性地定时使用不同波长和强度的光照、结合放松技术的行为策略。

在一项有趣的地面实验室实验中，Mollicone、van Dongen 和 Dinges[90]研究了93名健康成年人的睡眠，每人持续14天。实验有18种不同的实验条件，包括限制夜间“锚定”睡眠的不同小时数，有或没有白天的小憩。研究人员发现，无论睡眠是夜间锚定睡眠还是白天小憩，睡眠效率都是每24小时在床上总时间的函数。慢波睡眠在不同实验条件下均得到保留，但睡眠的第一和第二阶段和快速眼动睡眠表现出更复杂的关系。

尽管太空舱内的外部因素可能与诱发太空睡眠问题有关（例如，不舒服的环境温度、高噪音、太空晕动症、紧张的日程安排），但微重力本身也可能发挥作用。此外，有证据表明个体中由基因决定的表型差异也可能影响其睡眠需求[91]。例如，25名健康成年人参加了两次相隔至少60天的实验室实验[92]。在实验中，被试获得了两个晚上的充足睡眠，然后经历了五个晚上的限制睡眠。为了评估他们对睡眠不足的能量平衡反应是否随着时间的推移而稳定，以及个体对这种反应的易感性是否存在差异，研究人员测量了被试的热量摄入、进餐时间和体重。结果表明，不同基因类型的被试在体重增加、热量摄入增加、深夜饮食和脂肪摄入量上存在显著差异。对于个体暴露于睡眠限制的反应，这些因素的变化表现出明显的被试内稳定性，特别是对于男性而言。实验人员总结道：“研究首次发现人们对重复性的睡眠限制的能量平衡反应具有表型差异易感性和特质稳定性。这表明人们需要找到能够预测这种易感性的生物标志物和缓解其影响的对抗措施。”[92，摘要]

值得一提的是，在 Otsuka 等人进行的一项研究中[93]，研究人员监测了十名航天员的睡眠和昼夜节律，他们在国际空间站度过了大约六个月的时间。与上述其他研究一样，Otsuka 等人发现大多数航天员在太空中的睡眠时间减少，但他们的睡眠质量普遍得到提高。此外，航天员心率的昼夜节律加强，副交感神经张力在夜间增强。这些效应与磁层中的磁波动相关。Otsuka 等人得出的结论是，长期在轨太空任务可能具有抗衰老作用。这是一个有趣的发现，特别是在 NASA 双胞胎研究中，研究人员同样发现，与待在地球上的同卵双胞胎兄弟相比，在国际空间站待了340天的航天员的端粒延长了[94]。此外，尽管在太空飞行期间大脑中发生了许多与衰老相似的变化，但抗衰老的适应性神经可塑性和神经补偿过程也会出现以抵消这些影响（参见第 1.8.1 节）[95]。我们仍需要更多的研究来阐明近地空间环境可能具有的抗衰老作用。

1.8 认知与绩效

1.8.1 理论问题

航天员的工作包括完成各种复杂任务，例如操作复杂的技术系统、完成科学实验、进行舱外活动（Extravehicular Activity，简称 EVA）等。这些任务对航天员的认知和精神运动表现功能提出了很高的要求（见图 1.4）。从人类开始太空飞行的那一刻起，诸多轶事报告和观察都表明认知和绩效障碍的存在[74]。这样的例子包括：空间定向障碍、视错觉、时间感知改变、注意力和集中力受损、运动技能障碍以及任务绩效的普遍下降。

图 1.4　太空中的许多活动都需要良好的手眼协调能力。航天员需要高水平的认知能力才能成功地进行此类活动。图为一名航天员在国际空间站“命运号”实验舱中操作加拿大臂二号（Canadaarm2）（图片来源：NASA）

本章将同时讨论认知和绩效。在许多情况下，研究很难将它们分开。例如，进行精神运动测试需要积极的注意力，在太空中进行实验或处理在轨飞行器上的危机也需要良好的问题解决能力。

有三个因素与太空中的认知和绩效缺陷有关。一是微重力对大脑的影响[15,p95-97]。有证据表明，太空飞行环境（主要是微重力）可以引起颅内体液转移、大脑位置和组织体积的改变、灰质变化和白质缺陷。适应性神经效应也可能发生，例如感觉再权衡和神经补偿。有一项研究包含了五名航天员，他们在国际空间站上平均停留了 169 天[98]，他们的血液样本显示出神经丝轻链、胶质纤维酸性蛋白和 β-淀粉样蛋白含量在飞行后显著升高。这些变化可能反映出轴突解体、星形胶质细胞活化以及“与头部体液移位引起的颅内压相关的协调修复过程和随后血脑屏障完整性的恢复”[98,p.1526]。Doroshin 等人[99]使用扩散磁共振成像分析了从国际空间站返回的12 名航天员的特定白质束的微观结构变化。虽然在返回地球七个月后，一些微观结构变化回归正常，但其他变化仍然存在。Hupfeld 等人[100]利用核磁共振对从国际空间站返回的 15 名航天员的血管周围间隙进行了研究。血管周围间隙被认为有助于液体排泄和脑内稳态。研究发现，新手航天员的总血管周围间隙体积在飞行前后的比较中增加，而经验丰富的航天员则没有这种变化。这表明经验丰富的航天员表现出了先前太空飞行的保留效应。Stahn 和 Kuhn[101]指出空间认知能力(即对自我与客体关系的表征进行编码并将这些信息整合到环境的空间地图中)及其在海马体和内嗅皮层中的神经基础可能会受到微重力和长期太空任务的其他条件的影响。

涉及前庭和感觉运动系统的大脑机制也会受到影响。在地球上，许多中枢神经系统的认知和运动活动都将重力作为一个重要因素。然而，如果这些活动在太空微重力中进行，它们可能导致感觉和动作不再适当而需要校正。这可能会导致感觉运动不一致的状态，其特征是在运动执行过程中传出信号和传入信号之间的关系被破坏。这会降低运动规划和控制的效率，必须通过复杂的适应性机制来补偿，例如调整中枢运动程序或在移动时进行更费力的认知或视觉控制。此外，关节、肌肉和皮肤的本体感觉似乎发生了改变，并且在太空中变化更大。Reschke 和 Clément[102]对 34 名执行任务后的航天飞机机组人员进行了研究，发现头部运动会导致自我运动感觉增强，从而影响机组人员的平衡和步态。运动停止后，运动感知也存在一定的滞后。超过三分之一的机组人员认为，在紧急情况下，他们无法在没有帮助的情况下离开航天飞机。

第二个可能干扰认知的因素是银河宇宙射线和太阳粒子事件的辐射。有研究探索了暴露于加速带电粒子束对大鼠和小鼠的影响，研究发现，暴露于加速带电粒子束对空间和记忆再认、执行功能、焦虑和运动协调能力的损害可以持续一年[103]。这些变化伴随着“神经发生抑制、树突树和脊椎数目①改变、氧化应激升高和神经炎症，包括小胶质细胞激活。在大脑皮层的兴奋性和抑制性神经元中观察到兴奋性、突触可塑性和内在膜特性的改变，同时谷氨酸和 γ-氨基丁酸(GABA)离子通道以及脑源性神经营养因子(如 brain-derived neurotrophic factor，简称 BDNF)的水平也有所不

① 神经发生(neurogenesis)：神经发生是大脑中形成新神经元(神经细胞)的过程。树突树(dendritic arbors)是指神经元树突的分支结构，其中树突是神经元接收其他神经元信号的主要部位。树突树的形态和结构可以影响神经元的信息接收和传递能力。脊椎数目(spine numbers)是指神经元树突上的小突起，也被称为脊椎突起。它们是树突的小结构，可以增加神经元与其他神经元之间的连接点，促进神经元之间的信息传递。脊椎的数量和形态可以影响神经元之间的突触传递效率和神经网络的功能。因此，对于神经元的功能和信息处理能力，树突树和脊椎数目都是非常重要的结构特征。它们的变化可能与神经系统功能异常和疾病发展相关。

同[103,p.314]”。关于辐射对人类神经系统的影响,特别是涉及带电粒子的影响,还需要做更多的工作。

第三个可能干扰认知的因素与太空环境中外部应激源的非特异性影响有关(例如与家庭分开、隔离和其他适居性的因素、高工作负荷、清醒和睡眠的时间、人际关系紧张)。这些因素可能导致航天员处于认知和精细运动能力受损的应激状态。一个有关外部应激源对绩效影响的概念是唤起和绩效之间的“倒 U 形”曲线,有时也被称为耶克斯-多德森定律(Yerkes-Dodson Law)[104],其中一种常见版本如图 1.5 所示。这个曲线表明,在由外部应激源产生的非常低或非常高的唤起状态下,人的绩效会下降。然而,在适当唤起状态下,即应激源激活的适当唤起状态下,人的绩效最佳。举例而言,一名大学生参加考试,虽然他或她掌握了知识,但由于通宵学习而感到疲倦,或者由于过度焦虑和担心而导致考试不及格。然而,如果这位大学生处于最佳的警觉状态、休息良好且有动力,绩效会提高,从而取得好成绩。

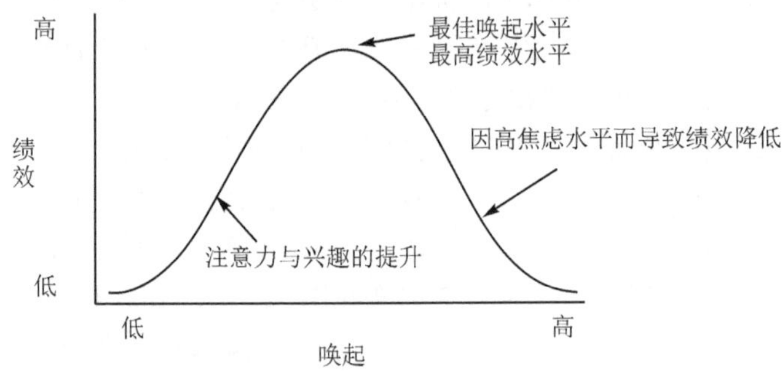

图 1.5 耶克斯-多德森定律(赫布版本)(图片来源:Image in the public domain under Creative Commons CC0 1.0 Universal Public Domain Dedication)

尽管构建一般压力和绩效之间的关系十分有用,但我们仍需要意识到其他因素可能会改变这种关系,例如动机、学习到的应对策略和基因易感性。例如,最近的一项综述[105]总结了多项全基因组关联研究,确定了与人类太空旅行相关的基因风险位点和候选基因,包括对放射治疗和放射引起的口腔黏膜炎的易感性,对骨密度下降和骨质疏松的易感性,以及各种认知受损,例如痴呆和睡眠及昼夜节律的改变。

根据 Hockey[106]提出的压力和绩效的补偿控制模型,因为被试使用了绩效保护策略,压力对任务绩效的影响经常被掩盖或修改。Hockey 指出:“在压力下,人们可以通过投入更多的资源来保护绩效,但这需要以增加主观努力、行为和生理成本为代价。或者,人们可以通过降低绩效目标来实现稳定性,而无需增加成本[106,p.73]。”因此,尽管个人可以在高压条件下保护自己的任务绩效,但这种保护可能以疲劳感的增加或绩效目标的调整为代价。

还有一些迹象表明，航天员自身的情绪状态会影响他们在太空中的认知和绩效表现。大多数研究人员都在探索微重力对情绪或认知的影响，但 Mammarella[107] 给出了人们应该探索微重力对情感/认知相互作用影响的原因。她特别列举了积极情绪在太空和太空模拟环境中对认知和绩效表现产生积极影响的方式。同时，她还呼吁进行更多的研究来探索情绪和认知状态之间的相互作用。

1.8.2 飞行中对乘组人员注意力和认知的监测

为了履行职责，乘组人员需要保持专注和警惕。这会影响他们监控仪器、执行工作任务以及对航天器内的状况（例如与生命支持系统相关的状况）保持警惕的能力。在舱外活动或紧急情况下，保持专注也可以挽救生命。有多种方法可以在轨监测航天员注意力和一般认知能力，例如使用计算机化的认知测试包（例如 WinSCAT 和 Cognition），以及使用体动记录仪测量休息/活动周期作为警觉性的间接指标。尽管此类监测方法已被用于认知研究，但它们也有助于在航天员从事精细操作活动（例如航天器维修或舱外活动）之前为其认知状态提供反馈。作为有效的对抗措施，我们将在后续的 6.3 和 6.4 章节中详细讨论这类认知监控工具。

1.8.3 太空中的认知与绩效：研究现状

自人类拉开太空旅行的序幕，就有报道称在轨任务期间会出现认知障碍。一些航天员将这种情况称为“太空傻瓜”（Space stupids）或“太空雾”（Space fog）[108]。这包括时间感知受损、听觉和视觉感知敏感性增加（有时产生错觉）、空间定向障碍、注意力不集中、困惑、记忆问题和精神运动能力受损。报告的大多数认知障碍都出现在任务早期，因为太空旅行者此时正在适应新奇的在轨环境（见图 1.6）。随后，航天员便可适应太空环境，或者是建立了有效补偿机制。

图 1.6 完成太空任务需要使用复杂的设备，例如微重力科学手套箱。适应微重力并学习适应太空环境对于此类行动至关重要（图片来源：NASA）

已有大量研究检验了人在太空和太空模拟环境中的认知和绩效表现。我的同事Dietrich Manzey是该领域的专家。在我们合著的《航天心理学和精神病学》一书中，他撰写的“人的效能”一章引用了90多篇参考文献(其中许多来自他的作品)[74]。Strangman等人[109,110]回顾了有关太空飞行和太空模拟环境中认知表现的文献，发现了55项模拟研究和32项针对太空环境的研究，太空研究中有11项涉及对在太空停留22天或以上的航天员的研究，以及21项持续时间较短的研究，范围从5至21天不等。

列于表1.6中的测试可在一定程度上帮助理解这个领域的广度。该表格涵盖了认知、知觉、记忆和心理运动表现的各个方面。对这些不同任务的评估通常是通过反应的速度和/或准确性来确定的。

表1.6 用于评估太空中认知和表现的任务/测试

注意力
空间定位
空间感知和空间表征
空间定向处理
心理旋转和物体识别
质量辨别
有针对性的自主运动
时间估计
序列的学习
数字符号替换
对一致和不一致刺激配置的反应
记忆：工作记忆，长期记忆
执行功能：语法推理、数学处理、问题解决
反应时
不稳定追踪
双任务(记忆搜索+不稳定跟踪)
Fittsberg任务(使用操纵杆将光标定位在目标上)

注：改编自Kanas等[74]。

最近，Tays等人[111]对15名航天员进行了各类感觉运动和认知测试，大多数参与研究的航天员在国际空间站上待了约6个月(在轨时间范围：4～11个月)。Tays等人发现从飞行前到飞行后，航天员的机动性/平衡性和双手协调性均有所下降，但在飞行后30天内都恢复到基线。从飞行前到飞行后，航天员均可维持各种认知测量的绩效水平(例如双任务表现、空间工作记忆、杆框测试、数字符号替换任务)。统计分析表明，任务持续时间对前后认知绩效表现没有影响。

根据以上的文献综述,我们可以总结出一些普遍的观点。无论是微重力效应还是非特异性应激效应,都可能影响太空中人类的认知和绩效表现。进入太空后的前两至四周内,航天员可能会出现涉及注意过程、空间定向和空间知觉的认知障碍,认知决策受到情绪纷扰的影响,还可能出现质量辨别的敏感性降低,以及自主运动的运动速度和精确性的减慢或丧失。追踪任务和双任务表现也可能受到影响,前者可能是由于微重力和工作负荷以及疲劳等非特异性应激效应的影响,后者主要是由于非特异性应激对注意过程的影响[74]。许多障碍会随着航天员适应太空环境、稳定其睡眠/觉醒周期并建立有效的补偿机制而减轻或消失。当然,也有适应失败的情况。例如,航天员对时长的估计可能在前三周之后仍然过高[110]。此外,在短期飞行中观察到的运动速度减慢和运动变异性增加的现象可能会持续超过一个月。一项研究追踪了五名男性航天员在国际空间站上度过六个月的绩效表现。研究表明,与在地球上完成测试时相比,他们的视觉空间绩效在在轨的第 8 天和第 50 天的测试中表现得更为迟缓且容易出错,事件相关脑电位表明注意资源减少[112]。

通常而言,在太空中,航天员能够保持对头部所在位置的“上”和“下”的感知,因此一般不会出现垂直感的丧失。与之相似的,人们对外部物体的空间定位是相对于视野坐标进行的。由于朝向相反的航天员之间的交流将受到所谓的脸部倒置效应的影响(即人类在面对非常规朝向的面孔时往往难以正确识别),当彼此交流时,位置的对齐对确保明确的沟通和正确识别非语言暗示也是十分必要的[74]。

飞行任务的早期阶段可能会出现感知敏感性的增加,这可能与乏力虚弱感有关(参见第 3.6.3 节)。尽管对于长期记忆的影响仍需要进行更多的研究,但研究表明,人们的反应时间通常不受影响,且记忆功能和学习能力通常保持完好[109]。

在航天任务期间,复杂的认知技能和执行功能往往保持完好。然而,在俄罗斯和平号空间站任务中,乘组仍会出现错误。这表明,任务中错误的出现与工作休息时间安排的紊乱、高工作负荷和身体不适存在密切关系[74],而这些高级认知功能可能会受到个人相关和情绪化刺激的负面影响[109]。

Stangman 等人[110]指出,传统的心理测量理论将认知能力分为语言介导(语言)和视觉-空间(表现)能力,而功能性神经影像学的出现也促使新一代测试的产生。这些测试是计算机化的,针对特定脑区的,并对个体差异和环境应激效应敏感。表 1.7 展示了各类行为与特定脑区的关联。

表 1.7　行为与脑系统之间的关系

行　为	脑
执行功能(抽象、认知灵活性、注意力、冲动、工作记忆)	额叶(特别是前额叶皮质)
情景记忆(单词、面孔或形状的识别或回忆)	颞边缘(包括海马体)
语言理解	左颞顶叶
空间处理	右顶叶

续表 1.7

行　为	脑
非语言推理	双侧额顶叶
感觉运动	中央前皮层和中央后皮层及其与小脑的连接
社会认知	皮质边缘
学习、风险和奖赏评估	纹状体

注：改编自 Strangman 等[110]。

由于只有少数人在太空中连续度过了 12 个月或以上[113]，因此，我们对太空飞行的长期认知影响的了解非常有限。然而，一项研究显示乘组人员能够在太空中保持良好的认知和运动表现长达 14 个月。俄罗斯医生兼宇航员 Valeri Polyakov 保持着在和平号空间站驻留近 438 天的纪录。Dietrich Manzey 和 Bernd Lorenz[114] 反复对他的认知、视觉运动和时间分配能力进行了评估。评估这些能力的任务来自 AGARD－STRES 工具包，包括语法推理、不稳定追踪、斯滕伯格记忆搜索任务以及由不稳定追踪和并发记忆搜索组成的双任务测试。研究还获取了 Valeri Polyakov 对情绪和工作量的主观评分。Dietrich Manzey 和 Bernd Lorenz 比较了飞行前、飞行中、飞行后以及两次间隔六个月的随访评估。大部分的实验任务没有显示出 Valeri Polyakov 的基本认知功能受到明显损害。虽然在太空的前三周和返回地球后的前两周，Valeri Polyakov 报告的工作量、情绪评分，以及追踪和时间分配能力出现了一定的下降，但这种下降可能是由于环境调整造成的。在轨第二到第十四个月期间，Valeri Polyakov 的情绪和绩效表现都很稳定且处于基线水平。研究人员未在随访中发现长期持续的损害。

在 NASA 的双胞胎研究[94]中，在太空度过了 340 天的双胞胎之一 Scott Kelly 在飞行任务中多次完成了计算机化认知测试（称为认知“Cognition”，参见第 6.4.3 节）。研究结果显示 Scott Kelly 在飞行任务的开始阶段的认知速度有所提高。在飞行任务中绩效总体上从头到尾保持稳定。然而，在飞行任务后，Scott Kelly 在大多数测试中出现速度和准确性的下降，并持续长达六个月。

Polyakov 和 Scott Kelly 的绩效表现似乎表明，在持续约一年的太空任务中，人们的认知能力是稳定的，但在任务结束后可能会出现下降。这可能是受到科学实验和繁忙的媒体和公开活动所带来的压力的影响。另外，还有研究者提出，这些认知缺陷也可能是人们再次暴露于高重力环境下的反应。例如，Zwart 等人指出：“航天员主要在重力转变期间经历感知运动的变化，这些转变通常发生在太空旅行的关键时期，如进入和再进入失重状态以及降落在行星上之后。”[115, p. 309]。对于火星任务而言，航天员降落到火星后开始进行探索活动时可能会受到一些影响。飞行后操作程序的自动化可能有助于减轻这种风险[94]。除了涉及长期太空任务的认知研究数量有限外，许多已进行的研究存在被试数量较少的问题（例如，在 Strangman 等人的样本中，每项研究平均只有 3.4 名被试[110]）。此外，这些研究显示出很大的个体间和个体内差异，使用各种不同的认知测试也导致研究之间的比较变得困难，并且研究没有或者缺乏适当的对照组（即，在 Strangman 等人的样本中，85%的研究缺乏对照组[110]）。

尽管存在这些不足，但我们仍有理由感到乐观。太空中发生的认知能力和绩效表现下降可能代表了个体早期的适应调整过程，并且这些下降似乎没有大到足以干扰任务目标的程度。尽管存在一些个体差异，但航天员建立了有效的应对策略以完成任务目标，除非工作量过高和疲劳过度，航天员还可以将认知绩效表现保持在相对较高的水平。引用 Strangman 等人的话："从现有文献来看，没有实验证据表明认知能力在长达 200 天的近地轨道任务中受到严重且确定的影响。事实上，即使在持续一年多的时间里，复杂的实验任务也已在飞行任务的所有阶段成功完成。"[109, p. 1045]。

1.8.4 俄罗斯的 Pilot-T 研究

Pilot-T 是一项名为 Pilot 的研究的延续（详见第 6.2.4 节）。与前一项研究类似，该任务涉及每月一次或两次的在轨模拟六自由度（six degree-of-freedom，简称 6df）的手控对接操作。该研究任务还包含了次级认知测试。研究在国际空间站的俄罗斯舱进行，时间为 2015—2018 年，共有 16 名宇航员完成了完整的实验周期[116]。研究共分为两个部分：(1)"6df"协议，研究宇航员在使用操纵杆进行模拟手动对接操作时的可靠性；(2)"认知测试"协议，研究操作员在飞行任务的不同阶段的神经认知过程，包括工作记忆、智力、注意力切换、感觉—运动反应的速度和准确性。在飞行过程中，记录了心电图、皮肤导、脉搏波速度和指端皮肤温度。研究人员使用工具包研究了认知功能和中枢神经系统状态，其中包括工作记忆、计算、简单的视觉—运动反应、眼运动协调，并使用了"自尊状态"问卷。

在和平号和国际空间站上也进行过相类似的研究，与先前研究结果相似，Pilot-T 研究也发现心率、心脏的副交感神经控制、脉搏传输时间和指端皮肤温度均明显低于飞行前的数值。尽管几个对接绩效参数相比飞行前有所下降（例如燃料消耗量、任务执行时间、航天器速度），但这些下降并不具有统计学意义上的显著性。这表明，人们可以在太空任务中维持与对接相关的高水平专业技能。在对接期间，认知测试结果整体上比飞行前有所改善。基于此，研究人员得出结论，这些认知测试（如工作记忆、简单的视觉—运动反应、眼运动协调）的绩效表现表明宇航员动用了他们的心理资源来完成任务，这可以用来预测未来的工作能力和动机（另见第 6.2.4 节）。

1.9 章节要点

- 从载人航天旅行的一开始，人们就关注人类承受太空环境压力的能力。为了探索太空环境中应激源的影响，研究人员对在地球上模拟太空环境中工作的人员以及对太空中的人类进行生理监测。

- 应激源是环境的生理或心理特征，它以强烈的、通常是负面的方式对人产生影响。压力涉及应激源对人体的影响，无论是在个人还是团体（或团队）层面。从生理上讲，压力也会带来氧化应激反应。
- 关于在轨太空任务，有四类应激源可能影响在太空中的乘组人员：物理应激源、适居性应激源、心理应激源和人际应激源。它们会产生神经行为、认知、心理或社会心理压力。
- 微重力（通常称为失重）会对航天员造成生理上的压力。减轻这种影响的唯一方式是创造人工重力。但这种方法存在很大的工程缺陷，并且生活环境的旋转所产生的科里奥利力可能会导致潜在的内耳紊乱。
- 在地球上，我们的身体按照略长于 24 小时的昼夜节律运作，该节律由许多*授时因子*维持，其中主要的*授时因子*是光。有证据表明，富含蓝光的白光可以提高人的警觉性和精神敏锐度。偏离平常的作息时间可能会导致操作失误。
- 在一项研究中，87%的被试能够适应 24.65 小时的火星日。当被试的工作和睡眠时间表与昼夜节律同步时，他们表现出良好的警觉性、绩效表现和睡眠持续时间。
- 与 24 小时昼夜节律和光照*授时因子*相关的一个重要的身体节律周期是睡眠。在太空中，航天员的睡眠比在地球上（持续时间约 7 小时）更纷乱、更浅，也更短（持续时间约 6 小时）。睡眠不足会导致绩效表现问题。个体中存在基因决定的表型差异，影响他们的睡眠需求。
- 在太空中，大约四分之三的航天员服用镇静催眠类药物来帮助他们晚上睡觉。
- 三个因素与太空认知能力和绩效表现下降有关：微重力、辐射和外部应激源。航天员的情绪状态也会影响认知表现。
- 概念化外部应激源对绩效影响的一种方法是唤起与绩效之间的“倒 U 形”曲线关系，有时被称为耶克斯-多德森定律。
- 在压力和绩效的补偿控制模型下，因为被试使用绩效保护策略，压力对任务绩效的影响常常被掩盖或修改。但随之而来的代价是产生更多的疲劳感、出现明显的绩效下降或修改绩效目标。
- 认知唤起的一个重要方面是注意力，它在太空任务中具有重要的操作性影响。
- 自太空旅行开始以来，就有报道称人们在轨任务期间出现认知障碍。一些航天员将这种情况称为“太空傻瓜”或“太空雾”。
- 已有大量研究检验了太空和太空模拟环境中的认知和表现。尽管其中许多研究受到被试数量较少的影响，并且显示出很大的个体间差异，但仍可以提炼出一些趋势，评论如下：
    - 尽管航天员在适应新环境的最初几周内可能会出现认知能力和绩效表现下降，但大多数下降的程度和持续性都不足以干扰任务目标。此外，航天员还会制定应对策略来减轻其影响。

  - ○ 尽管在长期记忆方面还需要做更多的研究，但垂直感、复杂的认知技能、学习能力和记忆能力通常在太空中保持完好。
  - ○ 神经功能影像学将各种行为与特定的脑区联系起来。
  - ○ 在度过太空任务的前三周后，在和平号空间站待了 438 天的 Valeri Polyakov 和在国际空间站待了 340 天的 Scott Kelley 在执行飞行任务期间均没有表现出明显的认知功能下降。然而，两人在着陆后不久就出现了认知能力下降，这表明重力转变可能对未来的火星着陆有影响。
- 俄罗斯 Pilot－T 研究表明，宇航员能够调动他们的心理资源以保持他们在复杂的对接任务中的绩效表现。

1.10 思想饕餮

1. 作为某项计划中的火星探索远征任务的首席工程师，您得到了一群太空亿万富翁企业家的支持。他们要求您在探索任务的设计中加入人工重力的可能性，以确保乘组人员在探索这颗红色星球时保持健康和活力。当前的任务方案包括在微重力环境下飞行七个月，在火星上待一年（火星重力为地球重力的 38%），然后在返回途中再次经历七个月的微重力环境。Valeri Polyakov 在和平号空间站上完成过 438 天的太空任务。但迄今为止，没有人像他那样体验过长时间持续的微重力环境生活。您需要进行什么样的初步研究来评估此任务对人造重力的需求？您将在哪里进行这些研究？如果您得出结论认为人工重力是必要的，您如何将其纳入任务设计中？可能会遇到哪些问题？

2. 假如您是国际空间站上的一名医生，一位在五天前抵达的新任务专家向您抱怨她无法入睡。经过询问，您了解到这是她首次进入太空，她对自己在微重力环境下的植物生长实验非常兴奋。她坦承自己会在小隔间里熬夜，并利用 iPad 的灯光分析她的新数据。她在早上和一天的其余时间都感到疲倦，她觉得自己还没有适应其他乘组人员遵循的工作/休息时间。她想要了解如何改善睡眠。您决定给她进行一个关于昼夜节律和睡眠的小讲座。在您的建议中会包含哪三个要点？您会建议她做出哪些行为上的改变？您会给她使用镇静催眠类的药物吗？

参考文献

[1] Kanas, N. A., & Fedderson, W. E. (1971). Behavioral, psychiatric, and sociological problems of long-duration space missions (NASA Technical Memorandum, NASA TM X-58067). National Aeronautics and Space Administration Manned Spacecraft Center. https://ntrs.nasa.gov/api/citations/19720008366/downloads/19720008366.pdf

[2] Dunlap,R. D. (1966). Psychology and the crew on Mars missions. Paper presented at the AIAA/AAS Stepping Stones to Mars Meeting, Baltimore, MD, March 28-30, pp. 441-445.

[3] Kolcum, E. H. (1970). International Space Station plan pushed. Aviation Week and Space Technology, 93, 12.

[4] Yuganov, Y. M., Krylov, Y. V., & Kuznetzov, K. S. (Eds.). (1969). Standards for noise levels in cabins of spacecraft during long-duration flights. In Problems of space biology (Trans.) (Vol. 7, NASA TT F-529, May 1969, pp. 296-303).

[5] Gerathewohl, S. J. (1959). Work proficiency in the space cabin simulator. Aerospace Medicine, 30, 722-735.

[6] Ebersole, J. H. (1960). The new dimensions of submarine medicine. New England Journal of Medicine, 262, 599-610.

[7] Hartman, B. C., & Flinn, D. E. (1964). Crew structure in future space missions. In Lectures in aerospace medicine (pp. 50-72). Brooks Air Force Base.

[8] Ruff, G. E. (1963). Psychological and psychophysiological indices of stress. In N. E. Burns (Ed.), Unusual environments and human behavior. Free Press of Glencoe.

[9] Wang, G. H. (1955). Brainstem reticular system and galvanic skin reflex. Federation Proceedings, 14, 158.

[10] Burch, N. R. (1969). A longitudinal study of behavior in the small human group (Grant NGR-44-068-003) (private circulation), November 26.

[11] Lacey, J. L., & Lacey, B. C. (1958). Verification and extension of the principle of autonomic response-stereotypy. American Journal of Psychology, 71, 50-73.

[12] Flinn, D. E., Monroe, J. T., Cramer, E. H., & Hagen, D. H. (1961). Observations in the SAM two-man space cabin simulator. Behavioral factors in selection and performance. Aerospace Medicine, 32, 610-615.

[13] Hagen, D. H. (1961). Crew interaction during a 30-day simulated space flight, preliminary study. SAM (School of Aerospace Medicine) Report (pp. 61-66).

[14] Li, Y., & Qu, L. (2021). Stress (including oxidative stress). In L. R. Young & J. P. Sutton (Eds.), Handbook of bioastronautics (pp. 239-253). Springer Nature Switzerland AG.

[15] Desai, R. I., Limoli, C. L., Stark, C. E. L., & Stark, S. M. (2022). Impact of spaceflight stressors on behavior and cognition: A molecular, neurochemi-

cal, and neurobiological perspective. Neuroscience and Biobehavioral Reviews, 138, 104676.

[16] Dinges, D. F. (2021). Behavioral health and performance: An overview. In L. R. Young & J. P. Sutton (Eds.), Handbook of bioastronautics (pp. 379-383). Springer Nature Switzerland AG.

[17] Henry, J. P. (1966). Biomedical aspects of space flight. Holt, Rinehart, and Winston.

[18] Berry, C. A. (1969). Apollo 7 to 11: Medical concerns and results. NASA TM X-58034.

[19] Berry, C. A., &Catterson, A. D. (1967). Pre-Gemini medical predictions versus Gemini flight results (NASA SP-138). Paper presented at Gemini Conference, Feburary 1-2.

[20] Berry, C. A., Coons, D. O., Catterson, A. D., & Kelly, G. F. (1966). Man's response to long-duration flight in the Gemini spacecraft (NASA SP-121). Paper prese nted at the Gemini Midprogram Conference, Feburary 23-25.

[21] Buyanov, P. B., & Terent'yev, V. G. (1968). Some clinical considerations in selecting astronauts for long flights. In Selected translations from aerospace medicine (Trans.) (JPRS 46751, October 28, pp. 152-157).

[22] Sisakyan, N. M., & Yazdovskiy, V. I. (1964). First group into outer space. In JPRS Manual (Trans.) (Vol. 2, No. 25).

[23] Kubis, J. F., & McLaughlin, E. J. (1967). Psychological aspects of space flight. Transactions of the New York Academy of Science, Series 11, 30(2), 320-330.

[24] Loftus, J. P., Jr., & Hammer, L. R. (1963). Weightlessness. In N. M. Burns, R. M. Chambers, & E. Hendler (Eds.), Unusual environments and human behavior. Free Press of Glencoe.

[25] Adey, W. R., Kado, R. T., & Walter, D. O. (1967). Computer analysis of EEG data from Gemini flight GT-7. Aerospace Medicine, 38, 345-359.

[26] Adey, W. R., Kado, R. T., & Walter, D. O. (1967). Analysis of brain wave records from Gemini flight GT-7 by computations to be used in a thirty-day primate flight. In A. H. Brown & F. G. Favorite (Eds.), Life sciences and space research, international space science symposium (seventh) (pp. 67-93). North-Holland Publishing Company.

[27] Sharpe, M. R. (1969). Living in space, the astronaut and his environment. Doubleday and Co., Inc..

[28] Simonov, P. V. (1969). Studies of emotional behavior of humans and animals

by Soviet psychologists. Annals of the New Your Academy of Sciences, 159, 1113-1121.

[29] Strickland, Z. (1970). Soyuz 9 medical reports puzzling. Aviation Week and Space Technology, 93, 51-53.

[30] Anon. (1970). Cosmonaut biomedical problems on Soyuz 9 mission detailed. Aviation Week and Space Technology, 93, 19.

[31] Bogachenko, V. P. (1970). State of psychic activity in subjects during prolonged confinement to bed. In Problems of space biology (Trans.) (Vol. 13, NASA TT-639, October, pp. 170-174).

[32] Marishchuk, V. L., Dzamgarov, T. T., Dem'yanenko, Y. K., Stupnitskiy, V. P., & Khvoynov, B. S. (1970). Stability of psychic functions during prolonged confinement to bed. In Problems of space biology (Vol. 13, NASA TT-639, October, pp. 175-183).

[33] Sorokin, P. A., Simonenko, V. V., & Korolev, B. A. (1970). Clinical observations in prolonged hypodynamia. In Problems of space biology (Vol. 13, NASA TT-639).

[34] Purakhin, Y. N., & Petukhov, B. N. (1968). Neurological changes in healthy humans subjected to two months of hypokinesia. In Space biology and medicine (Trans.) (JPRS 46456, Vol. 2, No. 3, pp. 79-85).

[35] Goshen, C. E. (1968). Prospects for a manned space laboratory. Industrial Medicine and Surgery, 37, 359-375.

[36] Eberhard, J. W. (1967). The problem of off-duty time in long-duration space missions. In L. Goldberger & R. R. Holt (Eds.), Experimental interface with reality contact (Vol. 2). NASA CR-96721.

[37] Davies, D. R. (1970). Monotony and work. Science Journal, 6, 26-31.

[38] Guedry, F. E. (1968). Some vesticular problems related to orientation in space. Acta Oto-Larynologica, 65, 174-185.

[39] Graybiel, A., Clark, B., & Zarriello, J. J. (1960). Observations on human subjects living in a "slow rotation room" for periods of two days. Archives of Neurology, 3, 55-73.

[40] Korobkov, A. V. (1969). Problems of scientific development of motor activity as an important principle of the psychological and physiological training of cosmonauts (Trans.). Environmental Space Sciences, 3, 1-5.

[41] Mader, T. H., Gibson, C. R., Pass, A. F., Kramer, L. A., Lee, A. G., et al. (2011). Optic disc edema, globe flattening, choroidal folds, and hyperopic shifts observed in astronauts after long-duration spaceflight. Ophthalmology,

118,2058-2069.

[42] Otto,C. (2021). The visual impairment intracranial pressure (VIIP) risk in spaceflight. In L. R. Young & J. P. Sutton (Eds.),Handbook of bioastronautics (pp. 641-673). Springer Nature Switzerland AG.

[43] Lee,J. K.,Koppelmans,V.,Pasternak,O.,Beltran,N. E.,Kofman,I. S.,et al. (2021). Effects of spaceflight stressors on brain volume,microstructure, and intracranial fluid distribution. Cerebral Cortex Communications,2,1-14.

[44] Marshall-Bowman,K.,Barratt,M. R.,& Gibson,C. R. (2013). Ophthalmic changes and increased intracranial pressure associated with long duration spaceflight: An emerging understanding. Acta Astronautica,87,77-87.

[45] Barratt,M. (2016). Space physiology and medicine. In D. P. Gradwell & D. J. Rainford (Eds.),Ernsting's aviation and space medicine (5th ed.,pp. 323-354). CRC Press.

[46] Barratt,M.,Baker,E. S.,& Pool,S. L. (Eds.). (2019). Principles of clinical medicine for space flight (2nd ed.). Springer Pub.

[47] Nicogossian, A. E., Williams, R. S., Huntoon, C. L., Doarn, C. R., & Schneider,V. S. (2016). Space physiology and medicine: From evidence to practice (4th ed.). Springer Pub.

[48] Clément, G. (2011). Fundamentals of space medicine (2nd ed.). Springer Pub.

[49] Buckey,J. C. (2006). Space physiology. Oxford University Press.

[50] Steller,J. G.,Blue,R. S.,Burns,R.,Bayuse,T. M.,Antonsen,E. L.,et al. (2020). Gynecological risk mitigation considerations for long-duration spaceflight. Aerospace Medicine and Human Performance,91,543-564.

[51] Goswami,N.,White,O.,Blaber,A.,Evans,J.,van Loon,J. J. W. A.,& Clément,G. (2021). Human physiology adaptation to alerted gravity environments. Acta Astonautica,189,216-221.

[52] Rummel,J. A. (1967). Circadian variation in human physiological variables. Biomedical Research Office. Document DB 61-67. Manned Spacecraft Center.

[53] Morey,R. L. (1971). Circadian rhythms-interaction of endogenous cycles as affected by prolonged existence in interplanetary spacecraft (private circulation).

[54] Mikushkin,G. K. (1969). Circadian rhythms and their importance in space biology and medicine (Trans.). Environmental Space Sciences,3,26-32.

[55] Folk,G. E. (1966). Introduction to environmental physiology. Environmental Extremes and Mammalian Survival (pp. 43-75). Lea and Febiger.

[56] Flinn,D. E. ,Flyer,E. S. ,& Holdrege,F. E. ,Jr. (1963). Behavioral and psychological studies in aerospace medicine. Annals of the New York Academy of Sciences,107,613-634.

[57] Frazier,T. W. ,Rummel,J. A. ,& Lipscomb,H. S. (1968). Circadian variability in vigilance performance. Aerospace Medicine,39,383-395.

[58] Adams,O. S. ,&Chiles,W. D. (1963). Prolonged human performance as a function of the work-rest cycle. Aerospace Medicine,34,132-138.

[59] Chiles,W. D. ,Alluisi,E. A. ,& Adams,O. S. (1968). Work schedules and performance during confinement. Human Factors,10,143-196.

[60] Rummel,J. ,Sallin,E. ,& Lipscomb,H. S. (1967). Circadian rhythms in simulated and manned space flight. Rassegna di Neurologia Vegetativa, 21, 41-56.

[61] Adams,O. S. ,&Chiles,W. D. (1960). Human performance as a function of the work-rest cycle (TR 60-248). Wright Air Development Division.

[62] Andrezheyuk, N. I. , Veselova, A. A. , Gurovskiy, N. N. , Dushkov, B. A. , Iseyev, L. R. , Kosmolinskiy, F. B. , Kozar, M. I. , Krutova, Y. M. , & Manovtsev,G. A. (1968). Effects of different work and rest routines on subjects kept in relative isolation. In Selected translations from aerospace medicine (Trans.) (JPRS 46751,October 28. pp. 52-63).

[63] Seminara,J. L. ,& Shavelson,R. J. (1969). Effectiveness of space crew performance subsequent to sudden sleep arousal. Aerospace Medicine, 40, 723-727.

[64] Weybrew, B. B. (1957). Psychological and psychophysiological effects of long periods of submergence. Analysis of data collected during a 265-hour, completely submerged, habitability cruise made by the U. S: S. Nautilus. Naval Medical Research Laboratory Report No. 281.

[65] Weybrew,B. B. (1961). Impact of isolation upon personnel. Journal of Occupational Medicine,3,290-294.

[66] Serxner, J. L. (1968). An experience in submarine psychiatry. American Journal of Psychiatry,1,25-30.

[67] Natani,K. ,Shurley,J. T. ,Pierce,C. M. ,& Brooks,R. E. (1970). Long-term changes in sleep patterns in men on the South Polar Plateau. Archives of Internal Medicine,125,655-659.

[68] Shurley,J. T. ,Pierce,C. M. ,Natani,K. ,& Brooks,R. E. (1970). Sleep and activity patterns at South Pole Station. Archives of General Psychiatry,22, 385-389.

[69] Rasmussen, J. E., & Haythorn, W. W. (1963). Selection and effectiveness considerations arising from enforced confinement of small groups. Paper presented at the AIAA Second Manned Space Flight Meeting, Dallas, TX.

[70] Gunderson, E. K. (1968). Mental health problems in Antarctica. Archives of Environmental Health, 17, 558-564.

[71] Cramer, E. H., & Flinn, D. E. (1963). Psychiatric aspects of the SAM two-man space cabin simulator (SAM TDR 63-27, September).

[72] Maulsby, R. L. (1966). Electroencephalogram during orbital flight. Aerospace Medicine, 37, 1022-1026.

[73] Walter, D. O., Kado, R. T., Rhodes, J. M., & Adey, W. R. (1967). Electroencephalographic baselines in astronaut candidates estimated by computation and pattern recognition techniques. Aerospace Medicine, 38, 371-379.

[74] Kanas, N., & Manzey, D. (2008). Space psychology and psychiatry (2nd ed.). Microcosm Press/Springer.

[75] Brainard, G. C., Coyle, W., Ayers, M., Kemp, J., Warfield, B., et al. (2013). Solid-state lighting for the International Space Station: Tests of visual performance and melatonin regulation. Acta Astronautica, 92, 21-28.

[76] Najjar, R. P., Wolf, L., Taillard, J., Schlangen, L. J. M., Salam, A., Cajochen, C., & Gronfier, C. (2014). Chronic artificial blue-enriched white light is an effective countermeasure to delayed circadian phase and neurobehavioral decrements. PloS ONE, 9(7), e102827: 1-e102827:10. https://doi.org/10.1371/journal.pone.0102827

[77] Hilditch, C. J., Feick, N. H., Wong, L. R., Bathurst, N. G., & Flynn-Evans, E. E. (2021). Blue-enriched light improves alertness and mood following abrupt awakening from slow wave sleep. In NASA Human Research Program Investigators Workshop (Poster Abstract), Feburary 1-4.

[78] Nechaev, A. P. (2001). Work and rest planning as a way of crew member error management. Acta Astronautica, 49, 271-278.

[79] Klerman, E. B., & Phillips, J. K. (2021). Modeling and entraining human capability in space. In L. R. Young & J. P. Sutton (Eds.), Handbook of bioastronautics (pp. 437-444). Springer Nature Switzerland AG.

[80] Basner, M., Dinges, D. F., Mollicone, D., Ecker, A., Jones, C. W., Hyder, E. C., Antonio, A. D., Savelev, I., Kan, K., Goel, N., Morukov, B. V., & Sutton, J. P. (2013). Mars 520-d mission simulation reveals protracted crew hypokinesis and alterations of sleep duration and timing. Proceedings of the National Academy of Sciences, 110(7), 2635-2640.

[81] Barger, L. K., Sullivan, J. P., Vincent, A. S., Fiedler, E. R., McKenna, L. M., Flynn-Evans, E. E., Gilliland, K., Sipes, W. E., Smith, P. H., Brainard, G. C., & Lockley, S. W. (2012). Learning to live on a Mars day: Fatigue countermeasures during the Phoenix Mars Lander Mission. Sleep, 35, 1423-1435.

[82] Barger, L. K., Flynn-Evans, E. E., Kubey, A., Walsh, L., Ronda, J. M., Wang, W., Wright, K. P., Jr., & Czeisler, C. A. (2014). Prevalence of sleep deficiency and use of hypnotic drugs in astronauts before, during, and after spaceflight: An observational study. Lancet Neurology, 13, 904-912. See also: https://humanresearchroadmap.nasa.gov/Gaps/gap.aspx?i=401

[83] Zhang, Y., Li, Z., Liu, X., Liu, F., Jing, X., & Wu, B. (2015). Simulated spaceflight operations under sleep deprivation and confinement. Aerospace Medicine and Human Performance, 86, 865-874.

[84] Connaboy, C., LaGoy, A. D., Johnson, C. D., Sinnott, A. M., Eagle, S. R., et al. (2020). Sleep deprivation impairs affordance perception behavior during an action boundary accuracy assessment. Acta Astronautica, 166, 270-276.

[85] Jones, C. W., Basner, M., Mollicone, D. J., Mott, C. M., & Dinges, D. F. (2022). Sleep deficiency in spaceflight is associated with degraded neurobehavioral functions and elevated stress in astronaut on six-month missions aboard the International Space Station. Sleep, 45, 1-9. https://doi.org/10.1093/sleep/zsac006

[86] Barger, L. K., Dinges, D. F., & Czeisler, C. A. (2021). Sleep and circadian effects of space. In L. R. Young & J. P. Sutton (Eds.), Handbook of bioastronautics (pp. 445-453). Springer Nature Switzerland AG.

[87] Phillips, T. (2017). Wide awake on the sea of tranquility. Science@NASA, August 6. https://www.nasa.gov/exploration/home/19jul_seaoftranquillity.html

[88] Alexander, D. J. (2021). Illnesses seen in spaceflight. In L. R. Young & J. P. Sutton (Eds.), Handbook of bioastronautics (pp. 573-592). Springer Nature Switzerland AG.

[89] Baskin, P., & Dukes, C. (2022). An overview of fatigue management service at NASA Johnson Space Center. (Aerospace Medical Association Scientific Meeting Abstract # 113). Aerospace Medicine and Human Performance, 93, 189.

[90] Mollicone, D. J., van Dongen, H. P. A., & Dinges, D. F. (2007). Optimizing sleep/wake schedules in space: Sleep during chronic nocturnal sleep restriction with and without diurnal naps. Acta Astronautica, 60, 354-361.

[91] Casale,C. E. ,& Goel,N. (2021). Genetic markers of differential vulnerability to sleep loss in adults. Genes,12,1317. https://www.ncbi.nlm.nih.gov/pmc/articles/PMC8464868/

[92] Spaeth,A. M. ,Dinges,D. F. ,& Goel,N. (2015). Phenotypic vulnerability of energy balance responses to sleep loss in healthy adults. Scientific Reports, 5,14920. https://www.ncbi.nlm.nih.gov/pmc/articles/PMC4597338/

[93] Otsuka,K. ,Cornelissen,G. ,Furukawa,S. ,Kubo,Y. ,Shibata,K. ,Mizuno, K. ,Ohshima,H. ,& Mukai,C. (2021). Astronauts well-being and possibly anti-aging improved during long-duration spaceflight. Scientific Reports,11, 14907. https://www.nature.com/articles/s41598-021-94478-w

[94] Garrett-Bakelman,F. E. ,Darshi,M. ,Green,S. J. ,Gur,R. C. ,Lin,L. ,et al. (2019). The NASA Twins Study: A multidimensional analysis of a year-long human spaceflight. Science, 364, 1-52. https://www.ncbi.nlm.nih.gov/pmc/articles/PMC7580864/

[95] Hupfeld,K. E. ,McGregor,H. R. ,Reuter-Lorenz,P. A. ,& Seidler,R. D. (2021). Microgravity effects on the human brain and behavior: Dysfunction and adaptive plasticity. Neuroscience and Biobehavioral Reviews, 122, 176-189.

[96] Mhatre,S. D. ,Iyer,J. ,Puukila,S. ,Paul,A. ,Tahimic,C. G. T. ,et al. (2022). Neuro-consequences of the spaceflight environment. Neuroscience and Biobehavioral Reviews,132,908-935.

[97] Roy-O'-Reilly,M. ,Mulavara,A. ,& Williams,T. (2021). A review of alterations to the brain during spaceflight and the potential relevance to crew in long-duration space exploration. npj Microgravity,7,5. https://doi.org/10.1038/s41526-021-00133-z

[98] Zu Eulenburg,P. ,Buchheim,J.-I. ,Ashton,N. J. ,Vassilieva,G. ,Blennow, K. ,Zetterberg,H. ,& Choukér,A. (2021). Changes in blood biomarkers of brain injury and degeneration following long-duration spaceflight. JAMA Neurology,78,1525-1527.

[99] Doroshin,A. ,Jillings,S. ,Jeurissen,B. ,Tomilovskaya,E. ,Pechenkova,E. ,et al. (2022). Brain connectometry changes in space travelers after long-duration spaceflight. Frontiers in Neural Circuits,16,1-10.

[100] Hupfeld,K. E. ,Richmond,S. B. ,McGregor,H. R. ,Schwartz,D. L. ,Luther,M. N. ,et al. (2022). Longitudinal MRI-visible perivascular space (PVS) changes with long-duration spaceflight. Scientific Reports,12,7238. https://doi.org/10.1038/s41598-022-11593-y

[101] Stahn,A. C. ,& Kühn,S. (2021). Brains in space: The importance of understanding the impact of long-duration spaceflight on spatial cognition and its neural circuitry. Cognitive Processing,22(Suppl 1),S105-S114.

[102] Reschke,M. F. ,& Clément,G. (2018). Verbal reports of neurovestibular symptoms in astronauts after short-duration space flight. Acta Astronautica, 152,229-234.

[103] Nelson,G. A. (2021). Space radiation: Central nervous system risks. In L. R. Young & J. P. Sutton (Eds.),Handbook of bioastronautics (pp. 313-327). Springer Nature Switzerland AG.

[104] Yerkes,R. M. ,& Dodson,J. D. (1908). The relation of strength of stimulus to rapidity of habit formation. Journal of Comparative Neurology and Psychology,18,459-482.

[105] Griko,Y. V. ,Loftus,D. J. ,Stolc,V. ,& Peletskaya,E. (2022). Private spaceflight: A new landscape for dealing with medical risk. Life Sciences in Space Research,33,41-47.

[106] Hockey,G. R. J. (1997). Compensatory control in the regulation of human performance under stress and high workload: A cognitive-energetical framework. Biological Psychology,45,73-93.

[107] Mammarella,N. (2020). Towards the affective cognition approach to human performance in space. Aerospace Medicine and Human Peformance, 91, 532-534.

[108] Welch,R. B. ,Hoover,M. ,& Southward,E. F. (2009). Cognitive performance duringprismatic displacement as a partial analogue of "space fog". Aviation,Space,and Environmental Medicine,80,771-780.

[109] Strangman,G. E. ,Sipes,W. ,& Beven,W. (2014). Human cognitive performance in spaceflight and analogue environments. Aviation,Space,and Environmental Medicine,85,1033-1048.

[110] Strangman,G. E. ,Gur,R. C. ,& Basner,M. (2021). Cognitive performance in space. In L. R. Young & J. P. Sutton (Eds.),Handbook of bioastronautics (pp. 399-405). Springer Nature Switzerland AG.

[111] Tays,G. D. ,Hupfeld,K. E. ,McGregor,H. R. ,Salazar,A. P. ,De Dios,Y. E. ,et al. (2021). The effects of long duration spaceflight on sensorimotor control and cognition. Frontiers in Neural Circuits,15(723504),1-14. https://doi. org/10. 3389/fncir. 2021. 723504

[112] Takács,E. ,Barkaszi,I. ,Czigler,I. ,Pató,L. G. ,Altbäcker,A. ,McIntyre,J. ,Cheron,G. ,& Balázs,L. (2021). Persistent deterioration of visuospatial

performance in spaceflight. Scientific Reports, 11, 9590. https://www.nature.com/articles/s41598-021-88938-6

[113] Charles, J. B., & Pietrzyk, R. A. (2019). A year on the International Space Station: Implementing a long-duration biomedical research mission. Aerospace Medicine and Human Performance, 90, 4-11.

[114] Manzey, D., Lorenz, B., & Poljakov, V. (1998). Mental performance in extreme environments: Results from a performance monitoring study during a 438-day spaceflight. Ergonomics, 41, 537-559.

[115] Zwart, S. R., Mulavara, A. P., Williams, T. J., George, K., & Smith, S. M. (2021). The role of nutrition in space exploration: Implications for sensorimotor, cognition, behavior and the cerebral changes due to the exposure to radiation, altered gravity, and isolation/confinement hazards of spaceflight. Neuroscience and Biobehavioral Reviews, 127, 307-331.

[116] Schastlivtceva, D., Kotrovskaya, T., Bubeev, Y., Dudukin, A., Chekalina, A., & Johannes, B. (2021). Selected Russian contributions to spaceflight. Part 4: Russian space experiment "PILOT-T". In L. B. Landon, K. J. Slack, & E. Salas (Eds.), Psychology and human performance in space programs (Extreme application) (Vol. 2, pp. 279-300). CRC Press.

第二章　太空中的生活与工作

心理问题是选拔航天员、保持任务期间的健康状况以及返回地球后的重新适应过程中至关重要的组成部分。正如第一章中提到的，Yuri Gagarin 在 1961 年 4 月 12 日成为第一个进入太空的人。然而，在此之前，人们已经对在其他隔离和密闭环境中工作的个体的行为反应表现出了极大的兴趣，这些研究不仅可以揭示特定隔离和密闭环境的情况，还可以为未来的人类太空任务提供支持和改进的思路。与太空任务相比，这些研究的时间更长、成本更低，并且能够在相对更安全的地球环境中控制关键变量。

本章(以及第三章和第四章)将研究生活在太空中的人们的个体反应，不仅包括太空研究所获得的信息，还包括在其他隔离与密闭环境中进行的研究。本章将讨论适居性和工作问题、时间对航天员心理状态的影响以及航天员心理状态如何随任务进行而变化。第五章将讨论在太空中以小组和团队形式工作的人们的反应。

2.1　档案：行为问题[1]

在本节中，我们将考虑隔离和密闭环境对工作的影响，特别是与南极和潜艇任务相关的环境，还包括本杰明·富兰克林号潜水艇和美国空军航空医学院的两人模拟太空舱等环境。航空医学院还有一个单人模拟太空舱被用来研究隔离和密闭环境对个人的影响。这些先驱性研究的发现不仅对未来的太空任务有价值，而且为后来进行的更接近太空环境的模拟研究铺平了道路。本节还介绍了任务阶段的概念，其与时间相关。本节重点介绍了 J. H. Rohrer 提出的模型，并强调了下半程模型和第三季现象模型。

——NK

2.1.1　密闭、隔离和单调环境(同样参见本书 3.5.1 节)

2.1.1.1　南极研究

Pope 和 Rogers[2] 对 13 名科学家进行了一项研究。这些科学家在阿拉斯加的危险环境下穿着雪鞋行走了十天。他们发现，其中表现最好的人将科学动机而不是冒险和友谊列为最重要的因素。长途跋涉的单调性导致了人们之间十分冷漠，但那些能够专注于任务中的科学研究的人表现最好。研究还发现了心理状态与体型的相关性。那些又矮又胖又壮的男人一开始心情很郁闷，但第六天之后心情就明显出现好转。相比之下，个子高而瘦的人在一开始精神状态良好，但到了第六天之后就变得精神萎靡,开始变得冷漠了起来。任务过程中没有明显的摩擦、争斗或小群体的形成,Pope 和 Rogers[2] 将这归因于一位精神科医生的存在,"他允许人们宣泄敌意,从而使这些敌意不会累积并宣泄到组内其他成员身上。"然而,仍有一名成员出现了精神问题,需要进行紧急心理治疗。

Smith[3] 报告了一次七人的南极探险。他发现,人们对于单调和无聊有五种反应:普遍的幻想,对外部成员(例如补给飞机上的机组人员)敏感并持批评态度,渴望出现变化甚至是那些破坏性的变化(例如卡车故障),对熟悉声音的错误解读,以及倾向于选择那些在物理距离上相对遥远的人作为未来旅行的伴侣。

2.1.1.2 潜艇研究

在一项鹦鹉螺号任务中,Weybrew[4] 报告说,人们从第 6 天到第 8 天表现出了良好的适应能力,但在此之后,肌肉紧张、失眠、头痛和动机缺乏等症状逐渐开始增加。该任务在 11 天后结束,因此无法得出进一步的结论。在 1958 年历史性的跨极航行中,鹦鹉螺号潜艇在水下待了 1 个月。Kinsey[5] 生动地描述了这艘潜艇的情况。潜艇上的工作人员享受到了很好的食物,潜艇上有洗涤和沐浴设施,有来自自动点唱机和高保真录音机的音乐,还有包括从《花花公子》到技术书籍等的各种阅读材料,还可以看电影、玩纸牌游戏,看国际象棋锦标赛,还会举办一些可以提供讨论和创造性思维的竞赛活动。此外,自封的恶作剧者、嬉戏和一份"丑闻小报"提供了释放紧张的出口并创造了许多幽默。总体而言,跨极航行任务中人们保持着极高的士气,并且几乎没有遇到困难。毫无疑问,这次航行的历史性性质有助于船员们保持强烈的高动机。

在 1960 年海神号为期 83 天的航行中,40 名工作人员每日填写一份调查问卷,该问卷描述了 50 种行为,例如"紧张""快乐""无法集中注意力"等,他们的评分从 0 分("一点也不像我")到 9 分("完全像我")不等。这些因素包含六个与大气相关的协变量(氧气、氢气、二氧化碳、一氧化碳、氟利昂和气压水平)。对这些问卷的分析得出了一些有趣的结果[6,7]。任务开始 10 天后,个人积极性和团体士气稳步下降,思乡之情增加。研究人员发现,士气在空闲时间时最高,而在每周的"清理日"(即对船舶进行彻底清理时)最低。当接近登陆时以及在航行的最后两周期间,工作人员的士气也很高。在实行禁烟令期间,士气相当低落。在任何一天,都有大约 25% 的工作人员报告出现头痛的症状。随着任务的推进,工作人员的紧张感、烦躁感和睡眠困难程度逐渐增加,但这些困难从未成为严重的问题。同时,工作人员的时间感知逐渐变得不那么准确。在任务期间,有三人出现需要药物治疗的焦虑反应,有一人表现出强迫性思维和妄想。没有人报告出现任何幻觉。Kubis 和 McLaughlin[8] 总结了这些结果:"长时间潜艇航行的影响表现为紧张、头痛和睡眠困难的增加。在一项为期 79 天的士气研究中,在水下核潜艇海神号任务期间,人们的负面情绪明显增加,包括易怒、恼怒、兴趣减弱、想放弃、无聊、僵硬、不舒服和沮丧的情绪"。尽管出现了这些困难,但工作人员仍然保持了不错的绩效表现,任务也取得了成功。

海狼号潜艇的环境条件与鹦鹉螺号相似。尽管没有进行任何正式测试，在海狼号潜艇的 60 天任务期间，船员们保持忙碌且具有高度积极性，没有证据表明他们出现了心理或精神疾病。Ebersole[9] 报告了一项有趣的释放紧张氛围的活动，称为“pinging”。在这个游戏中，一名水手(称为“pinger”)将就某个敏感话题戏弄另一名水手(称为“pingee”)。如果他能引起对方的愤怒反应，他就赢得了这个游戏。Ebersole 还描述了一种“航道热”(即 channel fever)的现象，即一种在航行结束时出现的轻度失眠和食欲减退，这是由于对即将上岸的期待所引发的焦虑所导致的生理反应。Ebersole 这样总结这次经历[9]：“巡逻结束时，分队长的普遍看法是，船员的整体警觉性和反应时间略有下降，但这并不影响战斗表现。”

Weybrew[4] 报告了一项“隐藏行动”(Operation Hideout)的研究，该行动在美国海军潜艇黑线鳕号上对 22 名男性进行了为期 60 天的封闭训练。尽管这些人被隔离在潜艇上，但并没有尝试模拟实际的操作条件。研究发现，心理运动效率在第一周后略有下降，协调性在第二周后下降。其他结论如下[4]：“动机逐渐下降；紧张感略有增加；焦虑程度有所减轻，但一直维持在很高的水平；睡眠质量在研究初期下降，但逐渐有所提高；整体警觉性下降。”

Serxner[10] 在北极星号潜艇的两次巡航中担任医疗官，他报告称有 5%的人因心理或精神问题接受治疗……潜艇上丰富的活动计划防止了活动匮乏成为应激源，但与家人的分离是重要的影响因素。海报、粗俗的谈话和对性想法的关注表明了性释放的迹象……Serxner 还指出[10]：“有些人自愿充当娱乐者或通过富有高度想象力的玩笑来‘提高士气’，并以此来提升他们值班小组(或整个船组)的士气。”他还注意到一些人际冲突。

Weybrew[7] 综述了多项潜艇研究的文献，并提出了几个观点。尽管真正的幽闭恐惧反应很少见，多达 20%的潜艇船员将密闭视为潜艇生活中最糟糕的方面。由于条件的限制，潜艇环境并不能真正地剥夺感官刺激；然而，在第二次世界大战期间，在深水炸弹攻击时的“静默行进”期，潜艇船员仍出现了严重的神经症和精神病学反应。然而，潜艇中存在的危险和高温可能与感官剥夺共同引起这些反应。时间观念似乎与群体士气和昼夜节律的消失有关。一种常见的士气提升方法是记录离任务结束的日子。潜艇船员通常将社交和遵从动机排在前面。小团体的形成往往基于等级专业性(厨师、机工等)。这些小团体发展过程中往往拉帮结派，并成为身份认同的基础。事实上，良好的身份和角色概念对于保持高士气和效率是必要的。最后，领导是维持高士气的重要因素。

回顾潜艇和南极研究的数据，研究人员还发现了一些与时间进程相关的问题。总体而言，参与者的表现仍然足够满足任务需求。但 Flinn 等人[11] 也观察到了这一现象：“在潜艇环境下进行的实验中，受到密切监控的处于密闭条件下的群体……已经表现出严重的人际摩擦、单调以及士气和动机的下降。尽管存在这些问题，但人们的绩效表现总体上仍保持较高水平，这使我们有理由对人类在严格密闭条件下的心理适应能力感到乐观。”

2.1.1.3 太空模拟研究

为期 30 天的 Ben Franklin 号潜水器研究[12]证明了随着时间的推移，6 名船员的社交退缩趋势和对隐私的需求不断增加。当任务进行到一半时，船员与地面人员在程序问题上发生了分歧。船员出现抑郁情绪和“幸福感”明显丧失的情况，而且他们的工作熟练度也受到了不利影响。

与单人实验中的观察结果相反，航空医学院的两人模拟太空舱研究中的观察结果没有显示出严重的知觉扭曲或心理畸变。然而，大约一半的人经历了轻微的短暂感知问题，但另一名乘组人员的存在极大地帮助了他们可以一致评估这种感知是虚幻的。在这些实验中，单调是一个重要的压力源。对于乘组人员来说，时间似乎过得很慢，盯着钟表看和划掉过去的日子是很受欢迎的活动。乘组人员通过回忆、幻想、阅读或打瞌睡来打发时间。根据 Cramer 和 Flinn[13]的说法，这种单调是一个严重的问题：“执勤期间的单调普遍存在，并且可能是成功太空飞行的最显著的心理威胁。许多飞行员都是以活动为导向的人，他们习惯于积极地应对生活，而不是通过反思和沉思。”一个可能的解决方案是选择那些容易产生幻想的人作为乘组人员。最后，在密闭的条件下，乘组人员表达了进行体育活动（例如打保龄球）的愿望，这也是常见的释放压力的方式。

在洛克希德公司（Lockheed）为期 15 天的模拟器研究中，两个乘组（每组 5 人和 6 人）接受了广泛的绩效和心理生理测试[14]。随着时间的推移，他们的绩效会出现一些下降，这可能是无聊和动机下降的结果。然而，所有乘组人员在整个研究过程中都保持了“可接受的测试水平”。唤起水平的下降也很明显，这可能也是由动机下降和单调引起的。北美航空公司（North American Aviation）进行的 3 人、为期 17 天的模拟器测试中也发现了类似的结果[15]。

Ruff 等人[17]报告了一系列 5 人、为期 5 天的密闭研究。他们发现，在这么短的密闭时间内，乘组人员的表现很好，士气也很高。然而，投射测试显示出一种退行性行为、一些自我损害和敌对情绪的倾向。因此，仅公开表达的行为并不总是能反映整体情况。

Dushkov 等人[17]描述了苏联的一些模拟研究，涉及总共 80 名被试，模拟研究的时长从 12 小时至 70 天不等。这些模拟研究的条件如下：“所有研究都模拟了某些太空飞行任务中的因素，即有限的空间和有限的运动（hypodynamia）、与社会环境的相对隔离、孤独（或作为 2 或 3 人的小团体中的一分子），不舒服的位置，周围环境的单调和千篇一律，不寻常的食物，以及最后，（不舒服的）特殊生活条件和活动（主要是监测仪器）。”在研究的最初 10 天内，人们的思维效率下降，联想不足，反应潜伏期延长。然而，这些能力很快就稳定下来并逐渐恢复到基线水平。随着研究的开展，被试情绪稳定性的逐渐下降和疲劳的增加变得明显。最后,荷尔蒙和生理数据显示大多数研究(尤其是较长时间的研究)中均有压力的存在。

Gerathewohl[18]报告了一项涉及 3 个被试的太空舱模拟器研究。为了衡量绩效,受试者接受了 Kraepelin 的工作绩效测试,其本质上是一种对动机和态度非常敏感的连续加法测试。总体而言,被试的分数随着时间的推移而提高,表明学习没有受到损害。然而,虽然总正确数量增加了,但错误和更正的数量也增加了。随着时间的推移,被试变得更加烦躁,尽管这种公然的敌意并没有干扰任务。这项研究的一个有趣的方面是 Kraepelin 测试所提供的士气提升。被试期待着将其作为单调日常生活中的日常休息活动,并且他们本着竞争和娱乐的精神参与其中。

此外,Burnazyan 等人[19]介绍了一项为期一年的密闭隔离研究,被试们生活在密闭生态系统中,水、空气和部分食物由该密闭生态系统生成。被试在参与这项研究之前已经接受过测试,表明了他们的心理互容性。在整个研究中,被试们能很好地忍受密闭隔离条件,充分发挥他们的所有技能并维持研究中的各种生命支持系统。不仅没有人出现心理问题,被试们的相互理解和合作水平也不错。

2.1.1.4 概　论

以上研究显示了一些有趣的趋势。密闭、孤立和单调的环境会引发行为和精神问题。此外,人际压力开始产生,并出现了自发性的补偿行为,以缓解这些压力(例如向外界监控人员或补给飞机表达敌意)。尽管这些问题会随着时间的推移而变得更加严重和频繁,但参与人员的绩效水平仍足以完成大部分任务。这似乎与动机有关,如果人们的动机足够强烈,他们就可以忍受各种压力来完成任务。因此,在长时间的太空任务中,保持乘组人员的士气和动机水平非常重要。否则将出现 Wise[20]描述的另一种情况:“乘组人员适应太空飞行的能力会随时间的推移而下降,对任务、环境和使命的兴趣将减少。任务可能将失去目标和意义。因此,乘组人员可能会出现抑郁、缺乏动力、情绪耗竭和越来越易怒。”

2.1.2 对隔离环境的反应阶段(Rohrer)

Rohrer[21]回顾了许多南极和潜艇研究的文献,并总结了人们对隔离环境的三阶段反应。其他作者[2,22,23]也对此理论表示认可。

第一阶段是高度焦虑期,发生在任务的最初几天,并且取决于每个人感知到的危险程度。Rohrer 认为,这一阶段容易出现精神病发作。他引用了一项研究[24],该研究发现所有因精神原因从南极地区撤离的人在“上冰”后 1 周内都出现了精神病发作。Rohrer 表示,工作是南极和潜艇上用来减少焦虑的一种方法。

第二阶段是抑郁期。这个阶段占据了最长的时间,它发生在人们安顿下来之后开始进行日常工作时。在这段时期,抑郁症的总量在稳步增加。Rohrer 认为这是由于隔离导致社会角色减少进而产生的压抑感而造成的。他指出[21]:“在隔离环境下,个人所拥有的唯一社会角色与其职业相关。他们暂时失去了'丈夫''兄弟''父亲''俱乐部成员'等社会角色,以及他在正常社会中扮演的所有其他角色,这是一种强烈的剥夺感。”

最后一个阶段是期待期。这发生在任务结束时。Rohrer 将其描述如下[21]:“它的特点是情感表达增加,与其他时期的不同之处在于会发生很多预期性行为。而且,正是在这个时候,人们很有可能出现攻击性行为。这可能是抑郁期压抑过程减轻的结果。” 也正是在这个时候,公开的敌意可能会变得明显,人们通常表现得像青少年一样。工作不如以前精确,错误也较多。

这些阶段的变化对于研究长期太空任务具有重要意义,因为它们描述了飞行任务的不同阶段可能会出现的一些问题。令人特别感兴趣的是最后一个阶段,在这一阶段中人们的工作量有所减少。长时程太空飞行中最关键的部分也许将是结束阶段,此时,人们必须执行复杂的轨道和着陆程序。因此,乘组人员必须处于最佳状态,否则,失误可能会造成严重的后果。因此,研究人员必须进一步探索并找到在这个重要时间段保持乘组人员警觉和以任务为导向的方法。

2.2 近地轨道任务中的心理压力

在地月空间内执行的在轨任务会产生许多心理和人际应激源和压力。表 2.1 列出了心理应激源的一些心理后果,近地任务的人际后果将在第五章中讨论。表 2.1 中的一些问题已在第一章中进行了讨论,其他问题将在本章接下来的内容或在后面的章节中进行更详细的讨论。

表 2.1 近地太空环境中的心理应激源与压力

心理应激源	心理压力
微重力	对大脑的心理生理影响
隔离和密闭条件	对新环境的适应
潜在或突发的危险	需要保持高度警惕
对生命支持系统的依赖增加	需要时时监控(生命维持)设备
适居性问题(噪声、振动)	身体上的不适
工作负荷(非常忙碌或单调)	工作压力或无聊
时间影响:任务持续时间长	任务不同阶段影响心理状态
与家人和朋友的分离(第四章)	想家、孤独
人格冲突(第五章)	精神反应(第三章)
返回并重新适应地球(第四章)	家庭团聚、名誉与荣耀(第四章)

2.3 最初的适应

在微重力、隔离、密闭、危险和必须依赖生命维持设备的环境下生活和工作

(见图 2.1)可能会令人感到痛苦。许多航天员在熟悉新环境时需要时间来适应远离家人和朋友的孤独感。他们必须习惯看到同事浮肿的脸,并习惯应对太空中的身体挑战。在任务期间,任何时候都可能发生微小流星撞击、重要设备故障、火灾,或者与对接航天器的碰撞事故[25](见图 2.2)。乘组人员必须对这些保持警惕,并注意监控他们的设备。在这些危机期间,乘组人员需要保持高度警觉,这与他们在单调时期经历的无聊感形成了对比。

图 2.1　航天员在国际空间站加拿大臂二号的末端进行舱外活动。太空给航天员带来了在执行任务期间必须适应的独特挑战(图片来源:NASA)

图 2.2　在太空中存在着许多真正的危险。在 1997 年 6 月 25 日,在对接过程中与进步号补给航天器相撞后,和平号空间站及其太阳能电池板(右侧)受到了损坏。"在这张中程照片(medium range photograph)中,俄罗斯的和平号空间站背景是蓝白相间的地球,这是 NASA 航天飞机的机组成员在最后一次飞行中记录下来的……"(来源:图片和引述的描述来自 NASA)

在和平号空间站计划期间,美国航天员的职责并不明确,在某些情况下,他们被视为客人而不是其他乘组人员。航天员 Norm Thagard 也表达了同样的观点,他抱怨自己的工作量不足,而且与俄罗斯宇航员在社交上存在隔阂[25]。一些美国人的俄语并不流利,这也加剧了这种文化孤立感[26]。航天员 John Blaha 在抵达和平号空间站后报告了由于孤独感和与妻子的分离而产生的抑郁和思乡的症状[25,27]。但随着任务的继续，他逐渐适应了这种情况。

Suedfeld 等人[28]对 63 名航天员和宇航员的回忆录、访谈和口述历史进行了分析，发现处于少数群体地位的乘组成员并没有对占据多数地位且来自不同国家的“东道主”乘组成员抱有不良情绪。相反，他们表达的任何不满都是针对“东道主”机构所设定的外国人程序或他们所属的组织没有充分准备好的情况。

2.4 适居性

适居性是指环境与人类之间的物理交互。当居住区布置得环境宜人、在轨设备和显示器易于使用且照明和噪音最适合人类舒适度时，居住于此的人们的幸福感就能得到提高。而相反的情况便可能导致干扰和痛苦。因此，航天器内环境的性质对人类心理和绩效表现起着重要作用。乘组人员是整个系统的重要组成部分，应优先考虑他们的需求。

在设计人类在太空的栖息地时，采用了人类系统集成（Human Systems Integration，简称 HSI）原则。该原则被定义为“一个跨学科的技术和管理流程，用于设计和开发能够有效且经济地整合人类能力和局限性的系统”[29,p.205]。在这个过程中，首先需要评估设计要素的需求，然后定义其适用的情景，制定设计方案，然后评估其有效性。如果设计成功，完成的要素将被纳入整个系统中。这种方法已被用于设计国际空间站、猎户座宇宙飞船以及计划的火星探险等远程探索活动[29]。后者的一个例子是“活动指南”（Playbook）程序，这是一个用户友好、移动设备适用的综合软件，允许乘组人员动态地重新规划和执行所分配的任务，而不依赖于地球上的指令。因为从地球到火星的距离可能会有 10～20 分钟的通信延迟，或者当太阳位于地球和火星轨道之间时，无法获得通信指令[29]。

一般来说，太空栖息地应包括可以看到外部且宜人的配色方案、降低过多的噪声和振动以保证乘组人员的睡眠和内心的平静感、有隐私和个人空间、有足够的灵活性以使乘组人员能根据自身需求定制个性化空间，并且合理安排设备和工作区域。同时，栖息地还应有足够的工作站来执行所需的维护操作和实验室活动，并留出空间用于锻炼和休闲。表 2.2 列出了一些在载人航天任务中会影响心理状态的重要适居性因素。

表 2.2 在太空中具有重要心理影响的适居性因素

总体布局：通道、公共/私人空间、窗户、室内装饰、上/下方位提示
环境因素：噪声、振动、照明、温度、空气质量、辐射屏蔽
居住区：隐私、睡眠安排、储物、卫生间和淋浴设施
健康管理：就餐区、食品系统、运动设施、垃圾区、医疗设施
工作站：显示器、人机界面、工具设计/放置、机器人
舱外活动：宇航服、穿脱区

个人宿舍提供的个人和私密空间是一个重要问题。长期太空任务的重要心理社会应激源之一就是缺乏隐私和他人的持续存在。其他模拟环境中已经报道了这一应激源会影响个人的幸福感。对个人空间的需求因人而异,并且会受到文化因素的影响。这使得研究人员很难提出一般性的建议[30]。例如,来自人口稠密的亚洲的个体可能比来自更加个人主义的西方的个体更能接受共享空间。但总的来说,定期远离其他乘组人员似乎是生活在密闭群体中的一种健康的应对策略,因此,应该为每位乘组人员提供私人宿舍[31]。

自从东方号和水星号飞船首次进入轨道以来,观察外界就受到了航天员和宇航员的重视[32]。窗户可以通过减少感官单调、隔离和密闭感来促进人们的幸福感。窗户还可以防止幽闭恐惧反应的发生[32]。因此,在太空栖息地这样的密闭环境中,窗户被视为保持心理健康不可或缺的元素。

参与水星计划的七名航天员都是飞行员,他们极力争取安装窗户以帮助他们操纵飞船[33]。事实证明,当航天员看到地球的壮丽景象时,窗外的风景还可提升士气(见第 3.1 节和第 3.2 节)。在 211 天的"礼炮 6 号"任务中,俄罗斯宇航员 Valentin Lebedev 描述了通过礼炮号空间站的舷窗俯瞰地球的放松作用[34]。在太空待了两个月后,他写道:"驾驶变得越来越困难。向外观光可以让我保持平静。"[34,p.15] Kelly 和 Kanas[35] 的调查结果支持了这一描述。他们对 54 名曾在太空中飞行的航天员和宇航员做了调查,发现在太空任务中,"观光"活动被认为非常重要。

另一个心理上重要的适居性因素是室内装饰,它可以弥补太空栖息地中有限的环境线索。尽管缺乏实证研究,但有轶事证据表明,室内装饰(例如配色方案、纹理、图片、清洁度)可能会影响长期隔离和密闭环境下的个人幸福感[31,36]。然而,Kanas 和 Manzey[37] 指出,室内装饰应避免使用多种不同的颜色,因为这可能会在一段时间后导致视觉过度饱和。此外,深色和高饱和度颜色的使用应仅限于小区域。最适宜的室内环境是使用有限的中等亮度和饱和度的颜色,例如肉桂色、米色、奶油色、玉米色、稻草色、象牙色、白色、浅黄色和蓝色[37]。

鉴于微重力环境下,太空中缺乏重力线索,但视觉线索有助于增强方向感,因此室内装饰可以用色彩提供清晰的上下方向,并在舱内的移动导航中提供帮助。此外,还可以通过不同的颜色来支持工作区域和生活区域的不同心理功能。Raybeck[30] 建议在工作区域使用兴奋性的颜色(例如红色、橙色、黄色),在休息区使用镇静性的色彩(例如绿色、蓝色)。

Clearwater 和 Coss[38] 讨论了 NASA - Ames 研究中心的一个研究领域,他们称其为"功能美学",并将其定义为"将科学、工程和艺术融合,以确保在特殊的太空飞行条件下生存环境既具备功能性又具备美学性,以支持人类的福祉和生产力"[38,p.331-332]。他们的研究重点是那些影响感知适居性的室内装饰元素,如颜色、照明、图形和表面材料。其中的一项研究表明,在长期太空任务中,描绘广袤的地球景观的图片可能有助于提高人们的心理健康,尽管这也可能引发人们对家园的轻微怀旧情节。未来的研究需要在隔离和密闭条件下对特定室内设计元素的偏好及其对人类行为和绩效表现的影响进行研究。对于多元文化的航天队伍,还需要考虑室内装饰领域可能存在的文化差异。

工作站的恰当设计可能有助于减少乘组人员在操作任务中的错误。Kanas 和 Manzey[37]指出,虽然这种设计的某些方面必须考虑太空中的特定限制(例如,需要约束系统来固定在微重力环境下工作的航天员的位置),但其他方面涉及的是人机交互的一般问题,与在地球上的应用场景并无不同(例如,显示设计的兼容性原则或软件可用性方面的问题)。在太空中,尤为重要的是乘组人员与计算机之间的互动界面,即所谓的人机交互(Human - Computer Interaction,简称 HCI)[39]。当这个界面设计不良时,乘组人员很难输入、导航、访问和理解信息。这可能造成认知负荷过低(导致警觉度低下和厌倦)或认知负荷过高(导致混乱和压力)的情况发生。

Rochlis 和 Love[40]指出,参与火星任务的乘组人员将需要与自动化和机器人系统进行前所未有的高水平交互。这些系统将在分布式、共享和多控制团队结构下运作,这将导致系统对通信延迟非常敏感。因此,需要设计更先进的系统,以满足比之前的近地空间任务更多的本地规划和控制需求。

在太空探索任务中,操作自动化程序具有不同的策略,Schreckenghost 等人[41]研究了不同策略对绩效的影响,共探讨了三种策略:手动工作(无程序自动化,乘组人员执行所有操作)、共享工作(程序自动化在程序中执行部分操作,乘组人员执行其他操作)和监督工作(程序自动化执行操作,乘组人员监督自动化程序)。参与研究的被试包括 17 名男性和 10 名女性,他们的人口统计学特征与航天员类似。研究人员要求被试在一个行星栖息地模拟环境中使用电子程序和可自动化操作,以研究这三种策略对被试的态势感知①和工作负荷的影响。研究结果显示,态势感知查询的平均响应时间和准确性在三种策略之间没有显著差异。工作负荷评级显示,被试在手动工作条件下对工作负荷的评分最高,在共享工作条件和监督工作条件下对工作负荷的评分最低。研究人员据此得出结论,虽然态势感知方面没有显著差异,但自动化策略下的被试主观工作负荷较低。根据主观评价,93%的参与者倾向于某种形式的自动化,其中 56%的人更喜欢共享工作自动化条件。

航天器内往往是一个嘈杂、振动的环境。因此,声学屏蔽和减震非常重要。考虑到太空中的睡眠障碍问题,私人宿舍的设计应保护睡眠不受到环境因素干扰。私人宿舍还需要合适且舒服的睡眠约束系统(例如约束睡袋)、调暗灯光的设计以及调节睡眠区域温度的可能性。

除了私人宿舍外,太空栖息地的设计还应为全体乘组人员参与的共同会议、餐饮和休闲/娱乐活动提供空间。这一重要的适居性因素有助于消除孤独感并提高全体

---

① 态势感知(Situational Awareness)指对一定时间和空间内的环境元素进行感知,并对这些元素的含义进行理解及应用。(译者注)

成员的士气。研究发现，一起吃饭是促进隔离和密闭环境下工作人员之间沟通的重要因素，有助于防止成员的团队凝聚力下降[31]。

人体工程学专家和人因工程师通常肩负责任以创造宜人且对用户友好的环境。但这并不总是一个容易的任务，因为其他工程需求可能具有更高的优先级。例如，太空栖息地的结构设计需求可能会限制可用窗户占用的空间大小，或者空间大小的限制可能会影响卫生间的设计和操作。

2.5 工 作

2.5.1 一般问题

职业问题对于在隔离和密闭环境中工作的人们而言非常重要。Nicolas 等人完成了一项包含 13 名被试的研究(6 名意大利人、6 名法国人、1 名英国人；12 名男性和 1 名女性)。这 13 名被试在南极洲康宏站度过了一年的时间[42]。研究结果发现，除了社会因素之外，职业问题也与适应能力有关。例如，从任务开始到结束，团队凝聚力和同伴社会支持都在下降，执行/准备的职业衡量标准也有所下降，而事与愿违的活动则增加了。研究人员还注意到了被试反应中的文化差异，意大利人在心理工作要求和决策自由度的职业指标上有所下降，而法国人则报告说执行/准备度有所下降。研究人员报告称，凝聚力、执行/准备度和决策自由度均有所下降，并且执行/准备度和凝聚力之间具有正相关关系。因此，对隔离和密闭环境的适应是很复杂的，并且可能受到许多心理、社会、职业和文化因素的影响。

参与长期太空任务的航天员必须具备使他们能够执行任务目标所需的工作技能，这一点十分重要。NASA 对航天员进行了一项调查，邀请他们对在持续半年(典型的国际空间站任务)到三年(火星探险)的太空任务中不同工作能力的重要程度进行了评分[43]。参与调查的 12 名航天员认为团队合作、沟通、自我关怀和判断力是最重要的。这些结果表明，未来在选拔长期任务的乘组人员时应考虑那些能体现这些工作胜任力的才智。

在太空中，从一项任务过渡到另一项任务可能是具有挑战性的。在一项研究中，六名国际空间站的航天员评估了他们进行的 14 次不同任务的过渡[44]。那些涉及失去自治权(即增加相互依赖性)的任务过渡被认为是最具挑战性的。特别困难的任务过渡是从独自工作转变为与任务控制中心一起工作。相反，从与他人一起工作转变为独自工作的过渡最为容易。因此，研究人员认为，在太空任务中，一天时间内的工作安排的顺序十分重要。

Landon 和 Paoletti[45] 讨论了一些与工作时间和非工作时间相关的航天员团体生活技能，这些技能对于航天员的团队凝聚力十分重要。例如，对于那些同样重视将工作时间和非工作时间区分开并遵守独立时间段重要性的乘组人员而言，他们之间的人际冲突可能较少。此外,能够全身心地参与非工作活动的航天员能够更好地从工作中恢复过来,并在未来的工作时期表现更好。

Stuster 的“日志”研究中发现了许多重要的工作问题——见第 2.8.2 节。此外,第 1.6.4 节介绍了一些关于工作/休息周期的研究。

2.5.2 Manzey 的太空工作策略

适当的日程安排对于航天员保持心理健康是十分必要的。工作心理学专家 Dietrich Manzey 在我们之前的书中[37]介绍了工作设计和日程安排的三个方面,这些方面可以帮助个人在太空任务中维持情感舒适度和绩效表现。

第一个工作策略是为航天员提供适当的日常任务量。在日常的工作安排中,研究人员应注意不要让航天员的活动量过大或过小。由于飞行任务和进行适应性研究的实验人员的兴趣,在短期太空飞行任务和长期太空飞行任务的前几周尤其可能出现工作负荷过高的问题。例如,在一项为期 211 天的任务中,Lebedev 在任务第一周过后在日记中写道:“今天医生告诉我们,我们的睡眠已经不足七小时,过度工作了长达 20 小时。我们必须以某种方式补偿它。”[34,p.39-40]造成这种工作负荷过高的原因是乘组人员需要将时间用于尽可能多的任务,以及低估了适应需求和在微重力下执行任务所需的时间。即使是那些在发射前已经在地面上进行了练习并达到熟练的任务,在太空中执行起来也可能需要更多时间,至少在任务的最初几天是这样[46]。工作负荷过高和长时间轮班会导致乘组人员身心俱疲,还会增加乘组人员出错的风险。在地球上的研究表明,工作八小时后犯错误的可能性会显著增加[47],并且对太空飞行任务期间乘组人员失误的调查表明乘组人员的失误与工作量之间存在关系[48]。

在太空中待上几周后,一切便会进入正轨,但单调和无聊可能会在此时出现。研究发现,有意义的工作可以有效抵抗单调与无聊感[31]。根据第一个前往和平号空间站的航天员 Norm Thagard 的说法:“在长期飞行中,最重要的心理因素就是有意义的忙碌。如果你可以保持有意义的忙碌状态,其他很多事情就会自然而然地解决”[49,p.44],详见图 2.3。因此,在太空任务的早期适应阶段,每日工作时间必须受到限制,并提供额外的休息时间,但缺乏有意义的工作和过多的休息时间可能导致乘组人员在太空任务的后期出现心理问题。

一项研究对 9 名参与载人航天任务的 NASA 工作人员(例如航天员、飞行指挥、飞行外科医生)进行了问卷调查,问卷询问了他们在长期太空任务期间影响工作意义的可能因素[50]。6 个或更多参与者认可以下因素会对工作意义有影响:处理具有挑战性的问题;为任务做出重要贡献;执行与其技能相关的任务;为人类做出贡献;可以掌控自己的日程安排,在任务执行方面拥有更大的自主权;有多样的任务需要执行;对如何执行任务有足够的了解;通过社交媒体或私人对话与家人和朋友联系;接受足够的培训,包括新的飞行培训。因此,尽管保持与地球的社会接触仍然被认为是必要的,但 NASA 的工作人员仍然认为拥有执行各种重要任务的自主权可以使太空体验变得有意义。

图 2.3　NASA 航天员在国际空间站命运实验室中使用多用户坠落燃烧装置(Multi-user Drop Combustion Apparatus,简称 MDCA)(图片来源:NASA)

第二个与太空工作相关的策略是保持连续的 24 小时工作-休息周期[51]。遵守稳定且严格的 24 小时工作-休息时间表可以提高乘组成员的绩效表现,而偏离或扰乱工作-休息时间表会产生负性影响(例如增大乘组人员出现错误的风险)[48]。正如在第 1.7.1 节中讨论的那样,严格的工作-休息时间表可以充当昼夜节律的时间线索(或作为*授时因子*),调节睡眠模式和其他生理系统。然而,在国际空间站的任务中,考虑到运行原因(例如将返回乘组的工作-休息时间表与预计的着陆时间对齐,或将国际空间站乘组的工作-休息时间表与访问乘组的时间表对齐),航天员可能需要进行太空中的睡眠轮班。为了避免对生理幸福感和绩效表现产生不利影响,人们必须依据具体的轮班对齐方向来仔细计划和施行这种睡眠轮班制度。

最后一个工作策略是为乘组人员提供尽可能多的自由,让他们能够主动地计划和安排工作任务。这在短期太空飞行中可能是不可能的,因为短期任务中任务量很大并且需要严格安排时间段。然而,乘组人员主动计划和安排工作在长期太空任务中是完全可行的。为乘组人员提供根据当前工作量调整任务安排的自由可能有助于避免工作负荷过载或工作负荷不足。尽管有些任务具有高优先级并且需要在特定时间完成,但日程表上的其他任务是可调整的,甚至不一定是必须完成的。乘组人员应有自由决定何时以及是否执行此类任务。这是从天空实验室空间站任务中吸取的重要经验。在飞行时间最长的天空实验室 4 号中,这样的安排有助于提高乘组人员的士气和效率[52]。类似的经历也在俄罗斯的任务中得到了证实,比如 Lebedev 在日记中写道:“根据我们的计划,今天是一个医疗日,但飞行控制中心决定给我们放一天假。我们自己使这一天成为一个真正辛苦的工作日……在这一天内,我们充满了不受阻的才艺和主动性。凭借我们对空间站和设备能力的了解,以及我们对实验目标的理解,我们能够高效地安排活动并拍摄我们想要的照片。以前,当我们必须遵守飞行控制中心制定的严格时间表时，我们会浪费很多时间；有时我们的工作会提前完成，但我们直到时间表规定的时段结束前都不被允许开始下一个工作。所以，我们就坐在那里浪费宝贵的时间、燃料和资源。”[34,p.279-280]

2.6 任务阶段与第三季现象

正如我们在第 2.3 节中所看到的，太空任务开始的最初几周可能会充满压力，因为乘组人员正在适应新环境。有些人不仅会经历太空晕动症和微重力所带来的其他生理反应，与家人和朋友分开并学习如何与其他乘组人员互动也可能是一个挑战。经过这个适应期后，在几周的短期太空任务（例如航天飞机飞行、月球旅行）中，心理和人际关系问题可能不会成为问题，因为大多数人可以在这段时间内忍受出现的太空应激源。然而，在持续时间超过六周的长期任务中，这些应激源可能会成为问题，这不仅是因为乘组人员的适应能力逐渐减弱，还因为额外的压力开始出现（例如，对太空的新奇感一旦消失，乘组人员就可能会出现无聊感，或者轻微的人际烦恼逐渐被放大，进而导致人格变化）。

尽管长时间远离家园可能会引发思乡病和其他情绪反应，但一些权威人士认为，隔离和密闭环境中的人员在执行任务过程中会经历一系列特定的阶段。例如，在第 2.1.2 节中，我们看到 Rohrer[21] 提出，从事南极和潜艇长期任务的人会经历三个不同的阶段：开始适应新环境时的过度唤醒阶段（这可能诱发焦虑情绪）；然后是漫长的中间阶段，这一阶段的活动开始变得像例行公事和单调（这可能会诱发抑郁和思乡情绪）；最后一个阶段是个体期待回家时的欣快感（这可能会带来轻躁狂甚至攻击性行为的爆发）。请注意，重要的不是每个阶段的周数。相反，正是时间本身对乘组人员产生了一系列心理、人际和与工作相关的影响，从而将一个阶段与其后续阶段区分开来。

一个典型的例子是任务的半程阶段，即为期八个月的任务中的第四个月或者为期一年的任务中的第六个月等。在心理层面，乘组人员清楚其任务的时间进程，当他们意识到已达到重要任务的半程点时，他们可能会长舒一口气，因为他们已经完成了一半的任务，但他们还会意识到返回家园前还有另一半任务需要完成。以这种方式看待任务进程的人们可能会在任务过半时经历变化，表现在与心理、人际和工作相关的绩效表现出现显著下降；也就是说，在任务的第三个季度出现这种现象。这被称为第三季现象（third quarter phenomenon）。

第一个使用这个术语的人是 Robert Bechtel 和 Amy Berning[53]。他们指出，在南极越冬研究中，有报告称在第三阶段出现了一种与时间有关的现象，其特点是越冬人员出现许多负面问题，如负面社交和情感感受的增加、事故和冲突的增加、婚姻咨询的增多以及工作上的缺勤。他们观察到在最后一个阶段这些负面问题会减少。他们认为，这种现象是特定时间内的压力环境的普遍特征，例如地球上的其他隔离环境和太空中的隔离环境。Bechtel 和 Berning 总结道："由于第三个季度始于任务过半，并且集中于任务三分之二的时间点，所以将其称为第三季现象……"[53,p.261]。他们主张进行更多的研究来验证这种现象的存在，但他们也警告称，对这一现象存在的认知可能会在未来的研究中产生需求特征偏见。也就是说，如果被试知道自己任务的时间长度，"可能会表现出研究人员预期的行为，以免让他们失望"[43,p.264]。

在南极进行一年期的任务时，一个可能的复杂因素是任务的第三季度通常与南半球的冬季重叠，此时越冬人员被限制在室内，无法外出进行娱乐活动。恶劣的天气条件限制了越冬人员与外界的通信，并且因为飞机无法降落，他们也无法接收飞机运送的物资，但近年来出现的卫星联通通信且运输技术的进步使得这些情况有所改善。此外，第三季现象可能是多种多样的，有时取决于站点的纬度[54]，或者出现在冬季隔离期的中期，而不是在整个南极任务的中期之后[55]。Palinkas 和 Houseal[54] 还发现，当天气条件允许替换人员到达并打乱站点的常规安排时，可能会引起愤怒情绪和其他负面效应。第三季现象的特征可能十分广泛，范围涵盖了社交和身体反应、情绪和个人反应的变化。有时这些反应也是积极的，例如，在一项研究中，研究人员发现应激反应的数量在这一时间段内显著减少[55]。

第三季现象是否也发生在地球上的其他隔离和密闭环境中？根据 Bechtel 和 Berning 的说法，很可能是这样的。那么在太空任务中，第三季现象是否存在呢？在某些方面，太空中的情况可能没有南极的严寒冬季或深海潜艇中的无线电静默情境那么孤独。那么第三季现象到底有多典型和普遍？

Alfano 和她的同事[56]通过对各类出版物的分析研究了这个问题，她们"专门收集了太空飞行研究、极地探险/越冬研究、或长期(即任务时间＞100 天)太空模拟环境研究的资料，这些研究都报告了至少一种情绪结果(例如心境、焦虑)"[56,p.292]。在对符合这些标准的 26 份报告进行回顾性研究后，Alfano 和她的同事发现其中 13 份研究表明随着时间的推移，任务参与者的负面情绪没有发生明显的变化。其余 13 项研究表明，在任务的某一季度中，负面情绪有所减少或改善。因此，没有证据支持密闭和隔离环境中存在普遍的第三季现象。Alfano 等人得出的结论是，"第三季现象的证据主要限于轶事报告和对心理功能各个领域的广泛评估。因此，在这一特定时期或任何其他时期，是否会出现情绪纷扰程度的增加仍有待证实"[56,p.296]。

因此，尽管经过 30 多年的实证研究，几乎没有证据表明基于时间进程的第三季现象会影响太空任务或太空模拟任务中的人们。尽管有些人在任务过半后可能会感到情绪和士气下降，但其他人则不会有这种感受，或者他们在任务的另一阶段遇到问题。那么，我们如何解释有关第三季现象在不同研究之间的巨大差异呢？我和我的同事在此之前已经回答过这一问题[57,58]，表 2.3 列出了其中一些原因。

表 2.3 第三季现象在不同研究之间存在差异的原因

① 被试的需求特征和自我评价偏差
② 研究人员的期望偏差
③ 乘组人员的选拔和培训不当
④ 不敏感或有偏见的行为测量方式
⑤ 统计方法使用不足或没有使用
⑥ 出现干扰阶段顺序的任务事件

正如我们之前所讨论的，Bechtel 和 Berning 也承认被试中可能存在需求特征偏差，这是第一点。这一偏差的形成与第三季现象研究中通常使用的自我评估方法有关[55]，该方法通常依赖于从非正式报告或主观多变的日记材料中获取信息，但被试已经知道该现象可能存在，因而可能会表现出特定行为以满足研究者的期望。

第二，研究人员也可能出现期望者偏差。第三季现象是众所周知的，研究人员可能有意识地或无意识地察觉到这一点，而这可能会影响到他们对这一时间段内被试反应的分析或编码，特别是对于日记和期刊杂志的评估。因此，在研究中必须小心消除此类偏见和个体中心化评分。

第三，乘组人员不恰当的选拔和训练可能会导致他们在隔离和密闭环境任务中出现问题。乘组人员因彼此间的性格不相容而无法成为一个优秀的团队，或者他们没有接受过群体动态发展敏感度的培训并且允许彼此的冲突随时间发展而滋生，这些都会降低士气或削弱乘组人员之间的关系，并在长期任务中的第三或第四阶段变得格外明显。

第四，在对隔离和密闭环境任务中工作人员的心境和人际关系的评估中，选择何种测量方式是十分重要的。大部分研究人员都认可诸如血压和皮质醇水平等客观测量方式是衡量压力和生理状态的有用指标。一些更主观的测量方法也可能是有用的，但它们的信效度可能会受到他人的质疑。那些由感兴趣的子量表(例如，心境状态量表，Profile of Mood States)组合而成的、经过信效度检验的标准化量表可能比完全由被试提供的内容分析更不容易受到主观偏见的影响。尽管内容分析对个体的心理状态更敏感，但它也更可能受研究的需求特征的影响。

第五，使用统计数据来帮助正确看待研究结果符合科学性的要求。许多对第三季现象的研究都依赖于“目测”①：用随时间变化的数据绘制图表，并用第三季数据出现的下降来证明这种现象的存在，但未对实际数据进行统计检验（例如，利用方差分

① 在心理学中，“eyeball test”(目测)是一种主观评估方法，通常用于初步判断或观察某个事物或情况的外观、外貌或整体特征。它侧重于个体主观的直觉或直观的印象，而不是基于科学或客观的测量。“eyeball test”通常用于非正式的情境中，比如在简单的观察中或初步评估中使用。尽管它不能提供详细或准确的量化数据，但它可以为进一步研究或分析提供初步的印象或启发。

析、时间序列回归分析等统计方法)。另外,评价第三季变化的最佳方法是什么? 是参考第二季度的值,第一季度的值,还是参考某种考虑到第一、第二和第四季度水平的基线? 甚至 Bechtel 和 Berning 也报告说,他们的被试在第三季度的研究变量中达到了最低点[53],但没有清楚地指明他们将这种变化与什么值进行了比较。第三个统计问题是,在许多第三季现象的研究中,研究人员都评估了许多变量,这反映了该现象的广泛定义。但由于人们预计 20 项测量中有 1 项会偶然产生 0.05 的显著结果,因此,校正 I 类错误以控制假阳性结果的出现非常重要。

与第三季现象相关的最后一个问题是任务事件对与时间相关的阶段顺序的影响,这个问题尚未得到应有的重视。例如,在南极站中,南半球的冬季会对隔离和密闭环境下的工作人员的行为产生显著的影响,而冬季恰好与他们任务的第三季重叠。新人员的到来也可能在南极站引起紧张气氛。此外,正如我们将在第 2.7.1 节中看到的那样,在太空模拟舱中,途中补给乘组人员最爱的食物、图书和设备部件都可以显著提高人们的士气并降低他们的总压力水平。此外,在莫斯科进行的为期 520 天的火星探险模拟项目中(参见第 9.5 节),研究人员没有发现第三季现象的证据,但有些人认为在任务中间发生的模拟火星着陆事件唤起了乘组人员的情绪和压力。这引发我们思考一个问题,即到底什么是火星探险的第三季,因为这个任务有三个阶段:飞向火星阶段、火星着陆和探索阶段,以及返回地球阶段。第三季是根据整个任务还是每个阶段来描述? 毕竟,每个阶段可能都具有其独特的时间特征或压力因素(例如,厌倦、与地球的通信延迟)[57,58]。

即使有一些证据支持太空中存在第三季现象,但这真的重要吗? 在医学中,我们会区分那些发生但不影响患者的症状和影响患者的症状,只有后者才被称为具有临床显著意义。这也与第三季现象概念的建构有关。例如,一项研究包含了 119 名在南极越冬的男性和女性,Palinkas、Cravalho 和 Browner[59] 在这项研究中发现,总体的抑郁评分显著增加,同时还出现了与冬季抑郁症相关的几种症状。然而,只有 5.6%的被试的数据显示他们出现了严重到需要临床干预的冬季抑郁综合征症状。

对于近地轨道任务,现在的航天员和宇航员已经在心理和人际压力方面得到了很好的指导,并且获得了任务控制中心的航天心理学家和飞行医生的良好支持。太空旅行者也可以全天候地与地球上的家人和朋友进行私人通信。他们还可以经常获得喜爱的食物和休闲设备(如乐器)等补给。国际空间站比以前的太空飞船更宽敞并具有更好的适居性。在许多方面,航天员在太空环境中的心理压力和隔离感要比潜艇人员或在南极越冬的人员要小得多。可能存在的第三季现象的影响要比 Bechtel 和 Berning 时代小得多,并且对于隔离和密闭环境中的个体的支持性对抗措施也更好。

当然,火星探险的时长约为两年半,正如我们将在本书第九章中看到的,地球与火星之间的遥远距离会导致乘组人员无法接收频繁的补给或与地球之间存在通信延迟等,现有的积极条件将发生变化。因此,我们必须保持开放的思路,并对这样一个遥远任务可能存在的第三季现象和其他时间效应进行测试。

2.7 和平号空间站和国际空间站的“互动”研究：时间与关键事件

2.7.1 和平号空间站模拟器(HUBES)的初步研究

我和我的同事对时间效应和航天员在类太空环境中的互动感兴趣。我们向欧洲航天局(European Space Agency,简称 ESA)提交了一个提案,并被接受参与由欧洲和俄罗斯航天局赞助的人类行为研究(HUman BEhaviour Study,简称 HUBES)项目。该研究在莫斯科生物医学问题研究所(Institute for Biomedical Problems,简称 IBMP)进行,包含了三名年龄在 30 多岁的俄罗斯男性医生(其中两名是宇航员),他们在模拟的和平号空间站中进行了为期 135 天的隔离实验[60]。

在隔离任务开始前、期间和之后的每周,被试都完成了重要事件的关键事故记录表并填写了三份量表。这三份量表已经在地球环境中被证明是具有良好信效度的测量工具:心境状态量表(Profile of Mood States,简称 POMS)、团队环境量表(Group Environment Scale,简称 GES)和工作环境量表(Work Environment Scale,简称 WES)。心境状态量表是一种标准的心境量表,由 65 个描绘不同心境状态的形容词组成(例如“紧张”“悲伤”“快乐”),被试根据这些形容词在 5 点式里克特量表上评价其对自己的适用程度,分为“1”(一点也不适用)到“5”(非常适用)的五个等级。团队环境量表和工作环境量表由一系列陈述句组成,被试需要判断这些陈述句是否符合他们所在的团队社会环境。在这三个量表中,一些题目被归类在一起,构成测量特定的心境状态或团队氛围元素的子量表。子量表的详细维度见表 2.4 所列。我们使用了心境状态量表和团队环境量表中所有可用的子量表,以及工作环境量表十个子量表中的四个(其余六个与团队环境量表的子量表重复而被省略)。在人类行为研究(HUBES)项目和后续的和平号空间站研究中使用了“身体舒适度”子量表,但在后续的国际空间站研究中被省略了(详见下文),因为研究发现这一子量表并不实用,并且根据返回的和平号空间站乘员的反馈意见,省略这一部分可以节省他们的时间。请注意,“领导者控制”和“领导者支持”分量表指的是乘组指令长的任务和支持角色,而“管理者控制”和“管理者支持”分量表指的是任务控制中心工作人员的相类似的任务和支持角色。

表 2.4 心境状态量表、团队环境量表和工作环境量表的分量表维度

心境状态量表	团队环境量表	工作环境量表
紧张-焦虑	和谐	工作压力
愤怒-敌意	表达	管理者控制
活力-活动	独立性	管理者支持

续表 2.4

抑郁-沮丧	自我发现	身体舒适度在人类行为研究项目和和平号空间站研究中使用，但在后续的国际空间站研究中被省略
疲劳-迟钝	创新力	
困惑-迷茫	秩序与组织性	
情绪纷扰	工作导向	
	领导者控制	
	领导者支持	
	愤怒与攻击性	

人类行为研究(HUBES)项目的关键研究问题是检验被试的平均心境状态和团队环境评分随时间的变化。我们对隔离的前半段(共九周)和后半段(共十周)之间的变化特别感兴趣。我们采用了适用于重复测量的中断时间序列分析方法，该方法具有良好的统计功效，对于Ⅰ类错误(假阳性错误)较为保守，并提供了自相关效应的校正。除了时间效应之外，我们还研究了乘组人员将内部负面情绪向外部控制人员的移置，以及研究了乘组指令长的任务和支持角色对团队凝聚力的影响。

研究结果表明，与后半段任务相比，在任务的前半段中某些测量维度(紧张-焦虑心境，情绪纷扰和领导者控制)的水平较高，这些指标在第九周和第十周之间(任务的中间阶段)发生了显著的下降。在这一阶段，乘组人员收到了一些补给，包括他们所需的额外的食物、来自家人和朋友的信件，以及设备组件。这些事件很可能极大地提高了士气并降低了乘组人员整体的压力水平。虽然在任务的前半段和后半段之间没有绝对的凝聚力得分差异，但在任务的最后八周，凝聚力的得分出现了显著的下降，这表明长期任务对乘组人员的关系产生了一定的影响。然而，并没有证据支持第三季现象的存在。最后，在隔离前的培训阶段，乘组人员的紧张-焦虑心境得分较高，而表达能力和自我发现维度得分较低，这表明他们在隔离任务前比在隔离任务期间感受到更多的压力，并且乘组人员认为与外界隔离的环境在某种程度上十分具有生产力和回报性。

我们还分析了关键事件日志，并统计了在日志中至少出现一项记录的天数，有46%的日志来自同一名被试。另外两名成员分别占日志录入天数的29%和25%。日志表明，在隔离的前三周，模拟器的硬件出现了问题。两名乘组人员报告在第四周的模拟对接和睡眠剥夺期中感受到工作负荷过重和疲劳。日志还表明，在隔离的最后一个月出现了情绪低落的情况，日志中提到了有关车臣政治局势的争论、忧郁和对任务结束的紧张期待。研究结果表明，被试的心境状态受到内部和外部事件的影响，而不仅仅是时间本身的影响。

我们还研究了乘组人员负面情绪向外部控制人员的移置作用以及领导角色与团队凝聚力之间的关系。这些结果将在本书第五章中进行介绍和讨论。

尽管由于被试数量有限(全部为俄罗斯男性)并且仅研究了一次模拟任务，这项研究的概括性有限，但许多研究结果都达到了统计学上的显著性，这使我们能够为未来的工作提出假设。此外，我们还能够使用三种非常稳健的、具有出色的信效度分数的测量工具来验证我们的方法论并获取经验。这些测量工具也用于我们对和平号空间站和国际空间站的两项后续研究中，我们将在下一节对此进行讨论。

2.7.2 和平号空间站和国际空间站的"互动"研究的方法论

为了为后来的航天员和宇航员在国际空间站上的合作做准备，NASA 支持了两项研究[①]。研究人员在俄罗斯的和平号空间站进行了第一项研究（见图 2.2），在国际空间站进行了第二项研究（见图 2.4）。这两项研究从 1995 年跨越至 2006 年，且包括了两类被试：在太空执行任务的美国航天员和俄罗斯宇航员，以及在地面控制中心的美国和俄罗斯的工作人员。研究重点涵盖了四个方面：(1)时间对被试情绪状态和群体互动的影响；(2)在太空中的乘组人员的负面情绪是否会移置到地面控制中心，以及地面控制中心的负面情绪是否会移置给航天机构的管理层；(3)领导者（如载人航天任务的指令长、地面控制中心团队的领导者）支持和任务角色之间的关系在群体凝聚力中的影响；以及(4)在太空中和在地面上的美国人和俄罗斯人之间的文化差异。

图 2.4 以地球为背景的、在其当前的配置下的国际空间站。这个国际太空居住地使得乘组人员能够在太空中长时间地居住和工作。国际空间站是优良的研究和培训设施，可以帮助乘组人员为星际任务（例如火星探险）的出发和返回阶段做好准备（图片来源：NASA）

在载人航天任务进行之前、期间和之后，太空中和地面上的参与者分别完成了心境状态量表、团队环境量表、任务环境量表和关键事件日志。对于国际空间站的研

① 国际调查小组成员来自加利福尼亚大学和旧金山退伍军人事务医疗中心（首席研究员，医学博士 Nick Kanas；医学博士 Charles Marmar；Daniel Weiss 博士；Jennifer Boyd 博士；Alan Bostrom 博士；Ellen Grund 硕士；Philip Petit 硕士；Stephanie Saylor 硕士）；以及莫斯科生物医学问题研究所（Vyacheslav Salnitskiy 博士，俄罗斯负责人；医学博士 Vadim Gushin；医学博士 Olga Kozerenko；Alexander Sled 硕士）。

究，还添加了一份文化和语言问卷。所有测量工具均进行了从英文到俄文的翻译和逆向翻译，并提供了计算机版本和纸质版本。研究采用回归分析、方差分析（ANOVA）和 t 检验等统计方法对数据进行了分析。由于分析的子量表较多，我们进行了校正以控制可能的 I 型错误（假阳性）。对于回归分析，我们通过混合模型程序对正态分布的或经过转换的子量表分数进行分析。非正态分布的子量表分数被分类为高分和低分，并采用广义估计方程进行分析。有关我们的统计分析方法的详细信息，请参阅参考文献[61]和[62]。

和平号空间站和国际空间站研究之间的差异如表 2.5 所列。两项研究中的各项任务一般持续 4～7 个月，通常为六个月。在和平号空间站的研究中，乘组人员以交错的方式进入空间站，即用新人替换返回人员，以保持常驻和平号空间站的乘组人员人数为三人（也有因为停留时间少于 30 天而未入选参与研究的太空访客）。在国际空间站的研究中，整个乘组人员将一起发射，在任务期间留下两或三名乘组人员（加上偶尔的短期访客）。参与研究的被试在太空中停留超过 30 天或以上，其中有 13 名被试是和平号空间站的乘组人员，有 17 名是国际空间站的乘组人员。在莫斯科的飞行控制中心以及美国的约翰逊和马歇尔太空飞行中心（约翰逊是操作中心，马歇尔负责处理有效载荷）的地面控制人员组成了美国和俄罗斯地面工作人员的研究样本。

表 2.5 和平号空间站和国际空间站研究之间的差异

和平号空间站	国际空间站
任务持续时间：4～7 个月	任务持续时间：4～7 个月
乘组人员交错发射	乘组人员一起发射
常驻乘组规模：3 人	常驻乘组规模：2～3 人
指令长：总是俄罗斯人	指令长：俄罗斯人或美国人
乘组人员样本总数：5 名美国人，8 名俄罗斯人	乘组人员样本总数：8 名美国人，9 名俄罗斯人
美国地面控制人员的样本（42 名在俄罗斯飞行控制中心）	美国地面控制人员的样本（108 名在约翰逊和马歇尔太空飞行中心）
俄罗斯地面控制人员的样本（16 名在俄罗斯飞行控制中心）	俄罗斯地面控制人员的样本（20 名在俄罗斯飞行控制中心）

下面将介绍和平号空间站和国际空间站研究中与时间进程相关的结果。本书第五章将介绍有关移置、领导力和文化的研究结果。

2.7.3 时间进程研究结果

2.7.3.1 和平号空间站研究(见图 2.5)

我们假设在任务的后半段会观察到紧张情绪、团队凝聚力、领导者支持和管理者支持的子量表评分下降。通过使用分段线性回归分析并校正 I 型错误，我们对 14 子量表的得分进行了检验,结果只有一个子量表显示出后半段的得分出现显著的下降[62]。这个子量表是测试领导者的支持度,这表明在任务的最后阶段,俄罗斯的乘组领导者可能没有意识到在任务的最后部分需要特别支持。

图 2.5 和平号空间站研究的参与者所获得的徽章。颜色沿用加利福尼亚大学采用的主题。顶部显示着"NASA"和俄文的"Mir"(和平号空间站)。在左侧边缘是项目的名称:"互动",右侧边缘用俄文翻译。在徽章的中上方是一架美国航天飞机对接到和平号空间站,上面有三个象征性的航天员/宇航员图案。徽章下方是美国和俄罗斯国旗,以及三名地面控制中心的参与者。(图片来源:作者)

对于乘组人员,研究人员还使用了回归分析方法测试了除了前半程/后半程之外的时间效应。对于所有乘组人员或仅针对俄罗斯乘员,任何子量表上都没有显示出高—低—高的"U 形"模式,也没有发现分数随着时间的推移出现线性增加或减少的趋势。然而,仅就美国乘组人员而言,秩序与组织性这一分量表显示出显著的三阶段"U 形"模式,表明这一分量表在任务开始和结束时得分较高。此外,仅就美国的乘组人员而言,随着任务的进展,凝聚力出现了显著的线性下降,而任务导向和自我发现在任务的中间和结束时出现了显著的非线性下降[61]。这些研究结果表明,当美国的乘组人员在俄罗斯航天飞船上适应一个不明确的角色时出现的一种新奇效应。这让人想起第一位被派往和平号空间站的航天员 Norm Thagard 的经历[25]。随着航天员更加熟悉他们的任务和在轨环境,这些指标的得分往往会下降。

通过使用单因素方差分析,研究人员还检查了任务四个阶段的 21 个分量表的分数,以寻找第三季现象(参见第 2.6 节),并查看是否有任何一个阶段的分数出现了差异。所有乘组人员或仅俄罗斯的乘组人员的量表分数并没有显示出显著的阶段差异[62,63]。但美国航天员在任务导向和自我发现方面的前期平均得分明显高于后期,这种模式再次表明美国航天员由于所处环境的新颖性而出现了适应调整反应。

通过使用单因素方差分析,我们将乘组人员在在轨任务阶段的 21 个分量表上的分数与发射前的基线分数以及返回后的分数进行了比较。对于所有乘组人员或仅单独考虑美国乘组人员或俄罗斯乘组人员,心境状态量表的各个分量表在这三个时间段上没有显著差异[61]。然而,在发射前,乘组人员报告了更高水平的自我探索和创新,并在任务期间报告了更高水平的工作压力[64]。

2.7.3.2 国际空间站研究(见图 2.6)

随着宇宙飞船/和平号空间站计划的逐渐结束,国际空间站的建设出现了复现我们的研究的机会。此外,因为国际空间站计划将乘组人员的选拔范围扩展到包括非美国和俄罗斯国家的参与者,研究语言和文化对任务绩效的影响变得非常重要。为了实现这些目标,我们的团队提交了一份新的研究计划,该计划被 NASA 接受并获得了资助。这项研究的许多假设和研究程序与之前的和平号空间站研究类似,但基于和平号空间站研究的发现,我们不再预测任务的后半段会出现得分下降。其他差异见表 2.5 所列。由于哥伦比亚号航天飞机失事以及出现其他延误建设进度的因素,我们无法将在空间站逗留 30 天或更长时间的非美国籍和非俄罗斯籍乘组人员纳入研究。

国际空间站研究采用了与和平号空间站研究相类似的方法分析了后半程的时间效应、情绪移置作用、文化差异和领导角色。国际空间站研究中的所有变量都不需要进行转换,因为混合模型分析的残差呈现正态分布。与之前一样,数据分析采取了校正措施来降低 I 型错误的风险。

通过使用混合模型线性回归分析,在任务的前半程或后半程,用于衡量乘组人员紧张情绪、团队凝聚力或领导支持的分量表分数的回归斜率都未显示出与水平线(斜率为零)有显著偏差[65]。这些研究结果表明,在任务过程中,后半程(以及前半程)的得分没有出现下降。在进一步的方差分析中,乘组人员的 20 个分量表的平均得分在任务的四个阶段之间都没有显著差异。将第三个阶段的平均得分与其他三个阶段汇总的平均得分进行比较时,除了独立性这一分量表在第三个阶段的得分较高外(与第三季现象假设正好相反),第三阶段的得分同样没有显著变化的出现。没有找到时间进程的影响,这一结果复制了和平号空间站研究的相关发现。

图 2.6 国际空间站研究的参与者所获得的徽章。颜色沿用加利福尼亚大学采用的主题。在徽章的边缘上显示着"国际空间站人际互动",这是此项研究的名称。在顶部中央的是国际空间站的图像,周围有三名航天员/宇航员,在底部中央的是地球,有六个代表地面控制中心工作人员的图像(图片来源:本书作者)

与和平号空间站研究不同的是，在我们的国际空间站研究中没有发现任何证据表明美国(或俄罗斯)的乘组人员存在新奇效应，这很可能是因为国际空间站任务的国际性更强：国际空间站不被视为可为任何一个国家所拥有，任务指令长可以是美国人或俄罗斯人，使用英语和俄语两种语言，而且美国人和俄罗斯人的角色更加明确且具有同等重要性。此外，国际空间站的乘组人员在心境状态量表的分量表的得分更为积极，工作压力得分较低，这表明国际空间站上的工作环境氛围更好[64]。

我们还进行了探索性分析，以寻找分量表分数与任务持续时间之间的关系。皮尔逊的相关分析表明，任务长度(四至七个月范围内)与 20 个分量表的平均得分之间没有显著关系[65]。从描述性分析的角度看，相应的散点图没有显示出任何有意义的关联。这些分析表明，国际空间站研究中包含的较长和较短的任务之间不太可能存在时间效应的差异。

2.7.3.3 时间进程的研究结论

和平号空间站和国际空间站的研究结果在时间进程方面显示出显著的相似性[66]。最初，我们假设在任务的前半程和后半程之间，尤其是第三阶段，会出现负面的心理变化。然而，在和平号空间站和国际空间站的研究中，我们没有发现测量心境状态、团队凝聚力或人际关系氛围的分量表得分在时间上有显著差异。正如图 2.7 所示，凝聚力这一分量表得分没有出现随时间发展的变化。这表明，在轨道上生活和工作的人们的心境状态或对团队氛围的感知通常不会出现有显著意义的、随时间发展的波动。这也表明了第三季现象的缺失。综合来看，和平号空间站和国际空间站研究中的被试在他们的整个任务期间都保持了情绪的稳定，没有在任务后半程或任务第三阶段出现情绪下降的问题。事实上，有些乘组人员在个体水平上确实在这些时间段内表现出可被观测到的负面情绪。但是这种情绪下降被其他乘组人员的表现所抵消，因为后者可能在第三或第四个阶段表现出更积极的情感反应，或者在第一或最后一个阶段出现情绪下降等。关键点在于：我们的研究结果表明，在任务的任何一个阶段，乘组人员的心境状态、对团队氛围和工作氛围的感知都没有出现与时间进程相关的显著且有意义的变化。

我们发现的唯一与时间有关的显著差异是在和平号空间站研究中美国航天员所表现出来的新奇效应。回想一下，在和平号空间站任务中，航天任务一直使用俄语且领导者始终是俄罗斯人，美国航天员被视为“客人”，没有任何有意义的任务可以执行，而且他们的人数与俄罗斯东道主始终存在 1:2 的差距。此外，美国航天员对和平号空间站任务还不熟悉，因而俄罗斯同行早已熟悉的轨道环境对于他们而言仍然十分新颖。这种新奇效应体现在美国航天员在工作组织和自我学习相关的几个分量表的得分中。但随着任务的持续进行，这些分量表的得分下降了，因为美国航天员对周围环境变得更加熟悉(并且他们的角色也更加明确)。然而，在国际空间站研究中，这种初始阶段的美国/俄罗斯差异并未出现，这很可能是因为来自两国的乘组人员在任务中有同样的重要性；空间站指令长使用英语和俄语，并且指令长的国籍在这两个国家之间交替;所有乘组人员都接受了同等的培训并熟悉空间站环境。因此,太空中出现的特定情况和特定事件可能会以比时间本身更重要的方式影响个体和人际反应。

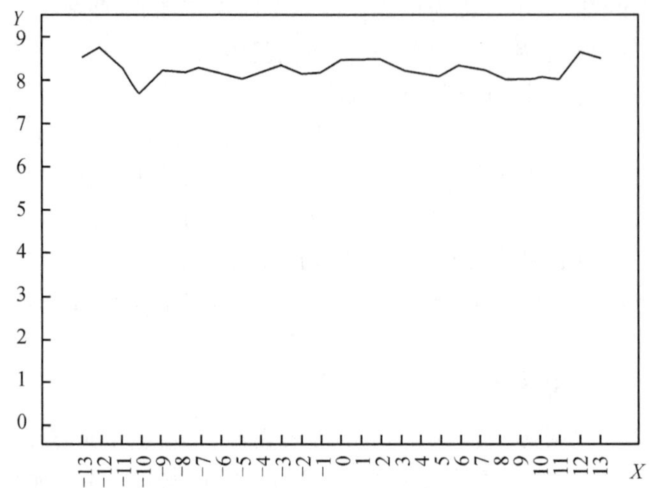

图 2.7　某一次空间站任务中团队氛围量表中团队凝聚力分量表的数据图。Y 轴代表三名乘组人员在该分量表的平均分数。X 轴显示的是此次任务的所有周数,"－13"代表第一周,"0"表示任务的中点,"13"表示最后一周。请注意,量表分数往往位于量表的顶端,这是航天员/宇航员群体典型的作答方式,即感知事物的积极面。尽管存在一些变化,但分量表分数在每周之间没有显著差异,也没有显示出第三季现象(图片来源:本书作者)

2.7.4　关键事件日志的研究发现

2.7.4.1　和平号空间站研究

我们对关键事件日志进行了内容分析[63]。乘组人员贡献了总关键事件日志数量的 4%,而控制中心的工作人员贡献了 96%。由于该日志的填写是自愿的,因此回答存在偏差,即其中少数愿意表达的参与者贡献了一半以上的回答。此外,参与者有时会对每份日志给出多个答复。由于这些原因,我们无法对关键事件的影响进行统计测试,因此研究结果将以描述性方式呈现。

在美国航天员报告的 13 个关键事件中,有 7 项事件涉及人际关系问题,比如感觉在团队中得不到支持或与地面控制人员发生冲突。另外还有 6 项事件与和平号空间站上的负面事件有关,比如事故和设备故障。而俄罗斯宇航员报告的两项事件都来自同一位宇航员,他提到了与物理环境有关的两个负面事件。美国地面控制中心的参与者共报告了 106 个事件,其中 49 个与人际关系问题有关,包括彼此之间的分歧、与领导、与乘组人员或与俄罗斯同事之间的分歧,还有 16 个与和平号空间站上的负面事件有关,比如事故或设备的故障。对于俄罗斯地面控制中心的参与者而言,他们共报告了 273 个事件,其中 86 个与和平号空间站上的负面事件有关,比如事故或设备故障,另外 60 个涉及资源不足和由于财务问题导致的薪水延迟等问题。

2.7.4.2 国际空间站研究

参与研究的俄罗斯和美国的 17 名乘组人员中，只有 8 人提供了日志记录，其中 1 人占据了回答总数的 59%。这种具有偏差的样本使我们无法对这些数据进行统计分析。在 92 个关键事件中，21%涉及了积极事件，比如节日庆祝活动或增进团队凝聚力的活动；17%涉及预期的空间站事件，比如对接或太空行走；55%涉及带有负面属性的事件，比如人际关系或心理问题；其余的 7%则包含中立评价或信息较少不足以分析。在 51 项负面事件中，有 24 项(47%)涉及与乘组或与乘组人员或地面人员之间的人际问题，有九项(18%)涉及心理问题，比如焦虑或抑郁[37]。当航天员和宇航员被问到关键事件对个人的紧张程度或团队的紧张程度有多大影响时，他们都认为这些事件对个人和对团队的影响是“没有变化”或“略有增加”。

2.7.4.3 关键事件日志的研究结论

在和平号空间站研究中，所有被试都将老化的和平号空间站上的负面事件看作是关键事件的重要来源。美国籍乘组人员和地面控制人员同样认为人际关系问题很重要。这可能是因为他们在项目中需要面对来自不同文化背景的人们。俄罗斯地面控制人员指出资源和薪水拖欠是重要的问题，这反映了当时俄罗斯政治变化的真实问题。我们的研究结果支持这样一种观点：在太空任务中出现的负面情绪可能与具体的压力源有关，而不仅仅是隔离期间的时间流逝。

国际空间站的情况要好一些。在乘组人员的回答中，有近一半提到了中性或积极的事件，这可能是因为新的空间站环境和任务更加强调国际化。大多数反映操作问题的关键事件都是预料之中的(例如对接活动或舱外活动)，并且与和平号空间站相比，国际空间站出现紧急情况或事故的频次显著减少。近三分之二的负面事件是由于人际关系或心理问题造成的。

2.7.5 Kanas 等人的研究在中国互动研究中的复现——有关时间进程的结果

当一项研究的发现被其他研究所重复时，科学就会向前发展。从某种意义上讲，国际空间站研究是我们和平号空间站研究的复现。然而，不同团队发现相同的研究结果，这一意义更为重大。

来自中国的吴瑞林和王雅在我与 Dietrich Manzey 合著的《航天心理学和精神病学》中读到了我们的和平号空间站和国际空间站研究[37]。他们将心境状态量表、团队氛围量表和工作氛围量表翻译成中文，并在北京航空航天大学“月宫一号”空间站模拟器中进行的为期 80 天的隔离研究中使用了这三份量表。他们还进行了任务后采访。尽管该研究只有三名被试(一名男性，两名女性)，但他们能够复现我们的许多研究结果[67,68]。通过使用方差分析，研究发现任务开始时适应调整反应的出现，表现为疲劳、凝聚力和自主性量表的得分在第一阶段最高。这可能是因为乘组人员在最初的几周工作量很大,几乎没有时间放松或娱乐。随着时间的推移,当工作量稳定下来时,这些分量表的得分也逐渐下降了。没有证据表明该研究出现了第三季现象。事实上,相关分析表明,随着时间的推移,积极情绪和凝聚力有提高的趋势,并且乘组人员对任务感到更加舒适[67]。我们将在本书第五章中介绍该研究中出现的移置作用和领导力研究的结果。

2.8 国际空间站的“日志”研究

2.8.1 长期密闭和隔离环境的初步研究(法国的日志研究)

另一位研究过太空中的时间效应的人是 Jack Stuster。他的研究源于之前对南印度洋小岛上三个法国遥远勤务站和法国杜蒙・迪尔维尔南极站(French Dumont d'Urville Antarctic station)进行的九次长期隔离和密闭任务的行为问题研究。南极站的情况更加恶劣,那里天气更糟糕,南半球夏季只有两次船只补给访问,而在小岛勤务站几乎每月都有访问。Stuster 与他的同事[69]研究了九次远征中的九名领导者和医生的日志,并使用内容分析程序分析了其中重要的行为问题。为了增加日志中内容的有用性,被试接受了相关行为和人因问题的敏感化培训,并被鼓励在日记中讨论这些问题。这些远征任务的持续时间从 69 天到 363 天不等。研究人员假设行为问题被提及的频率反映了其对日记作者的重要性。并且研究人员将所有日记条目按照积极、消极或中性归类,并计算了一个被称为净积极性/消极性(Net Positivity/Negativity,简称 NPN)的指标,该指标的计算方式为负面条目的比例减去积极条目的比例。由于行为类别较多、日记作者较少以及存在大量个体差异,研究人员认为推论性统计是不合适的,因此并未进行显著性检验。

内容分析共区分了 22 个类别,其中与团体互动相关的主题(例如人际冲突、庆祝活动)占总次数的 20.7%;其次是外部通信(例如来自外部的访客或信息),占 12.7%;工作负荷(例如任务描述、团队合作)占 11.9%;娱乐和休闲(例如特殊餐食、体力活动)占 11.2%。许多有关人际冲突的信息发生在小组成员(例如支持人员、军事人员、科学人员)之间。其他类别的提及率不到 10%。

通过对所有日志条目的得分模式的时间阶段进行目测,研究人员得出结论,净积极性/消极性得分在任务的第三个阶段最低。令人惊讶的是,三次短期任务(持续时间小于 180 天)产生了比六次长期任务(最短 230 天)更多的负面反应,并且来自亚南极岛屿站点的日记内容比来自环境更恶劣的南极站的日记内容更为负面。然而,对得分模式的检查显示,南极站的第三和第四个时间段的整体净积极性/消极性得分低于岛屿站点。最后,医生的净积极性/消极性整体得分较低,并出现了第三季效应,而任务领导者在第二个季度表现出下降。

关于工作负荷,研究人员指出:“在南极站中,日记中工作负荷的净积极性/消极性指标在第三季急剧下降，这与南半球冬季以及由此导致的杜蒙·迪尔维尔南极站工作节奏的下降相一致”[69,p. A22]，这可能是导致南极任务总体净积极性/消极性得分下降的原因。在有关调整适应的内容条目中，第三季的净积极性/消极性指标也出现了下降，并且直到任务结束时仍保持在较低水平。研究人员认为这反映了任务持续时间的累积效应。

2.8.2 国际空间站的“日志”研究

法国的日志研究是 Jack Stuster 在国际空间站研究的基础上开启的，这项研究由 NASA 资助并被称为“日志”研究。Stuster 使用内容分析程序检查了 20 名参与过国际空间站飞行的航天员的个人日志，前十名航天员为两人和三人乘组(第一阶段)，后十名航天员为六人乘组(第二阶段)。该结果发表在两份 NASA 文件中[70,71]，但尚未出现在经过同行评审的科学期刊上。该方法与法国日志研究的方法类似。航天员被告知每周至少写三次日志，并在日志中讨论对他们来说最重要的主题，无论是积极的还是消极的。前十位航天员在国际空间站的平均停留时间为 187.7 天，后十位航天员的平均停留时间为 158.8 天。研究人员在一些检验中使用航天员回复的日志占比来控制日志数量的差异。在另一些检验中则使用日志回复的总数量。前十位航天员的日志总数为4 247 条陈述，后十位航天员的日志总数为 3 998 条。日志条目被研究人员编码为积极、消极或中性语气。编码是由 Stuster 制作的，但样本被发送给法国日志团队中的一名成员来测量评估者信度，结果表明评分者一致性在语气类别为 94%，一致性在内容类别为 89%。与法国日志研究一样，国际空间站的日志研究也没有使用统计检验，其理由如下：“由于行为类别较多，研究参与者相对较少，且个体差异较大，因此对数据进行显著性推论检验是不合适的。”[71,p. 9]

研究中的第一级分析确定了 24 个主要问题类别的相对重要性，这些问题都具有行为意义。第二级分析确定了主要类别中的 100 多个子类别。第三级分析关注了条目的语调，并定义了净积极性/消极性指标，与法国日志研究一样，该指标通过在每个类别中将负面条目的比例减去积极条目的比例来计算。此外，研究还使用了 1～7 点里克特式量表。量表包含五个问题，要求航天员评估在任务之前、任务期间和任务之后身体、心理、设备、组织和人际问题的难度。该问卷还包括两个开放性问题，航天员需要在任务之前、任务期间和任务之后写下他们工作中最困难和最令人愉快的方面，并进行了评分。

Stuster 的第一份报告[70]重点关注了第一阶段的结果，第二份报告[71]重点关注第一阶段和第二阶段的结果。表 2.6 显示了从编码的日志记录中计算出的两个研究阶段的主要问题类别及排名顺序(按出现频率降序排列)。Stuster 指出，航天员反应的类别排名“非常具有相似性”。例如，在两个研究阶段的前六名和后八名的类别都是相同的，而在第一阶段的前十个类别中，有九个类别也出现在第二阶段的前十个类别中。前四个类别数量占所有一级、二级和三级类别数量的 59%，前十个类别出现的频率占了总数的88%。两篇报告都包含了对各个类别的详细描述，而且每份报告中都有条形图显示重要子类别，条形图还按照每个阶段的日志陈述数量进行了细分。此外，每个柱状图后还列出了各个子类别的许多日志记录。因此，十分建议读者参阅原始报告。我将从前四个类别中摘录一些重点。

表2.6 “日志”实验中各个条目类别的排名顺序

第一阶段：十名航天员，两人和三人乘组	第二阶段：十名航天员，六人乘组
工作	适应调整
对外通信	工作
适应调整	对外通信
小组互动	小组互动
娱乐/休闲	设备
设备	娱乐/休闲
活动	食品
组织/管理	活动
睡眠	锻炼
食品	组织/管理
物流/仓储	睡眠
锻炼	程序/仪式
程序/仪式	物流/仓储
领导力	医疗
安全	安全
医疗	领导力
废物管理	废物管理
隐私/个人空间	居住舱卫生
服装	个人卫生
人员选拔	服装
内部通信	内部通信
居住舱美学	人员选拔
个人卫生	隐私/个人空间
居住舱卫生	居住舱美学

注：摘自Stuster[71]。

适应调整方面的日志内容涵盖了有助于成功适应国际空间站环境的各项因素，包括乘组人员对身体和认知问题的描述，对疲劳情况以及士气高低的评论。工作方面的评论主要涉及乘组人员完成的任务，包括团队合作、积极的工作体验、工作时间表和与工作有关的问题(包括设备故障、程序错误，以及与“太空傻瓜”或“太空雾”有关的错误)。对外通信类别涉及乘组人员与家人、朋友、地面任务控制中心和管理人员之间的互动。与人际互动相关的团队互动评论主要涉及乘组人员之间的相处能力。总体来说,航天员和宇航员之间的关系良好,特别是在第二阶段,随着空间站容量的增加,每个小组都可以在自己的国际空间站区域内进行工作。

Stuster 从子类别分析中发现了一些重要的结果。首先,航天员的评论指出,工作压力是由任务计划人员基于不切实际的时间估计而造成的,计划人员对时间表进行了过度安排。其次,扩大乘组规模使得调度员可以将繁琐的任务(如清点库存、家务杂事等)分配给更多的人,从而提高了士气。再次,与其他隔离和密闭环境任务一样,琐碎的问题有时会被夸大,但航天员和地面控制人员都积极努力保持良好的关系;在第一阶段,保持良好关系是通过"过度表扬"来解决的,但在第二阶段,乘组与地面的关系似乎日趋成熟。最后,提供适当的居住环境和有意义的工作(例如,舱外活动、科学实验、地球摄影)可以帮助航天员适应他们在太空中的隔离和密闭环境。航天员提到,帮助他们适应调整的最重要的方式是在时间表中留有足够的时间以正确地完成工作,其次是拥有包容且乐于助人的乘组人员。

问卷结果表明,在国际空间站上的生活并没有像任务前预期的那样困难。航天员通过里克特式量表评估了身体、心理、设备、组织和人际问题的难度。总体而言,相比于任务前的难度预期评估,在任务期间的难度估计在第一阶段下降了 24%,在第二阶段下降了 20%。对于所有五个问题,任务中期和后期的评分都低于任务前的预期,唯独任务后期的"身体困难"得分等于发射前的预期分数。在两个阶段,任务前、中、后期的人际问题得分是五个问题中最低的,并且在中期调查中出现了最大的下降百分比。在关于开放性问题的回答中,有五名航天员将处理工作列为在国际空间站生活中感到最困难的部分,其次是四名航天员将与 NASA 管理层和航天员办公室打交道列为最困难的方面,还有三名航天员将适应社交和物理环境列为最困难的部分。有八名航天员列出成功完成工作是最令人愉快的方面,其次是各有五名航天员将战友情谊/团队团结和生活在太空中的独特体验(如失重状态,俯瞰地球的景色)评为最令人愉快的事件。

对于净积极性/消极性指标的研究结果,Stuster 提供了许多图表并分析了第一阶段和第二阶段任务的四个时间段所有类别和仅"适应调整"类别的结果[71]。Stuster 特别关注"适应调整"类别,因为他认为这一类别最准确地反映了个人态度和士气,并与 Bechtel 和 Berning 的第三季现象[53]最为吻合。他通过检查每位航天员的图表得出结论,20 名航天员中有 14 名(70%)在第三季的平均净积极性/消极性指标值下降(其中第一阶段有 6/10 名,第二阶段有 8/10 名)。而对于"适应调整"这一类别,这个比例上升到 20 名航天员中的 17 名(85%,其中第一阶段有 9/10 名,第二阶段有 8/10 名)。这些发现是基于对图表的目测分析,未报告任何统计分析结果。在目测分析中,如果第三个季度的得分较第二个季度得分更低(即图表上更低)就会被计为一个下降,而不是与第一季度或第四季度或某种组合的得分进行比较。在第一阶段和第二阶段的前 18 个主要类别中，研究人员计算了净积极性/消极性指标的平均值，并发现与娱乐和休闲相关的日志描述在两个阶段中都是最积极的，而与组织和管理相关的描述则是最消极的。

Stuster 在 2010 年发表了对于第一阶段的研究报告[70]，其中展示了一个有趣的数据图。图 2.8 描绘了第一阶段航天员在四个时间段中的所有类别(4 215 个条目)的合并净积极性/消极性指标数据。尽管在统计意义上尚不明确，但这些数据在第三季度出现了小幅下降。

尽管由于 NASA 的两份报告缺乏统计分析而阻碍了对“日志”研究数据的进一步解释，但这些研究仍提供了大量有关在国际空间站中工作和生活的航天员的重要行为和人际问题的数据。航天员的文字评论是富有价值的，因为其描述了在轨空间站的生活和工作情况。

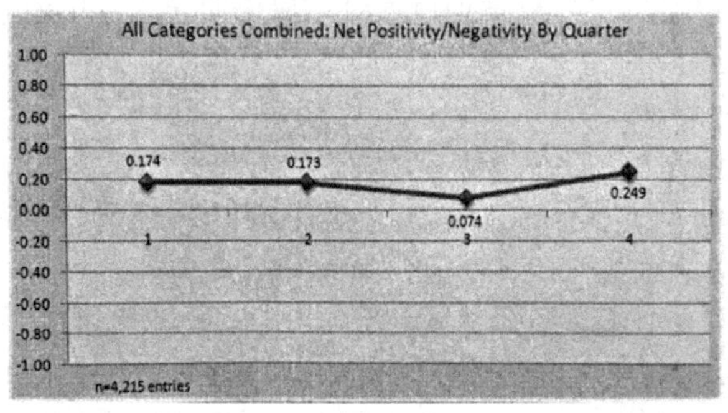

图 2.8　第一阶段的四个时间段中所有类别合并的净积极性/消极性指标的得分情况（图片来源：图片取自 Stuster[70]，NASA 的公开文件）

2.9　章节要点

- 太空中有许多心理应激源会导致心理压力。
- 绝大多数航天员和宇航员在最初几周内就成功适应了新环境。
- 适居性是指环境与人类之间的物理交互界面，通常使用人类系统集成的原理。当居住区布置得宜人、在轨设备和显示器易于使用、照明和噪声水平符合人类的舒适度时，人们的幸福感会有所提高。尤其重要的是乘组人员和计算机之间的互动界面。
- 在诸如火星探险等长期太空任务中，人类将与自动化系统或机器人系统共同工作。研究表明，大多数被试更倾向于在自动化条件下与电脑一起工作。
- 除社会因素外，职业问题与适应性和维持团队凝聚力密切相关。对于航天员而言，在工作中感受到自己的能力非常重要。
- 从当前任务转变至失去自主权的工作比转变至获得更多自主权的工作更具挑

战性。

- 良好的工作策略可以既不高估也不低估乘组人员的工作负荷，可以为乘组人员提供稳定的 24 小时作息时间表，并给予他们尽可能多的自由来完成工作。能够自主执行各种重要任务有助于使太空体验变得更有意义。
- 许多人认为在长期太空任务中会出现与时间有关的阶段性变化，特别是在任务的后半程，尤其是第三季度，被试的行为和绩效表现会出现下降。这个阶段的负面变化被称为“第三季现象”。
- 尽管隔离和密闭环境中的许多人都经历过第三季现象，但也有些人并没有或者在其他任务阶段遇到问题。30 多年来的研究并未证明第三季现象的普遍性。
- 许多因素导致了第三季现象在不同研究之间的差异，这包括：被试的需求特征和自我评价偏差、研究人员的期望偏差、乘组人员的不当选拔和培训、不敏感或有偏差的行为测量方式、不使用统计方法或统计数据的不充分，以及发生一些干扰阶段顺序的任务事件。
- 目前，仍少有研究探讨任务事件对乘组人员个人以及团队人际氛围的影响。对于前往火星的远征任务而言，这类研究尤为重要，因为任务中途的火星着陆和探索活动定会产生显著影响。
- 老旧的和平号空间站及与任务相关的应激源使得乘组人员和地面支持人员感到烦躁焦虑。
- 和平号空间站和国际空间站的“互动”研究并没有发现第三季现象；来自中国团队使用类似方法进行的研究也没有发现第三季现象。
- 据称，国际空间站的“日志”研究确实提供了第三季现象出现的证据，但这些数据并未经过统计检验。然而，航天员在日志中提供的大量生动的简短小片段描述并支持了太空中重要行为问题的存在。

2.10 思想饕餮

1. 您被要求为一种新型火箭的设计提供建议，该火箭将进行首次载人火星探险。您希望看到哪些适居性功能？您绝对不希望将哪一项纳入航天器的设计中？

2. 您现在正处于为期一年的轨道空间站任务的第 6 个月。虽然您目前状态良好，但您已经听说过第三季现象。您决心在任务进行到一半后不出现行为问题，您将采取什么措施来保持士气？您会如何利用资源来调整轨道空间站的条件，并与地球上的家人和朋友保持联系？您会请求在下一次补给火箭上送来哪些礼物？

3. 在轨道任务中，您一直在努力工作，但似乎总是没有足够的时间来完成所有的任务。您是否愿意利用一些休息时间来完成这些任务？您会如何调整时间表？任务控制中心能做些什么来让您稍事休息？

参考文献

[1] Kanas,N. A. ,& Fedderson,W. E. (1971). Behavioral,psychiatric,and sociological problems of long-duration space missions (NASA Technical Memorandum,NASA TM X-58067). National Aeronautics and Space Administration Manned Spacecraft Center. https://ntrs. nasa. gov/api/citations/19720008366/downloads/19720008366. pdf

[2] Pope,F. E. ,& Rogers,T. A. (1968). Some psychiatric aspects of an Arctic survival experiment. Journal of Nervous and Mental Disease,146,433-445.

[3] Smith,W. M. (1966). Observations over the lifetime of a small isolated group. Psychological Reports,19,475-514.

[4] Weybrew,B. B. (1957,February 18). Psychological and psychophysiological effects of long periods of submergence. Analysis of data collected during a 265-hour,completely submerged,habitability cruise made by the U. S. S. Nautilus (Naval Medical Research Laboratory Report No. 281).

[5] Kinsey,J. L. (1959). Psychological aspects of the "Nautilus" transpolar cruise. U. S. Armed Forces Medical Journal,10,451-462.

[6] Weybrew,B. B. (1961). Impact of isolation upon personnel. Journal of Occupational Medicine,3,290-294.

[7] Weybrew,B. B. (1963). Psychological problems of prolonged marine submergence. In N. E. Burns (Ed.),Unusual environments and human behavior. Free Press of Glencoe.

[8] Kubis,J. F. ,& McLaughlin,E. J. (1967). Psychological aspects of space flight. Transactions of the New York Academy of Science,Series 11,30(2),320-330.

[9] Ebersole,J. H. (1960). The new dimensions of submarine medicine. New England Journal of Medicine,262,599-610.

[10] Serxner,J. L. (1968). An experience in submarine psychiatry. American Journal of Psychiatry,1,25-30.

[11] Flinn,D. E. ,Monroe,J. T. ,Cramer,E. H. ,& Hagen,D. H. (1961). Observations in the SAM two-man space cabin simulator. Behavioral factors in selection and performance. Aerospace Medicine,32,610-615.

[12] Ferguson,M. J. (1970). Use of the Ben Franklin submersible as a space station analog,Vol. I. Summary technical report (OSR-70-4,NAS 8-30172).

[13] Cramer,E. H. ,&Flinn,D. E. (1963). Psychiatric aspects of the SAM two-

man space cabin simulator (SAM TDR 63-27).
[14] Adams,O. S.,&Chiles,W. D. (1963). Prolonged human performance as a function of the work-rest cycle. Aerospace Medicine,34(2),132-138.
[15] Simmons,D. G.,Flinn,D. E.,& Hartman,B. C. (1963). The psychophysilogy of high altitude experience. In N. E. Burns (Ed.),Unusual environments and human behavior. Free Press of Glencoe.
[16] Ruff,G. E.,Levy,E. Z.,& Thaler,V. H. (1959). Studies of isolation and confinement. Aerospace Medicine,30,599-604.
[17] Dushkov,B. A.,Znachko,V. A.,Kozar',M. I.,Kosmolinskiy,F. P.,& Zolotukhin,A. N. (1968). Functional changes in chamber tests (transl.). In V. V. Parin & I. M. Khazen (Eds.),Selected translations from aerospace medicine (pp. 64-72). JPRS46751.
[18] Gerathewohl,S. J. (1959). Work profciency in the space cabin simulator. Aerospace Medicine,30,722-735.
[19] Burnazyan,A. I.,Parin,V. V.,Nefedov,Y. G.,Adomovich,B. A.,Maksimov, S. B., Gol'dshvend, B. L., Samsonov, N. M., & Kirikov, G. N. (1969). Year-long bioengineering experiment in a ground complex of life-support systems (transl.). Environmental Space Sciences,3,6-14.
[20] Wise,H. G.,Jr. (1966). Analysis of anticipated problems,effects of confinement of long duration manned space fights. Paper presented at NASA Symposium,Part 2,November 17.
[21] Rohrer,J. H. (1961). Interpersonal relationships in isolated small groups. In B. E. Flaherty (Ed.),Symposium on psychophysiological aspects of space flight (pp. 263-271). Columbia University Press. References 90.
[22] Dunlap,R. D. (1966). Psychology and the crew on Mars missions. Paper presented at the AIAA/AAS Stepping Stones to Mars Meeting,Baltimore, MD,March 28-30,pp. 441-445.
[23] Rasmussen,J. E.,&Haythorn,W. W. (1963). Selection and effectiveness considerations arising from enforced confinement of small groups. Paper presented at Second Manned Space Flight Meeting,AIAA,Dallas,TX.
[24] Rohrer,J. H. (1958). Some impressions of psychic adjustment to polar isolation. U. S. Navy Bureau of Medicine and Surgery.
[25] NASA. (2021). Shuttle-Mir long duration psychology (NASA SP-4225). Retrieved October 29,2021,from https://history. nasa. gov/SP-4225/long-duration/long. htm
[26] NASA. (2021). Shuttle-Mir Bilingual Blues (NASA SP-4225). Retrieved

October 29,2021,from https://history. nasa. gov/SP-4225/bilingual/bb. htm

[27] Associated Press. (1997,January 22). Astronaut tells of down side to space life. The New York Times. https://www. nytimes. com/1997/01/22/us/astronaut-tells-of-down-side-to-spacelife. html

[28] Suedfeld, P. , Wilk, K. , & Cassel, L. (2011). Flying with strangers: Post-mission reflections of multinational space crews. In D. Vakoch (ed.), Psychology of space exploration: Contemporary research in historical perspective (pp. 143-175). : NASA. Reprinted in Vakoch,D. A. (Ed.). (2013). On orbit and beyond: Psychological perspectives on human spaceflight. Springer.

[29] Holden, K. ,Vos,G. ,&Marquez,J. J. (2021). The human factors of design for spacefight. In L. B. Landon,K. J. Slack, & E. Salas (Eds.),Psychology and human performance in space programs,Vol. 2: Extreme application (pp. 205-224). CRC Press.

[30] Raybeck,D. (1991). Proxemics and privacy: Managing the problems of life in confined environments. In A. A. Harrison, Y. A. Clearwater, & C. P. McKay (Eds.),From Antarctica to outer space (pp. 317-330). Springer.

[31] Stuster,J. (1996). Bold endeavors: Lessons from polar and space exploration. Naval Institute Press.

[32] Haines,R. F. (1991). Windows: Their importance and functions in confining environments. In A. A. Harrison, Y. A. Clearwater, & C. P. McKay (Eds.),From Antarctica to outer space (pp. 349-358). Springer.

[33] Wolfe,T. (1980). The right stuff. Bantam.

[34] Lebedev,V. V. (1988). Diary of a cosmonaut: 211 days in space. PhytoResource Research Information Service.

[35] Kelly,A. D. ,&Kanas,N. (1992). Crewmember communication in space: A survey of astronauts and cosmonauts. Aviation, Space, and Environmental Medicine,63,721-726.

[36] Jiang,A. ,Foing,B. H. ,Schlacht,I. L. ,Yao,X. ,Cheung,V. ,& Rhodes,P. A. (2022). Colour schemes to reduce stress response in the hygiene area of a space station: A Delphi study. Applied Ergonomics, 98, 103573. https://www. sciencedirect. com/science/article/pii/ S0003687021002209

[37] Kanas, N. , & Manzey, D. (2008). Space psychology and psychiatry (2nd ed.). Microcosm Press/Springer.

[38] Clearwater, Y. A. , & Coss, R. G. (1991). Functional esthetics to enhance well-being in isolated and confined settings. In A. A. Harrison, Y. A. Clearwater, & C. P. McKay (Eds.), From Antarctica to outer space (pp. 331-

348). Springer.

[39] Holden,K. ,Marquez,J. J. ,Vos,G. ,& Cross,E. V. ,Ⅱ. (2021). Human interaction with spacebased systems. In L. B. Landon,K. J. Slack,& E. Salas (Eds.),Psychology and human performance in space programs,Vol. 1: Research at the frontier (pp. 259-294). CRC Press.

[40] Rochlis,J. ,& Love,S. (2021). Flying to Mars is hard. In L. R. Young & J. P. Sutton (Eds.),Handbook of bioastronautics (pp. 817-830). Springer Nature Switzerland AG.

[41] Schreckenghost, D. , Holden, K. , Greene, M. , Milam, T. , & Hamblin, C. (2022). Effect of automating procedural work on situation awareness and workload. Human Factors. https://doi. org/10. 1177/00187208211060978

[42] Nicolas,M. ,Bishop,S. L. ,Weiss,K. ,&Gaudino,M. (2016). Social,occupational,and cultural adaptation during a 12-month wintering in Antarctica. Aerospace Medicine and Human Performance, 87, 781-789. 2 Living and Working in Space91.

[43] Galarza,L. ,Steinke,J. A. ,& Barrett,J. D. (2021). Out of this world jobs: Alternative work analysis and validation methods in extreme environments. In L. B. Landon, K. J. Slack, & E. Salas (Eds.), Psychology and human performance in space programs, Vol. 2: Extreme application (pp. 35-61). CRC Press.

[44] Mesmer-Magnus,J. ,Lungeanu, A. ,Harris, A. ,Niler, A. ,DeChurch, L. A. , & Contractor,N. (2021). Working in space: Managing transitions between tasks. In L. B. Landon,K. J. Slack,& E. Salas (Eds.),Psychology and human performance in space programs,Vol. 2: Extreme application (pp. 179-203). CRC Press.

[45] Landon,L. B. ,&Paoletti,J. (2021). Extreme roommates: Exploring group-living skills as a unique team skill area. In L. B. Landon,K. J. Slack,& E. Salas (Eds.),Psychology and human performance in space programs,Vol. 1: Research at the frontier (pp. 217-236). CRC Press.

[46] Kubis, J. F. , McLaughlin, E. J. , Jackson, J. M. , Rusnak, R. , McBride, G. H. , & Saxon,S. V. (1977). Task and work performance on Skylab missions 2,3,and 4: Time and motion study-Experiment M151. In R. S. Johnston & L. F. Dietlein (Eds.),Biomedical results from Skylab (NASA-SP377) (pp. 136-154). National Aeronautics and Space Administration.

[47] Nachreiner,F. ,Akkermann,S. ,& Haenecke,K. (2000). Fatal accident risk as a function of hours into work. In S. Hornberger & P. Knauth (Eds.),

Shiftwork in the 21st century. Challenges for research and practice. Lang.

[48] Nechaev, A. P. (2001). Work and rest planning as a way of crew member error management. Acta Astronautica, 49, 271-278.

[49] Herring, L. (1997). Astronaut draws attention to psychology. Journal of Human Performance in Extreme Environments, 2, 42-47.

[50] Britt, T. W., Sytine, A., Brady, A., Wilkes, R., Pittman, R., Jennings, K., & Goguen, K. (2017). Enhancing the meaningfulness of work for astronauts on long duration space exploration missions. Aerospace Medicine and Human Performance, 88, 779-783.

[51] Sipes, W. E., Flynn, C. F., & Beven, G. E. (2019). Behavioral health and performance support. In M. R. Barratt, E. S. Baker, & S. L. Pool (Eds.), Principles of clinical medicine for spaceflight (2nd ed., pp. 761-792). Springer Science+Business Media, L. L. C.

[52] Douglas, W. K. (1991). Psychological and sociological aspects of manned spaceflight. In A. A. Harrison, Y. A. Clearwater, & C. P. McKay (Eds.), From Antarctica to outer space (pp. 81-87). Springer.

[53] Bechtel, R. B., & Berning, A. (1991). The third-quarter phenomenon: Do people experience discomfort after stress has passed? In A. A. Harrison, Y. A. Clearwater, & C. P. McKay (Eds.), From Antarctica to outer space (pp. 261-265). Springer.

[54] Palinkas, L. A., & Houseal, M. (2000). Stages of change in mood and behavior during a winter in Antarctica. Environment and Behavior, 32, 128-141.

[55] Décamps, G., &Rosnet, E. (2005). A longitudinal assessment of psychological adaptation during a winter-over in Antarctica. Environment and Behavior, 37, 418-435.

[56] Alfano, C. A., Bower, J. L., Cowie, J., Lau, S., & Simpson, R. J. (2018). Long-duration space exploration and emotional health: Recommendations for conceptualizing and evaluating risk. Acta Astronautica, 142, 289-299.

[57] Kanas, N. (2015). Humans in space: The psychological hurdles. Springer International Publishing.

[58] Kanas, N., Gushin, V., & Yusupova, A. (2021). Whither the third quarter phenomenon? Aerospace Medicine and Human Performance, 92, 689-691.

[59] Palinkas, L. A., Cravalho, M., & Browner, D. (1995). Seasonal variation of depressive symptoms in Antarctica. Acta Psychiatrica Scandinavica, 91, 423-429.

[60] Kanas, N., Weiss, D. S., & Marmar, C. R. (1996). Crewmember interac-

tions during a Mir space station simulation. Aviation, Space, and Environmental Medicine, 67, 969-975.

[61] Kanas, N., Salnitskiy, V., Grund, E. M., Weiss, D. S., Gushin, V., Kozerenko, O., Sled, A., & Marmar, C. R. (2001). Human interactions in space: Results from Shuttle/Mir. Acta Astronautica, 49, 243-260.

[62] Kanas, N., Salnitskiy, V., Weiss, D. S., Grund, E. M., Gushin, V., Kozerenko, O., Sled, A., Bostrom, A., & Marmar, C. R. (2001). Crewmember and ground personnel interactions over References 92 time during Shuttle/Mir space missions. Aviation, Space, and Environmental Medicine, 72, 453-461.

[63] Kanas, N., Salnitskiy, V., Grund, E. M., Weiss, D. S., Gushin, V., Bostrom, A., Kozerenko, O., Sled, A., & Marmar, C. R. (2001). Psychosocial issues in space: Results from Shuttle/Mir. Gravitational and Space Biology Bulletin, 14, 35-45.

[64] Ritsher, J. B., Kanas, N. A., Ihle, E. C., & Saylor, S. A. (2007). Psychological adaptation and salutogenesis in space: Lessons from a series of studies. Acta Astronautica, 60, 336-340.

[65] Kanas, N. A., Salnitskiy, V. P., Boyd, J. E., Gushin, V. I., Weiss, D. S., Saylor, S. A., Kozerenko, O. P., & Marmar, C. R. (2007). Crewmember and mission control personnel interactions during International Space Station missions. Aviation, Space, and Environmental Medicine, 78, 601-607.

[66] Kanas, N. A., Salnitskiy, V. P., Ritsher, J. B., Gushin, V. I., Weiss, D. S., Saylor, S. A., Kozerenko, O. P., & Marmar, C. R. (2006). Human interactions in space: ISS vs. Shuttle/Mir. Acta Astronautica, 59, 413-419.

[67] Wu, R., & Wang, Y. (2015). Psychosocial interactions during a 105-day isolated mission in Lunar Palace 1. ActaAstronautica, 113, 1-7.

[68] Wang, Y., & Wu, R. (2015). Time effects, displacement, and leadership roles on a lunar space station analogue. Aerospace Medicine and Human Performance, 86, 819-823.

[69] Stuster, J., Bachelard, C., & Suedfeld, P. (2000). The relative importance of behavioral issues during long-duration ICE missions. Aviation, Space, and Environmental Medicine, 71(9 Suppl), A17-A25.

[70] Stuster, J. (2010). Behavioral issues associated with long duration space expeditions: Review and analysis of astronaut journals, experiment 01-E104 (journals): Final report (NASA/TM-2010-216130). Johnson Space Center. https://lsda.jsc.nasa.gov/lsda_data/dataset_inv_data/ILSRA_2001_104__1740256372_.pdf_Expedition_8_ ILSRA-2001-104_2011_31_010100.pdf

[71] Stuster, J. (2016). Behavioral issues associated with long duration space expeditions: Review and analysis of astronaut journals, experiment 01-E104 (journals), phase 2, final report (NASA/TM-2016-218603). Johnson Space Center. https://www.academia.edu/33059049/Behavioral_Issues_Associated_With_Long_Duration_Space_Expeditions_Review_and_Analysis_of_Astronaut_Journals_Experiment_01_E104_Journals_Phase_2_Final_Report

第三章　情绪的高潮与低谷

大部分航天员认为参与航天任务是一项积极的体验。当一些航天员返回地球后，他们可能对生活有了新的看法或认为他们具有了超越尘世的或宗教性的体验[1,2]。他们还可能通过参与志愿者工作或创建基金会来帮助他人。例如，离开NASA后，Alan Bean成为一名职业艺术家，Edgar Mitchell创办了智力科学研究所，Ronald Garan Jr.加入了诸如脆弱绿洲等环境友好的企业[3]。从太空俯瞰，地球是一个宝贵且脆弱的星球，既看不到政治边界的存在，也看不到国家冲突的原由(见图3.1)。人们可以感受到人类应是一个团结的物种，共同在宇宙中前行。

图3.1　当地球从月球上空升起时，呈现出一个美丽、近乎神秘的飘浮在太空中的实体。它似乎没有政治边界或国际冲突。这张标志性照片于1968年12月24日在阿波罗八号上拍摄(图片来源:NASA)

有时，沉迷于太空的魅力也可能会在任务期间引起问题。例如，礼炮6号的一名宇航员对太空的美景如此着迷，据说他在没有系上安全绳的情况下从开放式气闸中飘了出来[4]。而另一名宇航员在兴奋地离开工作站以便更好地观察地球时打乱了天空实验室轨道设施的陀螺仪系统[5]。太空任务的消极一面在于抑郁症和其他精神问题也可能随之出现。

现在，让我们一起探索一下太空中的跌宕起伏。

3.1 太空中的积极体验

我和我的同事一直对载人航天任务中的积极面感兴趣。我和 Alan Kelly 对 54 名曾进行太空飞行的航天员和宇航员进行了一项调查,研究结果表明,与任务相关的积极体验是促进人际交流的主要因素,这不仅包括乘组人员之间的交流[6],还包括与地面任务控制人员之间的交流[7]。这一点尤为重要,因为在在轨飞行任务期间,良好的交流对于乘组人员的安全和任务的成功至关重要。

在一项太空模拟研究中,三名乘组人员在莫斯科的和平号太空站模拟器中被隔离了 135 天。我们发现,相比于隔离前的训练期,乘组人员在隔离期间体验到的紧张情绪显著减少,表达更多,自我发现也更多[8]。这表明,离开严格的训练并与其他人一起处于隔离和密闭的环境中这一事实本身可能会产生积极体验,这可能是因为人们有机会在一项有趣的任务中与同事建立联系。此外,在模拟舱中的隔离也是乘组人员远离日常生活应激源的一个"假期"(例如,没有交通拥堵或需要支付的税金)。这引发了一个问题:是隔离本身还是太空体验的其他方面(例如微重力、俯瞰整个地球)使得返回地球的航天员给出了积极体验的评价?因此,我们认为有必要对太空旅行的积极方面进行更广泛的探讨。

为了尝试实现这一目标,我们的团队进行了一项问卷调查研究,研究对象是曾参与至少一次太空任务的航天员和宇航员[9,10]。受试者来自太空探险者协会(Association of Space Explorers,一个由曾经进行过太空飞行的人组成的组织)和约翰逊航天中心的 NASA 航天员大队。最终的样本包含了 39 名被试,他们填写了我们专门为这项研究开发的"太空积极体验效应问卷"(Positive Effects of Being in Space Questionnaire),该问卷从"创伤后成长问卷"借鉴了一些元素,并结合我们专门为太空经历设计的元素。该问卷共有 36 道题目,反映了由于置身太空而带来的各类变化,被试需要用类似里克特量表的方式对这些题目进行评分,分值从"0"(无变化)到"5"(非常大的变化)[10]。

结果显示,每位航天员都认为太空体验至少给自己带来了一些积极的变化。所有题目的平均得分为 1.72 分,接近于"小"的变化程度。如表 3.1 所列,所有题目可以被归类于八个分类别。其中只有一个分量表得分与其他分量表不同,表明"对地球的感知"这一类别给航天员带来了"中等程度"的变化。该分量表中的一道题目"我对地球的美丽有了更强烈的认识"获得了最高的得分,航天员对这一题目的平均评分可以被看作是"很大程度"的变化。虽然在评分上与其他题目没有显著差异,但"感知太空的奇妙"排在第二位。相比之下,"与其他人的连结"在此列表中排名较低。这些结果表明,不仅仅是密闭环境和与他人建立联系,而是太空环境的独特特征(特别是看到地球)带来了积极的体验。请注意,在这份列表中,精神上的改变的评分最低——我们下面将对宗教和精神(spiritual)问题进行更多讨论。

表 3.1 积极变化分量表

分量表	平均变化分数
对地球的感知	2.94
对太空的感知	1.97
新的可能性	1.84
对生命的欣赏	1.79
个人力量	1.69
日常生活的变化	1.34
与其他人的连结	1.30
精神上的改变	0.89

注：改编自 Ritsher 等[9]。

对于问卷中的一些题目，航天员态度上的改变在回到地球后转化为实际行为上的改变。例如，有三个题目（“我意识到我是多么珍视地球”、“我学会欣赏地球的脆弱性”和“我对地球的美感有了更强烈的认识”）与回到地球后完成的行为题目“我加大了对环境事业的参与”呈显著相关关系。虽然我们没有追踪返回地球后的活动以检测航天员是否按照自己的意愿采取了行动，但这些结果仍然表明了在太空旅行后航天员态度的改变与他们相信自己在回到地球后会采取行动之间存在联系。

有 10 名航天员表示，他们报告某个项目没有变化是因为该体验不可能被进一步改变。也就是说，题目所描述的体验对于他们来说已经是最佳的，并且无法通过太空或任何其他因素增强。最常被认为不可改变的题目是“我对太空探索变得更加兴奋”，其次是精神变化分量表中的两项：“我对灵魂问题有了更深的理解”和“我有更坚定的宗教信仰”。

虽然在航天员的人口统计学特征方面没有发现差异，但通过聚类分析发现，23 名航天员可以被归为总体改变得较少的一组，另外 15 名航天员可以被归为总体改变得较多的一组。两组航天员都将“对地球的感知”评为最重要的类别，但高改变组将“对太空的感知”评为第二重要的改变，而低改变群组将“对生命的欣赏”评为第二重要的改变。这种分化可能是由于个性或认知风格的差异。了解造成这种分化的原因可能有助于乘组人员在未来的长期任务中采用更具相关性的应对策略。例如，在去往火星的路途中，地球逐渐成为视野中微不足道的一个点，曾从观察地球中获得较多改变的乘组人员可能会从欣赏视野中日渐变大的火星以及点点繁星中找到相似的慰藉。相比之下，改变较少的个体可能更多受益于内在和以生活为导向的应对策略。我们需要进一步研究这些应对风格的差异，以提高个体的幸福感，提高乘组人员的士气，增加任务成功的概率。

3.2 概观效应：精神和人文主义

自从 20 世纪 80 年代晚期以来，Frank White 就开始撰写被他称为“概观效应”的现象。他将其描述为“对地球的敬畏感、对所有生命相互联系的深刻理解以及对保护环境的新责任感”[3, p. 2]。这是一种意识上的转变，地球上没有将人们划分至不同国家的自然边界或分隔线，只是天空中一个脆弱的星球。在某些情况下，这种体验会延伸到一种感觉，即地球和人类并不是孤立的，而是整个太阳系甚至宇宙的一部分。事实上，自从人类开始进行太空旅行以来，航天员就表示从太空欣赏地球是他们最喜欢的休闲活动(见图 3.2)。

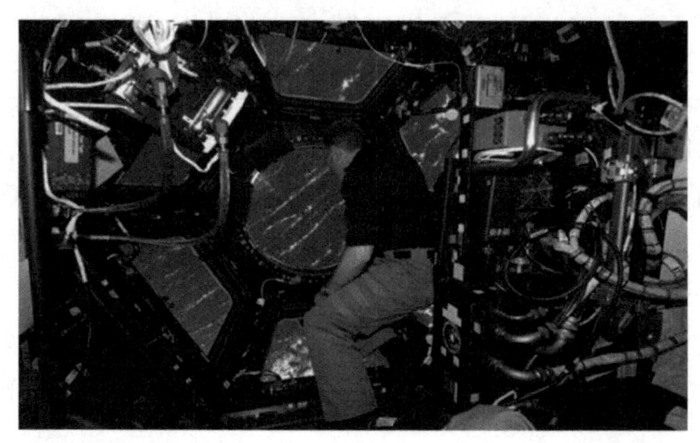

图 3.2 航天员最喜欢的消遣是从太空欣赏地球。图中，一名航天员在国际空间站的圆顶上凝视着我们的地球家园(图片来源：NASA)

有些航天员将概观效应解释为一种灵性或宗教性的经历。例如，沙特王子 Sultan Bin Salman Al-Saud 于 1985 年 6 月作为一名有效载荷专家参与了一次航天飞机任务。他这样描述他的经历：“当我看到这个景象时，我用阿拉伯语说了句‘哦，真主’或者类似‘真主是伟大的’之类的话……我觉得这改变了我对生命的看法。我更加感激我们所生活的世界……我认为神给了我们太多值得感激的东西，而我们却将时间浪费于试图摧毁它的过程中”[3, pp. 241-242]。相比之下，其他航天员则用更加人文主义的方式来描述他们的经历，这并不一定暗示着形而上学的因果关系或宗教信仰体系。例如，双子星 10 号和阿波罗 11 号航天员 Michael Collins 这样描述他的经历：“我真的相信，如果世界各国的政治领袖能够从 10 万英里的距离看到他们的星球，他们的观念会发生根本性的变化。最重要的边界会变得无形，嘈杂的争论会突然静止。小小的地球会继续转动，平静地无视那些分隔，地球作为一个整体在呼吁得到统一的对待。”[3, pp. 182-183]。

Don Lind 在 1985 年太空实验室 3 号任务期间担任任务专家，他对一些宇航员同事进行了民意调查。他得出的结论是，航天员在看到地球时有两种普遍反应。他说:“那些有宗教背景的人用宗教术语表达,而那些没有宗教背景的人则用更为人道主义的方式表达。”[3,p.237]他认为这种经历并不会在返回地球家园后改变任何人的观点,尤其是关于精神问题的观点。

Gallagher 等人[11]分析了 45 名太空飞船和国际空间站中的航天员的 17 份飞行日志和 34 次飞行后采访,他们在其中发现了许多关于概览效应的例子。其中最常见的回答被归类为“审美上的欣赏”(10.3%),“富有冲击力的”(6.7%)和“(对于太空的)视角转变”(6.1%)。

我仔细研究了上述太空研究的积极影响的结果[9,10],以寻找概观效应的证据。结果支持了这种概念[12]。例如,构成“对地球感知”分量表的 4 道题目在个人变化方面的得分显著高于其他分量表,该分量表的所有题目都涉及概观效应的概念(地球的美丽、地球的脆弱性、珍视地球、参与环境事业)。而构成“对太空感知”量表的题目则涉及 Frank White 所扩展的概观效应的概念(宇宙的奇妙、对太空探索的激动、宇宙的无边无际、其他星球上的生命)。

在排名的另一端,如果我们以传统统计标准来看,精神变化分量表(例如,对灵魂问题有了更深的理解,更坚定的宗教信仰)的分数显著低于排序中排列在其上一位的分量表分数($p=0.024$)。但在我们应用 Bonferroni 校正(产生了新的 p 阈值 0.007)来控制“假阳性”的 I 类错误的可能性后,这种分数上的差异失去了统计上的显著意义。精神变化分量表中的两项也被评为因太空体验而无法改变的前三项之二,因为它们在任务发射前已经被评为最重要的从而失去了改进的空间。这些发现似乎与上面 Lind 的评论相呼应。在任务发射前具有人文主义倾向的人会用人文主义术语体验概观效应,而具有强烈宗教倾向的人则用宗教术语描述它,但太空不会改变航天员的信仰体系。

对于那些被安排拍照或喜欢拍照的太空旅行者而言,地球是他们最喜欢的拍摄对象。航天员 Valentin Lebedev 在礼炮 7 号空间站的地球摄影经历令他感到轻松且积极,他希望在完成为期 211 天的任务后,这些经历能帮助他获得摄影学的高级学位[13]。其他宇航员也参与了这项活动(见图 3.3)。

Robinson 等人研究航天员和宇航员欣赏和拍摄地球的行为[14]。他们对曾经参与 8 次国际空间站任务的 19 名航天员和宇航员进行了回顾性调查。调查发现,在超过 14.4 万张照片中,84.5%是由乘组人员主动拍摄的。即使拍摄这些照片是乘组人员职责的一部分,但他们通常会额外拍摄一些照片以供自己欣赏。相比于工作时间,他们更可能在休息时间自发拍摄照片。因此研究人员认为,拍摄地球似乎是一项积极的活动,这在长期任务中提高了幸福感,他们还建议在未来的近地轨道空间任务中应该鼓励这种活动。

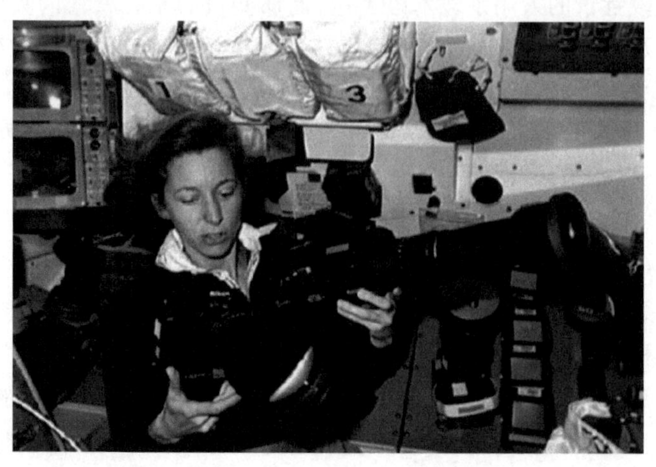

图 3.3　尽管拍摄地球通常是任务目标的一部分，但一些航天员因此对摄影产生了兴趣，并且倾向于在闲暇时间开展这项活动。图中，一名任务专家在航天飞机任务期间检查她的摄像设备（图片来源：NASA）

3.3　健康本源和抗逆力

那些成功应对压力的个体可能会因此获得力量和智慧。他们不仅从这个过程中掌握了新的东西，而且从这种掌握中获得的信心有助于他们处理未来的问题。因此，负面压力源可以产生积极的变化[15-17]。这个过程被称为“健康本源”。健康本源是指挑战性情境带来的促进健康、增进成长的效应。显然，这些挑战不能太严重以至于超出个体的心理或生理承受能力。但极地环境中不利条件所带来的积极变化已在研究中得到了充分描述[16,17]。例如，一些从极地返回的探险家由于其在极地经历而体验到了坚韧、毅力、独立性、自力更生、创造力和同伴情谊的增强。

Peter Suedfeld 一直是这一研究领域的领导者，他认为我们在规划未来的太空任务时需要更多地关注积极心理学和健康本源[17-19]。在一项研究中，他和他的同事发现，20 名退休的和平号和国际空间站男性宇航员称他们的个人成长指标由于太空飞行出现了许多积极的变化[20]。与两组在地球上经历了压力性事件的人相比（首次当母亲的女性和创伤事件的幸存者），宇航员在个人力量和新可能性的实现方面给出了高分。那些更有可能报告说他们对生命的看法产生积极变化的是那些在太空中生活了一年多并在和平号和国际空间站上都有飞行经验的宇航员，这也增强了他们适应不同太空环境的能力。研究人员还对宇航员进行了评估，以了解他们在应对太空中的压力时发现的有效应对策略。结果表明宇航员更倾向于问题导向而不是情绪导向的应对策略。三种宇航员最常提到的应对策略是寻求社会支持、有计划地解决问题和坚持以满足要求[21]。

在一项针对参与国际空间站任务的17名乘组人员的研究中，我和我的同事发现，尽管在太空中表现成功，但他们在发射前训练期间的负面情绪打分比任务期间更高(心境状态量表，分量表：紧张-焦虑、沮丧一消沉、愤怒-敌对、疲劳-惰性、困惑-困惑和总情绪纷扰)[22]。同时，对于这17名乘组人员以及参与俄罗斯和平号空间站任务的13名航天员和宇航员而言，他们对自我发现和创新性的评分也在任务前更高。和平号空间站的乘组人员报告说，与发射前相比，他们在太空中感受到更大的工作压力，尽管这可能是因为美国人和俄罗斯人首次在空间站学习共同合作所带来的相应社会压力。无论如何，这些发现表明，任务发射前的训练可能在情感上具有挑战性，但也可能促进航天员和宇航员的个人成长，这也支持了有关航天旅行者的健康本源论。然而，我们仍需谨慎对待这种解释，因为情绪状态的积极增长也有可能是由于任务本身的乐趣(如微重力、从太空欣赏地球)所导致。关于在太空任务经历中的健康本源相关研究仍有待开展。

与健康本源相关的概念是抗逆力，即处理压力状况并从中恢复的能力。Vanhove等人[23]将抗逆力定义为对逆境的积极适应。他们完成了一篇文献综述以研究长期隔离、密闭和极端任务中人们的抗逆力和成长，并得出了一些与载人航天任务相关的结论和建议。他们认为，适应逆境和压力的抗逆力通常与一些保护因素相关，包括感知到的社会支持、问题导向的应对策略以及积极的认知重评。然而，在某些情况下，回避性应对策略有助于维持社会心理功能，而寻求社会支持的应对行为与抗逆力呈负相关。在飞行前评估这些保护因素以及团队成员在心理社会特征(如个性和价值观)上的兼容性被认为能够减少后期乘组人员的冲突，并带来更高水平的抗逆力和成长。对于并不参与隔离、密闭和极端任务的人群，抗逆力建设培训项目是有效的。这表明该类项目对于参与隔离、密闭和极端任务的人群也可能是有用的。

对十位主题专家的采访与本文献综述的结论非常吻合[23]。在类太空环境中，团队和人际方面的恢复力被认为具有特殊重要性。具有抗逆力的乘组是指每个成员都理解自己的角色和责任，支持团队的目标，对其他乘组人员有信任和信心，并愿意帮助他人。人们认为，家人可以通过支持、让他们了解家庭问题以及不让他们在太空中因无法控制的家庭问题而感到有负担来促进乘组人员的适应力。地面控制人员可以通过诚实、值得信赖和高效的行事方式以及太空相关应激源表示理解与同情，从而提升乘组人员的抗逆力。在发射前，乘组人员应该有机会相互熟悉和适应，他们还应熟悉和适应任务控制中心的工作人员。在发射前和任务期间，还应该向乘组人员、家人和任务控制中心的工作人员提供旨在个性化支持、基于抗逆力的保护因子和团队相容性问题的心理社会教育培训(Psychosocial Education Training，简称PET)课程。对这三个群体的对策培训应保持一致的主题和共同的语言。并且，此类培训应包括计算机化的交互式和自填式模块。

可以看出，抗逆力对于个人、人际或团队绩效都是一个重要的话题。研究表明，抗逆力与幸福感呈正相关，与痛苦指标呈负相关，并且它似乎具有保护作用，使人们在逆境后更容易更快地恢复[24]。如今，研究人员已经开发了许多可穿戴、不引人注目且专为远程工作(例如在长期太空任务期间)的设备来评估抗逆力[25]。这些设备包括对生理活动、语言和副语言交流①以及地理位置和活动的测量。这些措施有助于最小化、管理和修复应激源的影响。

NASA 已经开发了一套标准化的评估用以测量与太空飞行相关的行为健康和绩效表现，称为人因和行为绩效探索评估(Human Factors and Behavioral Performance Exploration Measures，简称 HFBP－EM)。这一套评估工具已经在太空飞行的模拟实验(例如人类探索研究模拟项目 Human Exploration Research Analog，简称 HERA，SIRIUS－19)和国际空间站上进行了测试[26]。一些评估数据来自 HERA 4 和 HERA 5 模拟实验，涉及 32 名被试(22 名男性，10 名女性)，他们进行了 8 次为期 45 天的任务。任务中使用了研究版本的 Robotic On－Board Trainer(ROBoT－r)，被试执行每周两次的操作任务。该任务模拟了使用国际空间站机械臂对接以测量认知和手眼协调能力。在 HFBP－EM 的一项评估中，被试报告的情绪状态得分随着时间推移而增高，其中包括疲劳、困惑、紧张、愤怒和抑郁等方面。但与此同时，他们在 ROBoT－r 任务中保持了准确性，甚至随着任务的进行，他们还可以缩短完成时间[27]。研究人员将这些结果解释为被试在完成任务时表现出了抗逆力，尽管他们在情绪感受方面得分相对较高。

3.4 价值观体系的改变

太空旅行者有时会因太空飞行而经历核心价值观的变化。Suedfeld 和他的同事对四位先驱航天员的回忆录中提到的价值观和情感描述进行了主题内容分析(Thematic Content Analysis，简称 TCA)[28]。其中三名航天员表示他们在任务期间和返回后都增加了对普世主义价值观的重视(即更加欣赏他人和大自然)，而所有四名航天员在返回后都报告了对精神领域重视程度的增加。Suedfeld 和他的同事们在这项工作的基础上进行了一项更大规模的研究，他们对 125 名美国和俄罗斯太空旅行者已出版的回忆录进行了内容分析[29]。他们再次发现，由于太空飞行的经历，航天员和宇航员报告了在普世主义和精神方面的积极变化，以及对权力的重视。研究人员

① 副语言是指人们在交流过程中，用来协助语言(有声语言)传递信息、表达情感、表明态度的非言语技巧的总称。

同样发现了文化差异的存在:与美国人相比,俄罗斯的太空旅行者在成就感和普世主义方面得分较高,在享乐主义方面得分较低。Brcic 和 Della - Rossa[30] 用相同的方法评估曾经参与太空任务的加拿大航天员的公共记录时发现,加拿大航天员表现出较高的普世主义、较低的享乐主义。同时,加拿大航天员也频繁提及成就感、安全感和自主导向是重要的价值观。

Vinokhodova 和 Gushin[31] 使用个人自我感知和态度量表(Personal Self Perception and Attitudes,简称 PSPA)对 12 名国际空间站宇航员进行了研究,以评估他们对社会环境(包括乘组人员内部和任务控制中心)的态度。研究人员还对宇航员的交流进行了内容分析,以检查他们对人际关系的感知。他们发现,宇航员的价值观和个人态度由于太空飞行而保持稳定。宇航员最重视的是那些能够成功完成宇航员专业工作以及帮助他们建立积极社会关系的个人特质。

Solcova',Vinokhodova 和 Gushin[32] 在两项太空飞行模拟研究中研究了乘组人员的个人成长和价值观的变化。这两项研究分别是 SIRIUS - 17(17 天任务,包括 3 名俄罗斯女性、2 名俄罗斯男性和 1 名德国男性)和 SIRIUS - 19(120 天任务,包括 3 名俄罗斯女性、1 名俄罗斯男性和 2 名美国男性)。有关两项任务的细节请参见第 4.4.1 节。使用压力相关成长量表和人物价值问卷,研究人员发现参加两个实验中的所有乘组人员都出现了个人成长,而且乘组人员感知到的成长程度高于预期的成长程度。在这两项研究中,定性分析发现,无论性别或文化背景如何,社会领域的个人成长程度都是最高,其次是认知/情感领域。同时,性别或文化背景并不影响乘组人员对以下题目给出零的分数:"我发展/增强了对上帝的信仰(请参见第 3.2 节)。"在价值观方面,无论性别如何,乘组人员在普世主义、仁爱、享乐主义(享受生活)、传统、权力以及刺激(仅限于男性)方面的价值观都有所提升。

Gro Sandal 一直活跃在个人价值观的研究领域。我们将在本书第 5.7.6 节、第 9.3.2 节和第 9.5 节中介绍她的一些工作。

3.5 档案:与精神病学相关的问题[33]

从早期探险家时期就有报告表明,在隔离和极端环境中生活和工作的人们会出现精神问题[34]。这些问题包括抑郁发作、暴力、自杀以及团队凝聚力的瓦解。本节讨论了南极和潜水艇环境中的精神问题频率,这与最近的估计结果相符。为节省篇幅,原始文档中关于弗洛伊德理论的描述[33, pp. 33-35] 在此被省略。此处还讨论了人们应对隔离、密闭和极端环境的方式,包括 Ruff 等人和 Smith 提出的阶段模型。我们还介绍了减少紧张情绪的应对策略,例如紧张情绪的升

华①，一些潜艇上报道过的"pinging"活动以及对食物兴趣的增加。我们还提出了心理治疗方法，例如与地面上的支持者进行沟通和敏感性训练(两者在今天广泛使用)、催眠和在体内植入新型机器人装置。

——*NK*

3.5.1 问题的严重性(另请参见第2.1.1.1节)

在国际地球物理年(*1957年7月—1958年12月*)之后的数年里，Rasmussen和Haythorn[35]对南极洲五个美国站点的越冬人员进行了一项研究。在这段时间里，没有一个人因精神原因住院。然而，我们也注意到了一些行为问题。例如，表Ⅷ(*见表3.2*)显示了由美国海军医学神经心理研究单位在圣地亚哥报告的一个小南极站的结果。一般来说，这些症状似乎是与时间相关的；然而睡眠模式显示此项研究中的人们在8个月后适应了所处的环境。

在同一时期进行的另一项研究中，Gunderson[36]报告了美国的几个南极站的情况。他发现驻扎在南极的海军人员的精神问题发生率高于驻扎在其他地方的海军人员(3%vs1%)。在越冬期间，海军人员的失眠、抑郁、焦虑和敌意症状增加了多达40%。但这一增幅远低于这些症状在平民人口中的增幅。Gunderson还发现这些人的动机与他们的工作有关。Pope和Rogers[37]报告称，抑郁症是他们南极研究中的常见反应。事实上，大多数研究都表明，在密闭的条件下，人们会出现行为或睡眠障碍，这可能表明潜在的人格弱点。

Serxner[38]报告称，在两次北极星号航行中，5%的乘员因心理或精神问题接受了治疗。这些问题包括轻微的焦虑反应(失眠、头痛、躯体问题、焦虑发作)、抑郁反应(厌食和体重减轻、依赖性需求得不到满足)和一次完全的精神病发作。

在为期83天的海神号巡航中，有四名船员出现了焦虑反应或强迫性思维[39]。

表3.2 一个南极站报告的行为事件

行　为	1～4个月	5～8个月	9～12个月
睡眠周期的中断	2	15	3
麻木、冷漠	1	5	1
紧张、不安	3	8	19
抱怨、发牢骚	0	1	3
烦躁、高血压	6	9	13
多疑的、不信任	0	7	16
不合作	1	2	13

注：改编自Rasmussen等[35]。

① 升华是自我减少因不可接受的冲动或感觉而产生的焦虑的一种方式。它的工作原理是将消极和不可接受的冲动转化为积极和社会可接受的行为。

Ruff 等人[40]对经历了 3 小时到 7 天的感觉剥夺和社交隔离的被试进行了研究。研究人员总结了人们在适应这种短期隔离过程中的个人特质变化特点。在隔离的第一阶段，被试会感到焦虑，随着“防御机制开始起效”，他们的焦虑会得到缓解。第二阶段的特点是被试会夸张地使用自己习惯的防御机制。Ruff 等人描述道：“具有强迫特质的被试会发展出重复性的思维或行为模式。具有被动攻击性特质的被试可能会将实验视为一场战斗，并试图‘战胜’实验者。”在第三阶段，焦虑会再次出现，此时被试的防御机制开始变得更为原始。被试的一些无意识的思维内容有爆发而出的威胁，且他们的思维开始变得混乱。

Ruff 等人和 Rohrer[41]（参见第 2.1.2 节）描述的阶段模式几乎完全相同，唯一的区别在于 Ruff 等人在第二阶段没有提及抑郁的发生。在两个阶段模式中，第一阶段几乎相同。Ruff 等人描述的原始思维模式和无意识威胁的爆发可能是 Rohrer 所描述的期待阶段中出现敌意、攻击性和绩效崩溃的原因。

3.5.2 对危险的反应

危险是可能导致精神问题的另一种压力源。人们如何应对危险情景是非常重要的因素，因为应对紧急情况包含了智力和情绪两部分，尤其不能让情绪干扰了智力表现。人们对危险的反应各不相同。例如，Cramer 和 Flinn[42]报告了在航空医学院中的两人模拟太空舱中发生的一次未预设的火灾：“在火灾期间……一个被试变得非常焦虑和惊慌失措，而他的搭档则采取了冷静和恰当的行动。”因此，危险可能会揭示潜在的精神问题。

Smith[43]描述了一支七人小组在南极危险条件下的反应，并报告了两个明显的阶段。第一个阶段持续了大约一天，包括三个亚阶段：(1) 最初无法察觉危险（成员们像没有威胁一样行动，没有采取安全预防措施）；(2) 完全关注于威胁，但努力是混乱和无组织的，安全预防措施是匆促和不切实际的；(3) 活动全面停止。

Smith 的第二阶段开始于该小组陷入危险的第二天。第一阶段是混乱、非理性和焦虑的，而第二阶段则几乎完全相反。人们意识到自己所处的危险，因此缓慢而小心地前进，并采取了安全预防措施。他们的努力不再是混乱无序的。这些人显然“强化”了他们的防御机制来抵御第一阶段的焦虑，并且能够理性、冷静地行事。在探险之前，Smith 对危险反应做出了三个假设。其中之一得到证实[43]：“……在经历危险时，言语互动明显减少，烦躁性增加，表现为尖锐、简短的个人交流。”Smith 曾认为，人们在进入已知危险区域的前后会表现出极度抑郁，但这种情况并没有发生。

3.5.3 紧张的缓解

海狼号潜艇上所描述的“pinging”活动（参见第 2.1.1.2 节），以及许多潜艇和南极任务中观察到的攻击性行为、对性思维的专注和玩笑。Cramer 和 Flinn[42]也在航空医学院中的两人模拟太空舱实验中注意到这一点："每次实验人们都会展示出紧张情绪的各种释放机制；其中一个常见的例子是通过突然的口头呼喊、大声喊叫、哭泣或尖叫来缓解紧张情绪。此外，研究人员还注意到频繁的咒骂似乎也是为了缓解紧张情绪……另一种满足需求的形式是幻想和做梦，它们通常具有满足愿望的性质。"这与动态理论相符，动态理论指出，如果一种特定的紧张情绪不能以最直接的方式得到缓解，它将寻找另一种能量释放的途径，这就是升华的过程。遭受挫折的恋人通过工作来消耗其性紧张情绪就是升华的一个例子。

在长时间的密闭环境下，人们显然能够找到成功的方式来释放紧张情绪。性紧张情绪是一个重要的实际例子。Cramer 和 Flinn[42] 发现，虽然所有的男性都有性幻想，但这种幻想需要 10～14 天才会变得频繁。在此之前，人们能够将他们的性欲情感升华到任务中。性幻想显然是由于升华的效果减弱而逐渐产生的。此外，有三名男性出现了遗精现象。

Ruff 等人[40] 在对三个隔离条件下的小组的研究中发现，有两组成员对食物的兴趣日益增加。他们将这种兴趣归因于驱动力的减少。"当这些成员与许多日常的渠道隔绝时，他们会强调饮食和与食物相关的活动。因此，计划使用藻类作为（原文如此）营养来源时，应考虑使产品尽可能地美味。" Eberhard[44] 警告说："不应忽视进食过程中的自主活动的价值，因为在密闭环境中，人们用来进食的时间几乎是正常情况下的两倍。"最后，Rohrer[41] 总结道："同一性别的小组中对性冲动有相当强烈的压抑，这增加了满足口腹之欲的重要性……几乎所有人都报告了体重增加，并且准备食物比在正常社会中更为重要。因此，在这些隔离的小团体中，厨师的社会地位达到了我们在复杂社会中从未有过的高度。"Ferguson[45] 报告称，随着富兰克林号任务的进行，讨论食物成为"升华心理压力"的方式。

3.5.4 太空中的心理治疗

尽管采取了特殊的预防措施，但在太空任务期间仍可能出现精神问题。如果在一项长期太空任务中，一名乘组人员出现精神崩溃，保持镇定是很难的，并且他不可能被及时送到医院接受治疗。Serxner 在一次北极星号潜艇任务中面临了这一困境，其中一名乘组人员在任务进行了 5 周后出现了急性妄想型精神分裂症的症状[38]。Serxner 通过使用药物、支持性治疗以及来自乘组人员的帮助将这名患者稳定住并使其能继续工作。此外，该突发事件对乘组人员的影响被最大限度地减少，且他们的表现也是令人满意的。Flinn 等人[46] 报告了在为期两年的时间内成功使用苯丙嗪类药物（phenothiazines 是）来控制被空运转移的精神病患者的情况。

失重是一个尚未完全在精神病学领域研究的变量。失重条件不仅可能加重心理问题，而且尚不明确其对使用精神类药物的患者的影响。苏联的研究[47] 表明，在困难情况下，许多常见的中枢神经系统兴奋剂不会增加人体的工作能力。事实上，在缺氧期间,它们可能会产生不良作用。Parin 等人[47]指出:“可以预见到的是,信息量的突然减少将使航天员产生抑制和抑郁倾向,并扭曲或减弱兴奋中枢神经系统的药物的作用、增强那些抑制中枢神经系统的药物的作用。”因此,未来需要进一步研究太空药理学,以解决药物的有效性和剂量问题。

由于精神科医生可能不会参加前几次长期太空任务,因此必须在执行该类任务之前做好应对精神问题的准备。乘组中的医生或社会科学家以及其他乘组人员应该精通心理治疗技术。Flinn[48]对飞行员最常见的各种意识状态的改变进行了分类。适用于长期太空飞行的状态包括:(1)与匮乏环境相关的状态(例如,熟练程度降低);(2)焦虑状态(例如,人格解体);(3)与疲劳和困倦相关的状态(例如,睡眠);(4)与感官输入过载相关的状态(例如,恐慌);(5)与注意力集中相关的状态(例如,对仪器的着迷);(6)与潜在精神病相关的状态(例如,解离反应);(7)与颞叶癫痫相关的状态(例如,频繁的既视感体验)。其他技术也可用于减轻精神压力。Solomon[49]提出的一个实用建议是:“出于预防的目的,在太空旅行过程中,应尽一切努力使航天员不仅与地球上的地面工作人员保持持续的联络,还要与家人和朋友保持紧密的联系。”

通过视频通信,与地球上的精神科医生进行定期心理治疗可能有助于在问题变得严重之前得到解决。Pope 和 Rogers[37]表示,在他们的任务中心理医生的存在使得成员可以在问题变得严重之前宣泄他们的敌意。Dunlap[50]描述了敏感性训练在识别和处理人际压力方面的优势。Flinn 等人[51]和 Hagen[52]推荐使用日记进行有效的替代治疗。催眠被提议作为缓解焦虑和其他痛苦状态的方法。Sharpe[53]提出了应用催眠的 8 个情境:(1)选拔航天员训练的候选人;(2)在航天员训练期间创造现实感;(3)在心理生理高压期能够集中注意力于关键任务中;(4)减少航天员的代谢率,从而减少所需的氧气、食物和水量;(5)在非常漫长的航行中减少航天员的恐惧和焦虑;(6)通过压缩休息时间、制造刺激假象来消磨时间,减少无聊感;(7)培训航天员诱导自我催眠,以便他们能按时入睡并精力充沛地醒来;(8)长时间保持舒适的姿势。不幸的是,催眠易感性因个人而异,并不是对所有人都有效。最后一种技术是赛博格(cyborg)或赛博格有机体(cybernetic organism)。虽然不太可能在不久的将来完全实现,但这种令人着迷的人机概念将使用一个小型感应系统来检测人们由于压力而产生的某些化学或激素物质。然后渗透泵会以适当的浓度和适当的速率释放药物,以抵消压力的影响还可以根据情况决定释放镇静类药物还是兴奋类药物。该装置将足够小,可以植入皮下。

3.6 太空中的精神病学问题

本书的大部分内容涉及人类在应对太空的异常应激源时所经历的正常心理和人际反应。偶尔,太空旅行的人会出现属于精神病学范畴的病理性反应。这些反应大多代表了应激性太空环境与遗传或早期生活中心理疾病易感性的相互作用。由于航天员在入选时要进行心理测试并筛查个人或家族的精神障碍史，他们发展出行为健康问题的可能性较一般人群要小。但由于一些精神障碍可能会在航天员选拔后的生活中发生(例如双相情感障碍)，因此，尽管一些精神疾病筛查是作为年度体检的一部分进行的，但它们仍然可能发生。此外，每个人在面对严重应激源时都有其极限，因此，没有人可以完全免于在太空中出现精神病性症状或自杀/他杀的反应。

长期太空任务可能使人更容易出现精神健康问题。NASA 太空精神病学家 Gary Beven 表示，直到俄罗斯宇航员开始在礼炮 6 号和 7 号空间站待上 6 个月或更长时间，他们才开始报告心理健康状况显著下降[54]。这促使了俄罗斯心理支持小组的成立，后来随着航天员任务的时间开始增加，NASA 也复制了该小组的模式。NASA 在 20 世纪 80 年代开始雇用全职精神科医生。当然，我们需要更多地关注航天员的情感健康，特别是在长期太空任务期间[24]。

3.6.1 精神问题的发生频率

正如上面的档案(见第 3.5 节)中提到的，在模拟太空环境实验中，未经严格选拔的群体在任务中出现过严重的行为问题。Gunderson 在他的南极研究的样本中发现了 3%的精神病症状发生率[36]，Serxner 在他的潜艇研究的样本中发现了 5%的精神病症状发生率[38]。Lugg[55]在回顾澳大利亚的南极研究时发现精神问题的发生率为 4%～5%，尽管严重的精神病和神经性疾病的发生率远低于 4%。Palinkas 和他的同事[56]报告了 313 名军事和文职人员在南极洲南极站和麦克默多站越冬的情况。他们发现 5.2%的越冬人员出现了精神问题的症状。情绪障碍占所有诊断的30.2%，适应障碍占 27.9%，睡眠相关问题占 20.9%，人格障碍占 11.6%，物质相关障碍占 9.3%。有趣的是，尽管所有越冬人员在被派往南极执行远程任务之前都通过了精神病学和心理筛查程序，但这些问题还是出现了。Weybrew[57]在回顾 30 年来涉及核潜艇的研究时得出结论，在较长时间的任务中，急性和慢性精神病理学问题的发生率为 1%～4%。焦虑和抑郁反应最为常见，其次是人格障碍和心理生理反应。在对核潜艇任务的回顾中[58]，1.2%的男性患有严重的精神问题：50%与严重焦虑有关，39%与人际关系困难有关，29%与抑郁有关。因此，在潜艇和极地任务期间精神疾病症状的发生率在 1%到 5%之间。

就太空任务而言，精神疾病的报告频率很复杂。在一份总结性文件中，NASA 报告称在航天飞机或国际空间站任务中未出现任何正式的精神障碍事件。该文件指出："航天员确实报告说他们在较长时间的任务中感到更大的压力，但是这种压力并没有表现为*临床上显著的、可能危及任务的精神障碍* (我标注的斜体)[59,p.13]。"该报告进一步阐明，"NASA 通过以下方式区分不良行为状况和精神疾病：行为状况是指任何影响操作准备或表现的情绪、认知、士气或人际互动能力的下降；而精神障碍是指符合 DSM 诊断障碍标准的障碍[59,p.17]。"

尽管缺乏使用美国精神病学会诊断与统计手册(DSM)系统的正式诊断[60]，太空任务中已经出现了影响航天员心理健康和表现的行为问题。例如，在航天飞机任务期间，对于典型的14天任务，行为问题的发生频次为0.11次，即每年2.87次。其中最常见的行为症状是焦虑和烦躁[59]。Shepanek[61]报告了航天飞机任务期间发生的34种负面行为的特征和症状，以及影响1995—1998年在和平号空间站飞行的7名美国航天员的两次行为事件。这些困难包括焦虑和抑郁、记忆和解决问题的障碍、退缩和人际冲突。在某些情况下，生产力受到影响。Santy[62]报告，在对223名航天员申请者进行的研究中，精神障碍的发生率为9%。在这20个受影响的个体中，有5人有家庭问题，4人有人格障碍，3人有生活环境问题，而另外2人分别经历了丧亲之痛、焦虑障碍、适应障碍或重度抑郁。但这些人中没有人患有精神分裂症。近期，Alexander报告了国际空间站上的精神障碍发生率为每年0.62次[63]。

在和平号空间站计划期间，由于美国和俄罗斯的乘组人员在彼此磨合，他们感受到了严重的压力，一些航天员还出现了情境性的抑郁和焦虑症状，因此研究人员注意到了严重压力的出现(见第2.3节)。这种社会心理适应困难可能会导致乘组人员的积极性和凝聚力下降，而且乘组人员的文化差异可能会加剧这种情况。俄罗斯的太空任务的中止公告通常与慢性头痛、心律失常和慢性前列腺炎有关，但行为问题也可能起到了一定作用。例如，Alexander表示，有轶事报道表明，宇航员的行为健康症状严重到足以导致联盟-21号、联盟-T-14号和联盟-TM-2号任务提前终止[63]。

Sipes等人[64]支持了这一观点并提供了有关这些任务的更多信息。1976年联盟-21号前往礼炮5号空间站执行任务时，乘组人员因抱怨刺鼻气味而提前返回地球。研究人员没有找到刺鼻气味的来源，也没有其他乘组报告这种气味。由于联盟-21号乘组人员一直存在人际冲突，人们认为这种气味可能是乘组人员人际摩擦的心身表现。1985年，联盟-T-14号任务前往礼炮7号空间站的机组也因为其中一名宇航员担心自己得了前列腺感染而提前返回地面。虽然有一些证据支持这一说法，但医生们认为这也与他对隔离、限制和乘组内部冲突的心身反应有关。同样，1987年联盟-TM-2号任务由于不良的心理社交问题而提前结束，尽管给出的原因与其中一名乘组人员出现心律失常的问题。

Clark也强调了联盟-21号任务期间的心理问题，他表示乘组人员严重缺乏睡眠，并且任务中的心理学家认为乘组人员存在“人际问题”[65]。他还报告了其他太空旅行者由于压力引发的行为问题，例如礼炮7号的乘组人员Valentin Lebedev(由于与乘组成员之间的人际关系紧张而出现退缩性行为)、航天飞机-和平号计划中的航天员John Blaha(由于与俄罗斯的乘组人员有隔离和语言困难而出现抑郁)和航天飞机-和平号计划中的航天员Jerry Linenger(由于机上起火而出现退缩性行为，并减少了与任务控制中心的沟通以及与地球上家人的联系)。本书第2.3节提到了涉及航天飞机-和平号航天员Norm Thagard的问题。

正如第1.7.2节中所述，太空中最常见的行为健康问题是睡眠障碍，其次是适应障碍和衰弱乏力，这是我们将进行讨论的主题。

3.6.2 对太空的适应和适应障碍

适应太空的新奇事物是常见且可预见的事情，通常是短暂的并且不会干扰任务。这种适应既有身体上的，也有精神上的(见图 3.4)。但对于一些人来说，调整适应很困难，并且可能最终导致临床意义上显著的适应障碍。根据美国精神病学协会精神障碍诊断和统计手册第五版(Diagnostic and Statistical Manual of Mental Disorders，简称 DSM－5)[60，p. 286-287]，适应障碍的特征是在应激源出现后的三个月内对该种或多种可识别的应激源做出的情绪或行为症状反应。这些症状或行为如果满足以下一个或多个条件就可能具有临床意义：痛苦与压力源的严重程度明显不成比例(考虑到外部环境和文化因素)；在社交、职业或其他重要的职能领域存在着显著损害；该症状不应符合其他精神障碍的诊断标准、不是现有精神障碍的加重，也不代表正常的丧失后的痛苦；一旦压力源或其后果消失，症状持续时间不会超过 6 个月。DSM－5 进一步指出了适应障碍的以下亚型：抑郁情绪、焦虑、混合焦虑和抑郁情绪、行为障碍、情绪和行为混合障碍或未明确的症状。

图 3.4 国际空间站上的一名航天员讨论了首次暴露于微重力时可能出现的痛苦，并解释了如何使用“呕吐袋”以应对太空晕动病（图片来源：NASA(图片取自视频))

如前所述，NASA 报告称，在太空任务中尚未出现“具有临床意义、危及任务的精神障碍”[59]。然而，也有一些情况与此类似。例如，宇航员 Lebedev[13] 列举了他在 211 天的礼炮 7 号任务期间在适应单调环境时遇到的几个问题。其中包括沮丧、退缩以及与乘组人员的紧张关系。此外，航天员 Thagard 和 Blaha 在和平号空间站上出现了适应问题，导致了孤独、思乡和抑郁的感觉[66]。尽管这些太空旅行者设法克服自己的感受来完成任务，但这些行为影响却是深远的，并带来了很多情绪困扰。

适应问题还可能源于乘组人员之间性格、背景和态度的差异，这可能导致人际压力的出现。太空旅行者非常重视乘组人员之间的共同点。Alan Kelly 和我[6] 对 54 名曾经进行过太空飞行的航天员和宇航员进行了问卷调查，研究发现航天员和宇航员将共同经历和对任务的共同激励评为两项可以促进乘组人员在太空中的互动。

对于在轨任务，一些简单的方法就可以缓解这种心情低落，例如增加与地球上家人和朋友的联系，或通过补给飞船送礼物上来(见图 3.5)。但在其他时候，适应问题可能会变得严重，需要用药物和心理治疗来作为对抗措施。在地球上的一些隔离和密闭环境中，比如在潜艇或南极基地，适应障碍的症状可能引发精神反应和自杀意念，下文将对此进行讨论。

图 3.5　乘组人员护理包装有为航天员特别挑选的物品以供一些在国际空间站上的人们使用。乘组人员护理包是保持航天员士气高涨的一种方式，尤其是在长期任务中(图片来源：NASA)

3.6.3　衰弱乏力

1963 年，苏联卫生部成立了生物医学问题研究所(Institute for Biomedical Problems，简称 IBMP)，以在地面和飞行任务中研究宇航员在太空飞行期间的健康和工作能力[67]。随着太空任务时间的持续延长，生物医学问题研究所开始为苏联的航天任务乘组人员提供医疗支持。为了处理可能出现的心理问题，生物医学问题研究所成立了一个心理支持小组。40 年来，该小组负责发现航天乘组的行为和人际问题，并为乘组提供适当的对抗措施。该小组由任务控制中心的成员负责监测宇航员的语言模式，以发现压力的蛛丝马迹，并至少每两周与宇航员进行私人心理会议。对抗措施包括在宇航员感到无趣时增加刺激和新奇感(例如，增加与家人、朋友、著名的体育或媒体人物的联系；在补给船上寄送惊喜礼物和宇航员喜欢的食物；提供新闻和时事报道)，在宇航员感到过度刺激时减少刺激的出现(例如：降低光照强度；鼓励播放柔和的音乐；减少工作安排)。NASA 和其他航天机构一直密切关注着俄罗斯心理支持小组的成功，并在他们各自的计划中建立了类似的小组。

俄罗斯心理支持小组的飞行外科医生和心理学家发现了一种他们称之为衰弱乏力适应反应。他们认为在长期太空任务中，这种反应会影响一半以上的宇航员[68]。它被定义为“神经或精神衰弱，表现为疲倦……体力快速丧失、感觉阈值低、情绪极度不稳定和睡眠障碍。(衰弱乏力)可能是由躯体疾病以及过度的精神紧张或身体紧张、长期的负面情绪体验或冲突引起的[69,p.28]。”

衰弱乏力的标志是过度疲倦和疲劳。这个概念起源于一种被称为神经衰弱的神经症,由美国医生 George Beard(1839—1883 年)首次描述。他认为这是源于中枢神经系统能量储备的耗尽,是一种典型的美国疾病,是由 19 世纪美国发生的戏剧性的社会变革造成的,特别影响了上层阶级[70,71]。Sigmund Freud 支持并扩展了这个概念。他在有关神经症的著作中将其普及,认为它是由压抑的生命冲动和早年创伤事件引起的[72]。

Myasnikov 等人[73]对比了地球上神经衰弱和太空中的衰弱乏力的临床特征。他们认为,后一种情况是由空间、感官和社会剥夺以及单调等应激源产生的正常反应。根据他们的想法,由于长期隔离在封闭的人工单调环境中,通常的外部刺激量和多样性显著地减少,这会导致中枢神经系统的张力和活力逐渐减弱(即衰弱乏力或身体的力量下降)。由此产生的感官剥夺是对刺激的无效反应,表现为易怒、对噪音和光线的高度敏感以及注意力不集中。俄罗斯的飞行外科医生认为,太空中的衰弱乏力症状比神经衰弱症状轻,原因有两点:宇航员在任务前经过仔细筛查以排除精神问题,并且如果尽早采取上述的简单对策,可以帮助改善病情,并避免药物和心理治疗的需要。

俄罗斯专家通过分析宇航员与任务控制中心的工作人员之间的言语交流、检查来自太空的医学信息并通过临床量表评估疲劳、躯体症状、睡眠质量和情绪来诊断衰弱乏力的出现。衰弱乏力似乎是一种随着时间累积而逐渐发展的疲劳状态。

Aleksandrovskiy 和 Novikov[74]认为,许多宇航员在 1～2 个月后会出现轻度乏力(他们称之为低能症或无力化过程)。该状态的特点是疲劳、烦躁、焦虑、工作能力下降、睡眠问题、自主神经紊乱(例如心悸、出汗)、注意力和集中力困难以及对强光和大声噪音的敏感性增强。太空旅行者已经根据经验报告了这种感知的变化。在我们对 54 名曾在太空飞行的宇航员进行的问卷调查中[6],被试表示他们在工作和休闲时间段的观看和聆听活动均显著增加。这让人想起礼炮 6 号和礼炮 7 号任务期间的报告,在任务开始 2～5 个月后宇航员的感知敏感性提高,一些宇航员表示他们对来自任务控制中心工作人员的强噪声和说话方式感到越来越烦躁[13,75]。

在长期太空任务期间,曾有美国航天员报告了与衰弱乏力症相关的症状和体征[76-78]。然而,作为过去几十年来美国重新定义神经官能症诊断这一总体趋势的一部分,美国精神病学协会一直没有给予衰弱乏力和神经衰弱以官方诊断,尽管这些病症在俄罗斯、中国和世界其他地区仍然得到认可。对于美国的心理健康工作者来说,与衰弱乏力相关的症状和体征被包含于适应反应、持续性抑郁(失眠)或重性抑郁障碍或慢性疲劳综合征等病症中。在本书第 5.7.5 节中,我们将进一步探讨关于太空衰弱无力症的一些文化差异。

我们对和平号空间站研究中的情绪状态数据进行了回顾性分析(参见第 2.7 节),以寻找暗示衰弱乏力的变化。3 名研究人员独立确定了心境状态量表上的 8 个题目是早期衰弱乏力的特征[71]。6 名俄罗斯太空专家熟悉衰弱乏力的症状和体征,并且直接与宇航员一起工作了 10 年或更长时间,他们提供了当衰弱乏力出现时这些题目的假设最低分数。与这些原型值相比，我们的被试在所有 8 个题目上的得分均显著较低，表明不存在衰弱乏力的迹象。然而，由于心境状态量表只能评估衰弱乏力症的情绪方面，而不能评估其生理方面，因此这 8 个题目可能不够敏感，因而无法回顾性地识别该综合征的特征。尽管尚未找到证据，但仍需要使用针对衰弱乏力症的症状和体征的前瞻性方法和测量方式对衰弱乏力这一概念进行进一步研究。

3.6.4 其他精神障碍

在应对压力和焦虑时，一些航天员会出现身体症状。此类身心(或躯体形式)问题包括胃部不适、头痛、对癌症的担忧，甚至牙痛。例如，礼炮 6 号任务中的一名宇航员在日记中写道，他担心在执行任务期间会患上阑尾炎。他还报告说，从牙痛梦中醒来后，他的牙齿感到疼痛[79]。一名礼炮 7 号宇航员因疲劳、无精打采以及与前列腺炎相关的身心问题和对阳痿的恐惧而导致工作表现不佳，最终提前返回并结束任务[78]。另一位宇航员在和平号空间站发生一系列不幸和事故后出现了紧张、疲劳和心律失常。因此，他服用了镇静剂，工作职责也发生了调整[80]。在太空模拟任务期间也会出现身心症状。例如，Lugg[55]将精神痛(紧张性头痛)列为 25 年以来澳大利亚南极探险期间被报告的最常见的精神问题之一。Weybrew[57]发现，执行潜艇任务时平均每天有四分之一的人员会感到头痛。尽管大气中的毒素等环境因素可能起到了一定作用，但仅靠这些因素并不能解释为何船员出现身体问题的频率如此之高。如果对疾病的关注时间持续了至少 6 个月，《精神障碍诊断与统计手册》第五版会将此类问题归类为躯体症状障碍或疾病焦虑障碍的一部分。但在上述案例中，身心问题与在压力大的隔离、密闭和极端环境中工作有关，这使得乘组人员出现了适应障碍成为一个更可能的解释。

对于在太空工作的人来说，想家甚至短暂的抑郁情绪并不罕见。然而，在太空任务期间，需要心理治疗和精神药理学干预的抑郁障碍也并不常见(例如，长期情绪低落、精力不足、睡眠和食欲问题、有自杀意图或计划)。同样，太空任务期间也没有报告过双相情感障碍(例如躁狂抑郁症)和精神分裂症等精神病的出现，这可能是因为这些疾病具有很强的遗传因素，并且往往发生在成年早期。由于航天员候选人在进入航天员大队前都经过了仔细的精神病学筛查以排除这些问题，因此在航天员队伍中不太可能找到许多容易患上这些病症的人，尽管双相情感障碍的症状可能在 40 多岁时首次显现[81]。然而，如果承受了足够的压力，任何人都可能会经历短暂的精神病反应，因此不能排除在太空任务期间出现精神病甚至自杀或杀人意念。

由于无法获得大量成瘾物质，其他一些可能导致情绪变化或精神病性思维的精神问题(例如酗酒或吸毒)在太空中不存在。然而，正如本书第七章将提到的，人们正在考虑向私人太空旅行者提供酒精，就像地球上的飞机旅行一样。在未来的太空移民地或采矿栖息地，人们将在太空中长时间生活和工作，可能会有酒精和毒品存在，因此需要考虑滥用物质的可能性。

3.7 治疗注意事项

3.7.1 精神活性药物

在考虑长期太空任务时，Santy[82]写道，合理的精神科处方集应包括每个主要精神活性药物类别的示例：抗焦虑药、抗抑郁药、抗精神病药、镇静剂和催眠药以及对抗躁狂症和其他情绪波动的药物。这一建议已被采纳，因为在太空任务期间，乘组人员可以使用多种精神活性药物。在航天飞机计划中，机上可用的药物包括：抗焦虑药物，如地西泮；抗精神病药物，例如氟哌啶醇；止痛药，例如可待因和吗啡；睡眠药物，例如氟西泮和替马西泮；兴奋剂，例如右旋苯丙胺；和异丙嗪治疗太空晕动病(见图3.6)[83]。78%的航天飞机乘组人员在太空中服用过药物，主要用于治疗太空晕动病(30%)、头痛(20%)、失眠(15%)和背痛(10%)[84]。一些航天飞机班次上还包含较新的精神活性药物，例如所谓的"非典型"抗精神病药物(例如奥氮平、利培酮)和选择性血清素再摄取抑制剂(SSRI)抗抑郁药(例如氟西汀、舍曲林)。此类药物也已用于俄罗斯的太空任务中，其中包括抗焦虑药，如地西泮和非那西泮；抗抑郁药，例如阿米替林；抗精神病药，例如氯丙嗪和氟哌啶醇；以及兴奋剂[74]。国际空间站上也使用了类似的药物，包括抗焦虑药物(地西泮、劳拉西泮)；抗抑郁药(舍曲林、文拉法辛)；抗精神病药(阿立哌唑、齐拉西酮)；抗胆碱能药(苯海拉明)；睡眠剂(褪黑激素、扎来普隆、唑吡坦)；和唤醒剂(咖啡因、莫达非尼)[85-87]。除此之外，还有止痛药和抗躁狂/情绪稳定剂(例如双丙戊酸钠和卡马西平)。类似这样的药物清单可能会在火星任务中使用。

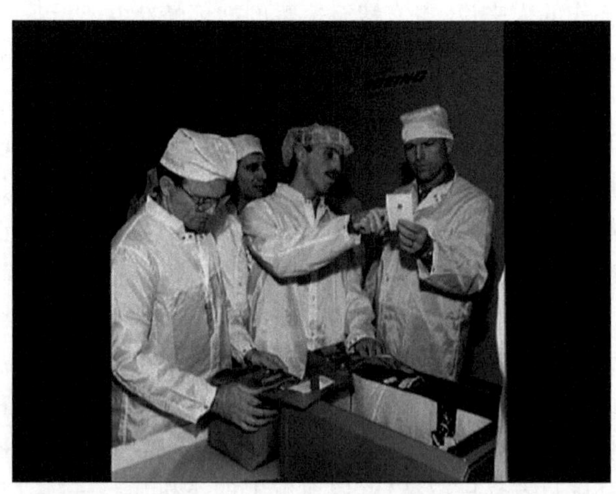

图3.6　航天飞机的乘组人员在发射前检查紧急医疗和药物包中的物品。大多数航天员在执行任务期间都会服用药物，尤其是治疗头痛和太空晕动症的药物(图片来源：NASA)

应仔细监测精神类药物的使用，因为其中一些药物存在滥用的可能性，而且太空环境中可能会产生一些新的影响[86]。例如，在俄罗斯的一项太空任务中，指令长受到失眠的困扰且在没有通知任务控制中心医生的情况下服用了过多的安眠药。随后，他因这一行为而出现了许多问题[74]。因此，由地面专家或经过医学训练的太空乘组人员对太空中精神药物的使用进行监督是非常重要的。

微重力引起的生理变化可能会改变精神活性药物的药理学特征。例如，微重力可能会改变体内与药物代谢有关的代谢酶的作用，例如肝脏中的 CYP450 酶[88]。微重力也可能影响药物剂量和给药途径。例如，胃排空减少和肠道吸收减少可能会降低口服药物的效果。因此，通过肠道吸收的精神活性药物，如氯丙嗪、氟西泮和吗啡，尤其容易受到这些变化的影响。体液转移可能会降低药物通过血液到达肝脏的生物利用度(首过效应①)，而药物通常在肝脏中代谢。吗啡和许多抗抑郁药对这种影响特别敏感[89]。最后，由于血液和体液流向头部和上半身，药物注射不应在臀部注射而应在手臂注射以确保更快地吸收。尽管这些变化在生理上是有意义的，但对于微重力条件下药物的代谢动力学还没有足够的实证工作，未来还需要在太空中进行更多的药理学实验。

微重力也会影响储存中的药物稳定性。已有一些研究对这一领域进行了探索。例如，有一些证据表明，与地面的对照样品相比，精神药物舍曲林和替马西泮在国际空间站储存后的效力损失更大[86]。但在另一项研究中[87]，许多药物在国际空间站储存 550 天(目前计划的火星探险的持续时间)后仍保持稳定和有效，例如一种用于睡眠的药物(唑吡坦)和一种用于提高警觉性的药物(莫达非尼)。然而，另一种安眠药(褪黑激素)未能达到美国药典(United States Pharmacopeia，简称 USP)的药效标准。有趣的是，一项在离心机诱导的超重力条件下的研究表明，通过 pH、光谱和色谱检查测量，未经辐照和激光辐照的氯丙嗪和丙嗪水溶液没有变化[90]。

3.7.2 心理治疗与咨询

在近地轨道任务中，乘组人员和地面的心理治疗师之间可以通过使用私人双向视听链接进行危机干预、咨询和简短的支持性心理治疗。在一些罕见的情况下，乘组人员可能需要洞察导向的心理疗法。地面上的工作人员可以监测乘组人员是否出现因疾病(如精神病、自杀倾向)或药物副作用而导致的心理急症的症状和迹象[85]。乘组人员还可以根据需要与地面上的家人通话寻求支持。

---

① 首过效应(first-pass effect)是指当口服药物被吸收进入血液后，它们首先经过肝脏进行代谢，从而降低药物在全身循环中的有效浓度。在肝脏中，药物可能被代谢成无活性的物质，或者被部分清除，从而减少其可用于治疗的剂量。这意味着，当某些药物通过口服方式给予时，其生物利用度可能会降低，需要增加药物的剂量以达到期望的疗效。然而，通过其他给药途径，如注射，可以避免首过效应，因为药物会直接进入血液循环，绕过肝脏的首过代谢过程。

在 NASA 的林登·B·约翰逊航天中心(Lyndon B. Johnson Space Center,简称 JSC),许多活动由行为医学(Behavioral Medicine,简称 BMed)服务提供,该服务是行为健康和表现(Behavioral Health and Performance,简称 BHP)小组的一部分[64,91]。行为医学服务的职责包括协助选拔和培训,进行年度和飞行前的行为医学检查,使用 WinSCAT 进行神经认知评估(参见第 6.4.3 节),以及飞行后的行为医学评估和神经认知测试。这些服务的提供者还根据航天员的选择提供临床精神病学和心理学服务。

在航天员入选后的两年内,行为健康和表现小组会为航天员候选人提供多项行为培训课程,这些课程包含对所有航天员都很重要的主题[64]。其中,压力抗逆力课程简短地回顾了压力管理技巧,并介绍了在 NASA 职业生涯中可能遇到的挑战和回报,以及其对家人的影响。跨文化培训则是一个长达 17 小时的研讨会,向美国航天员展示了和国际乘组人员和任务控制人员一起参与复杂项目(例如国际空间站)时可能出现的情况。冲突管理课程则是一个以讨论为主的课程,介绍了导致冲突、冲突升级和冲突缓和的三个事件序列。该课程回顾了在这三个事件点上打破循环以解决冲突的方法。远征技能课程是一个为期 24 小时的分段实践课程,由现役航天员进行指导。“软技能”主题与技术培训结合在一起,包括领导力、团队合作、小组生活和自我管理等内容,这些技能在偏远地区进行实地培训时得到教授。

飞行任务期间行为医学服务的重要一项就是私人心理会议(Private Psychological Conference,简称 PPC),这是评估航天员和乘组人员幸福感的关键组成部分[64,91]。国际空间站上的乘组人员都有单独的私人心理会议,并配有指定的航空精神病学家和作业心理学家,他们作为一个团队一起工作。这些会谈通过私密的双向视频会议和 IP 电话进行(见图 3.7),内容是保密的且不被记录。通常每次持续 15~20 分钟,每两周进行一次,涵盖了行为健康和表现中最重要的临床和操作问题。讨论的主题包括:睡眠质量和睡眠轮班问题;疲劳水平;工作负荷问题;个体和全体乘组的士气;航天员与地面工作人员的互动;情绪状态;家庭和个人关系;环境和适居性问题;以及为即将到来的重要任务所做的准备,如为太空行走所做的准备。可以与任务指定的飞行外科医生讨论私人心理会议内容,然后由他们考虑所有建议并采取行动。在发生意外或重大事件(例如乘组人员关系紧张和家庭危机)后,行为医学服务人员还可根据要求提供支持服务。

在未来的深空任务中(例如火星之旅),航天员与地球上的人们之间的超长距离将导致通信延迟(见第九章)。这阻碍了实时监控和进行心理咨询及心理治疗课程的能力。遥远的距离也阻碍了家庭成员与乘组人员之间的相互支持,并限制了从地球向乘组运输鼓舞士气的物资和礼物的能力。因此,识别心理问题并提供相应治疗将依赖于那些受过心理咨询、心理治疗和药物使用培训的在轨乘组人员的技能。飞船上还需要设施来隔离和约束潜在的精神病、具有自杀或暴力想法的乘组人员，因为这些乘组人员可能具有相当大的破坏性[85,92]。

图 3.7 国际空间站的航天员使用软电话(如“软件”)，也称为互联网协议或 IP 电话，给任务控制中心的心理支持人员打电话。这是由机载笔记本电脑通过互联网协议信息包进行的，从而通过卫星与地球上的人们进行通信(图片来源:NASA)

在早期前往遥远星球的远征中，乘组不太可能拥有一名精神科医生。然而，乘组中应该会有一名医生。除了具备医疗和外科手术技能外，这样的医生还应该掌握以下领域的有关知识：(1)个体精神病理学和小团体行为；(2)任务期间预期的压力因素对个人和人际的影响；(3) 涉及危机干预、个体心理治疗以及促进群体意识和团队建设的技术；(4) 镇静剂和其他精神活性药物的恰当使用，包括它们在微重力条件下的有效性和副作用[93]。为了在医生出现精神(或医疗)问题时保护其他乘组人员，至少需要另外一名人员接受培训来处理此类问题。此外，所有乘组人员都应该对长期太空任务过程中可能出现的重要精神和人际关系问题以及处理此类困难的基本干预措施保持敏感。

一项评估长期太空任务中乘组人员情绪状态的新措施是心理健康检查表(Mental Health Checklist，简称 MHCL)[94]。基于广泛的文献综述和对主题专家的咨询，该检查表包含了 23 个项目，用于测量积极和消极情绪状态，以及三个分量表(积极适应、自我调节不良和焦虑忧虑)。它专门用于极端环境(如前往火星的远征)，在这些环境中，压力因素的数量、强度和持续时间超过了一般的日常生活水平。这三个分量表是通过对 300 名大学本科生进行因素分析研究得出的，并在两个南极基地的110 名受试者中评估了该测量的信度和收敛效度，取得了良好的结果。下一步研究正在继续探索这个前景光明的测量工具的心理测量特性。

3.7.3 作业与家庭支持

行为医学服务团队还提供给航天员及其家人以一般性的支持服务。作为非临床服务,该支持服务涉及两个项目:作业心理学(Operational Psychology,简称 OpPsy)和家庭支持办公室(Family Support Office,简称 FSO)[64,95]。“作业心理学专注于让被分配任务的航天员及其家人为航天员的具体任务做好准备,然后在从飞行前到飞行后的整个过程中为他们提供支持。家庭支持办公室则意味着无论航天员是否被分配执行任务,家庭支持办公室都会关注家庭”[95,pp.134-135]。作业心理学的活动包括为任务提供培训和支持(在飞行前、在轨飞行期间和飞行后),以及与家人和朋友的联络。家庭支持办公室的活动需要与航天员办公室合作,活动内容包括家庭简报,例如计划未来的飞行,以及对航天员配偶的支持。后者由航天员配偶组成的志愿者组织领导,他们为指定执行任务的航天员配偶提供支持。该组织还充当家庭和 NASA 之间的倡导者和联络人,并就影响家庭的 NASA/航天员办公室政策提供建议。因为这些活动使得航天员项目变得更为人性化,因而受到航天员及其亲属的广泛好评。

3.7.4 认知情绪调节策略

在太空中改善行为健康的一个有趣方法是使用认知情绪调节策略。Alfano 和她的同事[96]对南极洲两个基地的 110 名船员进行了研究,探索他们在为期 9 个月(包括越冬期间)的任务期间的心理健康状况。研究人员发现随着时间的推移,船员的积极适应分数呈线性下降,自我调节失效的分数和身体症状的严重程度呈上升趋势。研究人员使用了 5 种认知回应焦点策略来积极调节情绪,并使用情绪调节困难量表(Difficulties in Emotion Regulation Scale,简称 DERS)来衡量其有效性。他们发现,两种被认为是适应不良的策略(压抑和抑制积极情绪)与情绪调节困难量表的高得分相关,而与积极适应相关的三种策略(享受当下、积极自我聚焦的沉思、对情境进行建设性评估)与情绪调节困难量表的得分无关。未来仍需要在太空环境中进一步发展和测试这些以改善情绪状态为目的的认知调节策略。

3.8 章节要点

- 大多数航天员表示,他们的太空任务是一次积极的经历。这是基于空间环境的独特性,而不是简单地被隔离和与他人绑定在一起造成的。
- 太空积极体验的最重要的一个贡献因素就是欣赏地球。
- 那些因体验太空而发生变化最多的人可能更注重外在的天空之美,而那些发生变化最少的人可能更注重内在和以生活为导向。
- Frank White 将概观效应描述为对地球的敬畏感,一种感觉地球是一个脆弱的、需要保护的地方。国界消失了,人类和非人类的生命是相互联系的。
- 人们会从灵性和人文主义的角度描述他们看到地球的体验,这种描述取决于他们在进入太空前的信仰。尽管他们的观点可能会更加强烈,但没有证据表明人们会因为完成他们的任务而从一种观点转向另一种观点。

- 健康本源学指的是挑战性情境促进健康和增强成长的效果。有证据表明，任务前的训练可以唤起情绪，并促进一些航天员和宇航员的个人成长。
- 抗逆力是一个与幸福感呈正相关，与痛苦指标呈负相关的重要因素。应向乘组人员及其家人以及任务控制人员提供心理社会教育培训（Psychosocial Education Training，简称 PET），内容包括支持基于抗逆力的保护性因素和兼容性问题。
- 已经开发了许多便携式的设备和标准化措施来测量行为健康。测量结果表明，尽管面临压力，隔离和密闭环境中的人们仍表现出强大的适应力。
- 曾经身处过太空中的人有时会报告核心价值观的变化，特别是普世主义方面的变化，他们对他人和自然有了更深刻的欣赏。
- 潜艇和极地任务期间精神问题的发生率为 1%～5%。使用正式的诊断标准，NASA 报告在航天飞机或国际空间站任务期间没有发生任何精神疾病事件。然而，美国和俄罗斯的项目都出现了与压力有关的严重行为问题，在某些情况下，这些问题导致了任务提前终止。
- 轶事报告表明，太空中最常见的行为健康问题是失眠，其次是适应障碍，其特点是在一个或多个可识别的压力因素下，出现情绪或行为症状（如焦虑、抑郁）。
- 俄罗斯心理支持小组的成员认为，超过一半的宇航员受到衰弱乏力过程的影响，这是对太空条件的反应，其特点是疲劳、焦虑、易怒和其他负面认知和心理生理变化。其对抗措施旨在通过定期提供媒体内容（例如音频和视频、新闻）、组织与地球上重要人物的联系以及在补给飞船上携带惊喜礼物来增加外部刺激的程度和多样性。
- 太空中的精神活性药物处方包括各种抗焦虑药、抗抑郁药、抗躁狂药、抗精神病药以及镇静催眠药。需要进一步研究这些药物在微重力环境下的药理学特性和稳定性，包括在体内和体外的影响。
- 在近地任务期间，可以从地面实时提供咨询和心理治疗，但由于存在通信延迟，在星际任务中提供这些咨询和心理治疗将更加困难。在 NASA，行为健康与表现（Behavioral Health and Performance，简称 BHP）运营小组的活动包括行为培训课程、私人心理会议以及对航天员家属的支持。
- 在远征任务期间（例如前往火星），乘组医生需要接受培训以处理行为问题和精神紧急情况（如精神病、自杀倾向和药物副作用）。

3.9 思想饕餮

1. 想象一下，您正在执行轨道任务，并深受地球之美的影响。您会把您的反应解释为庆祝上帝荣耀的一种表现，还是感受到我们是人类命运共同体，是地球进化的幸运结果呢？无论是哪种反应，您将如何解释政治和国家边界的发展？您的反应会如何影响您回到地球后的活动？

2. 在执行火星任务期间，一名航天员的表现下降，他表示自己思乡成疾并且想念家人。作为任务中的医生，您会考虑采取哪些干预措施？如果他的病情变得更糟并报告感到抑郁和出现睡眠问题怎么办？那么您会考虑采取哪些治疗措施？您会担心出现什么样的紧急情况？

参考文献

[1] Connors, M. M., Harrison, A. A., & Atkins, F. R. (1985). Living aloft: Human requirements for extended spaceflight. (NASA SP-483. NASA.

[2] Kanas, N. (1990). Psychological, psychiatric, and interpersonal aspects of long-duration space missions. Journal of Spacecraft and Rockets, 27, 457-63.

[3] White, F. (2014). The overview effect: Space exploration and human evolution (3rd ed.). American Institute of Aeronautics and Astronautics.

[4] Oberg, J. E. (1981). Red Star in Orbit. Random House.

[5] Pogue, W. R. (1985). How do you go to the bathroom in space? Tom Doherty Associates.

[6] Kelly, A. D., & Kanas, N. (1992). Crewmember communication in space: A survey of astronauts and cosmonauts. Aviation, Space, and Environmental Medicine, 6, 721-26.

[7] Kelly, A. D., & Kanas, N. (1993). Communication between space crews and ground personnel: A survey of astronauts and cosmonauts. Aviation, Space, and Environmental Medicine, 64, 779-00.

[8] Kanas, N., Weiss, D. S., & Marmar, C. R. (1996). Crewmember interactions during a Mir space station simulation. Aviation, Space, and Environmental Medicine, 67, 969-75.

[9] Ritsher, J. B., Ihle, E. C., & Kanas, N. (2005). Positive psychological effects of space missions. Acta Astronautic, 5, 630-33.

[10] Ihle, E. C., Ritsher, J. B., & Kanas, N. (2006). Positive psychological outcomes of spaceflight: An empirical study. Aviation, Space, and Environmental Medicine, 77, 93-01.

[11] Gallagher, S., Reinerman-Jones, L., Janz, B., Bockelman, P., & Trempler, J. (2015). A Neurophenomenology of awe and wonder: Towards a non-reductionist cognitive science. Palgrave Macmillan.

[12] Kanas, N. (2020). Spirituality, humanism, and the overview effect during manned space missions. Acta Astronautica, 166, 525-28.

[13] Lebedev, V. (1988). Diary of a cosmonaut: 211 days in space. Phytoresource

Research Information Service.
[14] Robinson, J. A., Slack, K. J., Olson, V., Trenchard, M. H., Wilis, K. J., Baskin, P. J., & Boyd, J. E. (2013). Patterns in crew-initiated photography of Earth from the ISS: Is Earth observation a salutogenic experience? In D. A. Vakoch (Ed.), On orbit and beyond: Psychological perspectives on human spaceflight (pp. 51-8). Springer.
[15] Cordova, M. J., Cunningham, L. L. C., Carlson, C. R., & Andrykowski, M. A. (2001). Post-traumatic growth following breast cancer: A controlled comparison study. Health Psychology, 20, 176-85.
[16] Palinkas, L. A. (1991). Group adaptation and individual adjustment in Antarctica: A summary of recent research. In A. A. Harrison, Y. A. Clearwater, & C. P. McKay (Eds.), From Antarctica to outer space (pp. 239-51). Springer.
[17] Suedfeld, P. (1998). Homo invictus: The indomitable species. Canadian Psychology, 38, 164-73.
[18] Suedfeld, P. (2001). Applying positive psychology in the study of extreme environments. Journal of Human Performance in Extreme Environments, 6, 21-5.
[19] Suedfeld, P. (2005). Invulnerability, coping, salutogenesis, integration: Four phases of space psychology. Aviation, Space, and Environmental Medicine, 76(6, Suppl), B61-B66.
[20] Suedfeld, P., Brcic, J., Johnson, P. J., & Gushin, V. (2012). Personal growth following long-duration spaceflight. Acta Astronautica, 79, 118-23.
[21] Suedfeld, P., Brcic, J., Johnson, P. J., & Gushin, V. (2015). Coping strategies during and after spaceflight: Data from retired cosmonauts. Acta Astronautica, 110, 43-9.
[22] Ritsher, J. B., Kanas, N. A., Ihle, E. C., & Saylor, S. A. (2007). Psychological adaption and salutogenesis in space: Lessons from a series of studies. Acta Astronautica, 60, 336-40.
[23] Vanhove, A. J., Herian, M., Harms, P. D., & Luthans, F. (2015). Resilience and growth in long-duration isolated, confined and extreme (ICE) missions: A literature review and selection, training and countermeasure recommendations. (Technical Report NASA/TM-2015-218566). Johnson Space Center.
[24] Gatti, M., Palumbo, R., Di Domenico, A., & Mammarella, N. (2022). Affective health and countermeasures in long-duration space exploration. Hel-

iyon, 8, e09414. https://doi.org/10.1016/j.heliyon.2022.e09414

[25] Kazi, S., Khalenghzadegan, S., & Rosen, M. A. (2021). Technological advances to understand and improve individual and team resilience in extreme environments. In L. B. Landon, K. J. Slack, & E. Salas (Eds.), Psychology and human performance in space programs (Research at the frontier) (Vol. 1, pp. 87-05). CRC Press.

[26] Bell, S., Dev, S., Whiting, S., Landon, L., Miller, J., et al. (2022). Human factors and behavioral performance exploration measures: Assessing astronaut risk. (Aerospace Medical Association Scientific Meeting Abstract #114). Aerospace Medicine and Human Performance, 93, 189-90.

[27] Dev, S., Whiting, S., Miller, J., Young, M., Roma, P., & Bell, S. (2022). The impact of mood and affect on operationally relevant performance among astronaut-like individuals in space analog settings. (Aerospace Medical Association Scientific Meeting Abstract #115). Aerospace Medicine and Human Performance, 93, 190.

[28] Suedfeld, P., & Weiszbeck, T. (2004). The impact of outer space on inner space. Aviation, Space, and Environmental Medicine, 75(7, Suppl), C6-B9.

[29] Suedfeld, P., Legkaia, K., & Brcic, J. (2010). Changes in the hierarchy of value references associated with flying in space. Journal of Personality, 78, 1-5.

[30] Brcic, J., & Della-Rossa, I. (2012). Universal values of Canadian astronauts. Acta Astronautica, 80, 46-1.

[31] Vinokhodova, A. G., & Gushin, V. I. (2014). Study of values and interpersonal perception in cosmonauts on board the international space station. Acta Astronautica, 93, 359-65.

[32] Solcova-I., Vinokhodova, A., & Gushin, V. (2021). Anticipated and perceived personal growth and values in two spaceflight simulation studies. Acta Astronautica, 179, 561-68.

[33] Kanas, N. A., & Fedderson, W. E. (1971). Behavioral, psychiatric, and sociological problems of long-duration space missions (NASA Technical Memorandum, NASA TM X-58067). National Aeronautics and Space Administration Manned Spacecraft Center. https://ntrs.nasa.gov/api/citations/19720008366/downloads/19720008366.pdf

[34] Stuster, J. (2011). Bold endeavors: Lessons from polar and space exploration. Naval Institute Press.

[35] Rasmussen, J. E., & Haythorn, W. W. (1963). Selection and effectiveness considerations arising from enforced confinement of small groups. Paper pres-

ented at the AIAA Second Manned Space Flight Meeting, American Institute of Aeronautics and Astronautics, Dallas, TX.

[36] Gunderson, E. K. (1968). Mental health problems in Antarctica. Archives of Environmental Health, 17, 558-64.

[37] Pope, F. E., & Rogers, T. A. (1968). Some psychiatric aspects of an Arctic survival experiment. Journal of Nervous and Mental Disease, 146, 433-45.

[38] Serxner, J. L. (1968). An experience in submarine psychiatry. American Journal of Psychiatry, 125, 25-0.

[39] Weybrew, B. B. (1961). Impact of isolation upon personnel. Journal of Occupational Medicine, 3(1961), 290-94.

[40] Ruff, G. E., Levy, E. Z., & Thaler, V. H. (1959). Studies of isolation and confinement. Aerospace Medicine, 30, 599-04.

[41] Rohrer, J. H. (1961). Interpersonal relationships in isolated small groups. In B. E. Flaherty (Ed.), Symposium on psychophysiological aspects of space flight (pp. 263-71). Columbia University Press.

[42] Cramer, E. H., & Flinn, D. E. (1963). Psychiatric aspects of the SAM two-man space cabin simulator. (SAM TDR 63-27). Brooks Air Force Base School of Aerospace Medicine.

[43] Smith, W. M. (1966). Observations over the lifetime of a small isolated group. Psychological Reports, 19, 475-14.

[44] Eberhard, J. W. (1967). The problem of off-duty time in long-duration space missions (Vol. 2. NASA CR-96721). National Aeronautics and Space Administration.

[45] Ferguson, M. J. (1970). Use of the ben Franklin submersible as a space station analog. Summary technical report (Vol. 1). OSR-70-4, NAS 8-30172.

[46] Flinn, D. E., Hartman, B. O., & Flaherty, B. E. (1964). Management of psychiatric patients during air evacuation: A study of three commonly used drugs. Aerospace Medicine, 35, 1133-140.

[47] Parin, V. V., Vinogradov, V. M., & Razumeev, A. N. (1969). Problems in space pharmaecology. Environmental Space Sciences (transl.), 3, 15-5.

[48] Flinn, D. E. (1965). Functional states of altered awareness during flight. Aerospace Medicine, 36, 537-44.

[49] Solomon, P. (1961). Motivation and emotional reactions in early space flights. In B. E. Flaherty (Ed.), Symposium on psychophysiological aspects of space flight (pp. 272-77). Columbia Uniersity Press.

[50] Dunlap, R. D. (1966). Psychology and the crew on Mars missions. Paper

presented at the AIAA/AAS Stepping Stones to Mars Meeting, Baltimore, MD, 28-0 Mar, pp. 441-45.

[51] Flinn, D. E., Monroe, J. T., Cramer, E. H., & Hagen, D. H. (1961). Observations in the SAM two-man space cabin simulator. Behavioral factors in selection and performance. Aerospace Medicine, 32, 610-15.

[52] Hagen, D. H. (1961). Crew interaction during a 30-day simulated space flight, preliminary study. SAM Report (pp. 61-6).

[53] Sharpe, M. R. (1969). Living in space, the astronaut and his environment. Doubleday and Company, Inc.

[54] Inglis-Arkell, E. (2012). What does space travel do to your mind? NASA' resident psychiatrist reveals all. Gizmodo-Tech. Science Culture, 11 Dec. https://gizmodo. com/what-does-space-travel-do-to-your-mind-nasas-resident-5967408

[55] Lugg, D. J. (1991). Current international human factors research in Antarctica. In A. A. Harrison, Y. A. Clearwater, & C. P. McKay (Eds.), From Antarctica to outer space. Springer.

[56] Palinkas, L. A., Glogower, F., Dembert, M., Hansen, K., & Smullen, R. (2004). Incidence of psychiatric disorders after extended residence in Antarctica. International Journal of Circumpolar Health, 63, 157-68.

[57] Weybrew, B. B. (1991). Three decades of nuclear submarine research: Implications for space and Antarctic research. In A. A. Harrison, Y. A. Clearwater, & C. P. McKay (Eds.), From Antarctica to outer space. Springer.

[58] Boeing Aerospace Company. (1983). Space Station/nuclear submarine analogs. CCO271. National Behavior Systems.

[59] Slack, K. J., Williams, T. J., Schneiderman, J. S., Whitmire, A. M., & Picano, J. J. (2016). Human research program behavioral health and performance: Risk of adverse cognitive or behavioral conditions and psychiatric disorders. NASA Lyndon B. Johnson Space Center.

[60] American Psychiatric Association. (2013). Diagnostic and Statistical Manual of Mental Disorders, Fifth Ed. (DSM-5). American Psychiatric Publishing.

[61] Shepanek, M. (2005). Human behavioral research in space: Quandaries for research subjects and researchers. Aviation, Space, and Environmental Medicine, 76(6, Suppl), B25-B30.

[62] Santy, P. A. (1997). Behavior and performance in the space environment. In S. E. Church (Ed.), Fundamentals of space life sciences (Vol. 2). Malabar, Krieger Publishing Company.

[63] Alexander, D. J. (2021). Illnesses seen in spaceflight. In L. R. Young & J. P. Sutton (Eds.), Handbook of bioastronautics (pp. 573-92). Springer Nature Switzerland AG.

[64] Sipes, W., Holland, A., & Beven, G. (2021). Managing behavioral health in space. In L. R. Young & J. P. Sutton (Eds.), Handbook of bioastronautics (pp. 425-36). Springer Nature Switzerland AG.

[65] Clark, J. B. (2021). Human spaceflight accidents: The USSR/Russian space program. In L. R. Young & J. P. Sutton (Eds.), Handbook of bioastronautics (pp. 781-96). Springer Nature Switzerland AG.

[66] Inglis-Arkell, E. (2012, December 11). What does space travel do to your mind? NASA's resident psychiatrist reveals all. Gizmodo. Retrieved 22 July 2019, from https://io9.gizmodo.com/5967408/what-does-space-travel-do-to-your-mind-nasas-resident psychiatrist-reveals-all

[67] Gushin, V., Shved, D., Vinokhodova, A., Bubeev, Y., S? hastlivtceva, D., Yusupova, A., Karpova, O., & Chekalina, A. (2021). Selected Russian contributions to spaceflight. Part 1: Russian psychological support, monitoring, and inflight studies. In L. B. Landon, K. J. Slack, & E. Salas (Eds.), Psychology and human performance in space programs (Extreme application) (Vol. 2, pp. 279-00). CRC Press.

[68] Myasnikov, V. I, & Stepanova, S. I. (Eds.) (2000). Problema psichicheskoj astenizacii v dlitelnom kosmicheskom polete (p. 224). Slovo. (В. И. Мясников & С. И. Степанова. (2000). Проблема психической астенизации в длительном космическом полете. Москва: "Слово," 224 с.).

[69] Petrovsky, A. V., & Yaroshevsky, M. G. (1987). A concise psychological dictionary. Progress Publishers.

[70] Beard, G. M. (1905/1971). A practical treatise on nervous exhaustion (neurasthenia), its symptoms, nature, sequences, treatment (5th ed.) E. B. Treat & Company (1905). Reprinted by the Kraus Reprint Company, Kraus-Thomson Organization Limited (1971).

[71] Kanas, N., Salnitskiy, V., Gushin, V., Weiss, D. S., Grund, E. M., Flynn, C., Kozerenko, O., Sled, A., & Marmar, C. R. (2001). Asthenia: Does it exist in space? Psychosomatic Medicine, 63, 874-80.

[72] Erwin, E. (2001). The Freud encyclopedia: Theory, therapy, and culture. Routledge. https://books.google.com/books? id=rX2w6QELtKgC&pg=PA362&lpg=PA362&dq=freud+neurasthenia+coitus&source=bl&ots=t8xg8MjzZ6&sig=JpinNvDo0RXuKn6bgFmSs2tmLo&hl=en&sa=X&ei=

qTtiUKbFYrK9gS0moHwBQ&ved = 0CC8Q6AEwAA # v = onepage&q = freud%20neurasthenia%20coitus&f=false

[73] Myasnikov, V. I., Stepanova, S. I., Salnitskiy, V. P., Kozerenko, O. P., & Nechaev, A. P. (2000). Problems of psychic asthenia in prolonged space flight. Slovo Press (In Russian).

[74] Aleksandrovskiy, Y. A., & Novikov, M. A. (1996). Psychological prophylaxis and treatments for space crews. In A. E. Nicogossian, S. R. Mohler, O. G. Gazenko, & A. I. Grigoriev (Eds.), Space biology and medicine Ⅲ: Humans in spaceflight. Book 2. AIAA.

[75] Grigoriev, A. I., Kozerenko, O. P., Myasnikov, V. I., & Egorov, A. D. (1988). Ethical problems of interaction between ground-based personnel and orbital station crewmembers. Acta Astronautica, 17, 213-15.

[76] Burrough, B. (1998). Dragonfly: NASA and the crisis aboard Mir. Harper Collins.

[77] Freeman, M. (2000). Challenges of human space exploration. Springer-Praxis.

[78] Harris, P. R. (1996). Living and working in space: Human behavior, culture and organization (2nd ed.). John Wiley & Sons.

[79] Chaikin, A. (1985). The loneliness of the long-distance astronaut. Discover 1985. February, pp. 20-1.

[80] Carpenter, D. (1997). Are blunders on Mir signs the stress is too great? San Francisco Examiner, 18 July, p. A-1.

[81] Bolton, S., Warner, J., Harriss, E., Geddes, J., & Saunders, K. E. A. (2021). Bipolar disorder: Trimodal age-at-onset distribution. Bipolar Disorders, 23, 341-56. https://onlinelibrary.wiley.com/doi/10.1111/bdi.13016

[82] Santy, P. A. (1987). Psychiatric components of a health maintenance facility (HMF) on space station. Aviation, Space, and Environmental Medicine, 58, 1219-224.

[83] Pavy-Le Traon, A., Saivin, S., Soulez-LaRiviere, C., Pujos, M., Guell, A., & Houin, G. (1997). Pharmacology in space: Pharmacotherapy. In S. L. Bonting (Ed.), Advances in space biology and medicine (Vol. 6). JAI Press.

[84] Santy, P. A., Kapanka, H., Davis, J. R., & Stewart, D. F. (1988). Analysis of sleep on shuttle missions. Aviation, Space, and Environmental Medicine, 59, 1094-097.

[85] Sipes, W. E., Flynn, C. F., & Beven, G. E. (2019). Behavioral health

and performance support. In M. R. Barratt, E. S. Baker, & S. L. Pool (Eds.), Principles of clinical medicine for spaceflight (2nd ed., pp. 761-92). Springer Science+Business Media, L. L. C.

[86] Friedman, E., & Bui, B. (2017). A psychiatric formulary for long-duration spaceflight. Aerospace Medicine and Human Performance, 88, 1024-033.

[87] Wotring, V. E. (2016). Chemical potency and degradation products of medications stored over 550 Earth days at the International Space Station. AAPS Journal, 18, 210-16.

[88] Griko, Y. V., Loftus, D. J., Stolc, V., & Peletskaya, E. (2022). Private spaceflight: A new landscape for dealing with medical risk. Life Sciences in Space Research, 33, 41-7.

[89] Saivin, S., Pavy-Le Traon, A., Soulez-LaRiviere, C., Guell, A., & Houin, G. (1997). Pharmacology in space: Pharmacokinetics. In S. L. Bonting (Ed.), Advances in space biology and medicine (Vol. 6). JAI Press.

[90] Simon, A., Smarandache, A., Tozar, T., Andrei, I. R., Stoicu, A., et al. (2021). Photoactive chlorpromazine and promazine drugs exposed to hypergravity conditions after interaction with UV laser radiation. Acta Astronautica, 189, 260-68.

[91] Sipes, W. E., Slack, K. J., & Beven, G. E. (2021). Behavioral health adaptation in ICE environments: Process and countermeasures for NASA astronauts. In L. B. Landon, K. J. Slack, & E. Salas (Eds.), Psychology and human performance in space programs (Extreme application) (Vol. 2, pp. 115-32). CRC Press.

[92] Kanas, N. (2014). The new Martians: A scientific novel (part I-The novel, part II-The science behind the fiction). Springer International Publishing.

[93] Kanas, N. (1998). Psychosocial training for physicians on board the space station. Aviation, Space, and Environmental Medicine, 59, 456-57.

[94] Bower, J. L., Laughlin, M. S., Connaboy, C., Simpson, R. J., & Alfano, A. (2019). Factor structure and validation of the mental health checklist (MHCL) for use in isolated, confined and extreme environments. Acta Astronautica, 161, 405-14.

[95] Hughlett, J. L., Turner, E. T., Slack, K. J., & Sipes, W. E. (2021). Space flight operational psychological support for astronauts and their families. In L. B. Landon, K. J. Slack, & E. Salas (Eds.), Psychology and human performance in space programs (Extreme application) (Vol. 2, pp. 133-54). CRC Press.

[96] Alfano, C. A., Bower, J. L., Connaboy, C., Agha, N. H., Baker, F. L., Smith, K. A., So, C. J., & Simpson, R. J. (2021). Mental health, physical symptoms and biomarkers of stress during prolonged exposure to Antarctica's extreme environment. Acta Astronautica, 181, 405-13.

第四章　乘组人员的选拔、地面和家庭支持

太空中乘组人员的选拔可能是一项棘手的任务。不仅要找到没有明显心理问题的人，而且选拔出有能力实现任务目标的人也很重要。选拔要考虑的问题包括与这些任务目标相符的专业背景和培训，以及完成工作所需的奉献精神和毅力。此外，选择能够和睦相处、形成兼容并蓄的团队并且能在用餐、庆祝活动和其他社交活动中享受彼此陪伴的乘组人员也很重要。因此，乘组人员选拔的两大标准是：在专业领域勤奋工作以完成任务目标的能力，以及在工作和休闲活动期间与其他乘员进行工作互动和社交互动的能力。在本章中，我们将讨论保证任务成功所必需的一些内心和人际品质。

成功的太空任务不仅仅取决于航天员的表现。地面任务控制人员以及地球上的家人和朋友的支持也发挥了作用，特别是在轨道任务和近地月球任务期间。这种支持在火星探险期间也很重要，但正如我们将在第九章中看到的，由于地球和火星之间的距离太远而导致的通信延迟将限制这种支持的有效性。

4.1　档案：根据性格预测行动[1]

人们已经进行了诸多尝试来预测人们在隔离和密闭环境中工作的绩效表现。尽管心理测试在"剔除"患有行为健康问题的人方面非常有用，但它们对太空任务成功的预测能力有限。尽管如此，有记录表明在早期的太空模拟研究中已经开始使用心理测试。此外，在选拔乘组人员时还考虑了其他因素，例如工作技能、经验、性别、国籍以及与其他乘员的性格相容性。就性别而言，在撰写本文件时，只有一名女性曾进入太空。目前，已有数十名女性执行过太空任务。她们有的担任过任务指令长，有的已经在太空待了半年或更长的时间。女性航天员的表现与男性航天员旗鼓相当。

——*NK*

准确预测一个人在长期压力情境下的确切反应是不可能的。然而，许多研究表明，心理测试是有价值的评估工具，可以勾勒出人们对已知应激源的可能反应模式。这些测试有助于识别可能存在心理弱点的个体。

参加 Tektite Ⅱ 任务的乘组人员经过了仔细选拔，接受了多种人格测试，例如卡特尔 16 种人格因素问卷（Cattell's 16 Personality Factor，简称 Cattell 16 PF）和明尼苏达多项人格测验（Minnesota Multiphasic Personality Inventory，简称 MMPI）等[2]。研究人员将测试结果与观察到的行为进行了比较，并发现了 50 多个相关性，

其中一些指标的相关显著性水平达到了 $p<0.02$，还有一些指标的相关显著性水平达到了 $p<0.05$。表Ⅺ(*详见原 NASA 技术备忘录*)中展示了一些示例。

Pope 和 Rogers[3]对参与阿拉斯加 10 天雪鞋徒步旅行的 13 名科学家进行了大量的心理和精神测试。其中一些科学家拥有较差的自我概念、潜意识冲突和非理性恐惧。这些特征与任务中的低成功评级相关。Gunderson[4]报告了类似的结果："心理学家和精神科医生对海军和平民的消极人格特征(如侵略性、易激动、冲动和敌对)以及积极人格特征(如情绪控制、顺从和圆融)的评分，往往与这些海军和平民在南极洲的情感适应程度相关。"

Ruff 等人[5]使用了各种投射测试(如 Blacky 测试、画人测试、句子完成测试)来确定太空模拟器中被试是否出现退行性行为、原始过程思维、短暂的自我贬低，以及潜在的敌对和攻击情感，但无论如何这些被试都成功完成了任务。Haythorn 和 Altman[6]发现，被试的服从、容忍以及对规则与规定的遵守和他们对隔离环境的良好适应相关。

乘组人员参加潜艇任务之前，会经过仔细的心理学和精神病学测试[7,8]。所有美国和苏联的航天员都会接受一系列心理学和精神病学测试。最初的七名美国航天员接受了 3 小时的心理评估，6 个半小时的心理测试以及数小时的绩效压力测试[9]。苏联的宇航员也经历了类似的测试程序[10]。Gagarin 和 Lebedev[11]甚至将许多宇航员归类为不同的个性类型(胆汁质、多血质、黏液质和忧郁质)，并将这些个性类型与行为相关联。这些测试程序似乎取得了成功，因为航天员的表现一直非常优秀。

目前，并没有一种高度可靠、完整的人格测试可以以完全一致的方式解读所有结果。然而，随着人格数据的积累、相关性的研究和事后的结论，可能会逐渐发展出一种适用于长期太空飞行的"完美"测试。

4.2 档案：乘员选拔[1]

如何选拔一个人作为执行隔离和密闭任务(包括航天飞行任务)的乘组人员取决于完成任务目标所需的工作。人格、人口学因素和文化因素也发挥着作用。本节主要介绍了如何从合格的候选者之中选拔出乘组，但也包括选拔各个乘组人员。

——*NK*

4.2.1 太空中的工作

Price 等人[12]对飞越金星的火星之旅所需的活动进行了研究，并确定了四种活动类型：操作、科学、人类支持和维护。一些科学工作如表ⅩⅤ所示(*详见原 NASA 技术备忘录*)。考虑到交叉训练的原则，Price 等人确定了如下的乘组职责：微生物学家—生物化学家、物理科学家、副物理科学家、地质学家、医学心理监测和生物技术员、物理科学技术员、电子工程师(和航天器控制员)、电子工程师(和指令长)、物理科学家(和导航员)、医学心理监测和生理学家。

Hartman 和 Flinn[13] 将长期活动分为五类:驾驶、维护、观察(科学家一宇航员)、系统测试和操作(工程师一宇航员)以及探索。他们强调交叉训练的原则,但警告说:“交叉训练将成为所有乘组成员准备的一部分。然而,假设所有航天员都可以成功地完成所有任务,这会增加边际任务成功的不必要风险,并对交叉训练施加不必要的要求。”作者对评估长期太空任务的来源进行了调查,并建立了一个矩阵(表ⅩⅥ——*详见原NASA 技术备忘录,其中对于火星任务,建议有 5～10 名航天员,对于永久月球移民地,建议参与人数大于 20*)将乘组人员数量与任务持续时间(以天为单位)进行比较。

最后,Gurovskiy[14] 将长期太空飞行乘组人员的活动分为四种类型:(1)监测仪器;(2)维护生命支持系统、修理仪器、种植植物等;(3)满足个人需要的活动,例如,准备食物和保持卫生条件;(4)与完成飞行中科学观测相关的活动,例如舱外活动、行星探索等。

Eberhard[15] 指出了任务活动可能会导致影响乘组人员选拔的两个问题。首先,乘组规模取决于任务的各个“繁重工作阶段”,但这些阶段所占的时间不到总任务时间的 1%。其次,长期任务需要高技能人才,但相对时间却较短。Hartman 和 Flinn[13] 指出:“飞跃任务的关键阶段通常只需要一天的时间,对于大多数火星探索研究,花费在火星表面的时间通常不超过 45 天。”除了物理科学技术员和导航员之外,乘组可能只有 35%～40%的工作时间是被安排好的。Eberhard 对此提出了三个解决方案:改变任务成功所需的活动、对乘组进行交叉培训和轮换工作,以及精心规划空闲时间。

4.2.2 飞行员对科学家

有两种活动是完成任务所必需的:飞行(及工程)和科学(及医学)。过去的太空任务主要涉及操作性的、驾驶性的功能。因此,选择的乘组人员是那些外向型、行动导向型、对自己的技能充满信心、面对挑战时感到满足的人。Cramer 和 Flinn[16] 指出:“飞行中一个并不罕见的潜在心理动机……是需要证明一个人有能力应对具有挑战性或威胁性的情况。后来,一些飞行员通过培养一种刀枪不入的态度以及不需要帮助就可以处理任何情况的感觉来处理他们对飞行危险的担忧。”然而,较长时间的太空任务可能需要其他品质。例如,在低感官输入条件下,内向的人在警觉性任务上表现得比外向的人更好。此外,Fraser[17] 指出,大量的空闲时间需要那些将休闲视为机会并接受挑战的人,而那些非常以工作为导向的人可能无法做到这一点。据他所说,科学家航天员具有优势。“那些促使人们选择科学作为职业的个人特征,被通过训练而放大,这些特征使得人们的闲暇时间和工作时间往往广泛重叠,或者人们会利用闲暇时间来发展其他的兴趣爱好。” Gunderson[4] 以及 Pope 和 Rogers[3] 的研究结果证实了这一点。Flinn 等人[18] 指出,人们需要有能力进行幻想,并从“内在满足”中找到快乐。

Gunderson[4]对美国在南极洲的五个站点进行了研究，并发现海军士兵的心理障碍发生率比普通人群高。此外，他还发现在越冬期间，海军人员和平民存在显著的症状学差异。表ⅩⅦ展示了已被从绝对值上转换为百分比的数据(*见表 4.1*)。越冬期结束时，海军士兵的病例总数是平民病例的两倍多。这些平民大多数要么是科学家，要么是技术人员。Gunderson[4]指出："总体而言，海军人员比平民科学家和技术人员表现出更多的症状性痛苦，这表明职业或工作角色是决定在这种环境中体验到情绪压力程度的重要因素。"平民比海军人员经历更多的焦虑症状，也许是因为在处理危险情况方面拥有更多的经验，所以海军人员能够更好地控制这个问题。

Gunderson 推测工作角色会影响人们的其他感知。自尊和群体地位的变化与一个人对工作重要性的感知有关。在整个冬季，文职人员认为他们的工作非常重要，因为他们的工作持续需要他们的努力，而在这些时候，海军人员由于缺乏活动而减少了工作量。此外，与习惯于等待数月或数年才能获得专业奖励的科学家相比，海军人员需要更直接的奖励。

表 4.1 南极站的情绪症状(1964—1966 年)——
冬季开始和结束期间每种症状的频率变化(改编自参考文献[4])

	提升/%	
症状	海军人员	平民
失眠	28	4.4
抑郁	15	2[a]
焦虑	28	42
敌意	39	21

a:下降

然而，飞行员和军人并不应被排除在长期太空任务的选拔之外。飞行员的功能对于这样的太空飞行是必要的。遇事沉着冷静且充满自信的人将成为一个好的领导者。此外，表ⅩⅣ中的数据(参见第五章的解释和表 5.2)显示了外向性对于恰当的群体状态和行为的重要性。因此，飞行员的功能和科学素质对于任务成功都是必要的，并且这些素养可以在同一人身上共存(例如，自信和外向与好奇心和内省能力共存)。许多性格变量的相容性，加上良好的指挥结构、共同的目标、尊重彼此的价值等因素仍然可以使飞行员和科学家能够共同生活很长时间。未来仍需进行大量工作以分离出最重要的变量，并验证这些变量是否由个体以互补的方式拥有。

4.2.3 太空中的女性

在太空中，只有一位女性宇航员 Valentina Tereshkova，她完成了 3 天的 Vostok 6 飞行任务[19](*当然，现在不再是这样，但在那个时候是准确的*)。所有苏联的宇航员，无论男女，都接受了相同的训练。男性必须是喷气式飞行员，而女性则是同一个跳伞俱乐部的成员。在训练过程中，女性似乎比男性更快地适应失重状态，而在长时间的感觉剥夺方面，绩效表现没有性别差异，尽管在排卵期间，女性在起飞和着陆时的压力似乎更严重。失重条件下的月经周期的不同阶段并不重要。

女性曾和男性一起进行过几次极地探险，但这些探险活动没有提供社会学数据。Cameron[20]曾对98名女性空中乘务员进行了一项针对几种生理和心理症状的研究，并进行了6年的随访。他发现她们的生理和心理指标表现都在恶化。然而，当女性停止飞行后，她们的生理功能有所改善，而心理参数则继续下降。他的结论是，生理观察反映了女性空中乘务员的工作环境（昼夜节律干扰、长时间站立等），而心理影响则取决于人群的心理构成[20]。关于月经功能，四分之一的女性在担任女性空中乘务员的第一年出现月经功能恶化（月经不调、痛经）的情况，但随着飞行经验的增加，逐渐恢复到“正常”。没有证据表明不孕或流产的可能性增加[20]。

我们目前尚不清楚女性在压力时期的反应。这种信息匮乏，加上前面提到的问题，将使女性很难成为执行首次长期太空任务的成员。然而，人们也不赞同女性无法适应太空。由于各种文化和社会原因，最初的勘探队历来都是由男性组成。一旦男性成功完成太空探索，女性也会紧随其后。为此，应收集更多有关女性在压力情境下的生理和心理的信息。

4.2.4 不同国籍的太空乘组

对太空冒险中的混合国籍组的讨论已经开始了。在西德康斯坦茨举行的国际宇航联合会（International Astronautical Federation，简称 I. A. F.）第 21 届大会上，主旨演讲人预测 10 年内将建成国际空间站。在同一次会议上，参加过跨大西洋筏船的两名苏联科学家之一的 Y. A. Senkevich 表示“面对共同的问题和危险很快打破了根植于国籍的障碍”（《纽约时报》，1970 年 10 月 7 日）。然而，他强调在多国籍乘组中具有一个优秀的指挥官十分重要。在国际宇航联合会会议上，还讨论了未来的美苏联合对接任务以进行太空救援。此外，苏联首次同意派遣四名代表参加下一年在布鲁塞尔举行的国际宇航联合会太空救援研究委员会。1970 年 10 月 22 日，在休斯敦航天中心的新闻发布会上，Nikolayev 和 Sevastyanov 表示，苏联有明确的计划发射空间站，并愿意支持混合乘组，前提是空间站的所有成员都学会英语和俄语。

这种共同努力有三个充分理由：促进和平前景、结合所有国家的智力和人才、减少成本和不必要的重复。然而，其中涉及的问题是：政治和保密、语言和习俗差异（例如食物）、不兼容的设备（例如对接部件）、对女性的态度、对指挥结构的接受度、下班后的活动以及科学家与飞行员的角色。

V. S. Vereschetin[10]提出了 12 个与空间站联合计划相关的法律问题：(1)对涉及外国航天员加入空间站乘组的法律术语和定义达成一致；(2) 太空站的所有权问

题；(3) 空间站的注册，因为注册确定了法律管辖权的国家；(4) 救援和返回协议；(5) 在造成损害时的责任问题；(6) 财务、采购、数据接收和处理，以及利润的法律规定；(7) 不同国籍乘组的管辖权问题；(8) 救援过程中标准对接机制的协议；(9) 载具不携带武器的约定；(10) 所有国家的访问权；(11) 对空间站目标的界定；(12) 参与国之间关系的界定。

尽管问题众多，但国际合作仍是共同进行太空计划的先决条件。毫无疑问，将联盟国家共同建立空间站作为国际合作的首次尝试是具有可能性的。

4.2.5 航天员的选拔

在美国载人航天计划开始时，航天员候选人就需要满足八项标准：年龄不超过40岁，身高不超过5英尺11英寸，身体状况优秀，拥有学士学位(或同等学历)，毕业于试飞员学校，拥有1 500小时的飞行时间，取得了合格的喷气式飞行员资格，并且是美国公民。

1959年，莱特航空发展中心对预备航天员进行了一系列压力、生理和心理测试。根据Link[22]的说法："在莱特航空发展中心进行的心理测试有两个目标：确定个性和动机，以及确定智力和特殊才能。"其中一些测试项目列在表ⅩⅧ中(*请参见表4.2*)。这些测试需要六个半小时才能完成。与200名飞行人员相比，这些人的智商平均高出9分，成就感、支配性、耐力、尊重的需求和改变的需求都高于大学常模水平。候选人表现出良好的能力，并通过积极实现主题统觉测试(T. A. T.)的目标来展示成就和自主的主题。

此外，这些人还接受了3小时的精神评估。Flinn等人[9]描述了这些精神评估的目标："一般而言，候选人外显的行为和性格特征受到相当大的重视，而对似乎与工作绩效和效率无关的情绪冲突的重视相对较少。我们对正常和'适应性'的定义往往是以操作为导向的。"对这些候选人的七个特征进行了评估：在精神和生理压力下的表现能力、高动力、毅力、高能量水平、追求工作目标的积极性、热情的工作态度以及与他人合作的能力。

表4.2 对水星计划候选人进行的心理测试(改编自参考文献[22])

个性和动机、智力和特殊才能	
罗夏墨迹投射测试	韦克斯勒成人量表
主题统觉测试(T. A. T.)	米勒类比
画一个人	瑞文渐进矩阵
句子完成	多佩尔特数学推理量表
自我盘点	工程类比
军官效能测评	机械理解
个人喜好时间表	空军军官资格考试

续表 4.2

个性和动机、智力和特殊才能	
偏好评估	航空资格考试(USN)
专制态度的确定	空间记忆
同行评级	空间导向
回答“我是谁?”的问题	戈特查尔特隐藏人物
	吉尔福德一齐默尔曼空间可视化

这些测试,加上生理、医学和压力研究,最终选出了最初的 7 名参与水星任务的航天员。从那时起,选拔程序基本上保持不变,但选拔科学家航天员时免除了一些要求(身高不超过 5 英尺 11 英寸,有关试飞员培训要求)。

在第 21 届国际宇航联合会上,O. G. Gazenko 表示,苏联根据以下五个原则进行宇航员选拔:多人航天组合的团队效能,使用已知的心理测试方法,研究团队活动的本质,认识到乘组人员的社会背景,以及每个成员对于执行任务的准备情况。

俄罗斯非常重视宇航员候选人的心理社会特质。Gagarin 和 Lebedev 在他们的著作中支持这一观点。Buyanov 和 Terent'yev 列出了长期太空飞行的功能和心理问题的七项指导方法:确定能够高效地解决问题的候选人;通过细致的个案研究评估“微观症状”;检测潜在癫痫或对刺激的不寻常反应;确定对减压的耐受性;观察边缘精神病理人格特征;检测心理不相容性;以及确定在复杂环境条件下高水平表现的中枢神经系统储备。其中许多技术肯定对选拔长期太空任务的乘组很有用,特别是前几章提及的原则应被仔细考虑。选拔乘组必须应用心理测试和面试技巧。一些重要的人格特征如表 XIX 所列(*见表 4.3*[24])。这些人应该证明他们有能力对本报告中描述的各种压力源做出有利的反应。毫无疑问,人们仍需进行进一步的测试和研究,以确保未来任务的成功。正如 Dunlap 所说:“虽然在预测可能的心理和社会应激源并减少其影响方面可以采取许多实际行动,但在我们可以自信地说这些应激源在火星任务上不会成为问题之前,我们需要继续进行基础科学层面上的研究。”

表 4.3　长期太空任务的重要性格特征(改编自参考文献[24])

有　利	不　利
睡眠正常,无梦,性倾向正常	失眠和经常做不愉快或可怕的梦,尤其是有关职业类型、异常性倾向或变态的梦
家庭在所有与飞行相关的事务中展现出良好、积极、富有同情心的合作	家人(尤其是母亲或妻子)对飞行感到焦虑或强烈反对
正常的生理检查反应和令人满意的体检结果	体检不合格

续表 4.3

有 利	不 利
性格表现出的气质：开朗、稳定、自信、积极、谦虚、坦率、喜欢与人交往、满足、一丝不苟、认真、在工作和考试中表现良好、具备团队合作精神、适度的紧张感、热情、适应性强	性格表现出的气质：沮丧、不稳定、屈服、温和、虚荣、保守、爱独处、对环境苛求、不谨慎、轻浮、合作性差、易怒、在逆境下易抱怨、非常紧张、失去热情

4.3 性格特征和乘组人员的选拔

选拔合适的人在隔离、密闭和极端环境中工作是非常困难的。Schmidt 和 Spychalski 定义了三个心理维度的选拔困难[26]：(1)由于这些环境中的工作是独特的，执行此类工作的人相对较少，因此我们无法可靠地定义这些工作；(2)由于极端环境数量有限，难以提取重要的共同元素；(3) 工作的独特性使得很难确定一致的、可衡量的绩效标准。作为最罕见以及最特别的隔离、密闭和极端环境之一，选拔人员执行载人航天任务更具挑战性。

但是，哪些性格特征使一个人适合太空飞行呢？哪些特征使其不适合？参与太空任务的乘组人员不仅必须作为个体具备"合格的素养"，还必须能与其他乘组人员相处融洽。有时会出现特质不相容的情况。例如，一个孤独的人或不善于合作的人可能会破坏团队的凝聚力。

这里谈及的包含两种类型的选拔。第一种涉及从众多有意向的申请者中选拔航天员候选人。通常使用的选拔标准包括排除因医疗、心理或行为原因而不适合的人(即所谓的淘汰标准)，并选择那些具备使其成为合适甚至更优秀候选人特质的人(即所谓的录取标准)。在这一过程中，个人和人际特质都会受到评估。第二种类型的选拔涉及为特定任务选择一支乘组。这涉及许多额外的品质，如任务目标、乘组的性别构成、文化因素和机构问题(例如，谁在该任务中有最多的经验，谁"应该"进行一次飞行)。下面，让我们来看看这两类选拔过程。

4.3.1 航天员的选拔

为航天员队伍选拔新力量涉及多个步骤。为了响应新航天员的征召，感兴趣的个人必须提交申请、简历和推荐信，其中应包括体现与航天员职责相关的工作能力的证明。那些看起来有前途的候选人将在选拔过程中继续前进，并被邀请接受体检和精神筛查，后者包括由心理学家进行的精神评估以及心理、认知和智力测试。压力测试还包括使用个人解决问题任务和行为模拟来评估能力。根据所有这些资料，航天局的航天员选拔委员会选出最终候选人作为加入航天员队伍的新力量。

在早期的航天员选拔中，候选人非常单一，主要是具有试飞员或工程背景的男性。例如,NASA 的航天医生和精神科医师 Patricia Santy 报告了 Hartman 和 McNee 的一项未发表的研究结果,表明航天员申请者彼此之间表现出惊人的相似之处。她表示:“与随机选择的空军飞行员相比,航天员候选人稍微聪明一些,心理素质更好,更独立,而且作为一个群体更加同质。此外,水星计划、双子座计划和阿波罗计划的连续几组候选人都非常相似,这无疑是因为每组人员都满足相同的初始筛选标准,并且 NASA 的管理人员在选择他们认为最适合这份工作的个人时非常一致”[27,p.42]。

Santy 报告了七名被选中的参与水星计划的航天员的数据,这些数据表明他们非常聪明,韦克斯勒成人智力量表(Wechsler Adult Intelligence Scale,简称 WAIS)得分在 130 到 141 之间,语言智商略高于未被选中的候选人。在罗夏墨迹投射测试中,所有候选人都表现得井然有序,没有表现出奇怪或精神病性思维的证据。关于投射测试的反应“并不是特别死板,也没有表现出太多的想象力和创造力”[27,p.19],并且显示出攻击性冲动更多地表现在行动中,而不是幻想中。

在明尼苏达多项人格测验中,水星计划、双子座计划、阿波罗计划和航天飞机计划的候选人得分都在正常范围内,并且四组计划的候选人之间没有显著差异[27]。相比于其他人,候选人表现出社交性的外向和友好。然而,根据 L-F-K 量表①分析,所有计划的候选人都试图以最佳状态展示自己[27,p.90]。此外,在航天飞机计划组中还包括女性申请者。与 20 世纪 40 年代明尼苏达多项人格测验标准样本中的女性常模②相比,这些女性申请者对男性活动表现出更多兴趣,对传统女性角色的遵循较少。

Santy 引用的一项有趣的国际研究发现是,尽管日本男性在明尼苏达多项人格测验上(翻译后的题目)的标准分高于美国男性,但日本载荷专家的分数却低于美国航天飞机计划的申请者;尽管分数有差异,两组人的模式分布却几乎完全相同[27,pp.158-159]。Santy 还提供了证据表明,根据 SMIL(俄罗斯版本的明尼苏达多项人格测验)上的 L-F-K 模式,苏联的飞行员和宇航员比起他们的美国同行来说更少有防御性,更能表达个人和情感问题。

如今,航天员队伍更加多元化,由女性和男性以及来自不同种族、文化和专业背景的人组成,包括科学家、医生、试飞员和工程师(见图 4.1)。根据 Smith、Kelley 和 Basner 的定义,航天员(astronaut)一词指的是“所有的太空旅行者,不论其所属的太

---

① 明尼苏达多项人格测验中的 L-F-K 是一种量表模式,用于评估测试者在回答问题时的反应方式。L(Lie)量表:用于检测测试者是否倾向于在回答问题时撒谎或试图展示更好的形象。高分表明测试者可能有防御性回答。F(Infrequency)量表:用于检测测试者是否倾向于回答非常不寻常或不真实的问题。高分表明测试者可能回答了一些不符合常态的问题。K(Correction)量表:用于检测测试者是否倾向于在回答问题时过于谨慎或过度修正。高分表明测试者可能过于保守地回答问题。L-F-K 的目的是帮助评估者判断测试者在测验中的回答是否具有真实性和可信度。如果测试者在 L-F-K 量表上得分较高,可能需要更加谨慎地解释其测验结果,以免受到测试者的防御性回答或不真实回答的影响。

② 常模是指特定人群在某一心理测验所测特质上的普遍水平和分布状况,是一种可供比较的标准量数。女性常模是指针对女性群体建立的标准量数。

空机构”，他们发现女性在太空旅行者中的比例在历史上为11.4%，尽管这一数据从20世纪60年代的2.1%增加到21世纪10年代的20%。与男性航天员相比，女性航天员往往更年轻，生育的孩子更少，而且更不太可能有军事背景。我还检查了NASA航天员毕业班的统计数据，发现女性占比总体上为15%，从1959—1969年毕业班的0%，到1978—2004年毕业班的17%，再到2009—2017年毕业班的43%。我还发现，自1961年以来，第一批进入太空的331名航天员中，只有14名(4%)是非裔美国人。我预计未来女性和非裔美国人(以及其他少数族裔)航天员的比例将会上升。

图4.1 拜访国际空间站的乘组人员。请注意航天员在人口学特征方面的多样性，例如性别、种族、国籍以及专业背景(图片来源：NASA)

航天员队伍的异质性已经反映在一些申请人的测试结果中。例如，尽管所有航天员候选人群体都表现出高智商，但航天飞机计划申请人的智商范围比水星计划的申请人群体的智商范围要宽得多(90～152)。Santy表示，在航天飞机计划时期，整体的职业表现在申请者的选拔过程中比智商更重要。但最终入选航天员队伍的申请者仍然必须满足严格的选拔标准，并且必须非常胜任其工作职责。

这一情况同样适用于其他航天机构(例如日本、俄罗斯和欧洲航天局国家)所采用的航天员选拔过程，例如日本、俄罗斯和欧洲航天局国家的航天员选拔过程。尽管确实存在一些差异，但大多数情况下各国的选拔过程是相似的[27]。例如，与美国人一样，法国人在选拔航天员时比德国人更重视群体行为和适应能力。中国人也看重相容性特质。欧洲人更有可能在候选人接受医学或精神病学筛选之前就进行正式的录取评估，而美国的航天计划往往会省略录取测试。Santy表示：“欧洲比美国更认可心理和行为因素在决定太空任务成功方面的重要性。”[27,p.151]这样的情况也适用于俄罗斯的计划，即使在苏联时期，他们也早在西方同行之前就已经拥有了心理支持小组。日本的选拔计划还特意包含了与顺从、适度的自信和家庭支持相关的心理选拔要素[27]。但随着国际空间站的建设和未来跨国太空任务的计划，所有航天机构对航天员的选拔变得更加相似。

4.3.1.1 淘汰：避免精神病理学的影响

这一阶段选拔的重点在于淘汰那些可能在任务中出现严重精神病理问题的人。

这里不仅要考虑个人当前的心理状态和个人历史，还要考虑过去和家庭历史。这些评估通常遵循航空和航天医学领域几十年来一直采用的标准医学做法，包括心理访谈和心理测试。选拔淘汰程序通常非常有效。

由于航天员申请人通常来自经过严格挑选的人才库，因此因精神原因而被取消资格的候选人相对较少。例如，在对 106 名 NASA 航天员候选人进行结构化临床面试的审查中，只有 9 名(8.5%)候选人符合精神问题标准，只有 2 名(1.9%)航天员纯粹因精神问题而被取消资格[29]。日本选拔航天员候选人采用了类似的程序，这导致 45 名申请人中有 2 名(4.4%)候选人被取消资格[30]。

4.3.1.2 录取：性格测试和“合格的素养”

Bartone、Krueger 和 Bartone[31]进行了一项文献综述，旨在评估那些可以促进适应隔离、密闭和极端环境的个人特征。他们发现了 73 项符合纳入准则且与长期太空任务相似的研究。相关特征包括：高智商、情绪稳定(例如，低神经质)、心理健康(例如，没有抑郁和焦虑)、自我控制、对新体验持开放态度、乐观/积极的态度、内向性、与温暖和社交性相结合的外向、与高自尊和低焦虑相结合的掌控力、与责任心相关的成就、坚韧性、以任务为导向的应对方式、过往的参与隔离、密闭和极端环境的经验、对社会支持的需求较低、适应睡眠和昼夜节律紊乱的能力以及应对压力的生理能力(例如，遗传、激素、神经递质和一般身体状况)。性别之间没有明显的适应性差异。

录取航天员的方法旨在选拔出那些有望满足太空任务操作和社会心理需求的个人。这其中包括了几个方面：适合该工作的能力(智力和认知能力，领导/跟随能力，抗压能力，可培训性)；对自己和他人的敏感性(情绪成熟度，建立人际关系的能力，表达能力，适当的坚定性，幽默感，文化敏感性)；以及不论是否独立工作都应具有的动机(掌握力，工作导向和能量，适度的竞争性，外在动机)[27](见图 4.2)。此外，处理潜在危险的经验也很重要，因为太空任务期间发生的事件可能对生命构成威胁。

图 4.2　航天员在国际空间站进行实验。被选中执行航天任务的人需要能够连续几个小时独自完成一个项目(图片来源：NASA)

例如,德国航天员 Reinhold Ewald 描述了他和同事在和平号空间站上遇到的一些危险,其中包括船上起火和与进步号补给船相撞[32]。最后,无论是工作活动还是非工作活动,群体生活技能和团队合作都是选拔中重要的因素(见图 4.3)[33,34]。录取选拔的评估工具包括访谈、性格和绩效测试、传记数据分析以及团体活动期间的行为观察。近年来,NASA 甚至在选拔过程中纳入了体验式团队练习[33]。

图 4.3 太空中的某些任务需要人们一起工作,正如这两名国际空间站的航天员在一个项目中工作时所表现的那样(来源:NASA)

在最近的一次网络研讨会上[35],NASA 约翰逊航天中心的高级作业心理学家 James Picano 列出了被选为航天员的一些核心能力:压力下的表现、群体生活技能、动机和自我指导、团队合作技能、沟通技能以及判断和决策技能。

Santy 描述了两项性格测试,她认为这两个测试对于评估与载人航天任务相关的性格特征很有用[27]。其中之一是个人特征量表(Personal Characteristics Inventory,简称 PCI),它基于 Spence 和 Helmreich 开发的模型,根据几个维度来划分人们的个人特征[36-39]。其中两个是功用性(Instrumentality)和表达性(Expressivity)。功用性(I)与目标寻求和成就动机相关。积极维度(I+)上的得分包括高目标导向和成就需要;消极维度(I-)上的得分则表明在努力实现工作目标时表现出傲慢和自负。表达能力(E)与人际敏感性和关注度有关。积极维度(E+)上的得分表明个人表现出善良和热情;消极维度(E-)上的得分则表明其可能导致言语攻击和顺从行为。因此,该量表测量了个人的任务和社会互动性。对飞行员和航天员候选人的聚类分析研究[38,39]发现了基于该人格模型的三类人格分组:积极的功用性/表达性(具有"合格素养"的人)、消极的功用性("错误素养"的人)以及低动机("不具备相应素养"的人)。Musson 等人[39]将理想的航天员定义为具有"合格素养"的人。在个人特征量表中,他们在功用性和表达性方面得分较高,在消极功用性和言语攻击性方面得分较低。由这些 IE+人员组成的团队预计将具有相对较高的生产力和凝聚力[27]。

Santy 提到的另一个个性测试是大五人格量表(Neuroticism-Extroversion-Openness Personality Inventory),它有多种版本,包括自评和他评版本、纸笔和电脑版本,以及只有 60 个项目的简化版[40-42]。这个测量工具由 Costa 和 McCrae 开发并广泛用于心理学研究。它评估人格的五个主要维度,即所谓的“五大特质”:神经质(N,Neuroticism)、外向性(E,Extraversion)、开放性(O,Openness to Experience)、宜人性(A,Agreeableness)和尽责性(C,Conscientiousness)。这些维度项目在 5 点里克特式量表上进行评估。各个版本都具有良好的信效度,而且该量表的人格建构与 Spence/Helmreich 模型[27,39]相吻合。

诸如此类的心理测试对于预测谁将被选入航天员队伍以及一旦被选入航天员队伍的表现有多有效?在航天员选拔方面,Musson 等人[39]研究了 259 名接受了 NASA 航天员队伍评估的候选人(82%男性,18%女性),他们完成了个人特征量表和简式大五人格量表。评估后最终有 63 名候选人入选。尽管这些候选人被按照“有合格素养/错误素养/不具备相应素养”的人归类,但不同类别的候选人与是否成功被选为航天员之间并没有找到显著关系。被认为有“合格素养”的人在尽责性和宜人性方面的得分明显高于其他两组,而在神经质方面得分较低。尽管男性在个人特征量表的竞争性得分方面显著高于女性,但航天员的录取率没有性别差异。

Mittelstädt 等人[43]研究了欧洲航天局的 902 名航天员候选人(82%男性,18%女性)。在选拔的最后阶段,有 46 人通过了心理筛查。所有候选人都完成了修订版大五人格量表(Revised NEO Personality Inventory,简称 NEO-PI-R)和气质结构量表(Temperament Structure Scales,简称 TSS)的测试。研究人员发现,相比于未通过基本测试阶段的候选人,通过基本测试阶段的候选人明显在修订版大五人格量表上表现出低水平的神经质和高水平的宜人性。此外,气质结构量表中的成就和活力分量表与最终面试后心理小组给出的积极总体评估评级显著相关。研究人员指出了那些成功的候选人与“合格素养”的相似性,如参考文献[39]所示。在讨论为何与 Musson 等人[39]的研究结果存在差异时,研究人员解释说,在之前的研究中,最终的航天员选择更多地关注淘汰标准,然而他们的研究更关注录取的方式。由于除了心理问题之外,航天员的选拔还受到许多因素的影响,这些因素可能会导致两项研究中最终选择的差异。

至于航天员的表现,McFadden 等人[44]进行了一项研究以寻找人格结构与后续表现之间的关系,后续表现是通过那些与航天员一起飞行或培训的同伴的评分来测量的。这些评分经过因子分可以被分为两类:工作能力(即与工作知识和工作绩效相关的功用方面)和团体生活能力(即团队合作和愿意与其作为国际空间站同事等方面相关的人际能力)。研究人员研究了 66 名现役航天员,这些航天员被归类到上述

Spence/Helmreich 模型中的三个人格类别。虽然没有任何一个人格特质集群与工作能力或群体生活的同伴评分得分显著相关，但具有“合格素养”的航天员在工作能力和团体生活方面的得分最高。表达性特质与航天员在涉及团体生活的任务效率显著相关，但与工作能力无关，而功用性特质与任何一种同伴评分类别都没有显著相关性。研究人员对此解释道，由于航天员已经在过去的工作成就方面上受到了严格筛选，功用性特征在预测性上几乎没有用处，而表达性特征能够解释航天员在团体生活方面表现的很大一部分差异。

在一项研究中，105 名个体(73%男性，25%女性，2%未知性别)被分配到三个南极站点，进行 1～18 个月的任务[45]。该研究使用了 20 题的迷你国际人格项目库测试(Mini-International Personality Item Pool，简称 Mini-IPIP)，该测试使用每个特质四个项目来测量大五人格特质。任务期间还使用了多种健康、心理、团队社交和情绪量表来评估被试的绩效，此外还进行了一项任务后的调查，以评估心理和团队因素。在整个探险过程中，每个绩效量表的数值都未发生变化，除了第三季健康困难评分略有增加(这被认为是由于南极洲冬季的睡眠问题引起的)。研究结果表明，神经质与社会冲突、焦虑、健康和心理问题以及对队友的负面看法增加有关。宜人性与探险中的冲突和失望呈负相关。尽责性使乘员对他们的探险和生存能力形成积极的态度，并且似乎可以保护他们免受抑郁症状的影响。出乎意料的是，外向性与健康问题呈正相关。最后，开放性是团队满意度的唯一预测指标，并且与团队生存能力相关。然而，我们需要谨慎地将这些研究结果推广到航天员群体中，因为与 Musson 等人[39]报道的成功入选的航天员候选人相比，此项隔离、密闭和极端环境任务的参与者的大五人格的外向性、宜人性和责任心水平显著较低，而神经质水平显著较高。

在模拟舱中进行的一项针对飞行员乘组的全程模拟研究中，根据一系列人格评估量表，指令长被归类为 Spence/Helmreich 三种类别之一[38,46]。研究对比了由不同类型指令长领导的总计 23 个乘组在一天半的模拟飞行中的表现。结果表明，由具有“合格素养”的指令长领导的乘组被认为是始终高效的，并且在压力环境下犯的错误最少。而由低动机的“不具备相应素养”的指令长领导的乘组犯的错误更多，被评为效率较低。再一次地，我们需要谨慎地将这些研究结果推广到航天员群体及其任务中。例如，在上述 Mittelstädt 等人的研究中[43]，对 902 名航天员候选人和 1 301 名航空公司飞行员候选人的修订版大五人格量表和 121 名飞行员候选人的气质结构量表得分进行了比较。结果显示，这些人群在修订版大五人格量表的四个分量表上存在显著差异(飞行员的神经质较高，责任心、宜人性和开放性较低)，在 11 个气质结构量表分量表中的 10 个分量表上存在显著差异[47]。

总而言之，Spence/Helmreich 模型对判别具有“合格素养”的航天员具有一定的预测价值，该模型不仅可以预测从一组候选人中选拔出航天员，还可以预测航天员在未来任务中的效率。Landon，Slack，和 Barrett[33]基于人格测试提出了一些普遍的选拔标准："建议的人格特征包括高度的情绪稳定性、中度至高度的宜人性、对可接受的体验的适度开放性，高于确定的最小值的可接受的责任心分数，以及避免过高得分的低度至中度的外向性。"[33,p.567]

然而，基于性格测试对未来表现的预测并不完美，还需要考虑其他问题，例如在类似情况下与以前绩效表现相关的行为因素。此外，考虑到地球上的隔离、密闭和极端环境中的人们与航天员队伍中的人们之间的心理差异，研究人员需要仔细评估涉及太空相似和模拟环境（南极洲、航空公司驾驶舱）中人们的性格研究。根据 Collins[48]的广泛评估，他的观点在今天仍然成立："过去的心理测试只是用于检测候选人中的严重精神病理学症状。虽然这些心理测试将一些人排除在航天员队伍之外，但这一系列心理测试未能预测哪些人会在决策、合作功能、明显易怒或破坏性人际行为方面表现出行为失常。"[48,p.60]

4.3.2 乘组的选拔

的确，对航天员候选人的初步筛选是一个复杂的过程，但是根据特定任务选择合适的人员组成相容的乘组则增加了更多的复杂性。乘组必须根据任务的目标以及实现这些目标所需的工作类型而从航天员队伍中选拔而出，但其他因素也是重要的。

其中一个因素与性格相容性有关。一个乘组可以由性格不同但具有相容性的乘员组成，他们的需求可以以相互满意的方式得到满足[49,50]。例如，两个具有高度支配需求的人可能会互相争斗，而一个具有支配需求的人可能会与一位没有这种需求的同事相处融洽。正如我们在上一节中看到的，性格测试的预测准确性很复杂，而试图找到相容的团队又增加了更多的复杂性。

Antone 等人[51]描述了一种组建团队的新颖方法。他们收集了八组四人乘组的数据，这些乘组人员被隔离在休斯敦约翰逊航天中心的人类探索研究模拟项目（Human Exploration Research Analog，简称 HERA）中。乘组人员完成了 30 或 45 天的太空模拟任务。在 32 名乘组人员中，有 19 名女性，平均年龄 38 岁。在这项研究中，他们面对长时间的轮班工作、睡眠不足、与地面控制中心的通信延迟以及旨在模拟太空紧急情况的活动。研究测量了四个绩效指标：开发新想法、解决生存场景、解决伦理困境以及在太空行走中驾驶过渡舱到小行星上（见图 4.4）。研究还使用社会度量调查对四个社交网络进行了研究，包括两人和三人小组中积极和消极的工作关系、领导力和追随者。为了控制网络关系之间的复杂相互依赖性，采用了可分离时间指数随机图模型（Separable Temporal Exponential Random Graph Models，简称 STERGMs）作为参数方法，从零分布中进行抽样以计算 p 值。对于每个社交网络，在四个网络属性（例如密度、封闭性、亚群体）和四个绩效指标之间发现了多个显著的相关性。这项研究旨在展示这种研究方法，并计划在未来的模拟研究和可能的实际太空任务中进行进一步验证。这种方法有望评估团队内部社交关系模式与团队在不同任务上的表现之间的相关性，对选拔未来长期太空任务的参与乘组具有重要意义。

选择乘组的一个问题是，对某些短期任务很重要的个人特征可能与持续数月或数年的长期任务所需的个人特征完全不同。家庭需求也是如此。例如，有年幼的孩子或生病的亲属的航天员可能会对火星任务所需的离家两年半的时长感到抑郁或焦虑，这可能会对乘组的相容性和凝聚力产生负面影响。

图 4.4　人类探索研究模拟项目(HERA)Mission X 的乘组人员站在位于约翰逊航天中心的模拟舱前。在 2016 年为期 30 天的任务中，乘组人员模拟了一次前往近地小行星“Geographos”的旅行(图片来源:NASA)

多样性问题也在其中起着作用(见图 4.1)。由于合格的航天员队伍由男性和女性以及不同种族和文化背景的人组成，并且由于航天机构受到公众支持，因此航天员乘组的选拔可能会尝试包含能最大程度上反映整个社会的群体结构。但重要的是，只要有可能，一个亚群体应至少包括两名成员，以避免一个人成为替罪羊或感到社会孤立。例如，在一个由六人组成的乘组中，最好不是一个女性，而是至少有两个女性，或者有两个男性，或者有两位非英语母语者，这样他们可以相互支持。对参加前 15 年混合性别南极考察的 14 名澳大利亚女性进行的半结构化访谈证明了这一观点[52]。在许多情况下，小组中只有一名女性。尽管她们很享受在南极的经历，“但鉴于她们在男性主导文化中的代表性不足，女性报告称她们在主流群体文化中感到孤立并成为‘局外人’”[52,p.52]。许多人提到需要更加均衡的男女比例。有趣的是，许多人还抱怨他们所看到的科学家和技术工人之间的摩擦。但感到孤立的不仅仅是女性。在第 2.3 节中，我们看到航天员 Norm Thagard 报告说他作为一个美国人在一个由两名俄罗斯人组成的乘组中感到文化上的孤立。在太空乘组中，不太可能完全遵循“一类两个”的规则，但应该努力在人口统计学层面上平衡乘组成员，或者在不同的二人组之间找到其他共同点(例如，在选拔四人乘组中唯一的女性时，考虑她应与乘组中至少一个男性来自同一个国家或者具有类似的职业背景)。

在美国的太空计划中，乘组的选拔过程可能涉及来自多个利益相关者的反馈，例如飞行外科医生和太空中心的管理者，但一般而言，选拔是航天员办公室的责任。有时，之前的太空任务经验和表现会成为考虑因素，以及谁“应该”执行下一次任务，因为他或她之前未被选中参加过任务。

基于成本和促进友好关系的考虑，未来的探险性任务，如前往火星的任务，很可能会由跨国乘组来执行。在这种情况下，每个参与的国家都希望根据其提供的资金或装备支持程度来获得某种程度的代表性。这可以是一个乘组人员，也可以是一件重要的设备(例如国际空间站上的加拿大臂)。国家代表的公平性可能需要一个由参与国组成的委员会来做出最终决定。当然，如果某个特定国家的成员拥有任务所需的独特技能，那么这个人很可能会被选中。

然后，将潜在的候选人被编入一个乘组，并接受针对任务特定要素的培训。组建最佳的团队至关重要。如果在培训过程中有个别成员在身体或心理方面无法达到标准，整个乘组可能会被备用团队替换。当然，在培训开始之前，需要一种有效可靠的方法来预测谁与谁相处得好。

4.4 乘组人员与任务控制人员的关系

太空中的航天员和地面的任务控制人员之间的关系非常重要，特别是在近地任务期间，例如国际空间站和月球任务。在这类任务中，通信几乎是即时的，补给相对容易完成，并且可以在几天内完成撤离。乘组人员和任务控制人员之间快速准确的沟通能力对于处理危机和紧急情况至关重要。任务控制人员经常为太空中的人员制定时间表，地面专家也可以就出现的问题提供相应支持(见图 4.5)。已经有多项研究评估了这种乘组与地面关系的性质。

图 4.5 NASA 任务控制专家讨论阿波罗 17 号期间月球车损坏的修复方法(图片来源:NASA)

4.4.1 Gushin 等人的乘组与地面的通信研究

在长期的隔离和密闭条件下,乘组人员可能更愿意变得自力更生,并希望远离外部监测人员的影响。Gushin 和他的同事在莫斯科生物医学问题研究所(IBMP)的两次隔离、密闭和极端环境任务研究中探索了被隔离者和外部监测者之间的通信频率和模式[53,54]。第一项是俄罗斯的一项名为生物学和心理学项目(Ecology and Psychology,简称 ECOPSY)的 90 天研究。该研究调查了密闭舱内植物的生长及其对三名隔离的俄罗斯男性乘员的心理状态的影响。第二项是由欧洲航天局资助的一项更大规模的研究,涉及国际研究人员,被称为人类行为研究(HUman BEhaviour Study,简称 HUBES)。在这项研究中,3 名男性(2 名俄罗斯宇航员和 1 名俄罗斯医生)在模拟俄罗斯和平号空间站任务中被隔离了 135 天。上述两项研究均追踪了乘组人员和外部监测者之间的音频和计算机通信记录。结果表明,随着时间的推移,处于隔离状态的乘组人员在决策中变得更加自主(即自治化),并且在传递信息时进行了过滤,研究人员将这种现象称为心理封闭。此外,由于与任务控制人员的私人关系不同,乘组人员与当值的不同外部团队的沟通模式也有所不同。研究人员总结道,由于隔离的生活条件,这些乘组变得更加自给自足,并开始依赖自己的资源。这些结果在为期 520 天的火星 500 隔离研究中得到了复现。火星 500 隔离研究致力于模拟自主的火星之旅。单向通信延迟长达 12 分钟,这使得乘组人员在沟通中的心理封闭现象更加明显。诸如此类的结果表明,航天任务规划者需要将航天员的自治权视为火星探险的一个重要因素(见第九章)。

在国际空间站上,Gushin 及其同事进行了名为“内容”(Content)的太空实验,旨在分析俄罗斯宇航员与任务控制中心的通信。在该实验框架内,Yusupova 等人[55]

研究了 5 名在国际空间站执行了为期 141～340 天任务的宇航员。研究团队对宇航员与任务控制中心人员的联系进行了内容分析，作为应对任务应激源的策略指标。他们发现，在任务的第三季度和第四季度，特别是在持续时间较长的任务中，压力应对能力总体有所增加。尽管进行了统计测试，但研究人员表示，并非所有差异都存在显著的统计学意义，因此需要进一步研究。研究人员还提到了一些他们认为会影响乘组与地面通信的事件，例如高工作负荷、来访乘组人员数量增加以及指令长变更。工作量的非正常增加导致乘组人员在沟通过程中应对模式的增加，既包括有效的应对模式(即计划、主动性、幽默)，也包括无效应对模式(即对抗、逃避责任)。可以将这些变化看作是由飞行中的问题引起了压力并需要心理支持的征兆。

Yusupova 等人[56]在一篇关于时间感知和宇航员沟通风格的论文中讨论了使用内容分析技术研究宇航员与俄罗斯任务控制中心之间的公共通道通信，他们发现了与美国人 Virginia Satir 报告的个体沟通风格类似的表现(即计算，安慰和指责——见表 4.4 中的特征)。由于时间紧迫所产生的压力，这些个人沟通风格在太空变得更为凸显。当工作超负荷时以及在任务初期乘组人员需要适应太空环境并且非常忙碌时，宇航员感知到了时间的快速流逝。而在随后的单调时期，宇航员感知到时间走得很慢。此外，太空中的宇航员还报告说，他们似乎从未有充足的时间来开展活动，造成这种情况的原因有很多：需要重复检查他们的工作以避免对健康和生命构成威胁的错误；需要更多时间来适应太空生活中的新应激源；存在意外的、非常规事件；以及需要同时完成的多项操作的多任务处理。因此，俄罗斯任务控制人员经常调整宇航员在太空活动的时间标准，从而产生了他们所谓的计划时间不足的问题。根据早期的研究，Yusupova 及其同事认为新手宇航员更有可能在工作中经历时间不足，并在与任务控制中心的沟通中使用安慰风格，抱怨计划问题并请求外部支援。而经验丰富的宇航员倾向于以指责的方式应对时间不足，采取主动的立场并与任务控制人员对抗。使用计算风格的宇航员通常更快地适应规划变化和时间不足，并以积极主动的方式应对这些变化。

表 4.4　宇航员的沟通风格(改编自参考文献[57])

沟通风格	特　征
计算	谨慎、精准，分析情况，收集最大量的数据以确保不犯错误
指责	反击、掌握控制权、表现出做好应对准备、建立心理防御机制以应对可能的内疚
安慰	避免对抗，感到有责任，表达内疚，以他人对自己的看法为指导
分散注意力	贬低所发生的事情、逃避责任、保持情感距离、尽量减少与他人的接触

Yusupova 等人[56]还报告了她们对 14 名男性宇航员在国际空间站与任务控制人员之间沟通的内容分析结果，旨在进一步探讨在任务期间宇航员沟通风格与他们利用时间的关系。他们发现，总体而言，与使用指责或安慰的沟通风格的宇航员相比，使用计算风格的宇航员不太可能表明对时间利用率的担心。当乘组人员要讨论有关时间不足的问题时，他们使用安慰这一沟通风格的频率明显高于其他两种沟通

方式。在一项 24 周的任务中，这种低计算、高指责和高安慰的沟通模式在第 17、19 和 20 周尤为突出，即在任务第三季度和第四季度之间的过渡期间。任务的后半段对时间及其压力的关注明显高于前半段。尽管对第三季度的关注程度高于第一季度，但任务的四个季度之间没有其他显著差异。因此，研究人员总结道，任务控制人员在安排宇航员在任务中不同时间段的工作活动时应该注意宇航员的沟通风格与时间不足之间的关系。

在有关宇航员沟通风格的另一份研究报告中，Yusupova 等人[57]进一步定义了这些风格并添加了第四种风格：分散注意力。这些风格的特点如表 4.4 所列。由于与飞行任务和程序不一致，分散注意力这一沟通方式预计不会被大量使用。Yusupova 等人对 15 名国际空间站宇航员与任务控制中心之间的通信转录进行了内容分析。他们根据内容编码的类别分析了宇航员的通信风格。内容分析的几个类别与 Suedfeld 和他的团队[58]在航天员采访内容分析中定义的应对策略相对应。这些策略包括有计划地解决问题、对抗、寻求社会支持、回避、服从、否认问题、自我控制、避免/接受责任和幽默。Suedfeld 团队的应对策略列表中还添加了几个操作性类别，例如通知、主动性、努力、提出请求、问题、对时间的关注以及消极和积极情绪。所有这些类别根据其沟通功能分为三组：信息性（例如共享信息、提出请求、关注时间和日程安排、主动性、努力）、管理规定（例如对抗、服从、寻求支持、否认问题、逃避责任、不信任）和情感（使用幽默、表现出自我控制、表达消极/积极情绪）。

外部专家将其中 15 名宇航员中的 8 名归类于计算风格组，4 名归类于指责风格组，3 名归类于安慰风格组（这对于新宇航员来说是最典型的沟通风格）。目前还没有任何关于有宇航员被分入分散注意力风格组的报道。对于每周沟通的总数，安慰风格组最高，指责风格组其次，最少的是计算风格组。对于每种沟通风格组，组内最常见的沟通都是信息性评论，其次是管理规定性评论，最后是情感性评论。沟通风格和特定沟通内容类别之间存在一些有趣的关系。与其他组相比，计算风格的宇航员表达出较少的支持寻求、请求提出、对抗、消极/积极情绪、责任逃避和自我控制表现。指责风格的宇航员表达出相对较多的与对抗、幽默、负面情绪和自我控制表现相关的评论。安慰风格的宇航员表达出相对较多的与请求提出、信任、服从和逃避责任相关的评论。研究人员据此得出的结论是，以计算沟通风格为主的宇航员大多性格稳定，自我控制能力良好，并且比其他两组宇航员需要更少的来自任务控制中心的心理支持。

最近，作为 SIRIUS 计划的一部分，莫斯科生物医学问题研究所（IBMP）在几次太空模拟任务中进行了研究。在英语中，缩写词 SIRIUS 代表“独特地面站国际科学研究”（Scientific International Research In Unique Terrestrial Station）。这些任务同与火星 500 研究中使用的地面实验综合体（Nazemnyy Eksperimental'nyy Kompleks，简称 NEK）设施一样（见第 9.5 节）。模拟任务由 6 名男女混合的乘组人员完成。2017 年的第一次隔离仅持续了 17 天，随后在 2018 年和 2019 年进行了为期四个月的任务。当前为期 240 天的 SIRIUS 21 任务于 2021 年 11 月开始，将模拟月球基地上的活动(见图 4.6)。未来的计划是执行为期一年的任务。

Supolkina 等人[59,60]报告了他们在 SIRIUS－17 和 SIRIUS－19 期间进行的两项涉及乘组人员及其外部监测人员的研究结果。SIRIUS－17 的乘组包括 3 名俄罗斯女性和 3 名男性(2 名俄罗斯人,1 名德国人),他们被隔离了 17 天[59]。任务场景是对太空任务的模拟,其中包括与太空任务相关的活动(对接、控制行星漫游车)、医学和心理研究以及舱内的维护操作。在任务最后,乘组人员经历了 38 小时的睡眠剥夺。与之前的模拟任务(例如 HUBES)一样,乘组内部和他们与外部监测人员的通信内容是根据音频和视频记录进行分析的。Supolkina 等人的研究目标是检查乘组人员沟通的时间变化模式并寻找可能的性别差异。研究还使用心理测量问卷来评估乘组人员的焦虑。

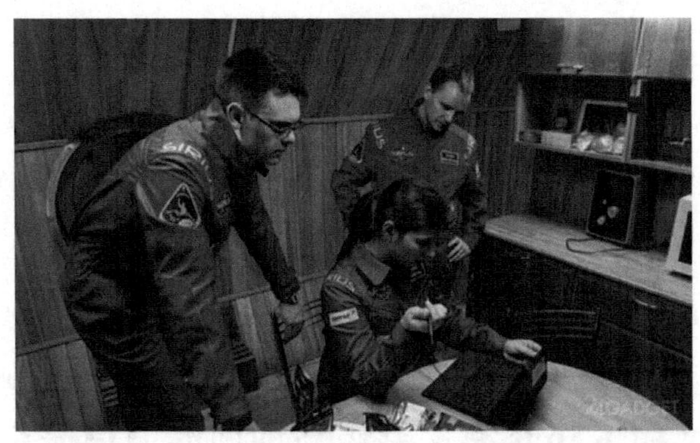

图 4.6　3 名宇航员在 2021 年 11 月开始的为期 240 天的 SIRIUS 21 月球模拟任务中进行一项实验(图片来源:NASA)

SIRIUS－17 的结果显示,男性比女性更有可能就工作相关事宜向外部监测者寻求建议(寻求支持类别)、推迟解决问题的责任(回避类别)以及表达对独立克服压力的渴望(自我控制类别)。女性更有可能重复外部监测者已经说过的话(重复类别),感觉自己被倾听(寻求社会支持类别),并通过与任务控制中心交谈来转移因焦虑引起的压力。SIRIUS－17 中有 1 名男性和 1 名女性乘员在该任务之前接受过宇航员的太空训练。与未经培训的乘组人员相比,他们更有可能向外部监测人员提出要求,并且更注意日程安排和时间,这可能反映了他们对乘组人员的权利和义务有更清晰的认识。他们还更频繁地表达幽默感,这可能帮助他们通过对抗与应激源相关的主观负面情绪来更客观地应对压力。高焦虑水平的人没有被选中执行任务。中等焦虑水平的乘组人员使用以情绪为中心的应对策略(寻求社会支持、幽默、自我控制)来减少情绪压力,而低焦虑水平的乘组人员则使用以问题为中心的应对策略(告知、请求、批评、建设性举措)以解决问题。

SIRIUS－19 乘组包括 3 名俄罗斯女性和 3 名男性(1 名俄罗斯人,2 名美国人),他们被隔离了 120 天[60]。任务场景模拟了飞往月球的旅行,其中 4 名宇航员有为期 6 天的着陆任务、剩余时间在轨道上的停留以及月球车的远程控制操作。与 SIRIUS－17

一样，通过音频和视频记录分析乘组内部和他们与外部监测人员的通信内容。在隔离的最初10天和最后10天，乘组与地面的通信是同步的(即实时的)。在其余的任务期间，乘组与地面的通信有5分钟的单向通信延迟，以产生类似火星的通信效果。研究还使用了心理测试以评估焦虑、社会凝聚力和人际偏好。

SIRIUS－19的结果显示，随着时间的推移，乘组与地面的通信频率逐渐下降，特别是在有关需求和问题的领域。这可能是乘组人员心理封闭和自治化(即变得更加自主)的另一种表现。此外，使用个人自我感知和态度软件评估的社会凝聚力和人际亲近感(即感觉彼此相似的程度)随着时间的推移而增加，团队在工作活动中的结构也得到了巩固。这表明团队具有更高的凝聚力和自主性。在模拟月球着陆期间，乘组与外部的沟通暂时增加。在隔离的前4天，所有乘组人员的基频①和音量都有所增加，表明紧张程度的加剧。在5分钟通信延迟开始时，这些参数也出现了类似的增长。总体而言，乘组人员显示出低到中度的焦虑水平。

在Facereader软件分析的视频中，女性更有可能表现出快乐和悲伤等基本情绪。女性的情绪内容(积极和消极)和言语的信息成分均显著高于男性。女性也更有可能提供和寻求支持、提及睡眠质量以及谈论她们在工作活动中的努力。男性在言语中具有更明显的认知成分，并表现出在问题情况下使用对抗作为社会调节方式的倾向 ($p=0.084$)。到任务结束时，许多男性/女性在声学指标上的差异出现趋同，这表明隔离的困难条件可能导致乘组人员之间的行为和沟通方式的趋同。

4.4.2 Kelly和Kanas有关乘组与地面的通信研究

Alan Kelly在太空探索者协会(一个由太空飞行者组成的国际组织)的支持下对54名航天员和宇航员进行了一项调查。他邀请我和他一起以期刊发表的方式分析和解释数据。该调查使用调查问卷评估了与沟通和休闲活动相关的各种问题。在受访者中，53名是男性，26%是太空探索者协会成员，他们平均参加了1.6次任务，在太空停留了34.7天。有42人被划分为“短期” 太空旅行者，即他们在太空中停留的总时间少于20天，有12人被划分为“长期”太空旅行者，即他们在太空中停留的总天数为20天或以上。停留天数被用来划分受访者是对太空环境相对缺乏经验的人还是经验丰富的人。研究共包括46名航天员和8名宇航员，其中5名是来自非美国或非俄罗斯“国际人士”(主要是来自欧洲)。这些受访者中有25名是“操作员”(例如飞行员或指令长)，29名是任务专家或“研究人员”。此节将报告航天员、宇航员和地面人员之间通信的研究结果。第5.5.5节将报告与乘组内部沟通相关的问题，第6.6.1节将描述与休闲活动相关的问题。

---

① 在语音学中，fundamental frequency(基频)是指声音波形的最低频率，也称为声音的基本频率。它是声音的音高的主要决定因素。在人的语音中，基频越高，声音就会听起来音调较高，而基频较低则会听起来音调较低。基频通常以赫兹(Hz)为单位表示，是每秒钟振动的周期数。在沟通分析中，观察基频的变化可以提供有关情绪、紧张程度和态度的线索。

研究讨论了三个与乘组-地面通信相关的议题[61]。首先，研究人员要求航天员和宇航员按照9点里克特式量表对阻碍或帮助他们与任务控制人员沟通的因素进行评分，其中“5”分表示“没有影响”。这9个项目及其评级如表4.5所列。t 检验的结果表明，对于与任务控制人员的沟通，航天员和宇航员将感知到的“共享经验”和“对太空飞行的共同激情”列为最有帮助的两个因素。因此，与地面上的人们建立起一种“我们一起参与这项令人兴奋的冒险”的感觉，对乘组成员如何看待两个群体之间的沟通产生了非常积极的影响。在“共享经验”方面，宇航员的得分明显高于航天员，这可能反映了宇航员当时参加过的强调人际合作和集体主义原则的培训的影响[62]。而对于“对太空飞行的共同激情”，操作员的评分显著高于研究人员。这是有原因的，操作员的驾驶职责要求与地面沟通的频率比研究员更高，后者的职责仅限于舱内的科学实验。相反，“航天器的环境噪音”和“太空晕动症期间的不适”被认为显著阻碍了乘组与地面控制人员之间的沟通，这些因素可能会对在任务期间的沟通效率产生负面影响。

表4.5 阻碍(“1”)或帮助(“9”)与任务控制人员沟通的因素，其中“5”表示“没有影响”(改编自参考文献[61])

因素	平均分	t 值	p 值
共享经验	6.30	6.86	0.000
对太空飞行的共同激情	5.82	4.36	0.000
近距离	5.02	0.17	NS
面部发红	5.00	0	NS
面部浮肿	4.88	−1.63	NS
失重	4.87	−1.73	NS
与地球隔离	4.85	−0.75	NS
航天器环境噪声	4.59	−2.75	0.008
太空晕动症	4.08	−5.41	0.000

我们还要求航天员和宇航员按照9点里克特式量表，以从非常消极(“1”)到非常积极(“9”)的方式评估他们与地球上亲人的通信对其工作表现的影响，“5”再一次表示“没有影响”。航天员和宇航员的总体平均得分为6.32，在积极方向上显著高于“无影响”得分($t=4.88$，$p<0.001$)。宇航员的得分明显高于航天员，而长期太空旅行者(即具有更多太空经验的人)的得分明显高于短期太空旅行者。由于宇航员往往在太空停留的时间较长，这表明与家人和朋友交谈与离开家的时长有关。一些乘组人员提到需要有私人的与地面沟通的视听链接，以供他们与家人和朋友交谈。

最后，研究的受访者被问及是否应该在任务完成之前隐瞒负面的私人信息(例如家人去世)。有18人表示应隐瞒此类信息，有22人表示不应隐瞒此类信息。费舍尔精确检验(Fisher's exact test)表明该题目在不同人口学群体中没有显著差异。有趣的是，有5名受访者没有给出明确的是或否的答案，但表示执行短期任务的太空旅行者在返回家之前不应该被告知此类负面信息，但他们应该在长期任务期间被告知此类信息。因此，合理的妥协可能是任务支持人员应在长期任务发射前与每位航天员和宇航员讨论这个问题，以评估他或她对披露此类信息的个人偏好。这也是如今的政策。如果选择传递家里传来的坏消息，应尽可能推迟到完成关键的任务活动之后，并且应该通过给予支持来缓和这一消息的冲击力，还需具备相应的支持机制，例如在轨的咨询、短期的心理治疗和镇静药物。

4.4.3 任务控制人员面临的国际空间站的运行挑战

从运行操作角度来看，国际空间站的任务十分复杂，任务控制中心承担着大部分确保乘组人员的活动得到支持的责任。目前，地面任务控制团队的成员被分散在不同地点和不同时区，这对成员的日程安排有很高的要求，初级和高级人员都必须在最少的心理社会培训下进行互动。为了任务的安全和最佳的乘组-地面互动，了解地面人员如何看待这些操作挑战非常重要。这是 Clement 等人的研究目标[63]。

研究对休斯敦约翰逊航天中心的 14 名高级飞行控制人员和 12 名初级飞行控制人员进行了半结构化访谈，他们参与了国际空间站任务规划和日常运行的各个方面。高级飞行控制人员样本由 13 名男性和 1 名女性组成，大多年龄在 40 多岁，曾在多个项目中担任任务控制员，包括早期航天飞机飞行、前往和平号空间站的航天飞机任务以及国际空间站项目。初级飞行控制人员样本由 6 名男性和 6 名女性组成，他们大多二十多岁，主要为国际空间站项目工作。

访谈问题涉及领导力、文化和培训等多个议题。Clement 等人收集了飞行控制人员对访谈问题的书面和口头回答，并根据研究人员的共识将回答中涌现的主题进行分类。Clement 等人尤其对高级和初级任务控制人员之间的差异感兴趣。

研究结果表明，相比于初级任务控制人员，有更多的高级任务控制人员认为在任务控制环境中保持团队士气和积极性是一项重要的领导挑战。高级任务控制人员认为运行操作的变化是影响他们工作的一个因素。同时，他们比初级同事更加担心目前的两个国家(美国和俄罗斯)对轮班安排和操作类的问题解决活动方案会在未来的多国合作下失效。初级任务控制人员强烈认为语言差异是一个重要的文化挑战，并认可提升文化意识对解决运营挑战的重要性。两组群体都强烈认为文化差异、组织差异以及团队成员跨时区的分散是需要解决的重要挑战。两组群体还都认可俄罗斯和美国团队之间的有效沟通和牢固的人际关系以及保持开放的心态是应对工作中各种挑战的重要积极因素。

意识到项目运行过程中的挑战很重要，增强意识的一种方法是增加心理社会和文化问题的培训。授课人员需要了解高级和初级任务控制人员之间的态度差异，以便更有效地满足这两个群体的需求。参与过多个太空项目的高级控制人员更有可能对因项目复杂性而导致的团队士气变化更加敏感。相比之下，经验不足、年轻的同事主要在一个项目中工作，他们往往更关心语言差异和文化敏感性。然而，两个群体都承认文化和组织差异的重要性以及和每个人进行有效沟通的必要性。由于未来将有更多国家参与国际空间站和其他太空任务，因此获得地面控制人员的反馈并考虑让所有参与国的工作人员参与联合培训至关重要。通过这种方式，我们可以对上述许多挑战在危及未来任务的安全和成功之前识别并解决它们。

4.5 档案：已婚妇女的分离反应[1]

对长期在潜艇服役后回国的水手进行的调查显示，他们出现了家庭适应障碍和情感问题，例如婚姻问题和妻子的抑郁症。这被称为“潜艇船员妻子综合征”。

——NK

对于长期处于密闭状态下的男性来说，家人的状况非常重要。Pearlman[64]的研究报道了485名女性患者，她们占潜艇基地妻子人数的9%。其中大部分女性对长时间分离感到愤怒和绝望。但尽管不喜欢，她们仍能够较好地忍受这种分离。然而，由于频繁的分离，她们无法与丈夫建立成熟的关系。因此，在丈夫回来后，许多女性需要接受婚姻咨询。这些女性经历了“潜艇船员妻子综合征”。

Isay[65]在对432名潜艇基地的妻子进行研究时命名了此综合征。研究表明61%的妻子患有这种综合征，他将其定义为“她们在丈夫从海上巡逻回来之前或之后不久出现的抑郁症状”[64]。Isay认为这是一种由压抑的愤怒和绝望引发的对丈夫无意识的责备，表现为性冷淡、婚姻冲突、睡眠障碍和无法控制的哭泣。

进行长时间太空飞行培训的男性将经常在不同时间离家，并且实际的飞行本身会持续数月。因此，有必要认识到“潜艇船员妻子综合征”的存在。

4.6 家庭问题

执行太空任务是一件令人兴奋的事情。然而，这不仅对航天员要求很高，而且对其家人的要求也很高。Johnson等人[58]对20名退休的男性宇航员进行了采访，并使用主题评分方案来编码工作与家庭的互动。研究人员发现，大多数互动的结果表明宇航员的工作外溢到家庭生活中，阻碍或干扰了家庭功能(例如，与家人在一起的时间减少、配偶的职业发展受到抑制、家庭频繁搬迁)。除非发生重大事件(例如家庭成员生病或孩子出生)，最常见的解决方案是家庭适应宇航员的工作需求，而不是宇航员改变他或她的活动来满足家庭需要。并非所有受访者都将这种家庭安排视为负面的，有些人将其视为积极的一面，或者接受它作为工作的一部分。研究人员指出，俄罗斯联邦航天局采取了多项措施满足宇航员对更多家庭时间的需求，包括试图通过在任务期间安排与家庭的通信会议并调整工作时间表以确保这些会议的进行。

Johnson[66]还定性分析了参与天空实验室、和平号空间站和国际空间站任务的航天员的一些口述历史、飞行前采访和日记内容，以评估他们对NASA、航天员自身和家人角色的看法，这些角色共同在飞行任务期间创造出与地球日常生活相似的心理社会环境。她发现航天员认为NASA在太空任务中扮演的角色是在太空中安排有价值的活动并促进航天员与地面人员之间的沟通。航天员认为自己在太空任务中的角色是安排自己的休闲时间，通过舷窗将地球景色与家乡生活的特定方面联系起来,使每天的在轨日常活动变得有趣,并庆祝传统和历史性的太空事件。最后,航天员认为家人在太空任务中的角色是与他们进行双向沟通,并通过补给船发送个性化的关心包裹,其中包含惊喜款待和家乡的纪念品。

正如我们在 Kelly 和 Kanas 所做的问卷调查中看到的那样,与地球上的家人和朋友的联系对于执行任务的航天员非常重要[61]。Palinkas 等人在南极洲的研究也得出了类似的结果。他们发现,与一位同在南极洲的同事之间的相互支持相比,与家人和朋友保持联系对稳定乘员的心情和绩效更为重要。通过中继卫星和 IP 电话(见图 3.7),太空中的航天员可以几乎在任意的时间里与家人和朋友进行私人交流。

许多航天员认为,他们面临的一个主要社会心理问题是家人的状况和福祉,以及他们在太空期间知道在地球上的家人可以得到支持。此类支持活动确实存在,并且受到航天机构的鼓励。这些活动包括家庭简短说明会、发射和着陆期间的支持、家庭会议、同伴领导的支持小组和个人咨询。当家人需要时他们也可以获得心理治疗和药物治疗。这种支持不仅使家庭受益,而且减轻了航天员在太空任务期间对家庭问题的过度担忧和抛弃家人的感觉。因此,这种支持可以帮助他们在任务期间保持注意力集中并维持工作绩效。

4.7 返回家园

如前一章所述,一些航天员在太空中报告了超越性的或宗教性的体验,或者他们被地球的美丽或地球在浩瀚宇宙中的沧海一粟感所震撼[68]。因此,他们在返回地球后可能会表现出个性上的改变或对人类需求更加敏感。但也有一些太空旅行者在重新适应方面有更多的负面体验,特别是由于回到地球后缺乏隐私或由于要面对因高曝光度的任务而带来的名声和荣耀。尽管并不常见,但这些再适应困难可能很严重,包括临床意义上的抑郁症、药物滥用和婚姻困难等体验。例如,这些再适应问题影响了从月球任务返回的阿波罗 13 号航天员 Buzz Aldrin[69]。此外,一名参加了为期 90 天的太空模拟密闭研究的乘组人员也在隔离任务后出现了焦虑和多疑[70]。

对于长期分离后回家的航天员,他们家庭动态和配偶的情绪状态也会受到影响。正如第 4.5 节中所讨论的,这种问题被称为“潜艇船员妻子综合征”,因为这一症状首先在从长期潜艇巡逻返回的男性水手的家庭中被发现。南极探险后也报告了类似的家庭困难[71,72]。因此,即使是在团聚之后,太空和其他隔离、密闭和极端环境任务下的长期分离可能会对家庭造成影响。

因此,对太空旅行者及其家人的支持活动需要持续到任务结束后[73]。重要的是,航天员及其家人应在执行任务后尽快团聚,并给他们一段时间来重新建立联系(见图 4.7)。长时间的分离可能会带来压力,尤其是还要面对完成高曝光任务之后媒体的广泛报道,这是在火星探险之后可能发生的情况。许多航天员及其家人不习惯由此产生的媒体攻击，他们需要一段强制性的私人时间来加速家庭团聚的过程。对于那些在再适应过程中需要更多帮助的家庭，还应该提供支持性的情况汇报和正式的咨询资源。

图 4.7 阿波罗号航天员返回后不久就受到配偶和孩子的欢迎。对于家庭来说，尽快拥有一些在一起的私人时间很重要，这样他们就有时间重新适应彼此（图片来源：NASA）

4.8 章节要点

- 在选拔载人航天任务的乘组人员时，有两个因素发挥着重要作用：在自己的专业领域勤奋工作且没有情绪问题的能力，以及在工作和休闲活动中可以与其他乘组人员进行公事和社交互动的能力。
- 选拔载人航天任务的执行者时，精神病学检查和心理测试可以有效淘汰存在行为问题的人。然而，这些测试无法有效预测谁会成功入选，特别是在预测谁会成为杰出太空旅行者时。
- 在早期的航天员选拔中，候选人的标准非常单一：具有飞行员或工程背景、男性、外向、以最好的方式展现自己。
- 相比于明尼苏达多项人格测验中的女性常模，女性航天员候选者对男性活动表现出了更大兴趣，对传统女性角色的遵循较少。
- 在航天飞机和国际空间站时代，航天员在工作技能、性别、国籍和性格方面更加多样化。过去几十年来，女性航天员的比例一直在上升。自 2009 年以来，入选美国计划的女性航天员比例已超过 40%。
- 对航天员的淘汰标准包括过去或当前的精神疾病史，这些病史是通过心理和精神病学访谈和测试进行评估的。
- 对航天员的录取标准包括工作能力、对自己和他人的敏感性、积极性、处理潜在危险的能力、群体生活技能以及团队合作的能力。

- 人们发现对航天员选拔有用的两项心理测试是个人特征量表和大五人格量表。
- 虽然性格测试通常对于航天员选拔十分有用,但这些测试并不能很好地预测航天员的未来表现能力。此外,必须谨慎地概括那些在地球上进行的隔离、密闭和极端环境任务中的人们的性格,因为这些人可能与被选为航天员的人群存在性格差异。
- 航天员的选拔涉及许多因素,包括任务目标、所需的工作类型、人格相容性、家庭需求、"一类两个"原则、利益相关者的数量、谁"应该"参与任务,以及根据财政或设备支持确定的国家代表性。这些因素在确保组建最合适的乘组团队方面起着关键作用。
- 来自俄罗斯的乘组与地面通信研究表明,随着时间的推移,许多太空乘组和隔离、密闭与极端环境中的人们会表现出自主化和心理封闭的趋势,并且过滤他们向外部监测人员所传递的信息。此外,他们与某些任务控制团队的互动更多。在高工作量时,乘组感知到的时间流逝更快,而在单调时期,时间的流动较慢。总体上,许多乘组人员都感到他们没有足够的时间完成工作,这被称为时间不足(chronodeficiency)。由于设备故障、对接和舱外活动而导致的工作量的非常态性增加会引发通信过程中乘组的应对策略增加,包括有效的(规划性、主动性、幽默)和无效的(对抗、负面情绪)策略。乘组在与外部人员交流时会使用不同的沟通风格(如安慰、责备、计算),并且男性和女性之间的沟通策略存在差异。
- 在一项对54名曾在太空飞行的航天员和宇航员进行的调查中,受访者将共享经验和对太空飞行的共同激情视为有助于他们与任务控制人员沟通的两个因素。严重阻碍这种沟通的两个因素是航天器环境噪声和太空晕动症。与地球上家人的联系有助于提高航天员和宇航员在太空中的工作表现。超过一半的受访者表示,在航天员返回地球之前不应向其隐瞒来自家里的负面信息。
- 在对高级和初级任务控制人员的调查中,前者更可能关注由于程序复杂性而导致的团队士气的变化,而后者则更关注文化和语言差异。
- 执行载人航天任务的人们最关心的一个问题是他们的家人能在地球上得到很好的照顾,航天机构需要为他们的家人提供支持。
- 对"潜航船员妻子综合征"的了解以及从太空返回的航天员的报告都指出,在完成太空任务后重新适应地球生活可能会带来压力,不仅对航天员而且对他们的家人来说也是如此。因此,为了减轻这种压力,航天机构需要给航天员和家人团聚的时间,并在需要时提供咨询和其他有益的活动。

4.9 思想饕餮

1. 您是选拔委员会的一名成员,正在选拔航天员前往国际空间站执行为期两周的特殊任务,以修复受损的加拿大臂。您在选拔时会考虑哪些因素?哪些因素不是很重要？这项任务的选拔与将在国际空间站工作一年的航天员的选拔有何不同？

2. 作为任务控制小组的组长，您刚刚收到通知，国际空间站一名乘组人员的父亲刚刚因心脏病突发去世。乘组人员计划在大约3小时内完成一次出舱活动，且只有她接受了执行任务所需的培训。在任务发射之前，她签署的一份同意书表明，如果有任何有关她在地球上家人的问题，她希望收到通知。您会如何处理这种情况？您会亲自告诉她还是请国际空间站的指令长与她交谈？您打算立即通知她还是在出舱活动之后的某个时间通知她？

参考文献

[1] Kanas, N. A., & Fedderson, W. E. (1971). Behavioral, psychiatric, and sociological problems of long-duration space missions. NASA Technical Memorandum, NASA TM X-58067. National Aeronautics and Space Administration Manned Spacecraft Center. https://ntrs.nasa.gov/api/citations/19720008366/downloads/19720008366.pdf

[2] Nowlis, D. (1970). Preliminary review of correlations between measures, tektite Ⅱ habitability assessment program. NAS 8-25100 (private collection).

[3] Pope, F. E., & Rogers, T. A. (1968). Some psychiatric aspects of an Arctic survival experiment. Journal of Nervous and Mental Disease, 146, 433-445.

[4] Gunderson, E. K. (1968). Mental health problems in Antarctica. Archives of Environmental Health, 17, 558-564.

[5] Ruff, G. E., Levy, E. Z., & Thaler, V. H. (1959). Studies of isolation and confinement. Aerospace Medicine, 30, 599-604.

[6] Haythorn, W. W., & Altman, I. (1963). Alone together. Research task MR 022 01 03-1002. Bureau of Medicine and Surgery, Navy Department.

[7] Weybrew, B. B. (1961). Impact of isolation upon personnel. Journal of Occupational Medicine, 3, 290-294.

[8] Weybrew, B. B. (1963). Psychological problems of prolonged marine submergence. In N. E. Burns (Ed.), Unusual environments and human behavior. Free Press of Glencoe.

[9] Flinn, D. E., Hartman, B. O., Powell, D. H., & McKenzie, R. E. (1963). Psychiatric and psychological evaluation. In L. E. Lamb (Ed.), Aerospace evaluation for space pilots. Brooks Air Force Base: USAF School of Aerospace Medicine, AFSC.

[10] Kolcum, E. H. (1970). International space station plan pushed. Aviation Week and Space Technology, 93, 12.

[11] Gagarin, Y., & Lebedev, V. (1969). Survival in space. Bantam Books, Inc.

[12] Price, H. E., et al. (1965). A final report of a study of crew functions and vehicle habitability requirements for long-duration manned space flights (Vol. 1). Serendipity Associates.

[13] Hartman, B. C., & Flinn, D. E. (1964). Crew structure in future space missions. In Lectures in aerospace medicine (pp. 50-72). Brooks Air Force Base.

[14] Gurovskiy, N. N. (1970). Several peculiarities in work activities of astronauts on prolonged space flight. (transl.). In N. N. Gurovskiy (Ed.), Studies on the psychophysiology of the work of astronauts. NASA TT F-593.

[15] Eberhard, J. W. (1967). The problem of off-duty time in long-duration space missions. In L. Goldberger & R. R. Holt (Eds.), Experimental interface with reality contact (Vol. 2). NASA CR-96721.

[16] Cramer, E. H., & Flinn, D. E. (1963). Psychiatric aspects of the SAM two-man space cabin simulator. SAM TDR, 63-27.

[17] Fraser, T. M. (1968). Leisure and recreation in long-duration space missions. Human Factors, 10, 483-488.

[18] Flinn, D. E., Monroe, J. T., Cramer, E. H., & Hagen, D. H. (1961). Observations in the SAM Two-Man Space Cabin Simulator. Behavioral factors in selection and performance. Aerospace Medicine, 32, 610-615.

[19] Anonymous. (1970). One woman in space. Nature, 226, 98-99.

[20] Cameron, R. G. (1969). Effect of flying on the menstrual functions of air hostesses. Aerospace Medicine, 40, 1020-1023.

[21] Sharpe, M. R. (1969). Living in space, the astronaut and his environment. Doubleday and Company, Inc.

[22] Link, M. M. (1965). Space medicine in project mercury. NASA SP-4003, NASA.

[23] Buyanov, P. B., & Terent'yev, V. G. (1968). Some clinical considerations in selecting astronauts for long flights (transl.). Selected Translations from Aerospace Medicine, JPRS, 46751, 152-157.

[24] Henry, J. P. (1966). Biomedical aspects of space flight. Holt, Rinehart, and Winston Inc.

[25] Dunlap, R. D. (1966). Psychology and the crew on Mars missions. Paper presented at the AIAA/AAS Stepping Stones to Mars Meeting, March 28-30, pp. 441-445.

[26] Schmidt, L. L., & Spychalski, A. C. (2021). Psychological selection for extreme environments. In L. B. Landon, K. J. Slack, & E. Salas (Eds.), Psychology and human performance in space programs (Extreme application)

(Vol. 2, pp. 17-34). CRC Press.

[27] Santy, P. A. (1994). Choosing the right stuff: The psychological selection of astronauts and cosmonauts. Praeger Publishers.

[28] Smith, M. G., Kelley, M., & Basner, M. (2020). A brief history of spaceflight from 1961 to 2020: An analysis of missions and astronaut demographics. Acta Astronautica, 175, 290-299.

[29] Santy, P., Endicott, J., Jones, D. R., Rose, R. M., Patterson, J., Holland, A. W., Faulk, D. M., & Marsh, R. (1993). Results of a structured psychiatric interview to evaluate NASA astronaut candidates. Military Medicine, 158, 5-9.

[30] Endo, T., Ohbayashi, S., Yumikura, S., & Sekiguchi, C. (1994). Astronaut psychiatric selection procedures: A Japanese experience. Aviation, Space, and Environmental Medicine, 65, 916-919.

[31] Bartone, P. T., Krueger, G. P., & Bartone, J. V. (2018). Individual differences in adaptability to isolated, confined, and extreme environments. Aerospace Medicine and Human Performance, 89, 536-546.

[32] Ewald, R. (2019). Is it worth the risk? —An astronaut's approach to risk awareness. Acta Astronautica, 161, 368-372.

[33] Landon, L. B., Slack, K. J., & Barrett, J. D. (2018). Teamwork and collaboration in long-duration space missions: Going to extremes. American Psychologist, 73, 563-575.

[34] Landon, L. B., & Paoletti, J. (2021). Extreme roommates: Exploring group-living skills as a unique team skill area. In L. B. Landon, K. J. Slack, & E. Salas (Eds.), Psychology and human performance in space programs (Research at the frontier) (Vol. 1, pp. 217-236). CRC Press.

[35] Translational Research Institute for Space Health (TRISH) Webinar. (2020). Red risk school: Behavioral health & performance, June 2.

[36] Spence, J. T., Helmreich, R. L., & Stapp, J. (1975). The personal attributes questionnaire: A measure of sex role stereotypes and masculinity and femininity. Catalog of Selected Documents in Psychology, 5(237), MS1098.

[37] Spence, J. T., & Helmreich, R. L. (1983). Achievement-related motive and behavior. In J. T. Spence (Ed.), Achievement and achievement motives: Psychological and sociological approaches (pp. 10-74). W. H. Freeman & Co.

[38] Chidester, T. R., Helmreich, R. L., Gregorich, E., & Geis, C. E. (1991). Pilot personality and crew coordination: Implications for training and selection. International Journal of Aviation Psychology, 1, 25-44.

[39] Musson，D. M.，Sandal，G. M.，& Helmreich，R. L. (2004). Personality characteristics and trait clusters in final stage astronaut selection. Aviation，Space，and Environmental Medicine，75，342-349.

[40] Costa，P. T.，Jr.，& McCrae，R. R. (1992). NEO PI-R professional manual. Psychological Assessment Resources，Inc.

[41] McCrae，R. R.，Costa，P. T.，Jr.，& Martin，T. A. (2005). The NEO-PI-3：A more readable revised NEO Personality Inventory. Journal of Personality Assessment，84，261-270. https://doi.org/10.1207/s15327752jpa8403_05

[42] McCrae，R. R.，& Costa，P. T.，Jr. (2010). NEO inventories：Professional manual. Psychological Assessment Resources，Inc.

[43] Mittelstädt，J. M.，Pecena，Y.，Oubaid，V.，& Maschke，P. (2016). Psychometric personality differences between candidates in astronaut selection. Aerospace Medicine and Human Performance，87，933-939.

[44] McFadden，T. J.，Helmreich，R. L.，Rose，R. M.，& Fogg，L. F. (1994). Predicting astronaut effectiveness：A multivariate approach. Aviation，Space，and Environmental Medicine，65，904-909.

[45] Van Fossen，J. A.，Olenick，J.，Ayton，J.，Chang，C.-H.，& Kozlowski，J. (2021). Relationships between personality and social functioning，attitudes towards the team and mission，and well-being in an ICE environment. Acta Astronautica，189，658-670.

[46] Chidester，T. R.，Kanki，B. G.，Foushee，H. C.，Dickinson，C. L.，& Bowles，S. V. (1990). Personality factors in flight operations：Volume I. Leader characteristics and crew performance in full-mission air transport simulation. NASA Technical Memorandum 102259. Ames Research Center. https://ntrs.nasa.gov/citations/19900014054

[47] Maschke，P.，Oubaid，V.，& Pecena，Y. (2011). How do astronaut candidate profiles differ from airline pilot profiles? Results from the 2008/2009 ESA astronaut selection. Aviation Psychology and Applied Human Factors，1，38-44.

[48] Collins，D. L. (2003). Psychological issues relevant go astronaut selection for long-duration space flight：A review of the literature. Journal of Human Performance in Extreme Environments，7，43-67. (Reprinted from AFHRL Technical Paper 84-41，1985).

[49] Haythorn，W. W. (1970). Interpersonal stress in isolated groups. In M. J. McGrath (Ed.)，Social and psychological factors in stress. Holt，Rinehart & Winston.

[50] Haythorn，W. W.，McGrath，J. E.，Hollander，E. P.，Latané，B.，Helm-

reich, R. , & Radloff, R. (1972). Group processes and interpersonal interaction. In Human factors in long-duration spaceflight (Space science board). National Academy of Sciences.

[51] Antone, B. , Gupta, A. , Bell, S. , DeChurch, L. , & Contractor, N. (2020). Testing influence of network structure on team performance using STERGM-based controls. In H. Cherifi, S. Gaito, J. Mendes, E. Moro, & L. Rocha (Eds.), Complex networks and their applications VIII. Complex networks, 2019. Studies in computational intelligence (Vol. 882). Springer. https://doi.org/10.1007/978-3-030-36683-4_81

[52] Sarris, A. (2017). Antarctic station life: The first 15 years of mixed expeditions to the Antarctic. Acta Astronautica, 131, 50-54.

[53] Gushin, V. I. , Zaprisa, N. S. , Kolinitchenko, T. B. , Efimov, V. A. , Smirnova, T. M. , Vinokhodova, A. G. , & Kanas, N. (1997). Content analysis of the crew communication with external communicants under prolonged isolation. Aviation, Space, and Environmental Medicine, 68, 1093-1098.

[54] Yusupova, A. , Ushakov, I. , & Gushin, V. (2010). Communication in long-term space flights and space simulations. Lambert Academic Publishing.

[55] Yusupova, A. K. , Shved, D. M. , Gushchin, V. I. , Supolkina, N. S. , & Chekalkina, A. I. (2019). Preliminary results of "content" space experiment. Human Physiology, 45, 710-717.

[56] Yusupova, A. , Supolkina, N. , Shved, D. , Gushin, V. , & Nosovsky, A. (2022). Subjective perception of time in space flights and analogs. Acta Astronautica, 196, 238-243.

[57] Yusupova, A. , Shved, D. , Gushin, V. , Chekalina, A. , & Supolkina, N. (2021). Style features in communication of the crews with mission control. Frontiers in Neuroergonomics, 2(1-7), 768386. https://doi.org/10.3389/fnrgo.2021.768386

[58] Johnson, P. J. , Asmaro, D. , Suedfeld, P. , & Gushin, V. (2012). Thematic content analysis of work-family interactions: Retired cosmonauts' reflections. Acta Astronautica, 81, 306-317.

[59] Supolkina, N. S. , Yusupova, A. K. , Shved, D. M. , Chekalina, A. I. , Sarantsev, S. V. , Gushin, V. I. , & Feichtinger, E. L. (2020). Crew-mission control communicative behaviour in Sirius-17 experiment. Human Physiology, 7, 771-775.

[60] Supolkina, N. , Yusupova, A. , Shved, D. , Gushin, V. , Savinkina, A. , Lebedeva, S. A. , Chekalina, A. , & Kuznetsova, P. (2021). External com-

munication of autonomous crews under simulation of interplanetary missions. Frontiers in Physiology, 12(751170), 1-10. https://doi.org/10.3389/fphys.2021.751170

[61] Kelly, A. D., & Kanas, N. (1993). Communication between space crews and ground personnel: A survey of astronauts and cosmonauts. Aviation, Space, and Environmental Medicine, 64, 795-800.

[62] Kanas, N. (1991). Psychosocial support for cosmonauts. Aviation, Space, and Environmental Medicine, 62, 353-355.

[63] Clement, J. L., Boyd, J. E., Kanas, N., & Saylor, S. (2007). Leadership challenges in ISS operations: Lessons learned from junior and senior Mission Control personnel. Acta Astronautica, 61, 2-7.

[64] Pearlman, C. A., Jr. (1970). Separation reactions of married women. American Journal of Psychiatry, 126, 946-950.

[65] Isay, R. A. (1968). The submariners' wives syndrome. Psychiatric Quarterly, 42, 647-652.

[66] Johnson, P. J. (2013). The roles of NASA, U. S. astronauts, and their families in long-duration missions. In D. A. Vakoch (Ed.), On orbit and beyond: Psychological perspectives on human spaceflight. Springer.

[67] Palinkas, L. A., Gunderson, E. K. E., Holland, A. W., Miller, C., & Johnson, J. C. (2000). Predictors of behavior and performance in extreme environments: The Antarctic space analogue program. Aviation, Space, and Environmental Medicine, 71, 619-625.

[68] Kanas, N. (1990). Psychological, psychiatric, and interpersonal aspects of long-duration space missions. Journal of Spacecraft and Rockets (AIAA), 27, 457-463.

[69] Aldrin, E. E. (1973). Return to earth. Random House.

[70] Seeman, J. S., & MacFarlane, T. G. (1972). Results of post-test psychological examinations of the crewmen from the 90-day manned test of an advanced regenerative life support system. NASA CR-112019. McDonnell Douglas Corporation.

[71] Oliver, D. C. (1991). Psychological effects of isolation and confinement of winter-over group at McMurdo Station, Antarctica. In A. A. Harrison, Y. A. Clearwater, & C. P. McKay (Eds.), From Antarctica to outer space. Springer.

[72] Taylor, A. J. W. (1991). The research program of the International Biomedical Expedition to the Antarctic (IBEA) and its implications for research in outer space. In A. A. Harrison, Y. A. Clearwater, & C. P. McKay

(Eds.), From Antarctica to outer space. Springer.
[73] Sipes, W., & Vander Ark, S. (2005). Operational behavioral health and performance resources for international Space Station crews and families. Aviation, Space, and Environmental Medicine, 76, B36-B41.

第五章　人际互动、文化和团队行为

在前面的章节中，我们已经讨论了影响航天员个体的问题。在本章中，我们将扩展我们的视野，讨论那些影响一群人作为一个和谐团队发挥功能的问题（例如，太空乘组、任务控制人员）。尤其重要的是讨论一系列可能导致团队紧张和丧失凝聚力的问题。这样的问题包括团队因素（例如，规模、成员构成），个别乘组人员因素（例如，人格冲突、职业动机和生活经历的差异、性别差异、性关系问题），人际群体因素（例如，领地行为和退缩性行为、小团体和替罪羊、移置作用、领导角色不明确），以及文化和语言问题。我们将介绍和平号空间站和国际空间站中的“互动”研究以及其他相关研究中关于移置作用、领导角色和文化的研究结果。

5.1　档案：社会学思考[1]

在隔离、密闭和极端环境中生活和工作的人们会遇到与小组或团队成员互动的问题。相比于那些影响个人的因素，团队层面的因素不那么容易概念化。例如，大多数人都理解航天员想家或焦虑意味着什么，但很少有人了解乘组内部的紧张氛围或者影响团队相容性和凝聚力的因素。下文首次提到了太空任务中的移置作用（另见第 5.1.6 和 5.1.9 节）。关于乘组规模的讨论是必要的，但太空任务中乘组人员的数量通常由任务目标和工程要求决定。请注意，在这些旧有研究中，乘组人员通常是男性，因此文章中多使用男性代词。

——NK

5.1.1　社会应激源

在持续数月并包含 8～12 名乘组人员的长期太空任务中，群体动力将会成为一个问题。《纽约时报》（1970 年 10 月 7 日）发文道：“在过去的任务中，由于乘组人员不超过三人，任务时间不超过 18 天，因而乘组很难形成派系并且出现那些在心理学中被称为‘群体动力学’的问题。但是负责美国航天员健康的 Charles A. Berry 博士表示，未来任务中 10～12 名航天员的长期飞行将引发群体动力学问题。”

分离出影响群体动力的各种社会应激源非常重要。这些应激源可以分为五种类型（改编自 Dunlap[2]）：较小的团队规模、组织结构与非正式结构、恰当的领导力、可用社会角色的减少，以及乘组与外部监测人员之间的关系。

5.1.2 团队规模

任务中的一个团队问题是人际交往的数量有限。Dunlap 指出，团队规模越小，人际需求得到满足的可能性就越低。Wise 认可这一担忧："……小规模的乘组人员容易感到疲劳、超负荷、社交接触不足等。"[3]。

Bales 和 Borgotta[4]进行了一项有关团体规模和社会互动的研究，他们对 2～7 人的团体进行行为观察，并使用贝尔斯互动过程分析法(Bales Interaction Process Analysis，简称 BIPA)分析了团队成员的个人互动。这些小组均由男性学生组成，在参与研究之前彼此并不相识。在研究中，组员们收到了一份关于假想问题的 5 页资料，并在 4 个小组会议中讨论了解决方案。在讨论过程中，研究人员使用了贝尔斯互动过程分析法对成员进行评估。研究人员预计会出现三种类型的效应：随团队规模大小而变化的效应、与特定规模的团体相关的独特效应，以及将团队划分为亚群体的相关效应。

表Ⅻ(*参见原始 NASA 技术备忘录*)列出了三个变量的得分。以下是笔者对 Bales 和 Borgotta 数据的解释。

1. 随着团队规模的扩大，成员的数据呈现方式变得更有组织性也更有效率。成员倾向于分化，开始出现领导者和追随者。

2. 两人团队表现出由于无法形成多数意见而产生的紧张情绪。因此，在整个任务期间，这些人以一种互补的方式逐渐分离开，以维持和平和相对稳定。

3. 三人团队表现出由于多数派的不断变化而产生的多样性。被孤立的成员表现出相对积极或消极的行为。

4. 七人团队(本研究中最大的团队规模)表现出很高的稳定性，这主要是由于大多数追随者的顺从行为。更大的团队应该表现出更高的稳定性。

5. 人数为偶数的团队可能会形成人数相等的亚群体，这可能会导致僵局。每个亚群体之中的个人具有较小的个体差异。由于成员们为解决僵局所做的努力，随着时间的推移，"提出建议"和"给出方向"会出现很大的差异。

6. 事实上，同一团队的互动模式随时间变化的差异小于不同团队间的差异，这表明观察到的互动模式在时间上具有稳定性。

根据前述结论，可以做出以下预测。

1. 两人团队会遇到航空医学院的两人研究中所指出的一些问题。

2. 尽管阿波罗飞行任务取得了成功，但三人团队仍然非常不稳定(阿波罗任务的正式性和空闲时间的缺乏可能有助于团队稳定)。

3. 具有偶数人数的团队往往会形成人数相等的亚群体。

4. 团队规模越大，团队中出现领导者与追随者关系的可能性就越大，稳定性就越高，并且在具有奇数人数的团队中，形成僵局的可能性就越小。

因此，考虑到未来可能的乘组人数为 8～12 人，理想的人数应为 11 人。

5.1.3 团队结构

大多数的团队都有正式指定的组织结构。然而，随着时间的推移，非正式的运作结构往往会形成。Smith[5]指出了这种非正式群体结构形成的两个阶段。第一阶段，即任务活动阶段，大约需要一周时间形成并以工作为导向。第二阶段，即人际关系阶段，在第三周至三周半后开始发展。Weybrew[6]更强调第一阶段。他指出，潜艇中的团队是根据专业而形成的，这些亚群体甚至可能会发展成不同的派系。然而，他认为亚群体的形成对于身份和适当的角色认知非常重要，他同时指出[6]："相比于那些自我认知的角色和组织结构所赋予的角色之间差异很大的团体，自我认知的角色与组织结构所赋予的角色之间差异较小的团队往往士气评价更高。"

派系会破坏团队凝聚力并倾向于排斥与他们不相容的个人。Dunlap[2]还认为，如果非正式结构与正式结构偏离太多，团队内可能会产生很大的压力。

现有的大多数研究涉及的团队成员远多于8～12名男性，尽管在如此小的群体中可以形成亚群体，但不太可能形成公开的派系。这些成员一般是具有共同点的专家，例如智力、共同目标和相似的训练经历。比拉帮结派更严重的危险是一个人确实或自我认为被孤立。Rohrer[7]描述了这种效应。"被隔离团队排斥所产生的行为综合征，我称之为'失神(long eye)'现象……这表现为'沉默应对(silent treatment)'……在6到10天内便会出现'失神'现象。它可能表现为失眠、自发性的哭泣、幻觉以及放弃日常生活习惯(如洗澡、进食、喝咖啡等)。经历'失神'的人显然对外界刺激视而不见，有人描述他们或躺在床上，或凝视虚空，或毫无目的地四处走动……有时这种现象会伴随着强迫性地、重复地执行一些相对简单的动作……一旦被允许回到团队并与团队成员互动，这些症状就会消失。"

5.1.4 领导力

领导者与追随者的关系对于团队稳定性很重要。然而，Wise[3]警告团队中不能有太多的领导者而没有足够的追随者。此外，他指出"……随着时间的推移，权威关系往往会变得不那么有效。"尽管如此，强大的指挥结构和备受尊敬的指令长，仍可以使领导者保持一些权威，这主要是因为他会担负两个重要的责任：在长期太空任务中，很多原来属于地面指挥的权力将转移到他身上，而且他会在任何可能出现的冲突情境中代表一个中立和支持性的平衡，特别是在团队中存在两个人数相等的亚群体时。

Dunlap提出了一些可能削弱领导者影响力的"权力"来源，例如个人吸引力、个人能力、声誉、友谊和以前的权力结构[2]。此外，他还考虑了领导者的两种角色：第一类角色负责目标实现和适应外部需求(这需要一个以任务为导向、注重工具性和指导性的人),第二类角色负责内部整合和情感紧张的表达(这样的人必须是以团队为导向、表达性强且善于社交)。Dunlap 表示[2]:"这两种不同的领导角色可以由同一个人担任,但更多情况下并非如此。通常情况下,领导职能由两个人承担,一个作为任务专家负责完成任务,另一个作为社会情感专家负责保持团队的快乐和团结。"

5.1.5 社会角色的减少

在地球上,一个人有许多在太空中不适用的角色:父亲、丈夫、俱乐部成员等。Dunlap[2]指出,在太空环境中"工作角色的价值比日常生活更高,其特权受到严密保护。"Eberhard[8]对此表示同意,他指出,有意义的工作机会不仅比过多的休息时间更有意义,而且"……在受限的空间中,有工作要做的人不愿意与他人共享工作,否则会减少他们自身的工作机会。"

在太空中保留社会角色可能需要与地球维持通信。乘组人员可以与家人和亲近的朋友交谈,从而使他们继续扮演习惯的角色。

5.1.6 与地面控制人员的关系

飞行乘组与地面控制人员之间的关系有两个重要方面。首先,乘组人员常常通过将他们的敌意转移到地面控制人员身上来处理乘组内人际摩擦。因此,外部控制人员必须接受并理解这种移置是一种必要的应对人际摩擦的方式。其次,在任务前乘组人员与地面控制人员之间的个人冲突可能会影响他们在任务期间的互动。Dunlap[2]表示:"……甚至外部监测人员的声音特点都可能引起厌烦。"

5.1.7 人际相容性

选择相容的乘组人员将减少许多应激源的影响。Rasmussen 和 Haythorn[9]表示:"如果强行让一小群身怀绝技且训练有素的人们进行长期合作,除非这个小组在个人层面上是相容的,否则任务的有效性将会受到影响。"

Haythorn 和 Altman 的一项研究[10]招募了 36 名水手。研究人员依据四个人格维度的不同相容性条件对这些水手进行筛选:成就需要(目标导向)、支配需要(自我导向)、归属需要(与他人交往),以及对教条主义(威权主义)的需要。研究人员通过各种测试和评级对这些水手进行评分,然后将他们配对。实验组的水手被限制在隔离舱中进行了 10 天的实验。而在对照组中,水手们进行了相同的任务,但他们可以自由地离开隔离舱。实验组和对照组的配对们在人格维度上是相匹配的。研究人员通过一面单向镜观察这些水手,并根据领地性、倾诉欲、绩效、个性互动和社会行为对他们的行为进行评分。结果列于表XIII中(见表5.1)。

表 5.1 隔离和非隔离条件下的两人小组

维 度	隔离组	非隔离组
领地性(单向镜)	对床有自己的偏好且不侵犯他人的睡眠区域	起初趋势很小,随着时间的推移略有增加
倾诉欲(量表)	最初倾诉了很多,但逐渐划分了"领地"	最初很少倾诉,但逐渐变得更加亲密
绩效(量表、绩效分数)	有压力但仍然表现得很好	压力较小,但表现较差
互动(单向镜、量表)	很多个人冲突和敌意	较少的个人冲突和敌意

注:改编自 Haythorn 和 Altman[10]。

对数据的详细分析揭示了更多信息。在隔离条件(实验组)中,有四组配对的水手经历了诸多争端(争吵、打架等)。根据四个测量的人格维度中的两个维度对这些配对的个体进行分析,发现三个配对组中的成员都在支配需求方面表现很高,由两组配对的成员在成就需求方面存在差异。这四组水手在实验期间都表现出很强的领地性。相比之下,处于非隔离条件下的对照组合作良好,并且没有发生争吵。这项研究表明"隔离的压力在很大程度上受到人格类型之间关系的影响"[10](且隔离会加强人格差异),并且了解人格特质有助于预测成员在压力下如何互动。

Hartman 和 Flinn[11]报告了三项 4 人模拟太空飞行任务。一项任务持续了 2 周,两项任务持续了 6 周。尽管乘组内的对抗性不断发展,但这些人有足够的动力去完成任务,而乘组人员的性格在很大程度上决定了对抗程度的表达。"被动和顺从的乘组人员通常与他人和彼此相处得很好;他们偶尔与更直言不讳、更自信的乘组人员之间产生的恼怒也是轻微且短暂的。然而,不成熟和好斗的乘组人员之间存在更激烈的对抗。"

Burnazyan 等人对隔离在封闭生态系统内的三位乘组人员进行了为期 1 年的研究。乘组人员在实验开始前接受了测试(配对言语联想测试、社会测试),结果表明他们在心理上是"相容的"。Burnazyan 等人[12]指出:"乘组人员在相互依赖的团体活动中表现出相当和谐的工作氛围,在高功能负荷影响下的情绪自主神经表现也呈现相似的趋势,乘组人员彼此之间还可以很好地理解通过言语、情绪性动作等方式传递的信息。"

人际相容性和了解乘组人员的个性对于降低社会应激源的影响非常重要。但研究人员尚未设计出完美的测试。Mann[13]回顾了 1900 年至 1957 年的文献,并从中分离出 500 多个人格变量,他将这些变量分为 7 类:智力、适应能力、外向-内向、支配性、男性-女性气质、保守主义和人际敏感性。他还划分了 6 类地位和行为变量以描述个人在团队中的功能：领导力、受欢迎程度、总活动率、任务活动、社会情感活动和从众性。表ⅩⅣ列出了人格变量、团队中的地位和行为变量之间的关系(*见表 5.2*)。

表 5.2 人格变量与团队中的地位和行为变量之间的相关性

	团队中的地位和行为变量					
人格变量	领导力	受欢迎程度	总活动率	任务活动	社会情感活动	从众性
智力	+	+	+	+	+	0
适应能力	+	+	+	+	+	+
外向	+	+	+	+	0	+
支配性	+	+	0	+	0	−
男性气质	+	0	0	+	0	0
保守主义	−	+	0	+	0	+
人际敏感性	+	+	0	+	0	0

注：改编自 Mann[13]。+：正相关，−：负相关，0：无相关(既不是很高也不是很低)

表ⅩⅣ(*见表 5.2*)结果中的任务活动数据尚未针对总活动率进行校正。Mann发现，当进行该校正时，任务活动这一变量与智力、适应能力和男性气质之间会产生负相关。此外，从众性的分数来源于自我评价。请注意智力、适应能力和外向性对于6类变量的重要性，但尚无法解释为什么人际敏感性与地位和行为变量的相关性不高。如果可以正确使用这些数据，则应该能够预测团体行为。然而，迄今为止，这方面的工作尚未取得令人满意的进展。

5.1.8 防止人际冲突(*即乘组相容性——NK*)

防止太空任务中出现冲突的最佳方法之一是确保乘组人员之间尽可能彼此相容。适当的乘组规模、稳定的指挥结构和受人尊敬的领导者、适当的角色可视化、与地面工作人员的良好人际关系，以及高昂的积极性和共同目标都是很重要的因素。Dunlap[2]引用了一项包括4名大学生的研究，这些学生被隔离在道格拉斯太空模拟舱中。他们在实验前参加了敏感性训练。“敏感性训练加速了乘组人员彼此熟悉的过程，暴露了人际摩擦的潜在来源，提供了对人际关系问题的理解，并传授了控制可能出现的摩擦的技巧。迄今为止，同一小组已经完成了四次不同的任务，每次为期12天、30天、3天和18天，这些任务中都没有出现任何严重的人际摩擦。”

5.1.9 防止人际冲突(*即移置作用——NK*)

第一章已经报告了在航空医学院两人太空舱模拟舱测试中观察到的一些人际关系结果。研究中的心理测试、日记、临床观察和贝尔斯互动过程分析法都揭示了乘组人员之间的紧张关系。然而,通过将紧张情绪转移到外部监测人员身上并压抑自己的情感,乘组人员可以表面上“和谐相处”并完成任务。Cramer 和 Flinn[14] 指出:“尽管与彼此相对不相容的个人之间存在大量潜在的摩擦和敌意,但由于任务目标足够重要,人们会防止那些严重影响工作关系的摩擦的公开爆发。”

5.2 太空中的乘组凝聚力

为了完成任务目标,太空中的乘组必须作为一个有凝聚力的团队有效运作。研究表明,团队凝聚力可以提高绩效,进而在相互支持的关系中带来更大的凝聚力[15]。Paoletti 等人[16] 从态度、行为和认知三个方面讨论了团队合作。团队态度(或团队情感)是团队的内部情绪状态。其中包括心理安全感、团队成员之间的相互信任以及对集体工作的偏好等因素。团队行为是执行团队任务所需的能力,如冲突管理、成员之间的任务协调、团队关怀(即成员彼此提供支持的程度)以及解决问题的能力。团队认知是指团队在多个层面上认识和研究团队学习过程和知识成果的能力。团队合作的态度、行为和认知共同决定了团队的有效性。优秀的团队在这三个维度上都可发挥强有力的作用。

Mesmer – Magnus 等人[17] 讨论了团队包含的 7 个关键特征。第一,团队会影响其个体成员的学习、福祉和生产力。第二,成员会在个人任务和集体任务之间转换。第三,团队成员也会是其他团队的成员。第四,这些团队可以嵌入到更大的相互依赖的系统中(这些特征将在第 5.2.3 节中进一步探讨)。第五,团队合作可以是多模式的(即使用各种通信技术)和具有社会物质性的,这意味着社会力量和物质/技术力量的相互交织。第六,团队发展有“流动的目标”,因为它们是动态且不断变化的。最后,团队适应多变环境的能力是衡量其绩效的标准。作者呼吁进行更多研究来探索这些特征及其与太空环境的相关性。

航天员团结协作的能力非常重要。为了提高任务成功的可能性,我们需要解决一些可能会阻碍航天员形成坚实团队的人际关系问题。这些人际关系问题在较短的任务中并不凸显,其重要性尤其体现在持续时间超过 4～6 周的太空任务中。长期任务的目标和活动更加复杂,这要求乘组人员形成一个持久的有凝聚力的团队。此外,短期内可以忽略的紧张人际关系,在较长时间内会被放大且难以处理。许多紧张的人际关系是正常小团体互动的副产品,日常生活中的社会和工作团体中也会出现这类情况。但与地面环境不同的是,在地球上,人们可以离开压力重重的群体,在私人的环境中散步或放松。而在太空有限的环境中,要逃离潜在有毒的团队环境则更加困难。

Larson 等人[18] 研究了 4 次 4 人、每次为期 30 天的人类探索研究模拟项目(HERA)太空模拟任务。研究包含了 16 名乘组人员的 4 类团队行为。这些任务模拟了往返小行星收集岩石样本的过程,其中包括第 13～21 天期间长达 5 分钟的通信延迟，以及第24天的24小时睡眠剥夺。团队行为的4个维度取自McGrath的任务回旋模型，研究人员将其描述如下："创造性表现描述了团队提出原创想法和计划的程度。选择性表现描述了团队汇集信息以从一组备选方案中做出正确决策的程度。谈判性表现描述了团队解决成员之间冲突的程度。最后，执行性表现描述了团队完成行为任务的程度，这些任务往往需要个体协调自身心理运动能力。"[18,p.109]研究人员和NASA创建的任务评估包用于评估乘组人员在这4个维度的表现。结果显示，在评估结束时，4个乘组的人员执行精神运动任务的能力均有所增加，而认知冲突谈判则趋于保持稳定(3个乘组趋于减少，而1个乘组则呈现上升趋势)。同样的，在评估结束时，4个乘组提出创意和从一组备选方案中进行明智选择的能力均有所下降。研究人员因此得出结论："尽管航天员选拔和培训一直侧重于练习那些在执行任务时需要团队高度配合的行为动作，但此研究表明乘组人员在更需要人际关系和汇集信息以作出决策的任务中出现了绩效下降。"[18,p.114]。

5.2.1 团队紧张的影响

引发团队紧张的问题会降低团队凝聚力。团队凝聚力不仅对于乘组人员的幸福感和日常工作运行是必要的，而且在危机时期也至关重要，因为乘组人员需要作为一个高效的团队以应对危急时刻。此外，太空中的乘组需要能够与地球上的任务控制团队共同工作。第4.3.2节讨论了选拔乘组人员成功组建团队的相关因素。在这里，我们将考虑可能破坏乘组人员相容性和凝聚力的问题。

在第二章中，我们考虑了两个可能影响团队紧张感和凝聚力的任务因素：与任务阶段相关的时间效应和压力事件。虽然并不存在一个普遍的易出问题的任务特定时间阶段，但适应过程本身可能会给处在任务早期的一些乘组人员带来压力。而且有报道称，在任务的后期，与同一群人长期待在一起可能会给乘组人员带来负面影响：笑话不再那么有趣，性格特征变得令人厌烦，人们厌倦了与同一个人互动，并寻求其他人作为新的兴趣点。重要的是，所有乘组人员都必须对社会环境和缓解紧张局势的方法保持足够的警惕，以免团队中的紧张局势升级并恶化为更严重的冲突。

有时，随着任务的进行，团队情况会有所改善：随着人们的相互适应，紧张感会减少，凝聚力会提高。在一项针对参加了为期3周的北极科学考察的7名男女被试的研究中，Palinkas和他的同事[19]报告说，在任务开始之前，乘组人员的紧张程度明显高于任务期间，因为在任务期间人们似乎已经适应了自己所处的情境。同样地，在莫斯科的HUBES 135天的和平号模拟研究中，我和我的同事[20]发现乘组人员在隔离后半段的紧张程度明显低于前半段。此外，在乘组人员进入隔离舱之前，他们出现紧张情绪的情况明显多于任务开始后的情况。

我们在第2.6节中看到，压力事件也会影响航天员的凝聚力。任务中的负面事件，例如火灾或关键设备故障，可能会给乘组人员带来压力从而导致团队氛围紧张和凝聚力丧失。相反，积极事件可以减缓紧张气氛，让乘组人员更加团结。长期以来，从补给船上收到最喜欢的食物或惊喜礼物一直是鼓舞在轨航天员士气的方法之一。假期和生日庆祝活动也可以提高乘组的士气。

在下面的章节中，我们将会更详细地讨论与太空中乘组凝聚力相关的乘组人员的个体问题、人际团队问题（尤其是移置与领导力）以及文化问题，所有这些问题都会影响太空乘组人员之间以及与任务控制中心之间的最佳互动能力[21]。但首先，让我们来看一下影响凝聚力的两个重要的团队特征：团队规模和成员构成。

5.2.2 团队规模

在第5.1.2节中，我们讨论了一些与团队规模相关的问题。Bales和Borgotta[4]对规模2～7人的非结构化的、无领导的男学生团队进行了研究。根据该研究结果，我得出的结论是3人的小组存在绩效和凝聚力问题。第一个原因是这样的小组难以形成多数人的共识，第二个原因是小组中的“大多数”可能是动态变化的。类似的问题也发生在人数是偶数的团队中，这样的团队中可能会形成两个人数相同的亚群体，从而导致出现僵局。一般而言，团队规模越大，就越有可能形成领导者-追随者关系，这将使更大的团队更加稳定，特别是如果他们的人数是奇数时，可以防止僵局的出现。然而，我们应谨慎地将这项研究结果推广到载人航天任务中，因为这样的任务存在着包括指令长在内的正式结构，并在操作运行方面遵循类似军事指挥和控制风格。

有一项有趣的实验对两名建筑师进行了60天的研究，他们在其设计的位于格陵兰岛北部的小型模拟月球栖息地中一起生活了60天[22,23]。根据日记和自我报告的活动、情感、对社交接触的渴望以及时间感知表现[22]，随着时间的推移，两人都显示出对社交接触的渴望，但对无可抗衡感（即疏远、抑郁、无助）的整体感知没有明显的变化。谈论个人话题和进行体育锻炼会增加对社交接触的渴望，而谈论个人事务和休闲时间会暂时减少无可抗衡感。研究人员从认知和心理方面对这两人进行了多项测试（例如WinSCAT、大五人格量表、人物价值观问卷、团队效能问卷）[23]。随着时间的推移，两人在WinSCAT上的得分都在增加，这表明他们在完成任务时存在积极的认知学习曲线。然而，两人在性格特征、个人价值观、压力和应对因素等方面存在差异。例如，一名男性被试在责任心方面得分高，在宜人性方面得分低，而另一名男性被试在宜人性方面得分高，在外向性方面得分低。随着时间的推移，两人对团队效率的感知持续降低。他们经常在情况处理方式以及每个人在执行特定任务时所扮演的角色方面存在分歧。有时，两人会暂时撤退到栖息地的不同区域以缓和由分歧产生的紧张氛围。这种团队行为可以根据Bales和Borgotta的有关两人小组的研究结果进行预测。然而，尽管出现了情感上的压力，两名男性被试都表决心完成此次任务，并成功实现了任务的主要目标。

Collins[24]回顾了一些研究探讨了不同环境下的团队规模的影响。他总结道，扩大团队规模有可能提升团队的绩效，这是由于知识、能力和技能的汇集效应所致。然而,团队规模扩大可能会影响个人动机,进而影响团队绩效,具体情况可能会因情境而异。此外,团队规模越大,由于协调增加的成员数量需要更多的组织效应,因而可能需要更多时间和精力来保证效率。从情感上来说,在较大规模的团队中,每个成员对团队行为的责任感可能会减少,个体表现不太明显,这可能会减弱积极的社会认可感,使个体感到自己没有做出有意义的贡献,而且个体会更容易退出并减少生产力。然而,较大的团队会减轻人际隔离和孤独的影响,如果厌倦了旧的友谊,人们仍可以结交新朋友。

一般来说,太空乘组的规模很大程度上受到工程学限制和完成任务目标所需的任务类型的影响。然而,针对那些具有特定的可居住性限制和有特定任务目标的任务(例如火星探险)而言,在模拟环境中研究不同乘组规模所带来的影响仍将是有意义的。这不仅对规划公共机构(如各国的航天局)的任务有用,也适用于私人公司的任务,因为后者在任务目标上可能有更大的变化性(例如采矿活动、建立永久定居点等)。

5.2.3 团队构成

有人指出,太空任务是由航天员和地面工作人员组成的多团队系统共同完成的,这些地面工作人员可能在地理上是分散的且有不同的工作职能,但多团队系统中的所有人都在朝着相同的目标努力[15,25,26]。对于在轨任务,任务控制中心的前端往往有一个集中式的指挥架构,但即使是在前端的个人也受到隐藏在公众视野之外的后端同事的支持。对于 NASA 而言,太空机组人员与任务控制中的地面支持团队之间的通信是通过太空舱通信员(capsule communicator,简称 Capcom)进行协调的。在国际的太空任务中,不同的地面控制中心可能需要分别与不同的航天员联系,但地面控制中心彼此也需要沟通的方式。此外,每一个航天员-地面控制中心的联系背后都代表着一个国家的航天局。这一机构制定了人们必须遵循的书面政策和程序。重要的是,各团队系统的各个组成部分应尽可能无缝沟通并协调活动,以确保任务成功。正如第 5.8 节和第 9 章中将要讨论的,这种协调活动将在火星探险任务期间变得更加复杂。因为火星探险任务将持续 2~2.5 年,地面与乘组人员之间的通信将会出现延迟,并且乘组人员会有更多自主的工作,从而给地面任务中心的工作带来挑战。

对于一些参与隔离、密闭和极端环境任务的乘组人员而言,这种对多团队系统的感知可能并不明显。正如 Fischer 和 Mosier[27]在 SIRIUS - 19 进行的研究所展示的那样。SIRIUS - 19 的乘组人员是 3 名俄罗斯女性和 3 名男性(1 名俄罗斯人,2 名美国人),他们在生物医学问题研究所的 NEK 设施中被隔离了 120 天(参见第 4.4 节了解更多任务详情)。乘组人员和地面任务控制人员在高度自治的情况下进行工作,并每周完成与任务相关的调查报告。结果表明,当受访者提及团队时,他们主要指的是各自的团队(乘组、地面任务控制中心),很少提及乘组/任务控制这一多团队系统。

同时,受访者的回答并不受到通信延迟的影响,并且随着时间的推移保持不变。任务控制人员对整体社交和任务凝聚力的评价高于乘组人员。描述性分析表明,当被要求评价地面任务控制中心对任务成功的贡献时,乘组人员和任务控制人员的评价并不一致。因此,研究人员总结道,至少在这一次任务中,乘组人员和任务控制人员在凝聚力和任务成功方面存在明显的分歧,受访者倾向于狭隘地定义自己所属的团队,而不是将其作为多团队系统的一部分。任务中高度自治环境的存在对这有多大影响仍需要进一步研究。

Bell 等人[28]对影响特定团队构成的相关因素进行了文献综述,他们将其定义为"团队成员属性及其关系的配置。"[28,p.548]。他们认为,一个结构良好的团队拥有合适的成员组合,能够作为一个紧密团结的单位共同完成任务目标。在文献综述中,研究人员选择纳入那些涉及远距离太空探索(Long - Distance Space Exploration,简称LDSE)和地球模拟环境(例如南极洲、火星 105 项目)的研究,共有 28 篇文献符合纳入准则。基于这些,Bell 和她的同事总结道,团队构成可以通过两种方式影响成功:影响团队成员一起生活和工作以实现社交相容的能力(路径 1),以及影响成员在完成团队任务时与彼此以及其他团队(例如任务控制中心)协调、合作和沟通的能力(路径 2)。

关于第一条路径,在远距离太空探索环境中,显性的表面因素(例如年龄、种族、教育、职业背景)和隐性的深层因素(与潜在心理特征相关的因素,例如个性特征、价值观、能力)同样重要。由于乘组人员很可能在许多方面都具有多样性,因此每个成员在心理上应与整个团队保持协调,而不是与各类亚群体保持一致,这可以避免孤立和替罪羊现象的出现。

关于第二条路径,远距离太空探索任务将需要完成复杂的、动态的且相互依赖的工作。相比于规划目标的过渡阶段(例如任务分析、制定目标、形成战略),在直接实现目标的行动阶段(例如监测目标进展、系统和团队监控、协调活动),这一路径尤为重要。

下面我们将介绍与这两条路径相关的具体个人和人际问题。

5.3 影响团队行为的个人问题

5.3.1 性格冲突

性格冲突是出现团队问题的一个主要原因。在 5.1.7 节中,我们讨论了一些早期的关于破坏团队行为的性格特征的研究。最近,Bell 等人[28]报告了一项综述研究的结果,该研究探讨了基于个人需求的相容性。研究人员发现,在支配需求上同质的二人组(即在这一特征的心理测试上得分都很高)会在任务隔离期间变得更具领地意识和压力,而在支配需求上不同质的二人组(即在这一特征的心理测试上一高一低)的压力较小。同时,一些在归属、成就或自治方面需求不同的二人组彼此之间会遇到困难。

Sandal 和她的同事[29]对 6 名乘组人员进行了一项研究,这些乘组人员参加了欧洲航天局为期 4 周的名为欧洲载人航天基础设施隔离研究(Isolation Study for the European Manned Space Infrastructure,简称 ISEMSI)的密闭实验。研究结果表明,2 名被认为最具统治力的乘组人员之间的关系十分紧张。其中一名是任务的指令长。因而另一个人逐渐在社交上与其他乘组人员分离,这表明他与领导者的性格不相容导致了其在团队中的竞争和人际孤立。

Gushin 等人[30]对在莫斯科参加了 2 项空间模拟密闭研究的三人乘组进行了评估。其中一项研究是持续了 90 天的 ECOPSY,另一项研究是持续 135 天的 HUBES(见第 4.4.1 节)。在这两项研究中,乘组人员无法使他们个人的自我概念变得与他们对其他乘组人员的概念相似。研究人员解释这可能意味着团队凝聚力出现问题(他们称之为解体),在每个乘组中都有一个成员成为团队的局外人。

Marcinkowski 等人[31]对在约翰逊航天中心的 HERA 太空模拟设施中参与了 5 次 4 人任务的 13 名男性和 7 名女性进行了人格冲突的评估。4 次任务持续了 45 天,其中一次任务由于休斯敦地区的极端天气条件而缩短至 20 天。乘组人员接受了关于是否会与另一名乘组人员发生冲突的调查,4%的人给出了肯定的回答。对乘组人员的回复进行内容分析,聚类分析揭示了 4 种冲突类别:明显的不和谐(通常是由于轻微的环境压力或疲劳所引起的)、工作分歧、人际紧张和人际崩溃。冲突频率在不同乘组和乘组人员之间都有所不同,这些冲突有时是由单方或双方造成的。冲突会在整个任务期间出现,但第三季度的趋势最低(然而作者在文中声明他们的工作"未提供第三季度现象的证据"[31,p.87])。明显的不和谐在第一季度最高,人际崩溃在第二季度最高。工作分歧和人际紧张情况在整个过程中都存在,前者比后者更为频繁。

5.3.2 不同的职业动机和生活经历

与性格无关的个人问题也会在团队中造成紧张。下面举一个与乘组人员的职业动机和生活经历有关的例子。Gunderson[32]对美国 5 个南极站的参与者进行了研究,发现在越冬期间,习惯于户外活动的海军人员比以科学家和技术人员为主的平民经历了更多的心理问题和人际关系紧张,后者更适应室内工作。而且由于后者经常利用非结构化的时间完成实验并撰写科学报告,因此与海军人员相比,越冬时期的密闭环境使他们能够以符合其职业动机和经验的方式开展工作。

有时,科学家和非科学家之间的冲突会产生敌对情绪并且可能严重到干扰团队凝聚力。在一次海上科学考察中[33],科学家们不断延长任务期限,以收集更多的数据样本。作为回应,一些思乡心切的乘组成员在夜里愤怒地溜进了冷藏室,并把辛苦收集的研究样本扔进了海里。对于具有不同工作背景和工作动机的团体而言,尊重彼此的角色并进行合作对于团队凝聚力和完成使命目标非常重要(见图 5.1)。

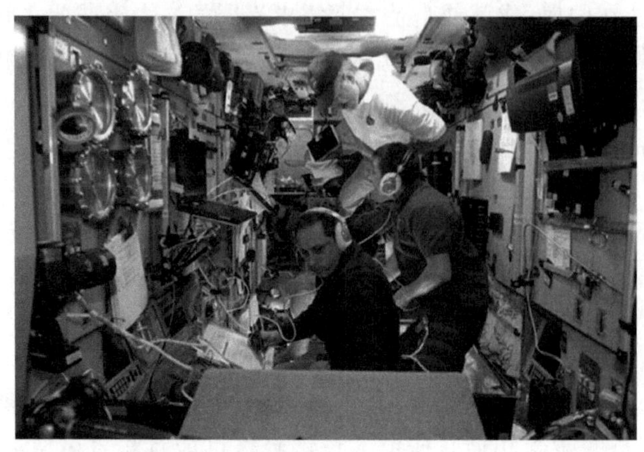

图 5.1 几名美国和俄罗斯航天员正在监视补给飞船与国际空间站的对接。太空任务中,不同背景的乘组人员必须共同努力完成重要的任务活动(图片来源:NASA)

5.3.3 性别差异

没有证据表明受过训练的航天员在太空中存在行为或表现上的性别差异[34]。1996 年,美国女航天员 Shannon Lucid 与 2 名俄罗斯男宇航员在和平号空间站在轨飞行了 6 个多月。乘组人员各司其职,相处融洽。其他男女混合乘组也曾在国际空间站上执行过任务,各类轶事报道表明没有出现重大问题。女性也承担过任务指令长的角色,例如国际空间站第 16 次飞行中的 Peggy Whitson(见图 5.2)。

图 5.2 国际空间站第 16 次任务的乘组,由任务指令长 Peggy Whitson 领导。这次任务于 2008 年 4 月 19 日成功结束

女性在地球上的太空模拟环境中表现出色。例如,在 Tektite 潜水器任务中[35],5 名女性乘组人员的表现被认为等于或优于参与该项目的全体男性乘员。Kahn 和

Leon[36]评估了一支由 4 名女性组成的探险队，她们在南极度过了 67 天。结果表明，该团队的表现与全男性或男女混合团队的表现旗鼓相当。在为期 1 个月的夏威夷太空探索相似与模拟项目（The Hawaii Space Exploration Analog and Simulation）中[37]，6 名女性乘组人员成功地完成了火星模拟任务。该项目的领导者表示，根据她的经验，全女性乘组比混合性别乘组更紧密地联系在一起，对彼此敞开心扉的速度更快，而全男性乘组则更注重实践，专注于直接解决问题。

对于在隔离、密闭和极端环境中工作的团队，女性的存在有时可以改善团队氛围。Leon[38]的结论是，全男性的极地探险队表现出很强的竞争力，并且相互之间很少共享个人信息。相比之下，混合性别团队和全女性团队则更关注成员的福祉。Wood 和她的同事[39]发现，在南极站的女性比男性对团队凝聚力的下降更为敏感。在欧洲航天局一项名为 EXEMSI（欧洲载人基础设施实验活动）的太空模拟研究中，3 名男性和 1 名女性被隔离在高压舱中 60 天[40]。当男性之间发生冲突时，这名女性乘组人员被视为和平的缔造者，在缓解团队整体紧张局势方面发挥了重要作用。

然而，对于在隔离、密闭和极端环境中工作的团队而言，性别刻板印象仍然存在。在为期 211 天的礼炮 7 号任务中，一位新抵达的女宇航员收到了鲜花和蓝色印花围裙作为欢迎礼物，并被要求准备餐食[41]。在从西伯利亚到阿拉斯加为期 61 天的苏美白令桥联合考察中也出现了此类性别刻板印象。在这次任务中，Leon 和她的同事[42]发现，苏联男性对女性探险队员的态度比美国男性更加具有沙文主义。Rosnet 等人[43]发现在一个极地站中，当女性与男性年龄相仿时，男性会出现诱惑、竞争和性骚扰的情况。这些研究表明，尽管智力或行为表现上的差异可以忽略不计，但存在的性别态度问题会影响团队中的男女关系。

Popovaite[44]研究了 2009—2016 年间参加犹他州火星沙漠研究站（Mars Desert Research Station）为期两周任务的 824 名乘组（66％男性，34％女性）的报告。她使用一系列内容分析技术，研究了男性和女性指令长撰写的报告之间的差异。她发现，女性指令长在报告中使用的负面语言明显少于男性指令长。二者的报告中都包含有关任务导向的评论（她称之为“代理”），但男性指令长更多地谈论维护问题，使用更消极的语气，并使用更具体的术语，重点关注任务的工具方面。女性指令长则使用更笼统的术语，更积极，并且专注于任务的团队方面。同样地，二者都使用旨在维持人际关系和凝聚力的公共术语，但女性使用的公共术语更多，强调相互支持、激励和积极的环境，而男性则使用注重团队精神、成就和忠诚的术语。总而言之，男性和女性指令长都谈到了自己的团队，但男性更关心效率和任务的成功，而女性则强调相互支持和凝聚力。

5.3.4 性关系问题

在远征太空任务中，航天员中的情侣可能会发生性行为。这种行为可能会导致乘组之间关系紧张并严重破坏凝聚力。在莫斯科进行的一个涉及多个跨国团队的国际空间站飞行模拟项目(Simulation of a Flight of International Crew on Space Station,简称 SFINCSS)中,一名女性参与者报告了一名男性有亲吻和其他不受欢迎的性行为。这导致了紧张局势并破坏了团体环境[45-47]。Stuster[48]报告称,在南极任务期间,由于男女配对而导致任务期间出现了类似的不必要的性关注和群体凝聚力破坏。他指出,如果一名女性选择建立关系,通常会选择与一个男性,并且更喜欢年长的人而不是年轻的人。有人可能会说,未来的航天员应该由已婚夫妇或稳定的男女伴侣组成。然而,在地球上压力较小的人际环境中都会发生不忠和婚外情,因而没有理由期望这样的乘组结构会减少私通和嫉妒的存在。

根据美国和俄罗斯的航天员和太空专家的说法,目前还没有已证实的异性恋或同性恋在太空中发生过私通的行为[49,50]。如果这是真的,原因很可能是非生理性的(例如,担心在未来任务中被停飞、缺乏隐私或缺少自愿的伴侣)。一项针对超过 24 名男性航天员的调查研究发现,在长期太空任务期间,总睾酮、游离睾酮和生物可利用睾酮水平没有变化,尽管在长期太空任务的着陆日和短期太空任务后,这些睾酮水平有所下降[51]。一名男性航天员报告说,在太空任务中的某几天里,他和至少一名男同事会在醒来时勃起。

考虑到微重力对方向和运动的物理限制,一个受到关注的问题是在太空中夫妻是否能够保持亲密的身体接触进行性行为[49,53]。然而,太空专家认为夫妻可以适应这种情况,例如,使用一件两人合用的太空服,在性行为期间可以通过拉上拉链的方式帮助两人面对面地接触。

如果确实可能在太空中发生性行为,那么避孕就是一件非常重要的事情。动物研究发现,微重力可能会对胎儿和新生儿的发育产生负面影响[54,55]。由于许多女性航天员在执行任务期间服用口服避孕药以调节月经周期并减少可导致骨质疏松的骨丢失[56]。因此,女性航天员怀孕的风险较低。

5.4 影响团队行为的人际问题

5.4.1 领地行为和退缩性行为

当长期太空任务持续超过 4～6 周时,可能会出现人际关系紧张,从而产生压力性的群体行为,而这些行为又可能导致更紧张的人际关系,形成恶性循环。一个例子是领地行为,即乘组人员定义自己的个人空间和财产,并在其他人侵犯时感到恼火。同时,一些很小的事件都可能导致愤怒、争吵,甚至肢体冲突,比如未经他人许可借用他人的笔,或者在吃饭时坐在他人的位置上。

人际冲突的另一个相关表现是社会性退缩。在为期 211 天的礼炮 7 号任务中,宇航员 Lebedev 在日记中报告说，他有时会与乘组人员保持距离[41]。随着任务的发展，这种行为是对不言而喻的紧张人际关系的回应。单调和缺乏其他人类刺激是造成这种情况的原因。这种行为在太空模拟任务中也有报道[10,40]，并且可能导致绩效和团队凝聚力的下降。

由于人际关系紧张引起的社会性退缩与寻求隐私空间是不同的。生活和工作在小团体中的人们需要有时间远离彼此，以便放松、思考任务、与家人联系、阅读书籍等。私人空间不需要很大，只需以某种方式封闭，以便一个人将其视为与他人隔离的地方。隐私的需求因个体而异，可能反映出文化规范的不同（参见第 5.5 节）。

一些乘组人员需按计划离开，例如完成任务的航天员返回地球（见图 5.3）。这些告别可能让人感到如释重负，也可能让人感到悲伤，这取决于乘组人员对离开的成员的看法是积极的还是消极的，这些看法的形成取决于离开的成员是谁，以及乘组是否准备好扩大其团队的规模。

图 5.3 国际空间站乘组人员进行换班，剩余乘组人员向新乘组人员问好，或向前往地球的乘组人员告别。改变和告别是当前在轨太空活动的一部分（图片来源：NASA）

5.4.2 亚群体和替罪羊现象

特别是在较大的太空乘组中，乘组人员可以根据社会、国家、职业或个人利益来划分自己。这种亚群体的形成在团队中是正常的，因为人们喜欢与自己相似的人交往。亚群体的划分在人口统计学上可以根据稳定的变量（例如美国人、女性），也可以根据灵活可变的变量（例如对体育或摄影的兴趣）。随着兴趣的变化，灵活的亚群体可能会随着时间的推移而变化。例如，两名乘组人员可能会在任务早期围绕食物或体育兴趣频繁互动，但后来其中一名乘组人员可能会对摄影感兴趣，并开始与一直在拍摄地球照片的乘组人员互动。

有时，团队的紧张氛围可能源于亚群体，特别是那些不与其他人互动，或者具有封闭边界不允许其他人加入的团体（例如派系）。这会产生误解、沟通不畅或排斥的可能性，从而对乘组的社交环境产生负面影响。例如，在由 12 人组成的南极国际生物医学考察（International Biomedical Expedition to the Antarctic）任务中[57,58]，乘组形成了按国家划分的小团体。乘组人员之间易怒、好斗、相互竞争并缺乏相互关心，这对团队凝聚力产生了负面影响。在生物圈 2 号隔离实验中[59]，8 名乘组人员被分成两个小组，一组是两对异性恋夫妇，另一组是单身的两男两女。两组在对管理计划的支持和社会关系的流动性方面存在分歧，从而导致两组之间发生冲突。Palinkas 等人[60]描述了南极探险中的分组模式，根据在南极站消遣时光的地点，乘组人员把自己划分为不同的小团体。他们称自己为“生物医学”、“图书馆”和“酒吧”人。他们的行为表现更像是派系，而不是灵活的亚群体。

有时，当人们面临危机时，他们会指责一个人，并将这个人从群体中孤立出来。通常，根据人口统计学变量或性格特征，指责对象往往是一个与其他乘组人员最不同的人。他或她被“安排”成为替罪羊，特别是如果这个人持有不受欢迎的观点时。尤其是当重要的亚群体（例如，一名女性、一名美国人、一名科学家）在乘组中只有一名代表时，这种情况尤其可能发生。

在第 5.1.3 节中，我们提到过被排除在团队之外的“替罪羊”可能会经历一种在极地任务中被称为“失神”现象的综合征[7]。这样的人可能会长时间凝视天空并出现解离、失眠、抑郁、激动和精神病症状（例如幻听、被害妄想）。“失神”现象的症状可能是短暂的，一旦被孤立的人被团队重新接纳，这些症状就会消失。在国际南极生物医学考察期间，曾发生过将不受欢迎的个体当作替罪羊的情况[58]，在高压舱隔离研究期间也有类似报道[18]。

5.4.3 移置作用

移置作用是一种心理机制，人们通过将焦虑和愤怒转移到一个更安全的局外人身上来释放这种情绪，而不是直面那些给他们带来问题的人（因为他们可能是不安全的释放目标，比如老板或有虐待倾向的配偶）。这个外部人士可能与引发者有关或无关。例如，如果你的老板提出了一个不合理的要求，让你感到愤怒，你可能会在回家后对你的配偶或狗发火，以这种方式来释放因老板产生的负面情绪。但这种愤怒情绪的爆发对于配偶或宠物来说可能会相当意外！

在团队层面上，团队内部的紧张情绪可能不会被发泄到引发者或其他团队成员身上，而可能会被转移给团队外部更安全的人或组织。长时间在隔离、密闭和极端环境中工作的人可能会将紧张情绪从他们的“内部群体”转移到一个更远、更难以报复的“外部群体”身上，比如负责监测他们活动的任务控制中心人员。毕竟，如果你的幸福感取决于你所在的群体（比如在轨任务），那么挑战你的同伴可能会使情况变得更糟，从而潜在地威胁到你的生命和安全。

在太空模拟研究中，研究人员发现被隔离的乘组人员会对外界监视其行为表达非理性的愤怒，尤其是在人际关系紧张时期，处于密闭舱的乘组人员无法对彼此表达愤怒时[61-63]。类似的行为发生在为期 60 天的 EXEMSI 太空模拟项目[40]和作为和平号空间站模拟研究的为期 135 天 HUBES 研究中[20]。这些研究都表明乘组人员将内部的紧张和负面情绪转移到更安全、距离更远的外部个体身上。

根据对早期太空模拟研究的回顾，Bill Feddersen 和我在 1971 年预测太空乘组也会出现移置作用(见第 5.1.6 和 5.1.9 节)。随着太空任务的时间逐渐加长，乘组人员变得更加多样化，返回后的情况汇报和乘组人员日记表明这种移置作用确实发生过。经历过乘组内人际关系紧张的乘组人员将负面情绪转移到更安全的任务控制中心。这造成了沟通问题，并影响了乘组人员和地面任务控制中心良好合作的能力(见图 5.4)[64-66]。

图 5.4　约翰逊航天中心任务控制团队成员监视航天飞机的飞行。在近地任务期间，乘组人员和任务控制人员之间相互清晰、诚实的沟通非常重要(图片来源：NASA)

在为期 211 天的礼炮 7 号任务中出现了一个可以描述太空中移置作用的例子。乘组人员 Lebedev 在他的日记中报告说，他对任务控制中心的人感到越来越沮丧[41]。与此同时，他还写道，他和他的宇航员同伴之间存在紧张关系，但却无法在两人之间公开表达或讨论。有时，移置作用会使乘组人员感知到的来自地球的语音信息发生明显变化。Lebedev 特别指出，随着任务的进行，他和他的一位医生朋友的沟通似乎变得更加刺耳和具有对抗性，这让他感到困惑和恼火，因为他没有合理的理由来解释这种感知到的变化。

在美国为期三个月的天空实验室任务中，乘组人员承受着执行繁忙活动计划的压力，这造成了舱内的紧张气氛。他们开始觉得任务控制中心的成员并没有给予太多支持。相比之下,任务控制人员认为,这个时间表并非不合理,因为之前在天空实验室执行任务的乘组人员也能完成类似的工作,而当前乘组人员感受到的困难是由于他们的人际关系问题造成的。随着乘组人员与地面任务控制中心的紧张局势加剧,乘组人员开始停工,本质上是太空任务中前所未有的罢工[65,66]。在乘组和地面任务控制中心抽出时间进行汇报并讨论所涉及的问题(乘组人员认为控制中心安排了一个不合理的雄心勃勃的时间表)后,工作计划进行了调整,紧张局势得到了缓解。在太空任务期间,乘组人员和任务控制人员之间发生这种冲突可能是灾难性的,尤其是当这种冲突发生在危机期间。

Gushin 和他的同事在名为“内容”和“互动”的实验中研究了位于太空中的国际空间站和地面的隔离、密闭和极端环境研究中的凝聚力和内群体/外群体冲突问题。他们使用了言语模式分析和个人自我感知和态度这一社会感知测试。他们发现,随着时间的推移,乘组人员的通信范围和内容都在减少[67,68]。有时,他们会过滤向外部人员传递的信息,避免任务控制人员的过度监督,研究人员将这一过程称为心理封闭。乘组人员也变得更加自我中心化,认为自己与飞行前相比与任务控制中心的工作人员更加不同,这一过程称为自主化。如同移置作用一样,这些因素导致任务控制中心的一些工作人员被负面地感知为对立者。该研究小组还发现,通过一起工作和享受休闲时间(包括举行联合生日庆祝活动),乘组人员变得更有凝聚力[69],但亚群体和异常值(例如替罪羊)的存在会对凝聚力产生负面影响[30]。

通过将任务期间的问题转移到外部,乘组人员可能会得到暂时的解脱。然而,临时修复并没有从根源上解决问题。乘组人员最好找出团队氛围紧张的原因,并直接制定应对这种局面的策略。这样,压力源就不会继续恶化,乘组人员的士气也会提高,乘组与地面沟通困难的可能性也会减少。对于任务控制人员来说也是如此,他们可能会通过向航天局管理层甚至太空中的乘组人员转移紧张和不愉快的情绪来应对自己的工作压力。

5.4.4 不清晰的领导角色

正如第 5.1.4 节中所讨论的,Dunlap 为那些在隔离、密闭和极端环境中执行任务的领导者提出了两种角色[2]:工具性或任务性角色,即关注完成与工作相关的活动并强调团队运行需求,以及表达性或支持性角色,即旨在完成以人为本的活动并满足团队的情感和士气需求。有时,这两个角色由同一个人担任,即正式的小组领导或指令长,但通常而言,会有其他人承担支持者角色并与正式的小组领导协同工作[24]。

在对 4 个太空模拟环境的综述研究中,Nicholas 和 Penwell[70] 总结出有效领导者的特点,其中包括专注于任务目标并在关键时刻能够发挥主导作用(类似于任务角色)，对乘组人员的专业知识和个人素养的敏感性，以及对团队和谐和凝聚力的关注(类似于支持角色)。他们还提到其他积极的领导者特点还包括乐观、勤奋以及能够赢得他人尊重的能力。

在太空任务期间，鉴于此类任务的半军事等级制度，任务指令长通常也是任务领导者。但并非所有情况都是如此。例如，在为期 96 天的礼炮 6 号任务中，指令长比乘组人员更年轻，而且在修复空间站所需的工程技能方面也缺乏经验。因此，任务中的两人决定共同决策以成功完成任务目标[71]。

在执行任务的不同时间段可能需要不同的领导角色。例如，在早期的南极探险中，领导者的任务角色十分重要，因为在早期阶段，任务的首要目标是建立基地和组织好与工作相关的活动。然而，随着越冬期的到来，由于空间密闭和缺乏活动，乘组人员出现士气下降，因此领导者的支持作用对于满足群体的情感需求变得更加重要[72,73]。

这两种领导角色对于团队凝聚力都很重要。在为期 135 天的 HUBES 研究中，领导者控制(测量领导者任务角色)和领导者支持(测量领导者支持角色)均与团队凝聚力的测量分数显著相关[20]。在白令桥极地探险期间，Leon[74]发现，团队凝聚力的测量分数与决策质量的感知之间存在正相关关系，并强调了领导者在提升团队士气方面的作用。但还存在另一种情况，比如经验丰富、善于调解的苏联领导人与固执的、以任务为导向的美国领导人之间发生了冲突，这破坏了整个团队的凝聚力[42]。

领导者在错误的时间、场合产生不明确或不恰当的表达会引发角色混乱，从而导致团队绩效问题和乘组人员之间的竞争。在为期 60 天的 EXEMSI 高压研究中，指定的领导者与另一名乘组人员之间发生了明显的领导竞争，因而指定的领导者在需要更为温和的立场时仍继续强调他的任务角色[40]。任务中女性乘组人员更具有支持性且对团队的情感需求更加敏感，她进行了干预并且成功地化解了这场争端。

在 HUBES 135 天的和平号空间站模拟研究中，Kanas 等人[20]发现随着时间的推移，指令长的领导控制分数显著下降。这表明地位平等化正在乘组内发生，即指令长与其他乘组人员采取了更加平等的立场。南极探险任务中也有过地位平等的报道，在越冬期间，领导者有时被平等地视为乘组人员中的一员[72,73]。尽管在非结构化或单调的时期这种做法可以提高士气，但在繁忙时期或在需要更正式的指挥结构的危机时期，地位均衡可能会导致应对不足。

5.5 文化与语言问题

另外两个可能导致紧张局势并干扰团队凝聚力的因素与文化和语言有关。文化和语言因素不仅影响乘组人员个人，也影响乘组本身，因为乘组是多系统团体中的一部分,且多系统团体还包括任务控制中心和各个参与国家的航天机构。这些团队相互交织在一起。因此,文化和语言问题跨越个人和团队领域。

多年来,太空任务变得越来越国际化并具有文化多样性的特点。除了促进国际友好合作之外,大型的复杂太空活动(例如国际空间站的建造和维护)成本高昂,且需要来自不同国家利益相关者的各种技能和资源的支持。当然,一些国家,尤其是中国,仍然积极独立发展国家太空计划。未来的大规模任务如火星登陆任务仍将延续国际合作的趋势。

研究文化和语言问题对航天员的影响非常重要。文化和语言产生的文化多样性和新颖性可以带来一些积极的影响[15],特别是在任务后期,乘组人员之间的差异可以对抗单调和无聊,人们会寻求新奇的想法、新的爱好和新的人际关系。当然,文化和语言因素也会导致乘组人员之间出现沟通问题和社交孤立,这可能会带来压力并扰乱人际关系。

5.5.1 太空乘组面临的文化挑战

Bluth[75]描述了许多可能在太空中造成问题的文化因素。例如,来自阿拉伯和日本文化的人们比美国人对身体接触的容忍度更高,因而他们可能比西方同行更能适应太空舱内的狭窄空间。Raybeck[76]讨论过文化特征是如何影响个人对隐私的看法的。例如,在某些文化中,喜欢独处的人会受到怀疑,或者被视为不正常和不符合群体规范。这些态度可能会影响一个人的自我概念以及与他人的关系。Raybeck 警告说,当设计长期密闭环境中的任务时(比如长期的太空任务时),这些问题需要予以考虑。Pollis[77]指出,希腊语中没有"隐私"这个词。所以远离家人和朋友对于希腊文化规范来说是陌生的。因此,来自希腊的航天员可能会把其他乘组人员对隐私的需求视为对个人的冒犯,而不是对独处的个人需求。

Burke 等人[78]描述了文化多样性如何影响太空乘组,主要包括文化多样性对团队认知、团队进程(如沟通、协调、监控、领导)和紧急状态(如信任、凝聚力、冲突、情绪)等方面的影响。他们还讨论了处理这些问题的方法,包括在训练中暴露于压力环境中,其目的是让人们熟悉压力环境,并通过实践来培养乘组人员应对压力所需的技能。

我们已经看到,任何航天员都可能存在个性风格的差异,但如果乘组构成也具有文化多元性,其影响将会更为复杂。这是因为人格的某些特征可能在某些文化中很常见,但在其他文化中则相对不同寻常。例如情感表达能力,南欧人经常使用肢体语言并公开表达自己的情感,但许多北欧人则在身体接触上更加保守。

不同文化群体中的精神病学问题也可能有不同的表现。例如,正如我们将在下文中看到的,在美国航天员中,抑郁情绪可能更容易与焦虑同时发生,但对于俄罗斯宇航员而言，抑郁情绪可能更容易与疲劳同时发生。文化同样会影响认知和决策风格（例如个人主义与集体主义文化背景下的决策）以及个人行为规范（例如个人打扮习惯）。

航天任务中的轶事报告表明了许多文化差异的存在。在俄罗斯执行的礼炮6号任务中，一名来自捷克的“访客”宇航员开玩笑说，他的手在太空中变红了。当被问及此事时，他说每当他伸手去触碰开关或旋钮时，一名俄罗斯宇航员就会拍开他的手并告诉他不要碰任何东西[71]。这反映了苏联的观点，即“访客”宇航员就是客人，他们并不是乘组真正的操作人员。在礼炮7号任务期间，宇航员Lebedev在日记中写道，他对舱内有一位来自法国的“访客”宇航员感到不舒服，而两个月后与俄罗斯“访客”在一起时他感到更加放松[41]。这是因为俄罗斯“访客”宇航员拥有法国“访客”无法提供的语言和文化共同点。航天员Norm Thagard在和平号空间站为期115天的访问期间表示，作为舱内唯一与两名俄罗斯宇航员在一起的美国人，他感到在文化上被孤立（见第2.3节）。他的俄语并不流利，他有不同的文化期望，他的工作角色也没有明确定义。

值得注意的是，许多文化倾向都会影响个体的行为，但并非所有来自特定文化的人都严格遵守该文化的规范。事实上，个人性格的相容性有时可以超越文化甚至性别和人口统计学特征，例如1996年和平号任务的成功案例，其中包括一名美国女性航天员Shannon Lucid和两名俄罗斯男性宇航员Yuri Onufrienko和Yury Usachev。

5.5.2 载人航天任务中的文化类型

Helmreich[79]研究了模拟太空环境中的航空和医学文化因素。他指出，文化在太空任务中涉及三个方面：国家文化、组织文化和专业文化。在国家文化方面，太空乘组人员可能具有不同的民族背景、国籍和母语（见图5.5）。这可能导致行为上的差异，正如我们之前所看到的。此外，在多个不同的太空模拟环境研究中（例如莫斯科的火星500、犹他州的火星沙漠研究站、北冰洋的Tara帆船、南极洲的康科迪亚站），研究人员对乘组人员的用餐行为进行了生态学研究，结果显示乘组人员之间显示出了不同的行为和语言差异，这些差异可能与国家有关[80]。国家间的文化差异可能被他人误解为冒犯、冷漠或恼人的行为，这可能导致人际或团队的紧张关系。

文化的第二个方面涉及个人所属的工作组织的特征。对于国际太空任务，参与国可能有自己的国家太空机构，其目标和行事风格不同，这会影响他们对业务的处理方式[81]。例如，NASA训练航天员处理各种可能的突发事件，为执行任务做好准备，而俄罗斯联邦航天局则倾向于关注重大问题，并依靠专家来解决可能发生的问题（见图5.6）。美国航天员作为政府雇员也因其与太空相关的活动而获得固定工资，而俄罗斯宇航员则根据他们在太空中的绩效获得相应工资[82]。这种组织理念上的差异可能会影响来自不同航天机构的乘组人员在工作中的行为方式以及彼此之间的互动方式。

图 5.5　执行长期太空任务的乘组可能包括来自不同国家和文化背景的人员。此次在国际空间站执行任务的乘组人员来自美国、俄罗斯和欧洲（图片来源：NASA）

图 5.6　在任务控制中心工作的人员可能来自不同的国家航天机构，有自己独特的政策和程序。此张图片中，俄罗斯的飞行控制员正在 NASA 约翰逊航天中心与美国同行一起参加联合活动（图片来源：NASA）

组织结构差异甚至可能延伸到地面的专业人员。例如，在 NASA -和平号空间站计划期间，Flynn 就指出两个医疗队之间的运作理念存在差异[83]。在俄罗斯团队中，年龄和经验受到高度重视，而美国的太空医学文化则强调数据驱动的方法。而且双方的英语和俄语语言能力都十分“浅薄”，这造成了沟通困难。

NASA 乘组的外科医生通常在飞行前、飞行中和飞行后与乘组人员建立并保持联系。而星城医疗专家只在任务前和任务结束后与乘组人员合作，负责任务期间问题的在轨医疗团队成员则驻扎在莫斯科的任务控制中心和生物医学问题研究所。最后，俄罗斯的专业人士似乎不愿意公开分享信息，这与习惯于在美国轻松获取信息的

NASA 外科医生形成鲜明对比。随着时间的推移，当大家开始建立信任并分享共同经验时，双方中间的隔阂被打破并构建了合作的方式[83]。

这就提出了载人航天任务中扩展的航天飞行多团队系统（an expanded spaceflight multiteam system）的概念[84]，即航天员不仅要与乘组人员互动，还必须与至少一个任务控制团队互动。此外，乘组和任务控制团队都需遵循其上级航天局的政策和程序，在多国任务中，还需要遵循其他任务控制小组和航天机构的政策和程序。因此，载人航天任务是许多团队在水平或垂直层次结构中交互作用的背景下开展的活动。鉴于这些交互的复杂性，扩展的航天飞行多团队系统必须以高效的方式持续监控和协调其活动，以促进最佳绩效。有 4 种方式可以做到这一点[84]：定义和理解他们的任务需求；预测系统中成员之间的交互模式；诊断并识别出团队合作流程模式与实现任务目标所需的关系之间最关键的不一致；采取对抗措施来应对这些不一致，以解决这些不一致并支持团队内部和跨团队的协作。

Helmreich 提到的文化的最后一个方面是基于一个人的职业、纪律、经验或职业动机。一些航天员有飞行员或工程背景，他们的任务与飞行和飞行器的维护和建造有关。其他航天员可能具有科学背景，他们的任务包括进行科学实验和执行非运行性任务。来自不同群体的人们有不同的职业规范、价值观和传统。航天员与任务控制中心的工作人员也是如此。更为重要的是，这些专业规范必须被所有人理解、被同等地重视并整合在一起，以使乘组人员作为一个整体团结一致地运作并完成任务目标（见图 5.7）。

图 5.7　作为科学实验的一部分，任务专家对航天飞机上的飞行员进行皮肤测试。来自不同专业背景的乘组人员必须通过互动才能完成任务目标（图片来源：NASA）

5.5.3　太空中的文化问题：调查研究结果

已经有许多调查研究了文化对太空环境的影响。其中一个最早的调查是由麦克唐纳-道格拉斯公司（McDonnell Douglas）于 1992 年进行的。该调查包含了来自 NASA、欧洲航天局（ESA）、加拿大航天局（CSA）和日本国家空间开发署（NASDA）的 74 名人员。这项调查使用一个名为“多元文化乘组因素问卷”（Multicultural

Crew Factors Questionnaire)[81]。该研究确定了 14 个重要的文化和人际沟通因素，它们可能影响具有多元文化乘组的运行和互动。这些重要因素包括拥有共同语言、对非语言交流做出反应、尊重其他文化以及表现出人际兴趣和容忍度。

Santy 和她的同事[85]调查了 9 名执行过国际太空任务的美国航天员。他们记录了 17 起对他们的任务产生负面影响的沟通不畅、误解或人际冲突事件。所有受访航天员均表示，在飞行任务前进行文化问题培训非常重要。

加拿大社会科学家在研究跨文化问题方面有着悠久的历史，这反映了其社会的多元文化特征。因此，加拿大航天局对文化话题特别感兴趣。为了探索如何开展国际培训工作，加拿大航天局赞助了 Leena Tomi 及其同事在 2003—2006 年进行了一项调查，以确定国际空间站人员所面临的文化挑战[86]。调查小组还试图定义乘组人员和地勤人员的跨文化培训要求。他们对 75 名航天员或宇航员和 106 名任务控制人员进行了抽样调查，寻找可能在太空任务期间导致误解和冲突的跨文化问题。乘组人员和任务控制人员认为最重要的问题有两类，首先是负责规划和管理任务的组织之间的协调不足和/或不信任，其次是因错误感知或错误理解而导致的沟通困难。受访者认为，解决这些问题最重要的方法是对航天员/宇航员和任务控制人员进行跨文化培训。超过 83%的受访者表示，此类培训应同时包含乘组和任务控制中心的骨干成员，以鼓励团队建设。

Sandal 和 Manzey[87]对 576 名欧洲航天局的员工进行了调查，以研究可能影响组织内部以及欧洲航天局与其他航天机构之间绩效的重要文化问题。研究人员发现，文化多样性与人类互动过程中遇到的挑战相关，这些挑战可能会影响工作效率。与领导力和决策过程相关的因素被认为尤其重要。研究人员得出的结论是，跨文化培训是解决欧洲航天局内部以及欧洲航天局与其他太空项目团队之间出现文化差异的重要对策。

5.5.4 通用语言的重要性

正如上述一些调查中提到的，太空任务期间的一个重要的文化和运行问题与通用语言的流利程度有关。对于那些通用语言不是母语的乘组人员来说，语言问题更为严重。由于紧急情况需要乘组人员做出迅速、综合的反应，语言差异导致的沟通不畅可能会引发严重问题。但语言问题同样会影响航天员的日常工作。

例如，航天员 Norm Thagard 评论说，他在和平号空间站执行任务期间感到在社会和文化上被孤立。任务的官方语言是俄语。尽管 Norm Thagard 在训练期间学会了俄语，但他的语言水平不像其他两名宇航员同伴那样流利。他无法理解他们开的一些玩笑，也无法加入与他人建立亲密关系的口头交流。回国后，他表示需要对未来和平号任务中的航天员进行更严格的俄语培训。其他航天员还评论说，在涉及国际乘组的任务中，依据在轨人员的母语进行相应的对话性语言培训非常重要[85]。

在地球上进行的太空模拟任务中，人们同样发现语言差异会影响乘组人员的互动。来自不同文化背景的3名男性和3名女性在犹他州的火星沙漠研究站工作了15天。在对他们进行的行为学研究中，Tafforin和Abati[88]发现，无法流利使用某种语言的乘组人员会通过以下方式进行补偿：进行交流时使用更多的非语言行为，尤其是眼神互动。在另一项研究中，语言差异与SFINCSS项目期间观察到的团队解体有关[89]。任务的官方语言是英语。但一些乘组人员的母语并不是英语，且任务前几乎没有进行语言培训。这些因素，加上各国乘组人员之间沟通方式的差异，严重干扰了其中一个团体与监测任务的外部工作人员之间的有效沟通。

母语相同的人之间也可能发生微妙的误解。在为期175天的礼炮6号任务中，Valeri Ryumin在日记中写道，他和俄罗斯同事之间发表的评论有时包含了特殊含义，甚至语气也很重要[90]。他发现有必要控制自己的语言，以避免可能冒犯同事或导致不了解他的同事出现误解。他还发现，在太空中，他和他的宇航员同事都不是特别健谈。事实上，他们的大部分沟通都与如何实现任务目标有关。

母语并不是与太空任务相关的唯一语言问题。航天员还必须熟悉任务期间使用的太空术语[91]。然而，这些术语也可能因国家而异。例如，NASA的太空术语源自基础英语，包括一系列与该语言相关的同义词、首字母缩略词和新词。相比之下，俄罗斯的太空术语使用了不同的语言参数。然而，这些术语也有许多共同之处。对于一些太空旅行者来说，掌握这些太空术语比掌握另一种非母语更容易。随着时间的推移，可能会出现一种通用的太空语言，它将超越任何单一国家语言的特点。

5.5.5 Kelly和Kanas的沟通研究：乘组内部的研究结果

在第4.4.2节中，我描述了Kelly和Kanas对54名曾在太空飞行的航天员和宇航员的调查，并讨论了乘组与地面的通信问题。在这里，我将讨论与乘组内部沟通有关的4个题目[92]。第一个问题要求受访者按照9点里克特式量表从不重要（“1”）到非常重要（“9”）评估太空任务中乘组人员流利使用共同语言的重要性。这道题的平均得分为8.44分，63%的受访者给出了最高分9分，没有人的回答低于6分（最低的“重要”评级）。航天员的平均给分显著高于宇航员，操作员（飞行员和指令长）的给分显著高于研究人员。这可能反映了飞行员和指令长对任务的担忧，即人们在执行至关重要的操作任务时需要清晰地沟通，特别是在紧急情况下。

第二个问题要求受访者评价太空任务的机组人员使用共同语言中同一种方言的重要性，同样采用9点式里克特量表。受访者的平均给分为5.25分，表明使用同一种方言有些重要，参与美国任务的国际航天员对方言重要性的评价明显低于美国和俄罗斯同行。也许这是因为大多数国际航天员都来自欧洲，可能在他们的一生中接触过很多语言，使他们更能适应方言的变化。

第三个问题同样使用9点式里克特量表来评估在工作和休闲时间两种条件下一些言语和非言语活动的减少（“1”）或增加（“9”）。总体而言，在太空中，受访者认为工作和休闲时间内观察和聆听活动均有显著增加，这可能反映了对太空环境中视觉和听觉线索的感官敏感性的增加。相比之下，在这两种情况下，手势、书写和阅读活动均有所减少（尽管阅读活动的减少在工作时间并不显著），而言语活动在太空中没有变化。也许太空旅行者对与太空相关的独特追求更感兴趣，例如拍摄地球照片或进行科学实验。有趣的是，宇航员对太空的反应比航天员更强烈，在工作和休闲时间的所有语言和非语言活动中得分更高，并且在三个方面存在显著差异（工作期间说话和观察，休闲时间内的写作）。

最后一个问题要求受访者按照从“1”分到“9”分对阻碍或帮助他们相互沟通的因素进行评分，其中“5”分表示“没有影响”。这 9 个项目及其评级如表 5.3 所列。根据 t 检验，有 4 个因素显著有助于乘组人员的内部沟通：共享经验、太空飞行的兴奋感、狭小的居住空间和与地球的隔离。前两个因素表明参与到独特的共同生活中可能会使人们对彼此的存在感到舒适，而后两个因素则与他们身体距离很近有关。这 4 个因素都可以增强乘组的凝聚力。在表 5.3 中，失重和面部发红并不影响交流，而面部肿胀、航天器环境噪音和太空晕动症则阻碍了乘组人员的内部交流。宇航员在共享体验方面的给分明显高于航天员，这可能是因为当时他们的培训和社会心理支持计划强调人际合作的价值观和对集体主义原则的遵守[93]。

表 5.3　阻碍（“1”分）或帮助（“9”分）太空中乘组人员内部沟通的因素，“5”分表示“无影响”

因　素	平均分	t 值	p 值
共同体验	6.91	11.29	0.000
太空飞行的兴奋感	6.06	5.52	0.000
狭小的空间	6.04	6.94	0.000
远离地球	5.75	5.14	0.000
失重	5.17	1.50	NS
面部发红	5.00	0	NS
面部肿胀	4.82	−2.27	0.028
航天器环境噪声	4.17	−4.52	0.000
太空晕动症	4.00	−6.26	0.000

注：改编自 Kelly 和 Kanas[92]。

5.6　和平号空间站和国际空间站的“互动”研究：移置作用、领导力和文化

5.6.1　移置作用

5.6.1.1　和平号空间站模拟器（HUBES）的初步研究

在第 2.7.1 节中，我报告了我们在和平号空间站模拟器中进行的为期 135 天的 3 人 HUBES 任务中有关时间效应的初步研究结果[20]。我们的研究团队还对移置

作用感兴趣，即处于隔离的乘组人员将紧张情绪和其他负面情绪转移到监控其行为的外部人员身上。我们将这种现象定义为“一种心理机制，通过这种机制，一个人的情绪被转移到被视为威胁性较小或距离较远的另一个人身上[20,p.971]。”我们检查了6个压力变量，包括4个心境状态量表的分量表(紧张-焦虑，愤怒-敌意，抑郁-沮丧，情绪纷扰)，1个团队环境量表的分量表(愤怒与攻击性)，1个工作环境量表的分量表(工作压力)，量表具体信息参见表5.4。我们对于移置作用的操作性定义是工作环境量表中的管理者支持子量表与上述这6个子量表之间存在负相关。乘组人员的管理者被定义为任务控制人员，而任务控制人员的管理者被定义为航天局的工作人员。我们的假设是，如果乘组人员经历了他们在团队中无法应对的高度人际紧张关系，他们就会将其转移到外部，并感觉缺少来自任务控制中心人员的支持。

表5.4 负面情绪的移置作用，表中呈现了每个变量与所有受访者感知到的管理者的支持间的关系(回归系数“b”)

负面情绪的分量表	和平号空间站(b 值)	国际空间站(b 值)
紧张-焦虑	−0.039 *	−0.014 *
愤怒-敌意	−0.019 *	−0.025 *
抑郁-沮丧	−0.024 *	−0.025 *
情绪纷扰	−0.008 *	−0.009 *
愤怒与攻击性	−0.109 *	−0.137 *
工作压力	−0.092 *	−0.060 *

注：改编自 Kanas 等人[94,95]。* 显著：p 值低于各自的 Benjamini 和 Hochberg 阈值。

与我们假设一致的是，我们使用皮尔逊(Pearson)相关并发现心境状态量表的4个分量表的平均分与管理者支持之间存在负相关，其中两个达到显著水平(愤怒-敌意、情绪纷扰)，紧张-焦虑达到边缘性显著。受到这项小型预实验研究结果的鼓舞，我们计划在后续研究中使用更大的被试样本来评估移置作用。

5.6.1.2 和平号空间站和国际空间站的“互动”研究中的移置作用

在第2.7节中，我介绍了我们在和平号空间站和国际空间站研究的研究方法，并介绍了时间效应和关键事件日志的研究结果。这两项研究包括了30名宇航员和航天员以及他们的任务控制支持人员。在本节和接下来的两节中，我将继续介绍这两项研究中与移置作用、领导力和文化有关的结果。

在和平号空间站和国际空间站研究中，我们对移置作用采用与HUBES研究相同的操作性定义。如表5.4所列，在使用 Benjamini 和 Hochberg 程序校正Ⅰ型错误后，包含所有乘组人员和地面任务控制人员的混合模型回归分析表明所有6个负面分量表与管理者支持之间存在负相关，这符合我们的假设[94,95]。在和平号空间站研究中，存在一种交互效应，表明工作压力和管理者支持之间的关系对乘组人员而言是显著的，但对地面任务控制人员则不然。在国际空间站研究中，对于地面任务控制人员来说，紧张-焦虑与管理者支持之间存在负相关，但并未达到显著。

在这两项研究中，处于更加隔离状态的乘组人员的移置作用比任务控制中心的工作人员更强烈，可能是因为后者可以将工作压力转移给任务控制中心之外的朋友和亲属。对于这两个群体来说，移置作用都是缓解紧张局势的应对策略，但它并无法解决造成紧张局势的根源。对于处于隔离、密闭和极端环境中的团队来说，如果能够对乘组人员进行实时自我监控并培训他们如何应对紧张局势，可以防止他们在任务过程中放任紧张局势恶化。

对于乘组人员来说，当他们感受到团队内高度紧张的人际关系时，他们可能确实感觉到自己缺乏管理者的支持。然而，当我们分析乘组人员完成的关键事件日志、任务控制中心工作人员完成的每日事件报告以及乘组人员返回后的任务后汇报时，我们发现几乎没有客观证据表明在紧张时期，任务控制中心的工作人员不支持乘组人员。

5.6.2 领导力

5.6.2.1 和平号空间站模拟器(HUBES)的初步研究

在我们的 HUBES 研究[20]中，我们通过检查团队环境量表的 3 个分量表分数来检验团队内部领导力对团队凝聚力的影响：领导者控制（评估团队领导者的任务角色）、领导者支持（评估团队领导者的支持角色）和团队凝聚力。我们预测这两项领导力指标的平均分将与团队凝聚力呈正相关。研究表明，与我们的假设一致，两项领导力指标与团队凝聚力的相关性都很显著，表明团队凝聚力与这两种重要的领导职能有关。我们感兴趣的是这两种关系是否能在更大规模的太空研究中得到复现。

5.6.2.2 和平号空间站和国际空间站在“互动”研究中的领导力

我们在和平号空间站和国际空间站研究中探索了这些领导职能。乘组人员的领导被定义为任务中的指令长，任务控制中心工作人员的领导是他们的团队领导。我们假设，与领导者的任务和支持角色相关的分量表分数都将与团队凝聚力分量表分数呈现正相关关系。如表 5.5 所列，混合模型回归分析表明两项研究中所有任务控制中心工作人员的打分都符合我们的假设[95,97]。相同的结论也适用于仅限美国人和俄罗斯人的样本。但是对于两个研究中的乘组人员来说，这种关系只在领导者的支持角色方面得到了确认，领导者的任务角色与团队凝聚力之间没有显著的关系。对于仅限美国人和仅限俄罗斯人的情况也是如此。与移置作用一样，对于领导力，来自和平号空间站的研究发现基本上在国际空间站中的研究中得到了复现。

表 5.5　所有任务控制中心工作人员和所有乘组人员的领导角色与团队凝聚力之间的关系(回归系数“*b*”)

领导力角色	和平号空间站(*b* 值)	国际空间站(*b* 值)
所有任务控制人员		
领导者控制(任务角色)	0.192 *	0.197 *
领导者支持(支持角色)	0.348 *	0.380 *
所有乘组人员		
领导者控制(任务角色)	−0.043(NS)	−0.003(NS)
领导者支持(支持角色)	0.372 *	0.305 *

注:改编自 Kanas 等人[95]和 Kanas and Ritsher[97]。 * 显著:p 值低于各自的 Benjamini 和 Hochberg 阈值。

我之前说过,这两种领导角色都有助于将团队凝聚在一起,因此我假设二者均与团队凝聚力存在显著的相关性。但令人惊讶的是,两项研究中指令长的任务角色与乘组凝聚力之间缺乏显著联系。这一发现可能是因为乘组的规模较小。我们研究的长期在轨航天员只有两至三个人。在这么小的团队中,每个人都拥有专门的工作技能,这使他们成为与这些技能相关领域的独特领导者。例如,指定的指令长因驾驶和导航技能而备受重视,而乘组中的工程师则是建筑或设备维修方面的专家。因此,当设备发生故障时,指令长会将领导权交给这位工程师,直到维修完成。这种共同的领导力可能会淡化任务的方向和绩效以及感知的凝聚力之间的关系。

5.6.3　文　化

5.6.3.1　和平号空间站和国际空间站的“互动”研究中的文化

使用双因素方差分析,我们检验了人们在两个文化维度上的反应差异:国籍(美国人与俄罗斯人)和职业方向(乘组人员与任务控制人员)。表 5.6 显示了国籍因素的主效应结果。在和平号空间站研究中,美国人在工作压力和活力-活动分量表上得分明显较高,而俄罗斯人在领导支持、任务导向、自我发现和管理者控制方面得分较高[98]。在和平号空间站研究中,我们还使用了身体舒适度衡量标准,美国人的得分显著低于俄罗斯人(平均值=1.49 vs. 2.86)[99]。这些发现表明,在和平号任务期间,美国人比俄罗斯人感知到更多的工作压力。

表 5.6　所有美国人和俄罗斯人在和平号空间站和国际空间站项目中的平均分数差异——斜体表示相应配对的分数存在显著性差异 *

分量表	和平号空间站		国际空间站		二者合并	
	美国人	俄罗斯人	美国人	俄罗斯人	美国人	俄罗斯人
工作压力	*7.75*	*5.38*	*6.63*	*4.06*	*7.19*	*4.72*

续表 5.6

分量表	和平号空间站		国际空间站		二者合并	
	美国人	俄罗斯人	美国人	俄罗斯人	美国人	俄罗斯人
活力-活动	*19.33*	*15.07*	17.41	15.27	*18.37*	*15.17*
领导支持	*5.66*	*7.51*	7.67	6.89	6.67	7.20
任务导向	*7.43*	*8.41*	7.94	8.31	*7.68*	*8.36*
自我发现	*2.01*	*4.53*	3.79	4.22	*2.90*	*4.38*
管理者控制	*5.31*	*6.75*	5.90	6.52	*5.60*	*6.63*
紧张-焦虑	4.97	7.10	*4.11*	*8.04*	*4.54*	*7.57*
秩序与组织性	5.80	7.27	6.59	7.43	*6.19*	*7.35*

注：改编自 Boyd 等[98]。* 显著：p 值低于各自的 Benjamini 和 Hochberg 阈值。

国际空间站研究中也使用了相同的测试，不同之处在于，根据从和平号空间站返回的乘组人员的建议，我们应该缩短测试以节省时间，因此我们省略了身体舒适量表中的项目。在国际空间站研究中，表 5.6 显示，美国和俄罗斯人之间的显著差异只有两个。同样的，美国人在工作压力上得分更高，这表明对航天员的要求比宇航员的要求更高。而俄罗斯人在紧张焦虑方面的得分更高，这表明他们对身处与非俄罗斯人共享操作控制权的空间站感到焦虑。

从打分的整体差异模式来看，除了在领导者支持方面的差异外，两项研究呈现了相似的趋势。鉴于这些相似之处，我们对和平号空间站和国际空间站研究的 20 个情绪和社会氛围分量表的分数进行了差异检验，并且我们没有发现其中任何一个分量表分数存在显著差异[98]。因此，我们合并了所有受访者的数据，结果显示在表 5.6 的最后两列中。数据显示，美国人在工作压力和活力-活动方面的打分显著较高，而俄罗斯人在任务导向、自我发现、管理者控制、紧张-焦虑和秩序与组织方面的打分较高（秩序与组织性在和平号空间站和国际空间站研究中的趋势也是相同的）。

表 5.7 展示了和平号空间站和国际空间站计划中乘组人员和任务控制人员在各个分量表之间的显著差异。在情绪方面，和平号乘组人员的紧张-焦虑、疲劳-惰性、困惑-迷茫和情绪纷扰得分显著低于任务控制人员[98]。这些发现在国际空间站的研究中得到了复现。国际空间站研究中还有其他有关情绪变化的发现，相比于任务控制人员，乘组人员报告的愤怒-敌意、愤怒和攻击性水平明显较低，而活力-活动水平较高。合并的情绪结果与国际空间站研究的结果相似，只是抑郁-沮丧的差异趋势由于较大的样本量而变得显著。值得注意的是，与这些测试的常模相比，乘组人员和任务控制人员的情绪分量表得分完全在心理健康范围内[98]。但情绪结果表明，乘组人员报告的负面情绪平均水平甚至低于本就很低的任务控制人员的分数。

表 5.7 和平号空间站和国际空间站计划中所有乘组人员和任务控制人员在分量表之间的平均分数差异——斜体表示相应配对的分数存在显著差异*

分量表	和平号空间站	国际空间站	二者合并			
	乘组人员	任务控制人员	乘组人员	任务控制人员	乘组人员	任务控制人员
紧张-焦虑	*4.18*	*7.89*	*3.81*	*8.35*	*4.00*	*8.11*
疲劳-惰性	*2.01*	*4.83*	*1.79*	*6.22*	*1.90*	*5.52*
困惑-迷茫	*1.87*	*3.50*	*1.95*	*4.92*	*1.91*	*4.21*
情绪纷扰	*−6.30*	*10.48*	*−7.29*	*17.98*	*−6.79*	*14.23*
愤怒-敌意	2.54	5.84	*2.03*	*6.26*	*2.29*	*6.05*
愤怒和攻击性	2.06	3.89	*1.12*	*3.18*	*1.59*	*3.53*
活力-活动	18.09	16.32	*18.32*	*14.36*	*18.20*	*15.34*
抑郁-沮丧	1.18	4.75	1.45	6.60	*1.31*	*5.67*
领导者支持	6.81	6.36	*8.12*	*6.44*	7.47	6.40
创新力	3.34	3.98	*4.53*	*3.32*	3.94	3.65
领导者控制	6.77	6.08	*5.08*	*6.27*	5.92	6.18

注：改编自 Boyd 等[98]。*显著：p 值低于各自的 Benjamini 和 Hochberg 阈值。

表 5.7 还展示了国际空间站任务期间乘组人员与任务控制人员在社会氛围上存在显著差异。与任务控制人员相比，乘组人员报告他们感知的领导者支持和创新力更高，而领导者控制水平则较低。然而，这些显著差异并没有延续到两项研究的合并样本中，这表明和平号空间站计划期间的整体社会氛围与国际空间站计划期间有所不同。

和平号空间站研究中 3 个显著的交互作用支持了这一结论。在领导者支持、表达和独立性方面，美国航天员的得分低于在陈旧的和平号空间站工作的俄罗斯宇航员，而俄罗斯任务控制人员在此项目中的得分低于美国同行，可能是由于工资拖欠和管理问题[99]。在所有 3 个分量表中，和平号上的美国航天员在所有组中得分最低。国际空间站研究中没有出现显著的交互作用。

我们还单独检验了乘组人员的得分，并将他们的得分按国籍划分，表 5.8 展示了其中存在显著差异的分量表。美国人认为他们的太空环境具有较高的工作压力、愤怒和攻击性，同时具有较低的紧张-焦虑、领导者支持、任务导向、秩序和组织性[98]。就不同任务而言，和平号空间站的乘组人员在创新力方面的得分明显较低，但他们比国际空间站的乘组人员报告了更多的领导者控制[98]。有两个显著的交互作用，和平号空间站上的美国乘组人员报告的领导者支持和独立性低于和平号上的俄罗斯人以及国际空间站上的美国人和俄罗斯人[98]。这可能反映了该任务中一些美国航天员所报告的文化隔离和工作混乱（见第 5.5.1 节和第 5.5.4 节）。在国际空间站的研究中，乘组人员的打分没有出现显著的交互作用。

表 5.8 和平号空间站和国际空间站任务中美国和俄罗斯乘组人员的平均分数差异（对于所有分量表，差异具有统计显著性*）

分量表	国家	
	美国	俄罗斯
工作压力	7.81	4.01
愤怒和攻击性	2.50	0.68
紧张-焦虑	2.83	5.16
领导者支持	6.68	8.25
任务导向	7.44	8.60
秩序和组织性	6.24	8.23

注：改编自 Boyd 等[98]。*显著：p 值低于各自的 Benjamini 和 Hochberg 阈值。

5.6.3.2 国际空间站中有关文化和语言的调查结果

与和平号空间站研究不同，国际空间站研究包括一项新测试，即文化和语言问卷，用以评估各种文化和语言对体验和态度的影响。其中 4 个题目是里克特式的问题，询问乘组人员是否需要一种共同语言，并评估每个人对太空乘组人员和任务控制人员的方言差异的容忍度。这些题目来自 Kelly 和 Kanas 之前的研究[92]。里克特式量表也用于问卷中的其他问题。这些问题涉及受访者使用的语言数量和访问过的不同国家、他们的民族经历和兴趣的广度以及他们对其他参与国际空间站项目国家的人们的了解程度。受访者只需要在任务发射前的培训期间填写一次问卷。该调查问卷的副本以及我们对项目的因子分析结果已经在其他文章中详细报告过[98]。

在语言灵活性方面，相比于俄罗斯人，研究结果表明美国人更支持乘组人员必须说执行任务的官方通用语言，他们也更支持使用通用语言的同一种方言。同样地，在支持任务控制人员使用通用语言的同一方言方面，美国人的得分也高于俄罗斯人。这些发现与 Kelly 和 Kanas 研究[92]中的结果一致——另见第 5.5.5 节。

我们的因子分析产生了几个子维度，包括受访者与其他文化保持社交联系程度、了解国际空间站的合作伙伴国家、是否去过其他国家以及是否具备外语技能。这些子维度相加后得出一个总分，我们称其为“文化素养”。上面报告的语言灵活性问题没有包括在文化素养得分中，因为它们在概念上是不同的，并且没有很好地体现在共同因素上。

乘组人员的整体文化素养水平明显高于任务控制人员，俄罗斯受访者的得分高于美国受访者。这些差异主要归因于美国任务控制人员较低的平均分数。考虑到美国文化的多元化性以及许多美国人旅行的经济能力，这样的结果有点令人惊讶。也许这一发现反映了俄罗斯与其他亚洲和欧洲国家的地理位置较近，以及俄罗斯与包含多个国家的欧洲航天局合作开展过多个项目。

我们还探索了文化素养得分与20个情绪和社会氛围分量表之间的关系。在应用 Benjamini 和 Hochberg 程序来控制Ⅰ类错误之后，我们只发现了一个显著关系：平均文化素养分数与管理者对乘组人员的支持之间存在负相关关系（$b=-0.203$，$p<0.0002$）。

5.7 相关研究

5.7.1 Kanas 等人的“互动”研究在中国的复现：移置作用与领导力

在第2.7.5节中，我介绍了 Wu 和 Wang 在北京进行的研究中所发现的时间进程的相关结果。该研究使用了 Kanas 等人在“互动”研究中使用的研究方法。在80天的隔离期间，3位乘组人员在名为月宫1号（Lunar Palace I）的空间站模拟舱中完成了中文版的心境状态量表、团队环境量表和工作环境量表[100,101]。在这里，我将报告与移置作用和领导力相关的调查结果。

与“互动”研究一样，研究人员使用了6个紧张和情绪分量表与管理者支持分量表来测试移置作用。与假设一致，研究人员发现6个紧张和情绪分量表与管理者支持存在负相关。6个相关性中有4个在 $p<0.05$ 水平显著（单尾检验），1个是边缘显著，还有1个没有达到显著性水平，但仍是负相关。考虑到研究样本只有3人，这种与“互动”研究结果非常接近的结果表明，即使在非西方的中国团队中，我们对移置作用的操作定义也是稳健的，并且可以使用相同的心理测量工具重现。

Wu 和 Wang 还研究了团队领导者任务角色（领导者控制）和支持角色（领导者支持）与团队凝聚力（凝聚力）之间的关系。和我们的“互动”研究一样，他们发现领导者支持与凝聚力之间存在显著的正相关，但领导者的任务角色与团队凝聚力之间并没有存在相关。有趣的是，任务中唯一的1名男性乘组人员在感知领导者支持方面得分最低，这可能反映了他相对于两名女性乘组人员的少数地位。

5.7.2 Gushin 等人的通信研究的验证

在第4.4.1节中，我回顾了 Vadim Gushin 和他的同事所做的一系列研究。在这些研究中，他们使用内容分析方法来检查乘组人员和任务控制人员之间的通信。而后 Gushin 希望用我们（参见第2.7和5.6节）的心境状态量表结果来验证他的方法的有效性。我们一起将他的内容分析结果与参与这两项研究的6名国际空间站航天员的心境状态量表分量表结果进行了比较[102]。三个内容分析类别（信息功能、调节功能和情感功能）与心境状态量表的6个分量表（排除情绪纷扰量表）之间的相关性显著。此外，当将6名航天员的实际陈述与他们的心境状态量表分数进行定性比较时，我们发现具有相似心境状态得分的乘组人员具有相似的沟通模式。这为乘组的通信内容分析法这一非侵入性、客观的情绪监控方式提供了有效性验证。

5.7.3 Gushin 等人的互动研究

Gushin 及其同事进行了两次包含国际空间站宇航员的太空研究，也使用了“互动”这个名称。尽管俄罗斯团队也研究了团队凝聚力、乘组人员之间以及乘组与任务控制中心之间的互动，但这与 Kanas 等人在和平号空间站和国际空间站上的“互动”研究是不同的。

第一项“互动-态度”研究于 2014 年完成[103]。12 名俄罗斯国际空间站宇航员参加了此次研究。他们完成了个人自我感知和态度测试，该软件基于 Osgood 的语义差异和 Kelly 的剧目网格技术。该测试允许每个被试创建自己的即价值观清单，以评估他或她对假设的小群体的看法和态度。这使得研究人员可以评估被试的个人价值观和对真实社会环境的态度，其中包括同伴乘组人员和任务控制中心的工作人员。价值观相似度的增加（称为“心理上的接近”）被视为团队凝聚力的指标。

结果表明，在长时间太空飞行的压力下，宇航员的反应保持稳定。他们大多看重有利于成功完成专业活动的个人特质（例如动机、智力水平、知识、自律）和有助于良好社会关系的个人特质（例如社交、友谊、宽容）。飞行任务后，对与真实自我形象（即当前自我形象）相关的认知变化的测试并未揭示俄罗斯和非俄罗斯乘组人员形象之间具有总体差异。然而，评价系统更为综合（即更少争议性）的宇航员认为外国人与他们的理想自我形象（即未来自我形象）更“接近”，而他们的俄罗斯同事则被认为距离理想自我更远。这表明，俄罗斯宇航员会理想化和刻板化他们的外国同事，他们以片面的方式（要么好要么坏，没有介于两者之间的程度）而不是立体的方式去感知外国同事们。研究人员认为这种刻板印象会干扰这些宇航员对自己和他人的准确看法，不利于现实的乘组互动。这种趋势也阻碍了乘组人员和任务控制人员之间的联系，导致两个团体之间的心理距离增加。

Gushin 等人进行的第二项研究[104]名为“互动-2”。这项研究在第一项研究的基础上，进一步考察了国际空间站乘组成员之间以及乘组与任务控制中心之间的互动。此外，研究人员还探索了乘组人员的国籍在价值观排序、凝聚力、对团队的认同以及诸如领导力和冲突解决等关键互动的感知方面的影响。研究还记录了乘组与任务控制中心的交流量和质量。作者报告了 10 名国际空间站乘组人员的个人自我感知和态度调查的初步发现，同时还完成了一份文化问卷，评估了文化因素对乘组人员互动的影响。

结果表明，无论文化背景如何，所有国际空间站的人员都认为以下价值观很重要：慈善、成就和顺从。乘组人员也报告说，自我定向和安全也非常重要。尽管存在文化和性别多样性，但拥有共同价值观可能有助于提高乘组的凝聚力。研究也发现了一些文化差异（例如，成就的重要性与遵从之间的关系）。相比于个人价值观，许多宇航员更重视群体价值观，这能是受到苏联/俄罗斯文化集体主义文化的影响。这一重要领域的研究工作仍在继续开展。

5.7.4 Gushin 等人的内容研究

“内容”太空研究的目的是通过对语音交流内容的分析，开发一种远程监测太空中乘组人员的心理生理状态以及他们彼此之间和与任务控制中心互动的程序。在利用旧的通信记录进行试验以开发分析方法并总结出主要的沟通内容类别后，15 名国际空间站宇航员参加了为期 3 年的“内容”研究[105]。根据专家对沟通内容的分析，有 3 个沟通功能显得非常重要：信息性功能（例如信息共享、计划、时间调节），社会调节功能（例如承担/逃避责任、信任、对抗），以及情绪或情感功能（例如，积极/消极、幽默/讽刺、自我控制）。在乘组与任务控制中心进行通信时，通知/信息共享内容高于所有其他内容类别。这一发现与在模拟舱研究中获得的结果不同。在模拟舱研究中，通信的信息交流功能不太明显。这可能是因为，真正的太空飞行条件存在生命和健康风险以及需要高度的责任心，这需要乘组人员更多的纪律性和对与飞行协议相关问题的日常专业讨论。此外，与太空模拟任务中的被试相比，宇航员有着更严格的选拔和更好的训练，并且有更高的执行任务动机。

对于所有乘组人员来说，在任务的第三季度和第四季度，通信总量有所增加。在任务的最后阶段，即所谓的“最后冲刺”时期，通信总量尤其高。这通常发生在飞行的最后 30～45 天，这是由于在准备着陆期间工作强度增加造成的。因此，乘组人员更加关注计划和问题的解决以及使用幽默作为应对策略。第三季度通信总量的增长暗示了第三季现象的出现。但这一现象仅在持续时间超过 6 个月（最长达 340 天）的特别长期任务中出现，例如国际空间站第 43～46 次任务。对问题情况做出有效应对（数据共享、规划、主动性）的乘组人员被认为在完成任务目标方面更成功。研究小组还发现乘组人员有关时间利用的负面评论有所增加，这表明计划时间不足的存在，宇航员主动采取更好的措施来规划他们的活动，而不仅仅是按照任务控制中心的建议进行规划。这可能反映了乘组人员想要获得更多独立性和自主权的愿望，而飞行管理部门并不总是支持这一点。这种冲突在国际空间站第 43～56 次任务中得到了体现，特别是在工作量超出正常工作量的日子里，乘组人员与地面通信中发现了负面情绪的“流动”。研究人员认为，这类负面情绪的流动类似于上文第 5.4.3 节中讨论的为了减轻乘组紧张情绪而进行的移置。Gushin 和他的团队建议利用乘组沟通中这种移置作用的迹象作为乘组人员需要任务控制中心心理支持的早期指标。

5.7.5 衰弱乏力与文化研究

在第 3.6.3 节中，我介绍了衰弱乏力的体征和症状（其标志是过度疲倦和疲惫）。俄罗斯的飞行外科医生和心理学家认为这种综合征影响了一半以上的宇航员，但美国和其他航天局并未认可这种综合征。我和我的同事 Jennifer Boyd 想知道，在我们的"互动"研究中，美国和俄罗斯的乘组人员所表现出的情绪状态模式是否存在差异，这些差异又是否支持衰弱乏力的文化基础。我们的推理是，在俄罗斯文化中，衰弱乏力被认为是一种综合征，抑郁情绪和疲劳两者之间存在关联，因为根据衰弱乏力模型，这两种状态应该存在共变关系。相比之下，在美国文化中，抑郁可能会与焦虑同时发生。这可以根据美国和欧洲使用的反应性或神经性抑郁模型进行预测。该模型认为，由冲突或早期生活中的剥夺体验产生的焦虑会在冲突激活时导致随后的抑郁情绪。

为了检验这些想法，Boyd 使用混合模型线性回归分析了和平号空间站和国际空间站乘组人员的数据。与研究假设一致，在合并样本中，俄罗斯宇航员的抑郁（抑郁-沮丧）和疲劳（疲劳-惰性）分数显著相关，而抑郁（抑郁-沮丧）和焦虑（紧张-焦虑）之间并不存在显著相关[106,107]。对于美国航天员来说，抑郁和焦虑之间的关系显著，而抑郁和疲劳之间的关系则不然。在两组样本中，抑郁评分都与愤怒程度（愤怒-敌意）相关，而对于美国人来说，抑郁还与困惑（困惑-困惑）相关。

这些结果证实了俄罗斯乘组人员在疲劳的情况下会感到抑郁的假设，这与早期的衰弱现象是一致的。相比之下，美国航天员在焦虑的情况下会报告抑郁情绪，这种情绪模式支持了美国的神经症抑郁模型。两个群体都将抑郁与愤怒联系在一起，这是有道理的，因为愤怒是两种文化中痛苦模式的共同特征。困惑与抑郁的共变关系也是有道理的，因为无论是美国还是俄罗斯，人们痛苦体验的另一个特征便是无法集中注意力，但这种联系仅在美国样本中存在显著意义。这些发现表明，乘组人员的情绪状态模式可能受到其国家文化规范的影响，未来需要在这个有趣的领域开展进一步工作。

5.7.6 CELSS 的多团队研究

一个大型研究小组[108]在中国深圳开展了受控生态生命支持系统（Controlled Ecological Life Support System，简称 CELSS）研究。研究采集了 1 名女性和 3 名男性乘组人员在隔离 180 天期间的许多生理和行为参数。该研究分为三个阶段，第一阶段和第三阶段使用地球标准 24 小时昼夜节律，第二阶段是为期 36 天的任务中期模拟阶段，模拟了类似于火星的 24 小时 40 分钟的昼夜循环。研究通过行为学监测方式来追踪行为活动，通过问卷调查来评估心理状态，通过去甲肾上腺素和皮质醇水平来测量生理压力。研究结果发现，第一个月后，乘组人员的整体行为活动和社交活动减少了 1.5～2 倍，并在隔离的剩余时间内保持稳定。表达情感紧张的额外动作①在前 3 个月减少，然后在隔离的后半段逐渐增加。然而，在心理问卷中，尽管有一名

① 额外动作（collateral acts）是指在应对情感、压力或紧张时出现的非典型行为或反应。这些行为可能是情感紧张的体现，但与直接的情感表达不同。例如，一个人可能会开始出现怪癖、刻板行为、社交回避，或者其他与其正常行为模式不一致的行为。额外动作可以被视为一种应对机制，人们在面对情感压力时可能会表现出这种行为，而不一定意识到自己的情感状态。

乘组人员的得分明显高于其他乘组人员，但在整个隔离期间，总压力水平保持稳定。随着时间的推移，乘组的疲劳、敌意和消极情绪趋于减少，积极情绪和焦虑保持稳定。总体适应能力在第一个月内增加，并保持较高水平。尽管去甲肾上腺素水平在任务期间略有增加，但皮质醇水平保持稳定。在任务中期的火星昼夜周期期间，没有显著的荷尔蒙变化。

Gro Sandal 长期以来一直对个人价值观感兴趣（请参见第 9.3.2 节中她在火星 105 模拟中的研究，以及第 9.5 节的火星 500 模拟研究）。她与中国同事一起研究了 CELSS 模拟中乘组人员的个人价值观变化[109]。在 CELSS 研究中，乘组人员每月需填写 Schwartz 的人物价值观问卷。结果表明，随着时间的推移，对权力的追求呈线性下降趋势。整个任务分为 3 个阶段，由于在第 2 阶段只有一个数据采集点，研究人员只能比较第 1 阶段和第 3 阶段的得分。他们发现，与第 1 阶段相比，第 3 阶段中乘组人员对慈善追求的平均给分显著提高，而对普世主义追求的给分显著降低。研究人员认为，这反映了乘组人员在较长的隔离时间内通过提高对和谐人际关系的重视程度来适应小组生活。奇怪的是，普世主义随着时间的推移而下降的发现与 Suedfeld 及其同事的发现相反，Suedfeld 及同事发现普世主义的得分随着时间的推移而增加（见第 3.4 节）。尽管很难从如此小的中国被试样本中得出结论，但这也许代表了在隔离、密闭和极端环境中工作的中国和西方乘组之间的文化差异。此外，Suedfeld 的研究对象是参与过太空飞行的人，他们对人类团结的追求可能受到概览效应的影响（见第 3.2 节）。

Wu 等人[110]使用中文版的团体氛围量表研究了 CELSS 任务期间的领导力。乘组人员对领导者支持的评分高于对领导者控制的评分。领导者支持分数在任务过程中下降，而领导者控制分数保持稳定。研究人员认为领导者可以通过明确任务和减少攻击性对团队氛围产生积极影响。乘组人员的得分各不相同，尤其是对于其中唯一的女性乘组人员而言，她所感受到的领导者支持在任务后期出现下降。这可能是因为任务的第 137 天是她父亲去世的周年纪念日，而且她是这次任务中唯一的女性成员。作者指出，在对月宫 1 号进行的研究中（见第 5.7.1 节），他们发现乘组中唯一的男性成员比他的两名女性同事感知到的领导者支持更少。因此，可能是因为该成员属于少数群体（这个案例与性别有关）导致个体对支持的需求增加。这让人想起和平号-航天飞机任务的轶事报告，一名美国乘组人员报告称，由于与两名俄罗斯乘组人员存在文化差异，他感到社交孤立（见第 2.3 节）。

在 CELLS 任务期间，Tafforin 等人[111]还对午餐时间内乘组人员的行为互动进行了行为学评估。研究表明，在任务的第三个月，乘组人员各类活动的持续时间最长。在餐桌上度过的时间最短。这表明，在任务中期，乘组人员长时间参与个人的日常生活活动。因此，尽管这是一个活跃的时期，但在一起吃午餐的时间却最短。目前尚不清楚这是否是一个具有时间性的特征，还是与第三个月里昼夜周期的改变更相关。研究人员还发现，在任务前半段，乘组人员的协作行为（如一起做饭）为零，但在任务的后半段显著增加,达到较高水平。随着时间的推移,乘组内部的沟通显著减少,这表明社交互动从任务的第一个月到最后一个月逐渐减少。

5.7.7 月宫1号的社会行为学研究

在第2.7.5和5.7.1节中,我描述了Wu和Wang在月宫1号的研究结果,这些结果与我们的"互动"研究相关。Wu和他的同事[112]还在这次月球模拟任务中进行了社会行为学研究,目的是调查2名女性和1名男性乘组人员在隔离80天内的行为和心理状态之间的联系。研究人员通过基于午餐期间每日录像的行为学分析来评估乘组人员的行为。选择午餐时间是因为这段时间内所有乘组人员都会聚集在一起,可以在更轻松的氛围中自由互动,不受到工作议程的限制。心理状态通过心境状态量表(每周完成一次)和团体氛围量表和工作氛围量表(每两周完成一次)进行评估。

研究发现,随着任务的进行(尤其是在第四季度),午餐时间的持续时间显著增加,这与POMS的活力分量表分数呈正相关。积极的面部表情(例如微笑、大笑)与消极情绪和工作压力呈现显著的负相关,与自主性、支持和积极工作属性的分量表分数呈正相关。最常见的人际交流行为涉及言语互动。尽管伴有眼神互动的言语交流在第三季度出现下降,但其他类型的言语互动并没有呈现出第三季现象。研究人员得出结论,午休时长和积极的面部表情可能是测量隔离、密闭和极端环境中乘组人员情绪状态的敏感指标。

5.8 研究太空中团队动力学的新方法

在结束本章之前,让我们看一下那些研究太空中团队动力学的新方法。这些方法对未来的工作有一定的帮助。Antone等人[113]指出,许多因素会影响乘组人员在长期太空探索期间相互协作和有效保持绩效的能力。其中一些因素包括团队成员的特性、任务安排、睡眠不足、通信延迟和生活方式。为了了解这些因素,并探索它们对团队凝聚力的影响,Antone和他的同事建议使用基于计算机代理人的建模(computerized agent-based modeling,简称ABM),其中代理人指乘组人员。他们认为:"这种方法建立了一组概率规则(或方程),明晰了每个代理人将如何更新他们对自己和其他代理人的态度,并如何融入行为中(自己的行动和与他人的互动)。[113, pp. 113-114]"这种建模在长期太空探索的模拟环境中特别有用,因为这样的研究其中只能包含有限数量的乘组人员,但有大量关于乘组人员及其随时间发展的数据。该方法包含4个关键的建模过程:构建、校准、验证和应用。Antone等人相信基于计算机代理人的建模将有助于描述、预测和干预未来长期太空探索任务中团队构成的影响结果。

Kozlowski和他的同事[114,115]主张将计算建模和基于代理人的模拟作为研究团体动力学的一种方法。他们描述了团队互动传感器或社会计量徽章的使用,这是一种可以评估人类互动的频率、持续时间和质量的工具。"这款智能手机大小的设备包含多个传感器，包括用于检测彼此接近的蓝牙、用于检测更近距离的面对面互动的红外线、用于评估运动的加速计以及用于检测发声的麦克风。"[114,p.581]设备采集的数据可以存储并下载到计算机中，以测量许多与团队互动相关的指标。例如，人们的物理位置、运动和发声可用于推断社交性、积极或消极情绪以及退缩性行为等。使用这些可穿戴设备的研究涉及各种环境中的人们[114,115]。初步证据表明，人们会适应它们的存在，并且可以收集大量人际信息。它们也是对非穿戴设备数据的补充，且数据收集方式并不引人反感，从而帮助研究人员更好地理解各种人际行为。在团体动力学研究中，这个有前景的领域正在如火如荼地发展。

在第 5.2.3 节中，我们讨论了与多团队任务相关的一些问题。最近，Verhoeven、Kramer 和 Shuffler 报告了他们进行的一项定性研究，该研究探讨了远距离太空探索任务中团队内部和团队之间团队合作的情感、行为和认知要素[116]。由正在 NASA 工作或为 NASA 工作过的 10 名主题专家接受了半结构化访谈，他们回答了与航天飞行多团队系统相关的诸多问题。研究人员对收集到的答复使用了主题分析。从被6 名以上的受访者提到的主题中，研究人员归纳了 3 个重要的主题。10 名受访者（100％）表示，团队成员需要与任务活动和目标相关的身份认同，否则会引发问题。9 名受访者（90％）表示领导角色很重要，许多人表示团队之间需要共同领导，以支持和补充正式的领导结构。最后，8 名受访者（80％）强调了具有共享心理模型对任务状态、期望和目标的重要性。这些心理模型以团队和任务为中心，允许在团队内部和团队之间共享信息。根据他们的调查结果，研究人员为未来的远距离太空探索任务（例如火星探险）提出了许多有关培训和面向多团队的程序性建议。未来需要对多团队互动投入更多的关注和研究。

5.9 章节要点

- 团队关系紧张和缺乏凝聚力会影响乘组人员的幸福感和太空任务目标的实现。正确的团队合作可以分为三个方面：态度、行为和认知。
- 可能对团队行为产生负面影响的两个因素包括与任务阶段相关的时间效应以及压力事件。尽管太空任务中没有普适性的任务阶段，但早期的适应调整问题可能会给乘组人员带来压力，而长时间与同一组人待在一起可能会在任务后期引发问题。
- 影响团队凝聚力的一个重要因素是团队的规模。对无领导团体的研究表明，两人团体、三人团体以及偶数团体都会出现难以达成共识的问题。团体规模越大，就越有可能形成领导者-追随者关系。特别是如果团队的人数是奇数，就可以防止僵局的出现。虽然扩大团队规模可以减少孤独感并汇聚更多的知识、能力和技能，但它也会降低个人积极性和个人责任并提高组织复杂度。
- 另一个重要的团队因素是团队构成。太空任务是由航天员和地面人员组成的多团队系统共同完成的，他们可能在地理上分散且职能多样，但都在朝着同一目标努力。多团队系统的各团队之间的相互沟通和协调活动非常重要。然而，隔离、密闭和极端环境任务的参与者经常狭隘地将团队定义为自己身处的团队，而不是将自己看作多团队系统的一部分。对于远距离太空探索，团队构成可以通过两种方式影响成功：团队成员一起生活和工作的能力，以及影响他们彼此之间以及与其他团队之间协调、合作和沟通的能力。

- 还有许多乘组人员的个人因素可能会导致团队紧张和凝聚力丧失，例如性格冲突、不同的职业动机和生活经历、性别差异以及性紧张。尽管在言语风格上，男性指令长倾向于关注任务的实操方面，而女性指令长则倾向于团队建设，但在太空中感知到的性别差异则更多来自性别刻板印象，而非实际表现的差异。
- 尽管没有记录在案的太空性行为，但没有理由认为，这种情况不会在远征任务期间发生。男性睾丸激素水平在长期太空任务期间保持稳定，并且男性有报告过在太空中勃起。由于潜在的胎儿畸形的发生率很高，不鼓励在微重力条件下怀孕。
- 人际因素也会造成团队关系紧张和凝聚力丧失，例如出现领地行为和社交性退缩、亚群体的形成和替罪羊、移置作用以及不清晰的领导者角色（即任务与支持角色）。移置作用是一种心理机制，人们并不直接针对引起问题的人，而是通过将焦虑和愤怒转移到更安全的外部人士身上来释放紧张情绪。这个外部人士可能与问题的引发者有关，也可能毫无关系。
- 文化和语言问题也会造成团队紧张和凝聚力丧失。与太空任务相关的文化有三个方面：国家、组织和专业，每个方面都会影响团队行为。
- 航天员在一个扩展的航天飞行多团队系统中工作，这个系统包括乘组人员、各种任务控制人员（包括运行人员和医疗人员）以及参与任务的各国航天机构。重要的是，乘组人员及其地面支持团队需要在任务开始前接受与任务相关的文化问题的培训。
- 值得注意的是，航天员需要接受任务的官方语言的培训，而不仅仅是理解基本的指示和做出反应。这将提高团队凝聚力并有助于应对紧急情况。
- 我们在沟通研究中发现，在工作和休闲时间，乘组人员的观察和聆听活动在太空中增加，这可能反映了太空环境中人们对视觉和听觉线索的感官敏感性的增加。此外，我们还评估了 4 个有助于乘组内部沟通的因素：共享经验、太空飞行的兴奋感、狭小的居住空间和与地球的隔离。阻碍这种沟通的因素有：面部肿胀、航天器环境噪声和太空晕动症。
- 在我们的和平号空间站和国际空间站的“互动”研究中，我们发现了移置作用出现的实证，即人们将团队的紧张情绪转移到群体外更安全的个体身上。对于处于隔离状态的乘组人员来说，移置作用的影响比任务控制中心的工作人员更强烈。
- 在我们的和平号空间站和国际空间站的“互动”研究中，我们在任务控制人员身上发现团队领导者的任务和支持角色与团队凝聚力之间存在正相关。在这两项空间站研究中，我们也在乘组人员身上发现指令长的支持作用与乘组凝聚力之间存在正相关关系，但指令长的任务角色与乘组凝聚力之间没有显著关系。这可能是因为乘组规模较小。

- 在“互动”研究中，美国受访者认为他们的工作环境比和平号空间站项目中的俄罗斯同行压力更大。乘组人员报告的负面情绪低于任务控制人员本来就很低的情绪。研究还发现一些有趣的交互作用。在领导者支持、表达和独立性方面，美国航天员在老化的和平号空间站任务中的打分低于俄罗斯宇航员，但俄罗斯任务控制人员的打分低于美国同行，这可能是由于俄罗斯任务控制人员遇到的拖欠的工资和管理问题。在这三个分量表中，美国航天员的得分是所有组中最低的。美国受访者和俄罗斯受访者的量表得分在国际空间站项目中的显著差异较小，并且没有交互作用。
- 仅从“互动”研究的结果来看，与宇航员相比，航天员报告的工作压力更大、愤怒情绪更多，他们报告的焦虑、来自指令长的支持、工作导向和组织性更少。和平号空间站上的美国乘组人员报告的领导支持和独立性低于和平号上的俄罗斯乘组以及国际空间站上的美国和俄罗斯乘组人员。这可能反映了和平号空间站项目中一些美国航天员所报告的文化孤立和工作混乱。
- 在国际空间站“互动”研究中发放的文化和语言调查问卷表明，相比于俄罗斯受访者，美国人更认可乘组人员和任务控制人员在任务中使用通用语言的同一种方言。因子分析得出的文化素养分数表明，乘组人员的得分要高于任务控制人员，俄罗斯受访者的得分高于美国受访者。这主要是因为美国任务控制人员的平均分数较低。
- 中国的一个研究小组在太空模拟研究中采用了我们在“互动”研究中使用的方法，研究发现了移置作用，以及团队领导者的支持角色(而不是任务角色)与团队凝聚力之间的显著关系。这表明，我们的研究结果可以在非西方国家的研究中复现。
- 来自俄罗斯的一系列国际空间站宇航员互动研究表明：价值观的相似性是团队凝聚力的指标；与其他隔离、密闭和极端环境中工作的人相比，宇航员更重视与外界的信息交换；他们在任务结束时的通信量有所增加(尤其是那些任务时间超过6个月的长期任务)。
- 对我们在“互动”研究中的数据进行单独分析时发现，俄罗斯宇航员在疲劳的情况下报告了抑郁体验，这与早期衰弱乏力的概念一致，而美国航天员则在焦虑的同时出现了抑郁情绪，这与抑郁的神经质结构一致。这些发现表明，乘组人员的情绪状态模式可能反映了不同国家文化规范差异。
- 中国的CELSS研究中的一系列互动研究表明：社交活动在第一个月后减少但保持稳定；个人价值观的变化表明乘组人员尝试通过提升和谐人际关系的重要性来适应任务环境；社交沟通和互动随着时间的推移而减少；作为唯一的女性成员(或者，在另一项来自中国的研究中，是唯一的男性成员)增加了个体对支持的需求。

- 未来研究团体动力学的新方法可能包括基于代理人的建模、使用团队交互传感器或社会计量徽章，以及在远距离太空探索任务期间进一步探索多团队活动。

5.10 思想饕餮

1. 您是一项为期 6 个月的国际空间站任务的美国指挥官。任务开始大约两个月后，你观察到你的乘组中一位德国工程师对一位性格内向的日本任务专家指手画脚并大喊大叫，因为这位日本科学家总是在晚餐时间迟到，而这时正是乘组人员进行社交并讨论第二天工作的时间。工程师说，科学家迟到是对他的同事的不尊重。而这位科学家则反驳说，他正参与一项复杂且非常重要的植物生长实验，这经常需要耗费额外的时间，导致占用晚餐时间。工程师表示，他的工作与操作运行更相关，但他每天都会抽出时间完成任务，以便遵守时间表。这里发生了什么？这次争吵是否涉及文化差异？您会如何对待这两名乘组人员？

2. 在一次长期的火星探险中，来自法国的女工程师和来自俄罗斯的男飞行员似乎花了很多时间在一起。两人都是 30 多岁，相貌出众，而且是单身。作为医务官，您观察到他们在餐桌旁徘徊，熄灯后在大厅里小声交谈。一天早上，当您早起时，您看到飞行员偷偷从工程师的私人住处溜出来。当他走向自己的住处时，他看到了您并微笑着眨了眨眼。对此，您该如何应对？在下个月的体检中，您会私下与他们每个人交谈吗？还是对这件事只字不提？您会和指令长谈论这件事吗？最好的做法是什么？

3. 国际空间站上的航天员已经被隔离在一起近 6 个月了。其中两人计划在大约一周后结束任务并启程返回。每一个在轨乘组人员都感到疲倦，并感受到与同一个团队长时间共处的压力。一名乘组人员将所有的闲暇时间都花在舱顶的穹窗上拍摄地球照片。另一位成员则躲在他的私人住处。另外两名乘组人员不断抱怨任务控制中心给他们分配的任务，而在任务早期他们明明很乐意执行这些任务。任务控制人员似乎对这种行为感到惊讶和恼火。作为任务指令长，您会如何处理这种团队行为？您会召开一次总结会议来讨论这个问题，还是仅仅等待即将到来的乘组轮换，通过增加新面孔来为乘组人员带来新鲜感？既然任务控制中心也是问题的一部分，那么您会如何让他们参与到解决方案中呢？

参考文献

[1] Kanas, N. A., & Fedderson, W. E. (1971). Behavioral, psychiatric, and sociological problems of long-duration space missions. NASA Technical Memorandum, NASA TM X-58067. National Aeronautics and Space Administration Manned Spacecraft Center. https://ntrs.nasa.gov/api/citations/19720008366/down-

loads/19720008366.pdf
[2] Dunlap, R. D. (1966). Psychology and the crew on Mars missions. Paper presented at the AIAA/AAS Stepping Stones to Mars Meeting (pp. 441-445), Baltimore, MD, 28-30 Mar.
[3] Wise Jr., H. G. (1966). Analysis of anticipated problems, effects of confinement of long duration manned space flights. Paper presented at NASA Symposium, Part 2, 17 Nov.
[4] Bales, R. F., & Borgotta, E. F. (1966). Size of group as a factor in the interaction profile. In A. P. Hare, E. F. Borgotta, & R. F. Bales (Eds.), Small groups (Revised ed.). Knopf and Company.
[5] Smith, W. M. (1966). Observations over the lifetime of a small isolated group. Psychological Reports, 19, 475-514.
[6] Weybrew, B. B. (1963). Psychological problems of prolonged marine submergence. In N. E. Burns (Ed.), Unusual environments and human behavior. Free Press of Glencoe.
[7] Rohrer, J. H. (1958). Some impressions of psychic adjustment to polar isolation. U.S. Navy Bureau of Medicine and Surgery.
[8] Eberhard, J. W. (1967). The problem of off-duty time in long-duration space missions. In L. Goldberger, & R. R. Holt (Eds.), Experimental interface with reality contact (Vol. 2). NASA CR-96721.
[9] Rasmussen, J. E., & Haythorn, W. W. (1963). Selection and effectiveness considerations arising from enforced confinement of small groups. Paper presented at Second manned space flight meeting. AIAA, Dallas, TX.
[10] Haythorn, W. W., & Altman, I. (1963). Alone together. Research task MR 022 01 03-1002. Bureau of Medicine and Surgery, Navy Department.
[11] Hartman, B. C., & Flinn, D. E. (1964). Crew structure in future space missions. Lectures in aerospace medicine (pp. 50-72). Brooks Air Force Base, 3-7 Feb.
[12] Burnazyan, A. I., Parin, V. V., Nefedov, Y. G., Adomovich, B. A., Maksimov, S. B., Gol'dshvend, B. L., Samsonov, N. M., & Kirikov, G. N. (1969). Year-long bioengineering experiment in a ground complex of life-support systems (transl.). Environmental Space Sciences, 3, 6-14.
[13] Mann, R. D. (1959). A review of the relationship between personality and performance in small groups. Psychological Review, 56, 241-270.
[14] Cramer, E. H., & Flinn, D. E. (1963). Psychiatric aspects of the SAM two-man space cabin simulator. SAM TDR 63-27, Sept 1963.

[15] Landon, L. B., Vessey, W. B., & Barrett, J. D. (2016). Human research program behavioral health and performance: Risk of performance and behavioral health decrements due to inadequate cooperation, coordination, communication, and psychosocial adaptation within a team. NASA Lyndon B. Johnson Space Center.

[16] Paoletti, J., Kilcullen, M. P., & Salas, E. (2021). Teamwork in space exploration. In L. B. Landon, K. J. Slack, & E. Salas (Eds.), Psychology and human performance in space programs (Research at the frontier) (Vol. 1, pp. 195-216). CRC Press.

[17] Mesmer-Magnus, J. R., Carter, D. R., Asencio, R., & DeChurch, L. A. (2016). Space exploration illuminates the next frontier for teams research. Group & Organization Management, 41, 595-628.

[18] Larson, L., Wojcik, H., Gokhman, I., DeChurch, L., Bell, S., & Contractor, N. (2019). Team performance in space crews: Houston, we have a teamwork problem. Acta Astronautica, 161, 108-114.

[19] Palinkas, L. A., Suedfeld, P., & Steel, G. D. (1995). Psychological functioning among members of a small polar expedition. Aviation, Space and Environmental Medicine, 66, 943-950.

[20] Kanas, N., Weiss, D. S., & Marmar, C. R. (1996). Crew member interactions during a Mir space station simulation. Aviation, Space, and Environmental Medicine, 67, 969-975.

[21] Kanas, N. (2021). Crewmember interactions in space. In L. R. Young & J. P. Sutton (Eds.), Handbook of bioastronautics (pp. 407-423). Springer Nature Switzerland AG.

[22] Riva, P., Rusconi, P., Pancani, L., & Chterev, K. (2022). Social isolation in space: An investigation of LUNARK, the first human mission in an Arctic Moon analog habitat. Acta Astronautica, 195, 215-225.

[23] Kjaergaard, A., Leon, G. R., & Chterev, K. (2022). Team effectiveness and person-environment adaptation in an analog lunar habitat. Aerospace Medicine and Human Performance, 93, 70-78.

[24] Collins, D. L. (2003). Psychological issues relevant to astronaut selection for long-duration space flight: A review of the literature. Journal of Human Performance in Extreme Environments, 7, 43-67. (Reprinted from AFHRL Technical Paper 84-41, 1985).

[25] Landon, L. B., Slack, K. J., & Barrett, J. D. (2018). Teamwork and collaboration in long-duration space missions: Going to extremes. American

Psychologist, 73, 563-575.

[26] Pendergraft, J. G., Carter, D. R., Tseng, S., Landon, L. B., Slack, K. J., & Shuffler, M. L. (2019). Learning from the past to advance the future: The adaptation and resilience of NASA's spaceflight multiteam systems across four eras of spaceflight. Frontiers in Psychology, 10, 1-23. https://doi.org/10.3389/fpsyg.2019.01633

[27] Fischer, U., & Mosier, K. (2020). Examining teamwork of space crewmembers and mission control personnel under crew autonomy: A multiteam system perspective. Proceedings of the Human Factors and Ergonomics Society Annual Meeting, 64 (1), 164-168. https://doi.org/10.1177/1071181320641041

[28] Bell, S. T., Brown, S. G., Abben, D. R., & Outland, N. B. (2015). Team composition issues for future space exploration: A review and directions for future research. Aerospace Medicine and Human Performance, 86, 548-556.

[29] Sandal, G. M., Vaernes, R., & Ursin, H. (1995). Interpersonal relations during simulated space missions. Aviation, Space, and Environmental Medicine, 66, 617-624.

[30] Gushin, V. I., Efimov, V., Smirnova, T. M., Vinokhodova, A. G., & Kanas, N. (1998). Subject's perceptions of the crew interaction dynamics under prolonged isolation. Aviation, Space, and Environmental Medicine, 69, 556-561.

[31] Marcinkowski, M. A., Bell, S. T., & Roma, P. G. (2021). The nature of conflict for teams in isolated, confined, and extreme environments. Acta Astronautica, 181, 81-91.

[32] Gunderson, E. K. E. (1968). Mental health problems in Antarctica. Archives of Environmental Health, 17, 558-564.

[33] Finney, B. (1991). Scientists and seamen. In A. A. Harrison, Y. A. Clearwater, & C. P. McKay (Eds.), From Antarctica to outer space. Springer.

[34] NASA News Report. (2014). Study investigates how men and women adapt differently to spaceflight, 17 Nov 2014. http://www.nasa.gov/content/men-women- spaceflight- adaptation/

[35] Miller, J. W., Van Derwalker, I. G., & Waller, R. A. (1971). Tektite 2: Scientists- in-the-sea. U. S. Department of Interior.

[36] Kahn, P. M., & Leon, G. R. (1994). Group climate and individual functioning in an all-women Antarctic expedition team. Environment and Behavior,

26，669-697.

[37] Lewinski，J. S. (2021). All-female crews could be the secret to successful Mars mis-sions. Marie Clair US，9 July. https://www. msn. com/en-us/news/technology/all-female- crews- could- be- the- secret- to- successful-mars- missions/ar- AALYjYK

[38] Leon，G. R. (2005). Men and women in space. Aviation，Space，and Environmental Medicine，76(6，Suppl)，B84-B88.

[39] Wood，J.，Schmidt，L.，Lugg，D.，Ayton，J.，Phillips，T.，& Shepanek，M. (2005). Life，survival，and behavioral health in small closed communities：10 years of studying isolated Antarctic groups. Aviation，Space，and Environmental Medicine，76(6，Suppl)，B89-B93.

[40] Vaernes，R. J. (1993). EXEMSI'92 executive summary. NUTEC Report 16-03. European Space Agency Long Term Programme Office.

[41] Lebedev，V. (1988). Diary of a cosmonaut：211 days in space. Phytoresource Research Information Service.

[42] Leon，G. R.，Kanfer，R.，Hoffman，R. G.，& Dupre，L. (1994). Group processes and task effectiveness in a Soviet-American expedition team. Environment and Behavior，26，149-165.

[43] Rosnet，E.，Jurion，S.，Cazes，G.，& Bachelard，C. (2004). Mixed-gender groups：Coping strategies and factors of psychological adaptation in a polar environment. Aviation，Space，and Environmental Medicine，75(7，Suppl)，C10-C13.

[44] Popovaite，I. (2022). Gender and leadership in space analogs：A study of MDRS commanders' reports. Acta Astronautica，195，355-364.

[45] Inoue，N.，Matsuzaki，I.，& Ohshima，H. (2004). Group interactions in SFINCSS-99：Lessons for improving behavioral support programs. Aviation，Space，and Environmental Medicine，75(7，Suppl)，C28-C35.

[46] Kass，R.，& Kass，J. (2001). Team-work during long-term isolation：SFINCSS experiment GP-006. In V. M. Baranov (Ed.)，Simulation of extended isolation：Advances and problems. Firm Slovo.

[47] Sandal，G. M. (2004). Culture and tension during an International Space Station simulation：Results from SFINCSS'99. Aviation，Space，and Environmental Medicine，75(7，Suppl)，C44-C51.

[48] Stuster，J. (1996). Bold endeavors：Lessons from polar and space exploration. Naval Institute Press.

[49] Karash，Y. "Sex in space：From Russia... with love"，Space. com，16 Mar

2000. http://web. archive. org/web/20080710053017/http://www. space. com/scienceastronomy/generalscience/russian_sex_studies_000316. html

[50] Wall, M. “Russian official says there’s been no sex in space... yet,” NBC-News. com, 23 Apr 2011. http://www. nbcnews. com/id/42731409/ns/technology_and_science-space/

[51] Smith, S. M., Heer, M., Wang, Z., Huntoon, C. L., & Zwart, S. R. (2012). Long-duration space flight and bed rest effects on testosterone and other steroids. Journal of Clinical Endocrinology and Metabolism, 97(1), 270-278. https://doi. org/10. 1210/jc. 2011-2233. Epub 2011 Nov 2. Erratum in: Journal of Clinical Endocrinology and Metabolism 2012 Sep; 97(9):3390.

[52] Mullane, M. (2006). Riding rockets: The outrageous tales of a space shuttle astronaut. Scribner.

[53] Freitas, R. A., Jr. (1983). Sex in space. Sexology Today, 48, 58-64. http://www. rfreitas. com/Astro/SexxxInSpace. htm

[54] Committee for the Decadal Survey on Biological and Physical Sciences in Space. (2011). Recapturing a future for space exploration. Space Studies Board, National Research Council. The National Academies Press.

[55] Clement, G. (2005). Fundamentals of space medicine. Microcosm Press/Springer.

[56] Ball, J. R., & Evans Jr. C. H. (Eds.). (2001). Safe passage: Astronaut care for exploration missions. Committee on Creating a Vision for Space Medicine during Travel Beyond Earth Orbit. Institute of Medicine. National Academy Press.

[57] Rivolier, J., Cazes, G., & McCormick, I. (1991). The International Biomedical Expedition to the Antarctic: Psychological evaluations of the field party. In A. A. Harrison, Y. A. Clearwater, & C. P. McKay (Eds.), From Antarctica to outer space. Springer.

[58] Taylor, A. J. W. (1991). The research program of the International Biomedical Expedition to the Antarctic (IBEA) and its implications for research in outer space. In A. A. Harrison, Y. A. Clearwater, & C. P. McKay (Eds.), From Antarctica to outer space. Springer.

[59] Walford, R. L., Bechtel, R., MacCallum, T., Paglia, D. E., & Weber, L. J. (1996). “Biospheric medicine” as viewed from the two-year first closure of Biosphere 2. Aviation, Space, and Environmental Medicine, 67, 609-617.

[60] Palinkas, L. A., Gunderson, E. K. E., Johnson, J. C., & Holland, A. W. (2000). Behavior and performance on long-duration spaceflights: Evi-

dence from analogue environments. Aviation, Space, and Environmental Medicine, 71(9, Suppl), A29-A36.

[61] Dunlap, R. D. (1965). The selection and training of Crewmen for an isolation and confinement study in the Douglas Space Cabin Simulator (Vol. 3446, pp. 1-52). Douglas Aircraft Co..

[62] Jackson, J. K., Wamsley, J. R., Bonura, M. S., & Seeman, J. S. (1972). Program operational summary. Operational 90-day manned test of a regenerative life support system. NASA CR-1 835. NASA.

[63] Douglas, M. D. (1968). 60-day manned test of a regenerative life support system with oxygen and water recovery. Part II: Aerospace medicine and man-machine test results. NASA CR-98501. McDonnell Douglas Astronautics Company.

[64] Linenger, J. M. (2000). Off the planet: Surviving five perilous months aboard the space station Mir. McGraw-Hill.

[65] Belew, L. F. (1977). Skylab, our first space station. NASA SP-400. National Aeronautics and Space Administration.

[66] Cooper, H. S. F. J. (1976). A house in space. Holt, Rhinehart & Winston.

[67] Gushin, V. I., Zaprisa, N. S., Kolinitchenko, T. B., Efimov, V. A., Smirnova, T. M., Vinokhodova, A. G., & Kanas, N. (1997). Content analysis of the crew communication with external communicants under prolonged isolation. Aviation, Space, and Environmental Medicine, 68, 1093-1098.

[68] Kanas, N., Sandal, G., Boyd, J. E., Gushin, V. I., Manzey, D., et al. (2009). Psychology and culture during long-duration space missions. Acta Astronautica, 64, 659-677.

[69] Gushin, V. I., Pustynnikova, J. M., & Smirnova, T. M. (2001). Interrelations between the small isolated groups with homogeneous and heterogeneous composition. Human Performance in Extreme Environments, 6, 26-33.

[70] Nicholas, J. M., & Penwell, L. W. (1995). A proposed profile of the effective leader in human spaceflight based on findings from analog environments. Aviation, Space, and Environmental Medicine, 66, 63-72.

[71] Oberg, J. E. (1981). Red star in orbit. Random House.

[72] Gunderson, E. K. E., & Nelson, P. D. (1963). Adaptation of small groups to extreme environments. Aerospace Medicine, 34, 1111-1115.

[73] Nelson, P. D. (1964). Similarities and differences among leaders and followers. Journal of Social Psychology, 63, 161-167.

[74] Leon, G. R. (1991). Individual and group process characteristics of polar expedition teams. Environment and Behavior, 23, 723-748.
[75] Bluth, B. J. (1984). The benefits and dilemmas of an international space station. Acta Astronautica, 11, 149-153.
[76] Raybeck, D. (1991). Proxemics and privacy: Managing the problems of life in confined environments. In A. A. Harrison, Y. A. Clearwater, & C. P. McKay (Eds.), From Antarctica to outer space. Springer.
[77] Pollis, A. (1965). Political implications of the modern Greek concept of self. British Journal of Sociology, 16, 29-47.
[78] Burke, C. S., Moavero, J., & Feuitosa, J. (2021). Toward an understanding of training requirements for multicultural teams in long-duration spacefight. In L. B. Landon, K. J. Slack, & E. Salas (Eds.), Psychology and human performance in space programs (Research at the frontier) (Vol. 1, pp. 171-193). CRC Press.
[79] Helmreich, R. L. (2000). Culture and error in space: Implications from analog environments. Aviation, Space, and Environmental Medicine, 71(9, Suppl), A133-A139.
[80] Tafforin, C., & Abati, F. G. (2017). Cultural ethology as a new approach of interplanetary crew's behavior. Acta Astronautica, 139, 102-110.
[81] Lozano, M. L., & Wong, C. (1996). Concerns for a multicultural crew aboard the International Space Station. CSERIAC Gateway, 7, 1-4.
[82] Suedfeld, P., Wilk, K., & Cassel, L. (2011). Flying with strangers: Postmission reflections of multinational space crews. In D. Vakoch (Ed.), Psychology of space exploration: Contemporary research in historical perspective (pp. 143-175). NASA. Reprinted in: D. A. Vakoch (ed.) (2013). On orbit and beyond: Psychological perspectives on human spaceflight. Berlin: Springer.
[83] Flynn, C. F. (2021). Behavioral health and performance for long-duration missions. In L. B. Landon, K. J. Slack, & E. Salas (Eds.), Psychology and human performance in space programs (Extreme application) (Vol. 2, pp. 235-251). CRC Press.
[84] Pendergraft, J. G., Carter, D. R., Trainer, H. M., Jones, J. M., Schechter, A., Shuffler, M. L., DeChurch, L. A., & Contractor, N. S. (2021). Supporting spaceflight multiteam systems throughout long-duration exploration missions: A countermeasure toolkit. In L. B. Landon, K. J. Slack, & E. Salas (Eds.), Psychology and human performance in space pro-

grams (Research at the frontier) (Vol. 1, pp. 237-257). CRC Press.
[85] Santy, P. A., Holland, A. W., Looper, L., & Marcondes-North, R. (1993). Multicultural factors in the space environment: Results of an international shuttle crew debrief. Aviation, Space, and Environmental Medicine, 64, 196-200.
[86] Tomi, L., Kealey, D., Lange, M., Stefanowska, P., & Doyle, V. (2007). Cross-cultural training requirements for long-duration space missions: Results of a survey of International Space Station astronauts and ground support personnel. Paper delivered at the Human Interactions in Space Symposium, Beijing, China, 21 May 2007.
[87] Sandal, G. M., Manzey, D., & D. (2009). Cross-cultural issues in space operations: A survey study among ground personnel of the European Space Agency. Acta Astronautica, 65, 1520-1529.
[88] Tafforin, C., & Abati, F. G. (2016). Interaction and communication abilities in a multicultural crew simulation living and working habits at Mars Desert Research Station. Antrocom Journal of Anthropology, 12, 97-110.
[89] Gushin, V. I., & Pustinnikova, J. M. (2001). Mutual perception in national and international groups under prolonged isolation. In V. M. Baranov (Ed.), Simulation of extended isolation: Advances and problems. Firm Slovo.
[90] Chaikin, A. (1985). The loneliness of the long-distance astronaut. Discover 1985. February, pp. 20-31.
[91] Peeters, W., & Sciacovelli, S. (1996). Communication related aspects in multinational missions: Euromir 94. Journal of the British Interplanetary Society, 49, 113-120.
[92] Kelly, A. D., & Kanas, N. (1992). Crewmember communication in space: A survey of astronauts and cosmonauts. Aviation, Space, and Environmental Medicine, 63, 721-726.
[93] Kanas, N. (1991). Psychosocial support for cosmonauts. Aviation, Space, and Environmental Medicine, 62, 353-355.
[94] Kanas, N., Salnitskiy, V., Weiss, D. S., Grund, E. M., Gushin, V., Kozerenko, O., Sled, A., Bostrom, A., & Marmar, C. R. (2001). Crewmember and ground personnel interactions over time during Shuttle/Mir space missions. Aviation, Space, and Environmental Medicine, 72, 453-461.
[95] Kanas, N. A., Salnitskiy, V. P., Boyd, J. E., Gushin, V. I., Weiss, D. S., Saylor, S. A., Kozerenko, O. P., & Marmar, C. R. (2007).

Crewmember and mission control personnel interactions during International Space Station missions. Aviation, Space, and Environmental Medicine, 78, 601-607.

[96] Benjamini, Y., & Hochberg, Y. (1995). Controlling the false discovery rate: A practical and powerful approach to multiple testing. Journal of the Royal Statistical Society, 57, 289-300.

[97] Kanas, N., & Ritsher, J. (2005). Leadership issues with multicultural crews on the international space station: Lessons learned from Shuttle/Mir. Acta Astronautica, 56, 932-936.

[98] Boyd, J. E., Kanas, N. A., Salnitskiy, V. P., Gushin, V. I., Saylor, S. A., Weiss, D. S., & Marmar, C. R. (2009). Cultural differences in crewmembers and mission control personnel during two space station programs. Aviation, Space, and Environmental Medicine, 80, 532-540.

[99] Kanas, N., Salnitskiy, V., Grund, E. M., Weiss, D. S., Gushin, V., Bostrom, A., Kozerenko, O., Sled, A., & Marmar, C. R. (2001). Psychosocial issues in space: Results from Shuttle/Mir. Gravitational and Space Biology Bulletin, 14, 35-45.

[100] Wu, R., & Wang, Y. (2015). Psychosocial interactions during a 105-day isolated mission in Lunar Palace 1. Acta Astronautica, 113, 1-7.

[101] Wang, Y., & Wu, R. (2015). Time effects, displacement, and leadership roles on a lunar space station analogue. Aerospace Medicine and Human Performance, 86, 819-823.

[102] Kanas, N., Gushin, V., & Yusupova, A. (2008). Problems and possibilities of astronauts—Ground communication content analysis validity check. Acta Astronautica, 63, 822-827.

[103] Vinokhodova, A. G., & Gushin, V. I. (2014). Study of values and interpersonal perception in cosmonauts on board of international space station. Acta Astronautica, 93, 359-365.

[104] Gushin, V., Vinokhodova, A., Yusupova, A., & Sandal, G. (2021). Selected Russian contributions to spaceflight. Part 3: Russian space experiment "INTERACTIONS-2". In L. B. Landon, K. J. Slack, & E. Salas (Eds.), Psychology and human performance in space programs (Extreme application) (Vol. 2, pp. 279-300). CRC Press.

[105] Gushin, V., Shved, D., Yusupova, A., Supolkina, N., & Chekalina, A. (2021). Selected Russian contributions to spaceflight. Part 2: Russian space experiment "CONTENT". In L. B. Landon, K. J. Slack, & E. Salas

(Eds.), Psychology and human performance in space programs (Extreme application) (Vol. 2, pp. 279-300). CRC Press.

[106] Ritsher, J. B. (2005). Cultural factors and the International Space Station. Aviation, Space, and Environmental Medicine, 76(6,Sect. Ⅱ), B135-B144.

[107] Boyd, J. E., Kanas, N., Gushin, V. I., & Saylor, S. (2007). Cultural differences in patterns of mood states on board the International Space Station. Acta Astronautica, 61, 668-671.

[108] Yuan, M., Custaud, M.-A., Xu, Z., Wang, J., Yuan, M., Tafforin, C., et al. (2019). Multi-system adaptation to confinement during the 180-day Controlled Ecological Life Support System (CELSS) experiment. Frontiers in Physiology, 10, 1-21.

[109] Ma, Q., Sandal, G. M., Wu, R., Xiong, J., Xu, Z., He, L., Liu, Y., & Li, Y. (2019). Personal value diversity in confinement and isolation: Pilot results from the 180-day CELSS integration experiment. Acta Astronautica, 164, 84-91.

[110] Wu, R., Ma, Q., Xiong, J., Xu, Z., & Li, Y. (2020). Leadership roles and group climate in isolation: A case study of 4-subject 180-day mission. Acta Astronautica, 166, 554-559.

[111] Tafforin, C., Yuan, M., Lloret, J.-C., Xiong, J., He, L., et al. (2019). Behavioral analysis of a Chinese crew's daily activity over the 180-day Controlled Environmental and Life Support System (CELSS) experiment. Acta Astronautica, 161, 485-491.

[112] Wu, R., Ma, Q., Sandal, G. M., Wang, Y., & Liu, H. (2018). Ethological analysis of crew interactions in lunch time and correlation with questionnaires data from a lunar analog mission. Space Medicine & Medical Engineering, 31(30), 1. https://doi.org/10.16289/j.cnki.1002-0837.2018.03.001

[113] Antone, B., Lungeanu, A., Bell, S. T., DeChurch, L. A., & Contractor, N. (2021). Computational modeling of long-distance space exploration: A guide to predictive and prescriptive approaches to the dynamics of team composition. In L. B. Landon, K. J. Slack, & E. Salas (Eds.), Psychology and human performance in space programs (Research at the frontier) (Vol. 1, pp. 107-130). CRC Press.

[114] Kozlowski, S. W. J., & Chao, G. T. (2018). Unpacking team process dynamics and emergent phenomena: Challenges, conceptual advances, and innovative methods. American Psychologist, 73, 576-592.

[115] Driskell, J. E. , Salas, E. , & Driskell, T. (2021). Research in extreme real-world environments: Challenges for spacefight operations. In L. B. Landon, K. J. Slack, & E. Salas (Eds.), Psychology and human performance in space programs (Research at the frontier) (Vol. 1, pp. 67-86). CRC Press.

[116] Verhoeven, D. C. , Kramer, W. S. , & Shuffler, M. L. (2022). Multiteam systems in long duration exploration missions: A qualitative analysis of key characteristics and challenges. Frontiers in Psychology, 13, 1-12. https://doi. org/10. 3389/fpsyg. 2022. 877509

第六章 近地轨道太空任务中的对抗措施

之前我们讨论了太空飞行中的各种应激源和压力，这就引出了一个问题：我们可以采取什么样的措施来应对它们。当然，恰当的选拔是面对太空任务多变性的一种方式，这是第四章中主要考虑的内容。此外，在发射前进行相关培训有助于乘组人员识别问题并习得应对策略。一旦任务开始，对乘组人员的状态进行监测追踪和支持很重要，这有助于从地面和乘组内部识别出问题并启动应对方案。最后，对于太空旅行者及其家人来说，返回后的时光可能并不一帆风顺，尤其是考虑到此类高曝光度任务带来的名声和荣耀以及与亲人的长期分离等因素。在此章，让我们更详细地讨论如何通过发射前的培训、在轨乘组人员的监测和地面与在轨支持，以及任务后重新适应等方面仔细研究处理太空心理社会问题的对抗措施。

6.1 发射前的培训

发射前的心理社会培训旨在帮助乘组人员做好应对任务要求的准备。它是乘组人员选拔的一种补充，并重点关注乘组人员的福祉及其执行完成任务目标所需的能力。大多数培训活动以乘组人员本身为中心，但任务控制人员甚至乘组人员的家人也可能参与其中。许多活动是这些不同的小组单独进行的，这满足了特定的专业需求，并有助于将乘组人员凝聚成集体(见图 6.1)。但在一些情况下，乘组人员和任务控制人员会一起接受培训。这使得一个小组的成员能够更清楚地了解另一小组的问题。培训还有助于两个小组在任务期间更有效地沟通，并作为一个更大的统一团队一起工作。

Kass 和 Kass 认为有必要在太空任务之前进行正式的团体动力学培训。他们指出，在俄罗斯星城的一项未发表的调查中[1]，近一半的乘组人员被认为是彼此不相容的。特别是在准备长期、多元文化的任务时，乘组人员需要接受技能培训以最大限度地提高团队效率，培训内容包括团队反思、反馈、乘组内部互动以及乘组与地面人员的互动。两位研究者描述了一个团体动力学训练项目的结果，该项目涉及 5 名任务控制人员和 4 名加拿大航天员，他们被隔离在高压舱中 7 天，即加拿大航天员计划太空单元模拟任务(the Canadian Astronaut Program Life Space Life Unit Life Simulation，简称 CAPSULS)[2]。根据日志、调查问卷和任务后的汇报，研究人员得出的结论是，他们的培训计划得到了乘组人员的积极认可，有助于建立凝聚力，并强调了可能不利于乘组相容性的问题。

6.1.1 培训主题

根据我们在和平号空间站和国际空间站研究结果(参见第 2.7 节和第 5.6 节),我和我的同事们为未来的太空任务确定了一些心理、人际和文化培训主题。这些主题包括:如何应对隔离和密闭环境、乘组人员与任务控制人员之间的关系、移置对这种关系可能产生的影响、如何适当利用领导角色以及国家和组织规范对国际活动的重要性[3-5]。此外,熟悉并掌握任务中使用的通用语言应该成为乘组人员和关键任务控制人员的培训目标,这包括访问乘组人员的原籍国,以获得正确的语言和文化视角。

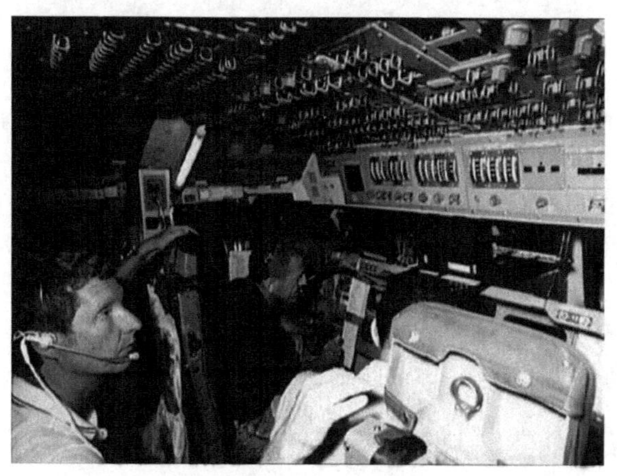

图 6.1 乘组人员在约翰逊航天中心的航天飞机飞行甲板模拟器上进行训练。通过这种方式,负责驾驶和导航职责的乘组人员能够在发射前练习与任务相关的活动(图片来源:NASA)

Kring[6]确定了跨文化培训应关注的主题,特别应考虑参与者国籍的影响。其中包括沟通;认知和决策;技术接口;人际交往;工作、管理和领导风格;食物准备和膳食;宗教和节日;娱乐;居住地美学;个人卫生和衣物(见图 6.2)。根据他的分析,Kring 提出了一种针对乘组人员和任务控制人员的多元文化培训方法。他的方法有六个步骤:(1)向学员提供每个人文化背景的简要概述;(2)根据其与任务的相关性和重要性来描述关键领域(如上面提到的);(3)允许学员记录他们自己在这些领域的任务偏好;(4)促进小组讨论,探索这些偏好的基本原理;(5)集体商定任务期间每个人都可以接受的行为;(6)形成最终的指导方针。

基于沟通,航天员有时会认为地面人员对他们在轨道上面临的困难缺乏同理心和理解[3-5,7]。有时这是太空乘组人员之间未解决的紧张人际关系的副产品。因此,这些感受可能会转移到地球"外群体"身上,例如监视他们行为的家庭成员或任务控制中心的人员。这可能会干扰乘组与地面的关系,并对他们的沟通质量产生负面影响。处理乘组人员内部的紧张局势和乘组人员与地面人员之间的移置是发射前需要讨论的重要领域。

图 6.2　在太空任务中保持良好的形象是士气良好的证据。图中，一名美国宇航员在执行国际空间站任务期间为他的同伴修剪头发(图片来源:NASA)

有效的培训计划要求在培训课程中确定并使用与任务相关的行为能力(以及相关的知识、技能和态度)。在理想情况下，这些能力应基于理论分析以及实际太空任务中汲取的相关经验和教训。用于培训国际空间站任务人员的能力类别示例包括自我护理和管理、团队合作和集体生活、领导力、跨文化问题、沟通、冲突管理、态势感知以及决策和问题的解决[8,9]。

6.1.2　培训的种类

培训应采用讲授式教学和体验的形式。心理社会培训有 4 种互补的类型:简报会、讲座和研讨会;实践经验;实地演习;以乘组为导向的敏感性和团队建设培训。

简报会、讲座和研讨会是最常见且易于实施的。研究发现，军事飞行员更喜欢以问题为中心、以直接行动为导向的简报[10]。对于许多以操作运行为导向的航天员和任务控制人员来说也是如此。该策略也是上述基于与任务相关的行为能力的一部分。此外，简报和讲座可用于增强对文化差异的普遍认识和了解，无论这种文化差异是国家的、组织的还是专业的(见第 5.5 节)。大多数针对乘组的心理社会培训都依赖于这种讲授式教学，并使用现场演示或讨论。然而，多媒体培训被越来越多地使用，包括专家的讲座录音、音视频演示以及交互式的反馈与测试。这些方法既可以用于培训，也可以在任务后期作为复习工具。

实际操作经验也十分重要(见图 6.3)。培训者将学习带出课堂，并将受训者置于模拟任务环境或高仿真训练模型中，为他们提供实际了解任务期间将遇到的设备和物资的机会。有些人更喜欢通过这种直接接触来学习，而不是通过书本或讲座。此外，在任务中，这种熟悉度有助于航天员回想起“事物”实际上的外观和感觉，而不会因为第一次经历某些事情而感到惊讶或困惑。

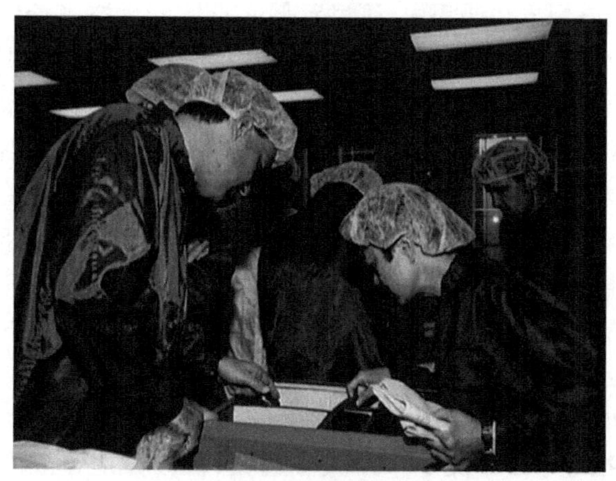

图 6.3　航天飞机的航天员在约翰逊航天中心附近的波音飞行设备处理设施中进行工作台检查时检查储物柜中的物品。诸如此类的实践培训可以帮助航天员了解太空中实际存在的设备(图片来源:NASA)

实地演练为学员提供了体验多样环境的机会,这些环境可能包括一些真实太空中的元素。例如,在偏远的户外进行生存技能训练,以及在水下"微重力"环境中进行太空出舱活动的模拟训练。在获得这些经验后,专家可以就学员在极端条件下的自我管理、团队合作和领导力表现提供意见和反馈。实地演练的主要优点是使学员有机会学习并锻炼与任务直接相关的能力,并且使学员建立相互信任和凝聚力。此外,实地演练使乘组人员能够在类似任务的场景中遇到、反思并接受与他们自身弱点相关的反馈,这比在太空中更安全、更可及。

几十年来,航空业一直在使用正式的面向乘组的敏感性培训和团队建设计划,其中包括诸如航线导向飞行训练(Line-Oriented Flight Training,简称 LOFT)和乘组资源管理(Crew Resource Management,简称 CRM)等内容。Helmreich 及其同事们指出,早期的培训计划过于注重基于个性的概念和与飞行无关的练习,他们主张采用更具操作性的方法,重点关注那些可以使乘组人员更高效互动的特定技能和行为。这些项目培训会呈现逼真的飞行场景,要求乘组人员识别出问题区域并提出与操作相关的解决方案。Nicholas 提出[13],这样的培训应该专注于三个目标:提高人际交往技能,提高社会支持技能以及提高机组协调技能。这些培训方法已被证明是有效的[13-16]。

从 1997 年开始,NASA 采用了一种适应太空飞行操作的乘组资源管理培训程序,称为太空飞行资源管理(Space Flight Resource Management,简称 SFRM)[17,18]。太空飞行资源管理培训采用差错管理理念。培训以技能为基础且与操作相关,与技术培训完全结合,并进行持续强化,且经常在出现机会时进行基本原则的总结性讨论。讲座时间被限定于引导学员去讨论一些概念应如何在 NASA 中进行实际应用。在基础概述课程中,班级规模通常为 18～20 人,使用与太空主题相关的流行电影片段来鼓励讨论。在应用方法课程中,研讨示例来自实际太空飞行任务。未来的培训师需要参加这些课程并辅导课程。在这个课程中,他们观察实际的培训总结,学习如何将太空飞行资源管理培训融入现有的技术课程,并掌握提问策略以促进有效的团队汇报。航天员候选人需要参加基础概述课程和应用方法课程,然后在被分配到具体任务后,他们会参加太空飞行资源管理的复习课程,这为任务指令长提供了一个机会以建立开放的沟通方式,并在乘组人员中创造积极的氛围。NASA 已经为任务管理人员和飞行器维护人员开发了类似的太空飞行资源管理课程,其中一些课程旨在满足如国际空间站等特定项目计划的操作理念。NASA 还针对长期任务开发了并行的乘组远征技能培训项目,该项目与太空飞行资源管理项目有许多相似之处,但更侧重于乘组人员如何“共同生活”,并聘请国际空间站的航天员作为指导者[19]。

Manzey 等人描述了一个关于乘组人员选拔、任务分配和全体乘组人员培训的综合计划[20]。培训方面的主要目标包括:(1)支持团队建设过程,(2)培养有效的乘组协调能力,以及(3)确定应对在特定任务期间可能出现的心理问题的对抗措施。Manzey 团队在欧洲航天局一项为期 60 天的欧洲载人太空基础设施实验项目(Experimental Campaign for the European Manned Space Infrastructure,简称 ECEMSI)成功使用了这个计划,并且在任务后的总结中得到了乘组人员的认可。

6.2 对太空乘组的地面监控与支持

有一些方法可以从地球上对太空中乘组人员的认知、压力和绩效表现进行监测,但这些方法并不都是常规的对抗措施。有些仅在关键操作(例如对接、舱外活动)或具有研究目的时使用。许多方法过于具有侵入性(例如使用留置导管进行血液化学分析)或方法过于复杂(例如通过脑电图来分析脑功能),因而不适合常规使用。此外,有些方法需要将记录或血样带回地球进行分析,因此限制了它们作为实时对抗措施的使用。

通常所使用的方法具有较小的侵入性且更为及时,例如定期向任务控制人员报告情绪或认知状态,或与家人和朋友进行私下交流。然而,这些方法大多都非常主观,因而需要更客观的方法。下面,让我们来看看以下远程监测的成果。

6.2.1 心理支持小组

自礼炮号项目开始开展长期在轨活动以来,从地球向太空的乘组人员提供飞行中心理支持一直是俄罗斯的一项重要对抗措施[21-23]。俄罗斯成立了一个心理支持小组来协调各种活动,以解决宇航员的行为问题,如隔离和衰弱乏力(另见第 3.6.3 节)。Gushin 等人[23]将不利的心理因素分为两类:感觉剥夺和单调性,以及社交剥夺。支持性的对抗措施包括通过补给飞船送去惊喜礼物和宇航员喜爱的食物,增加在轨的音乐和照明,将家人和朋友的照片和视频放在个人电脑上,加强与地球上的人们的沟通(例如联系任务控制人员、家人和朋友、著名名人),以及地面团队提供的咨询或心理治疗[24]。此外,来访的宇航员和航天员有助于对抗单调性,为任务活动提供刺激和帮助。

借鉴这一经验后,NASA 和其他航天机构(例如欧洲航天局、日本航天局、加拿大航天局)也为其航天员制定了类似的心理支持计划[25,26]——另请参阅第 3.7.2 节和第 3.7.3 节了解 NASA 行为健康与绩效运行小组的具体情况。俄罗斯人使用的许多支持性的对抗措施已被其他心理支持小组采用。然而,许多对抗措施已经随着技术的变化而发生了改变。例如,在礼炮号项目时代,支持小组用书籍、杂志和音乐唱片提高士气。但在和平号和国际空间站时代,这些内容均由数字媒体呈现,不仅不会增加机载重量,还可以依据乘组人员的偏好进行不断更新。

在中国,从神舟五号任务开始就有在轨航天员的心理支持[27]。心理支持最初注重早期调整、早期干预、个性化治疗。随着时间的推移,这种地面支持得到了加强,可以在轨道上提供定期和按需的心理咨询,并使用非特异性心理支持技术进行娱乐和其他活动。这些活动的目的是丰富在轨日常生活,建立合理的作息时间,鼓励科学研究。乘组选拔评估过程强调了心理相容性和团队凝聚力,以及个人领导能力和与他人合作的能力。培训包括了心理培训和支持,当女性航天员参与任务时,采用混合性别的培训小组。

6.2.2 与地球上的人举行私人会议

互联网协议(IP)电话(见图 3.7)的引入和中继卫星的出现使得太空与地面通信几乎可以随时进行。国际空间站乘组人员可以拨打电话与任务控制中心人员、家人或朋友进行私人会议。这使得航天员可以与任务控制人员和任务管理者进行计划外的通信,并在需要时迅速联系家人或朋友。除了计划外的通信,与家人的私人会议以及与其他个人或团体的特别会议已被作为国际空间站乘组人员的医疗要求,它们是在飞行任务中维护乘组人员行为健康的关键对抗措施。

Manzey 等人[28]评估了 287 次此类会议,涉及 16 名在轨航天员。只有少数会议(<15%)被取消,主要是由于操作原因或操作人员的要求。每次会议的平均持续时间(16.9 分钟)都比规定的最短时间 10 分钟要长,最长的会议时间长达 45 分钟。这些数据表明航天员对私人会议的接受程度很高,这也反映在简报会中的积极反馈上。

从这些会议中收集的信息可能有助于调整向乘组人员或家人提供的支持内容。除了在下一艘补给飞船上添加他们最喜欢的食物和礼物,还可以在补给飞船上添加家庭照片、乐器、游戏和其他爱好设备,以提高乘组人员士气并对抗孤独和抑郁情绪。在近地环境中,这种对抗措施相当容易实施。但正如我们将在第 9 章中看到的那样,这种对抗措施在星际任务中变得不切实际,超长的距离在干扰同步实时通信的同时也干扰了补给发生的频率。

6.2.3 家庭支持与节假日

与家人和朋友的联系对于在太空中工作的人[29,30]或在其他隔离、密闭和极端环境中(例如南极洲)[31]工作的人来说非常有帮助。Alan Kelly 和我[29]发现航天员和宇航员都认可与家人沟通的价值,并认可其对任务执行有积极的影响。和在太空停留时间较少的同事相比,在太空停留 20 天或以上的太空旅行者更认可与地球上的人们保持信件或其他联系的价值[30]。这表明在长期太空任务中,乘组与地面的支持性互动可能具有更大的益处。

保持太空航天员与地球社交网络之间密切联系的最佳方式是提供频繁和定期的沟通。一个重要的沟通媒介是电子邮件,国际空间站的乘组成员经常使用电子邮件与家人保持联系。正如第 3.7.2 节所述,私人双向视频会议和使用 IP 电话的会议也是有用的策略。这些包含乘组人员和他们的家人的活动在整个任务期间都会进行。双向视频会议非常受欢迎,还可以将视频录制为纪念品赠送给家人[32]。任务中还可以提前安排好庆祝特殊家庭事件(例如生日、周年纪念)和节日(见图 6.4),这些活动对提高士气非常重要。

图 6.4 聚会和节日庆祝活动可以鼓舞士气并使航天员团结在一起。在这张照片中,来自美国、俄罗斯和欧洲的航天员在国际空间站上庆祝圣诞节(图片来源:美国宇航局)

对于太空中的航天员来说,一个重要的议题是知道他们在地球上的家人健康快乐。了解这些可以帮助航天员摆脱对家庭问题的过度担忧以及产生在危机期间抛弃家人的感觉,从而帮助航天员保持对任务的专注。许多航天员表示他们更关心地球上家人的幸福,而不是他们自己在太空中的福祉。

对于家庭来说,获得正式的支持也十分重要。这种支持可以通过家庭简报、发射和着陆期间的组织支持、家庭会议以及由航天机构赞助的必要的个人咨询会议来完成。此外,对家庭的支持还包括由训练有素的咨询师或家庭成员自己领导的非正式支持小组(即采用“同伴领导”模式)。当他们的家人在太空中时,家庭成员需要一个明确的联系点,以便他们可以接收有关任务进展的信息,安排将通过补给飞船发送的物品(例如信件、礼物、照片),并就出现的问题寻求支持。

第3.7.3节讨论了NASA提供的官方操作运行和家庭支持。

6.2.4 声音频率分析

人们提倡对隔离、密闭和极端环境中的工作人员进行语音特征分析,并将其作为评估工作人员功能状态的有效指标[33,34]。在这种方法中,专家监测和分析言语行为的各类结构参数(例如,评估说话时间的长度、单位时间内的单词数量)或言语本身的形式特征(例如,频率和语气等节奏和结构特性),并依此来寻找压力出现的证据[5]。几位俄罗斯研究人员成功使用这种方法来评估宇航员情绪状态[35-37]。在第4.4.1节中,我总结了Gushin和他的同事的一些工作,他们使用语音内容分析来检查太空或太空模拟环境中的乘组人员与外部控制人员之间的关系。

相比之下,美国研究人员挑选了天空实验室的通信片段,并对航天员的声音频率进行了分析,但分析结果并不足以预测航天员的压力程度,因而没有进行更深入的研究[38]。一项包括17名男性被试的实验室研究获得了一些有希望的结果,但研究结果并没有显示出语音分析与其他方法(如心率)一样是强有力的压力预测指标[39]。最近,一项对空中交通管制塔台和巴西飞行员之间通信的回顾性案例研究表明,对对话进行声学分析可以防止致命事故的发生[40]。在飞行前,该飞行员曾抱怨疲劳和困倦感。当使用一款名为PRAAT的商业声学程序来分析飞行员的音频录音时,研究结果表明,与前一天相比,该名飞行员在事故当天的言辞和表达速度显著降低。其他发现也支持了这样的结论,即语音分析可用于检测飞行员疲劳和困倦的状态,从而提醒他们和空中交通人员要更注意人为错误导致的事故。这表明我们可以对太空任务中的任务控制人员和航天员之间的对话进行类似的实时分析,以评估警觉性并帮助人们减少任务期间的操作错误。

Johannes等人的工作[41-43]也显示出该领域的一些研究前景。他们的工作集中在测量音高的最低频率,即所谓的基频,它是由声门的生理振动产生的。在地面研究中,他们发现情绪兴奋增加了基频的平均水平,并且通过音调可以在统计上区分敏感型人格特征和压抑型人格特征。由于个体差异,研究人员发现校准音调以反映个体参考特征非常重要。

在一项为期135天的密闭研究中,3名男子在莫斯科和平号空间站模拟器中工作。Johannes等人[41]分析了对接模拟期间乘组人员的讲话记录。他们发现,经历过72小时的睡眠剥夺后,乘组人员在疲劳状态下执行任务时声音的基频会下降。

Johannes等人还分析了和平号空间站宇航员的音调和其他声音特征[42]。他们得出的结论是,如果进行个人基线校准后评估每个人的音调和压力的主观感知,则语音基频分析可用于监测在太空环境中工作的乘组人员的心理生理状态。然而,尚无法区分基频的升高是由工作负荷压力引起的,还是由积极或消极情绪唤醒的一般状态引起。

最近,Johannes 等人[43]报告了 42 名宇航员参加了名为 Pilot 的俄罗斯太空实验的研究结果,该太空实验涉及在轨完成模拟手控对接(参见第 1.8.4 节)。这些研究始于 1987 年,历时 22 年,在和平号空间站和国际空间站上进行。研究发现,在国际空间站任务期间,该实验的可靠性又高又稳定,并且由于国际空间站任务期间更频繁的训练,该实验的可靠性从和平号到国际空间站计划是显著增加的[44,45]。研究人员将 Pilot 的结果与被称为压力计(manometer)的认知实验的结果进行了比较。该认知实验需要通过语音命令将五个压力表上的指针对齐[43]。对 Pilot 和压力计实验的语音响应都被记录并分析。在实验性压力计实验中,宇航员的工作方式和表现有所不同,这可能是由于动机的影响。在不同的飞行任务阶段和重复的实验中,绩效变化反映在宇航员的音调变化中。然而,在更具操作性的 Pilot 实验中,宇航员的表现几乎没有差异,这表明在与飞行任务相关性较高的实验中动机差异较小。研究人员得出结论,音调测量是在实际太空环境下监测主观能动性的一种可靠且有用的方法。

作为一种不引人注目的测量方法,声学分析在测量航天员的注意力和情绪状态方面仍然很有前景。如果地面的分析人员检测到乘组人员声音中出现压力或烦躁的迹象,他们可以在这些压力或烦躁的状态引发情绪或工作问题之前向太空中的乘组发出警报。未来研究中仍需要进一步了解个体差异和动机的影响,并定义不同情绪状态的具体影响。

6.3 档案:监测工具

在日常操作任务中使用仪器监测绩效可能非常乏味,需要极高的注意力。本节涉及与此相关的一些问题。

——*NK*

在长期太空任务中,乘组人员的一个最重要的工作将是监控活动。Gurovskiy[47]将这些活动分为两种类型:在自动控制条件下观察仪器以及在包含大量快速出现的信号的条件下观察仪器(例如对接、降落阶段等)。后一种情况可能涉及感官过载,而前一种情况则是感官负荷不足的例子。

对仪器进行例行监控确实是一项无聊的工作。人们必须将大量注意力投入到缺乏良好感官刺激的任务上。前面描述的工作/休息研究表明,人们认为连续工作时间超过 4 小时是无法忍受的。此外,在潜艇巡航中,随着巡航的进行,警觉性有降低的趋势,兴奋水平普遍降低[48]。因此必须找到方法来减少监控任务的单调性。

Davies[49]用图描述了唤起水平和绩效之间的关系(图 3,*实际上是图 6.5*)。他引用了 Hebb 和 Silverman 的研究作为支持,他指出[49]:“许多研究人员提出了唤起水平和绩效之间的倒 U 形曲线。这样,任何个体的绩效峰值都对应着一定的唤起水平。”高水平的唤起(仅噪声)或低水平的唤起(仅睡眠剥夺)会导致绩效升降;然而,高水平的唤起和低水平的唤起因素的累加(例如,睡眠剥夺加上噪声)会结合产生适度的唤起水平并伴随着高水平的绩效。(Davies 的假设与本文关于失重和低感官输入部分中提出的假设存在有趣的相似之处。实际上,两者都提及将适当的皮质张力作为感觉输入的函数,但 Davies 的假设更多地涉及绩效而非心理异常。)

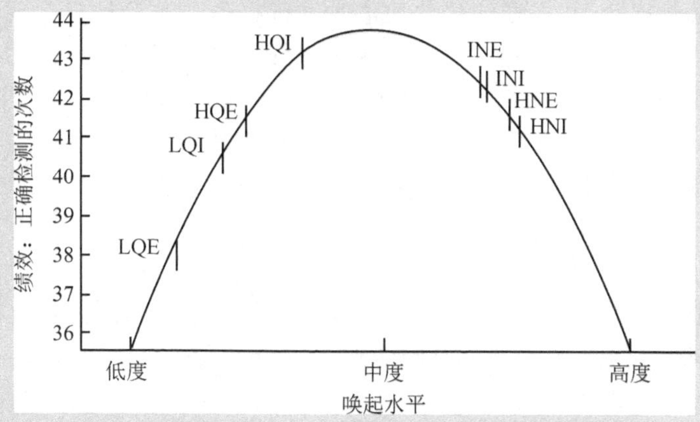

图 6.5 唤起水平和绩效之间的关系

注:绩效表现与唤起水平之间的关系为倒 U 形曲线,其中绩效的峰值对应于一定的唤醒水平,该水平因人而异。外向的人似乎需要更高水平的唤起才能达到与内向的人相同的绩效水平,并且高信号频率和高噪声水平可以提高任务中的唤起水平。因此,人们可以粗略地为唤起水平排序。当将被试的唤起水平与其在单调任务中测量的绩效相对应时,图形符合倒 U 形曲线。L 表示低信号频率,H 表示高信号频率,Q 表示安静,N 表示噪声。I 表示内向者,E 表示外向者。

图 6.5 中还包含了一个有趣的变量,即性格对绩效的影响。Davies[49] 指出:"许多研究发现,外向者的绩效下降速度比内向者更快……中间性格者的表现与外向者相似,而不是内向者。" Davies 进行的研究表明,在安静的条件下,外向的人在警惕性测试中的表现会迅速恶化,而内向的人不受影响;然而,当存在很大的噪音时,外向的人没有观察到绩效的恶化,内向的人要么没有表现出绩效下降或绩效略有下降。Davies[49] 还报告了 Corcoran 的一项研究,该研究表明,内向者在低动机条件下比外向者表现更好,而在高动机条件下则相反。最后,Corcoran 发现,在睡眠剥夺的情况下,外向的人绩效会变得更糟,而内向的人绩效会有所改善。Davies 试图将这些观察结果与图 6.5 中所示的唤起概念相结合:"在'正常'条件下,外向者的唤起程度可能低于内向者,因此他们可能需要更高水平的刺激来发挥作用,以达到内向者在没有这种刺激的情况下可以达到的绩效水平"。这些信息表明,在安静、低动机、缺乏睡眠的条件下,内向者在单调的警觉性活动方面的表现优于外向者。而外向者在社交性的活动方面表现更好。

反馈是监控活动的另一个重要因素。Weybrew[50] 报道了一项研究,被试被置于隔离的房间内。有一个指针以 1 rpm 的速度做圆形运动,被试被要求在指针每转过 90°就按一次按钮。如果在每个 90° 标记的 3° 范围内按下按钮,则此次反应就是有效的。实验包含两组被试:对照组有反馈数据,告知他们是否在范围内按下按钮;实验组则没有反馈信息。研究人员测量两组被试的手掌电导作为他们总体兴奋水平的指标。结果表明对照组的总体唤醒度更高,疲劳症状更少,并且得分比实验组更好。Davies[49]报告了 Mackworth 所做的一项类似研究,该实验中被试观察白色背景上旋转的黑色指针,并在指针移动加倍时进行报告。实验结果表明被试的绩效水平下降:实验开始半个小时后,被试正确检测到 85%的信号;1 小时后,被试正确检测到 74%的信号;2 小时后,被试正确检测到 72%的信号。然而,当被试被告知他们的进展时,这种绩效恶化趋势就停止了。此外,休息 30 分钟和每半小时服用 10 毫克苯丙胺可以消除这种恶化趋势。因此,反馈信息似乎可以提高警戒任务的表现。Davies[49]提出了三种机制来解释这种现象。首先,对结果的了解提供了关于信号特征的信息,这允许被试对信号序列进行时间定向,从而学会预测信号可能出现的时间。其次,反馈作为一种激励,可以激励被试并充当正向(或负向)强化剂。最后,了解进展可以将被试保持在最佳唤醒水平,成为低输入条件下的另一种形式的感觉输入。

这些研究展示了如何降低乘组人员因单调的监测活动而产生的无聊感。操作员的工作/休息时间应该很短。同时还应考虑他们的个性——内向的人通常在长期太空飞行的预期条件下表现更好。此外,*图 6.5* 表明,最佳的唤起水平对于获得最佳表现是必要的。因此,应将注意力集中在人们接收到的感觉输入总量上,以将其唤起保持在最有效的水平。最后,操作任务还应该包括反馈,以告知人们自身执行任务的情况表现。

6.4 任务期间乘组人员内部的监控、支持和应对

监测乘组人员是否存在需要对抗措施的支持不仅仅是地面人员的职责。监测远程任务的替代方式是乘组进行自我监测。乘组人员自己可以追踪行为压力源,并使用个性化应对策略来改善这些应激源。现在让我们看一下来自乘组内部的监控、支持和应对活动。

6.4.1 腕部活动记录仪与智能戒指

认知唤起的一个重要方面是注意力。航天员需要时刻保持警惕并关注周围的环境,无论是监控仪器、进行科学实验、修复损坏的部件还是进行舱外活动。当无聊、睡眠不足或其他因素导致注意力分散时,太空旅行者需要获得反馈以提醒他们没有达到自己的最佳状态并需要采取措施纠正这种情况。如第 1.7 节所讲,腕部活动记录仪已被用于许多与太空相关的研究中,以评估太空旅行者的注意力、睡眠和行为[51-53],但它也可以成为任务运行中的重要对抗措施。

腕部活动记录仪是一种活动手表(Actiwatch,一种类似于手表的装置)。它可以测量环境的光照条件,并可以通过记录人体在运动过程中的微型加速度来监测睡眠/唤醒活动[54,55]。这是一种非侵入性方法,可以获取有关睡眠和警觉性的客观信息。现在,工作人员依据 Actiwatch 的信息来调整太空任务中的工作/休息时间表、改变照明条件并鼓励乘组人员采取提高表现的对抗措施,例如在睡前服用药物助眠剂(如褪黑素或安眠药)、小睡一会儿、增加咖啡因摄入量或在日间摄入其他兴奋剂。

Oura 环作为一种智能戒指(参见第 1.7.2 节)可以包含各种传感器,可以用于监测睡眠各个阶段的时间、静息心率和夜间运动。

6.4.2 团队自我监控、漫谈和简报会

在第五章中,我讨论了乘组的紧张情绪会导致团队凝聚力丧失,如果他们把紧张情绪向外转移到任务控制中心的工作人员身上,还可能导致乘组与地面的沟通问题。处理这种紧张局势的一种方法是训练所有乘组人员及时识别潜在的人际关系问题,并及时提醒其他乘组人员或任务控制人员。可以指派一个人承担这一责任,比如任务的指令长或乘组医务官。在未来的大型探险任务中,经过特殊心理培训的成员可以担任此类社会心理监测员的角色。然而,Nicholas[13] 指出,作为乘组的一分子,这样的社会心理监测员也不可能保持完全客观并且不受到应激源和群体动力学的影响。Nicholas 认为,所有乘组人员都应该学会如何监测和评估周边人际关系氛围,以便能够识别问题出现的早期迹象,并在必要时采取干预措施。

两种可能的干预措施是漫谈会议和简报会。在这两项活动中,所有乘组人员都聚集在一起讨论影响他们的问题,这些会议的目的是解决问题而不是互相指责。这些问题的根源与环境中的应激源或沟通误解有关,而非人格缺陷或渎职。漫谈会议(有时也被称为无指导汇报)没有固定的议程,只有乘组人员参与讨论,会议主持是指令长或乘组人员之一。在简报会上,乘组人员会讨论特定的事件或情况,外部人员(例如任务控制人员)也会参与其中,外部人员的其中一位(如飞行外科医生、心理支持小组的成员)将是主持人或与指定的乘组人员共同主持。在为期 3 个月的天空实验室 4 号任务期间发生了著名的停工/罢工事件,这是由于乘组内部和乘组与地面之间的紧张关系造成的[56,57]。因此,在简报会上,乘组人员和任务控制人员被引导参与其中,让他们将自己感受到的紧张气氛与误解表达出来,最终使工作时间表被调整至令每个人都满意的状态。

研究表明简报会对于在隔离和密闭环境中工作的团队非常有效,甚至可以提高团队绩效[58]。Tannenbaum 和 Cerasoli[59] 进行的元分析纳入了各种已发表和未发表的有关个人和团队简报会的研究。这项总结了 46 篇文章、涉及 2 136 人的元分析表明,相比于控制条件,拥有简报会的团队的有效率提高了约 25%。简报会的效果在个人和团队、模拟和真实环境、组内或组间控制设计的实验以及医学和非医学样本

之间是相似的。尽管尚不确定简报会是否需要特定结构，但有主持人引导的简报会的效果大约是非主持人引导的简报会的三倍。

将漫谈会作为定期安排的活动（至少每周一次）将有助于时常监控团队的状态。通过这种方式，乘组可以及时解决导致个人或人际压力的问题并找到应对方法，而不是放任应激源随时间的推移而恶化。将这些漫谈会作为例行公事的一部分可以让它们变得不那么“特别”。乘组也不会因此产生焦虑。主持人应该在任务前接受一些引导团队参与漫谈会的培训。如果漫谈会计划讨论一些涉及外部人员（如任务控制人员）的特定问题，该会议也可转为简报会。

6.4.3 个人认知的自我监测

另一种自我监测的方法是对乘组人员进行正式的认知测试。进行测试的主要目的是在诸如执行太空舱维修或太空行走等关键任务之前评估乘组人员的认知功能。如果执行关键任务的人在注意力和心理状态方面表现不佳，那么他或她应该推迟任务，直到恢复最佳的认知状态。这种监测不一定局限于特定事件，它可以作为一种常规措施来追踪乘组人员的认知状态。但这种在轨监测方法需要高度信任每个乘组人员的动机和诚实性。这种方法还需要乘组人员将这些测试视为有益的工具，而不是影响他们任务状态和未来职业计划的“监视”。

NASA 在航天飞机/和平号空间站项目和国际空间站上使用的一种机载神经认知评估包是适用于 Windows 的航天认知评估工具（WinSCAT）[60-62]。它由 5 项完善且经过验证的神经心理学测试组成，旨在探讨不同的认知功能，包括言语记忆、心算、持续注意力以及空间想象和记忆。每次认知评估大约需要 15 分钟，它提供的数据可以与任务前训练期间采集的基线数据进行比较。通过与地球上“正常”水平的比较，航天员可以快速了解自己在太空中的认知状态水平。同时也为飞行外科医生提供了一个客观的评估指标，用于在创伤事件（例如头部受伤、暴露于有毒气体）后使用。它还有助于在执行敏感的操作活动前监测参与者的认知功能。如果绩效不佳，则应该将该活动推迟。

与 WinSCAT 相类似的工具的还有简版认知快速评估包（the MiniCog Rapid Assessment Battery，简称 MRAB），它也在太空任务中被用于乘组人员认知表现的自我监测[33,63]。类似于 WinSCAT，简版认知快速评估包涵盖不同的认知表现任务，这些任务安装在个人电子设备上。它被视为一种“预警”工具，可以在因认知表现下降导致工作表现下降之前让航天员意识到这个问题。但这个工具目前尚未在美国太空项目中使用。

Basner、Dinges 及其同事正在开发一种名为“认知（Cognition）”的新型认知评估包[64-69]。该评估包由 10 种计算机化神经心理学测试组成，每个测试有 15 种不同的形式以便进行重复测量。这些神经心理学测试可以激活特定的脑区，这一点可以从功能性神经影像学中得到证明（见图 6.6）。这些独特的测试包括：运动实践任务、视觉对象学习测试、分型 2-Back 任务、抽象匹配、航线方向测试、情绪识别任务、矩阵推理测试、数字符号替换任务、仿真气球冒险测试和精神运动警惕性测试。

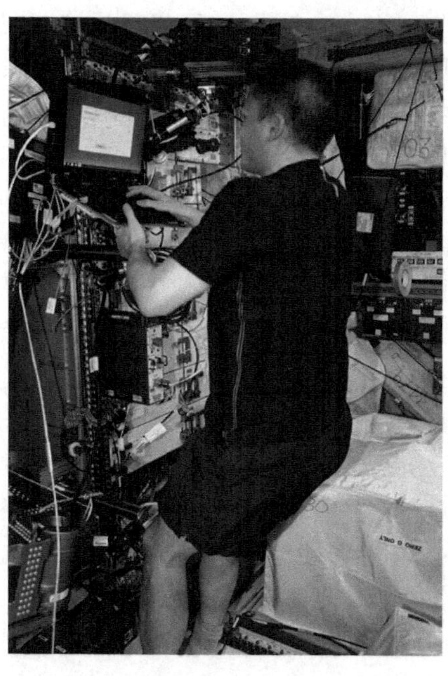

图 6.6 国际空间站的航天员通过认知测试评估包来测试太空飞行如何影响心理能力(图片来源:NASA)

在早期的 Cognition 的常模研究中,涉及了 8 名航天员或航天员候选人和 11 名任务控制人员,10 个 Cognition 测试之间存在不同的练习效应和测试-再测试变异性,这表明了收集常模数据的重要性[64]。在一晚的睡眠剥夺后,被试出现认知能力下降,10 项测试中有 3 项测试的下降具有中等到大的效应量,而其他几项测试的变化则效应量较小。在另一项涉及 46 名成年被试的 Cognition 研究中,大多数测试在第 2 次施测后就已经在准确性和速度方面出现了练习效应,但重测间隔只对其中 3 个测试的速度练习效应有显著影响[65]。同时,研究还在使用刺激集的 6 个测试中观察到了刺激集效应①。然而,已经找到了可以纠正练习效应和刺激集效应的因素,这是 Cognition 这个工具包的独特之处。

开发人员认为,Cognition 评估的认知领域比 WinSCAT 更广泛,它对于当今表现出色的航天员群体而言更具挑战性。为了验证这一点,他们对 96 名至少拥有科学、技术、工程和数学领域硕士学位的受过高等教育的成年人(例如航天员)进行了 Cognition 和 WinSCAT 测试[66]。在认知方面,年龄与反应时和正确率呈负相关。

① 刺激集效应(Stimulus set effects)指的是在心理学研究中,测试或测量使用的不同刺激集(例如图片、词汇等)可能对研究结果产生影响的现象。当同一个测验在不同的测试中使用不同的刺激集时,受试者可能因为刺激的变化而表现出不同的结果,而这并非是由于他们的认知或认知能力发生了变化。

女性在精神运动、情绪识别和视觉空间任务中的反应时更长。男性在矩阵推理方面得分更高。人们发现，WinSCAT 涵盖了需要执行控制能力的任务，而 Cognition 评估了更多种类的神经认知能力。也就是说，可以根据被试在 Cognition 的绩效预测其 WinSCAT 的得分，但被试的 WinSCAT 得分只能预测 Cognition 测试中的执行表现。在一项纳入了 78 名被试的后续研究中[67]，许多早期的研究结果得到了复现。这两个评估工具包的成绩均随着年龄的增长而下降，但由于练习效果的影响，重复测量会使得成绩有所提高。男性在需要保持注意力、空间推理和冒险行为的任务上得分较高。与假设再次相反的是，女性在情绪识别方面没有更好的表现。

在另一项研究中，研究人员对 30 名健康成年人进行了认知测试，这些成年人的人口学特征与执行航天器对接任务的航天员类似[68]。他们发现，数字符号替换任务的反应时(测量了复杂扫描、视觉定位和工作记忆的处理速度的能力)是预测对接任务的最佳指标。被试更高的绩效水平还与更高水平的空间定位效率和警觉性注意力、更低的冲动水平以及更快的反应速度有关，而感觉运动速度、记忆力和风险决策不太重要。男性被试在对接任务中表现明显更好。随着年龄的增长，各个认知领域的认知速度显著下降，且并不存在性别差异。研究人员总结道，他们的研究表明认知测试的绩效与复杂的操作性对接之间存在直接联系。

研究人员对参加过国际空间站项目的航天员或参加过地球上太空模拟的非航天员在任务完成后进行了半结构化访谈。访谈共包含了 5 项研究中的航天员和非航天员共 87 名。访谈的目的在于通过定性分析评估航天员和非航天员对 Cognition 测试工具包的可接受度[69]。所有受访者重复完成了 Cognition 测试，研究人员对他们的简报内容进行了内容分析。结果表明，大多数关于 Cognition 的评论都是积极或中立的(86.1%)，其中，受访者最喜欢视觉对象学习测试，最不喜欢情绪识别任务。约 37% 的受访者对 10 项认知测试中部分测试的难度感到沮丧，82.3%的受访者喜欢每次完成测试后可以提供反馈。总而言之，航天员和非航天员群体都认可 Cognition 测试工具包。受访者的反馈将用于改进 Cognition 并提高其未来的可接受性。

6.4.4 Suedfeld 等人的应对策略研究

长期以来，Peter Suedfeld 和他的团队一直对航天员在太空中的应对策略感兴趣，并对此进行了一系列研究。

6.4.4.1 通用的应对策略

Suedfeld 等人[70]收集了 58 名男性和 14 名女性航天退伍军人的自传、回忆录、访谈和口述历史，并进行了主题内容分析(Thematic Content Analysis，简称 TCA)，并依此研究航天员在任务之前、期间和之后面对应激源的应对策略。他们采用了由 Folkman 和同事开发的模型，该模型被广泛应用于各类研究，具有较高的信效度。Folkman 的模型将应对策略分为 2 类。以问题为导向的应对策略有 5 种(有计划地解决问题、对峙、寻求社会支持、逃避/避免和忍耐/服从/努力)。以情绪为导向的应对策略有8种(疏远、自我控制、接受责任、积极的再评价、分隔、否认、超自然保护和运气)。主题内容分析的结果表明,相比于以情绪为导向的策略,航天员更常使用以问题为导向的应对策略。应对策略的选择并不受到性别或任务时长的选择。航天员使用最多的策略是寻求社会支持,被提及的次数为25.5%,其次是有计划地解决问题(18.2%)和忍耐/服从/努力(15.3%)。就飞行阶段而言,与飞行前或飞行后相比,对峙和逃避/回避2种以问题为导向的应对策略在飞行期间处于最低水平。有趣的是,俄罗斯宇航员在飞行中并未减少对峙策略的使用。相反,他们使用对峙策略的次数在飞行前、飞行中和飞行后期间表现出显著的线性增加。尽管只达到边缘性显著($p=0.08$),但否认策略的使用在任务飞行阶段达到顶峰,特别是男性航天员和俄罗斯宇航员。基于对这些叙述文本的分析,研究人员认为俄罗斯宇航员要么比美国航天员面临更多问题,要么他们在讨论如何应对这些问题时更加开放。

在另一项应对策略研究中,Suedfeld等人再次使用了上述主题内容分析方法对20名退休的男性宇航员的访谈笔录进行了分析。研究还包括了一系列问卷,例如自我报告应对量表(the Brief COPE Inventory,简称BCI)。与之前的研究一样,宇航员更认可以问题为导向的应对策略。寻求社会支持再次以27.4%的比例位居策略使用榜榜首,其次是有计划地解决问题(17.3%)和忍耐/服从/努力(11.4%)。只执行过一次任务的宇航员更常提到积极再评估策略,而那些在太空执行任务超过一年的宇航员则更认可有计划地去解决问题,最年长的宇航员(65~74岁)提到最多的策略是对峙。尽管自我报告应对量表和主题内容分析方法所提及的应对策略类别多有不同,但对于二者均提及的应对策略,宇航员的排序大体一致。

6.4.4.2 应对策略:幽默一笑

在地面上的高压力环境中(例如潜水艇任务、军事行动、消防救援),幽默一直被视为缓解压力、增强团队凝聚力的方式。载人航天任务也是如此。Brcic等人[72]研究了两个航天团队的幽默感。第一个团队是由28名男性和18名女性现役航天员和宇航员组成的国际样本(样本一),第二个团队是一组由20名退休的男性宇航员组成的样本(样本二)。研究团队使用了上述提到的主题内容分析程序,制定了幽默应对量表,并研究了五种幽默类型:亲和力型(旨在增进人际凝聚力)和自我提高型(表达幽默的人生观)被视为是积极的幽默;攻击型(可能对他人产生负面影响的批评或讽刺性幽默)和自嘲型(过度使用自我贬低的言辞)被视为消极的幽默;问题导向型(用于应对特定应激事件的幽默)被视为中性的幽默。

结果表明,积极幽默比消极幽默更常出现。在样本一中,女性比男性同行更少使用问题导向型幽默。与NASA或其他机构的航天员相比,俄罗斯宇航员更多地使用问题导向型幽默,而较少使用亲和型幽默。乘组中的多数派比少数派乘员(例如以国籍划分)更容易表达攻击型的幽默。在样本二中,那些在太空中度过超过一年,并且在和平号空间站和国际空间站上都有飞行经验的宇航员比那些只在和平号空间站停留不到一年的宇航员更多地使用问题导向型幽默。宇航员在执行任务期间更多地使用亲和型幽默，而退休后自嘲型的幽默则有所增加，这表明宇航员不再需要表现得完美，可以放松并取笑自己。

6.4.5 虚拟现实

虚拟现实(Virtual Reality，简称 VR)被作为一种应对策略也可以帮助航天员应对太空中的压力(见图 6.7)(另见第 9.6.3 节)。戴在眼睛上的虚拟现实设备，创造了一个多样化且不断变化的图像交互世界，其中一些图像会受到身体运动的调整。这些视觉图像有时会与听觉输入配对。虚拟现实的感官信息输入可以抵消航天器中可能出现的低感官刺激和单调环境的负面影响。虚拟现实还可以帮助应对压力。在对一篇包含 14 项地面研究的文献综述中，研究人员发现，虚拟现实应用程序有助于提供交互式的压力管理训练，以降低军事人员感知到的压力和负面情绪水平[73]。

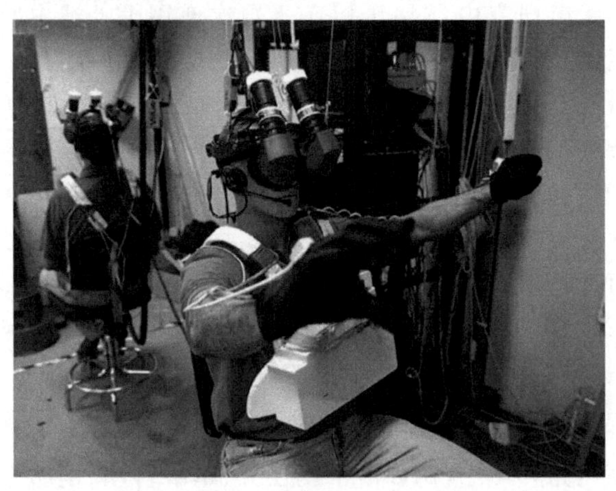

图 6.7 参与者在约翰逊航天中心的虚拟现实实验室练习使用虚拟现实设备。这是一种沉浸式的训练设施，提供实时图像和运动模拟器，该设备与肌腱驱动的机器人设备集成，以提供动觉(图片来源：NASA)

在一项评估虚拟现实价值的研究中，Anderson 等人[74]评估了虚拟现实在三个隔离、密闭和极端环境研究中的有效性：加拿大武装部队警戒基地(29 名男性，2 名女性)和两项与夏威夷太空探索相似的模拟任务(8 个月任务中的 4 名男性和 2 名女性乘员，12 个月任务中的 3 名男性和 3 名女性乘员)。所有参与者均观看了沉浸式的虚拟现实自然场景(例如海滩、山脉、花园)，但场景内容因任务而异。数据收集包括干预前后的调查和半结构化的任务后访谈。结果表明，虚拟现实内容的可接受性和期望度因隔离、密闭和极端环境的模拟设置和特定模拟环境中的参与者而异。研究人员认为，总体而言，由虚拟现实提供的沉浸式自然场景是一种可行且有效的行为健康对抗措施。它被认为具有恢复效果，但并非所有参与者都有这种感觉，因此这种对抗措施需要根据环境和个体进行个性化定制。

Finseth 等人报道了一种训练航天员应对太空压力的新方法，该方法同样使用虚拟现实技术[75]。他们使用了压力预防训练(一种认知行为疗法)中的逐步暴露法，该方法在训练期间将参与者暴露于低强度的应激源中，以便他们学会应对后续可能发生的实际应激源。研究人员将 20 名男大学生随机分配到两种条件下。培训组在虚拟的国际空间站环境中执行火灾应对方案时同样暴露于虚拟的低水平的烟雾环境中。而对照组执行了相同的应对方案却没有暴露于烟雾环境中。后来，两组参与者都参与了另一个虚拟国际空间站实验，在该实验中，他们必须遵循相同的火灾应对方案，但现在他们在虚拟环境中意外遇到了短时内出现的大量烟雾。作为应激指标，研究人员使用了多种心理学(压力问卷、工作负荷指数、完成时间)和生理学(血压、与交感神经和副交感神经激活相关的多种心率变异性指标)测试。结果显示，对照组的心率变异性反应发生了多种变化，而培训组则没有发生变化。这表明，相比于对照组，培训组在意外的烟雾情境下保持了副交感神经的调节功能，并且更加冷静。而对照组表现出了副交感神经的失调，这是轻度应激反应的表现。因此，研究人员认为，通过逐步暴露式的应激训练，可以减轻参与者在生命威胁情况下的心理生理应激反应。

6.5 档案：潜艇和南极任务中的休闲一刻

在隔离、密闭和极端环境执行的试验任务可能非常忙碌，但也会有休息时间。为了防止无聊和单调，规划休闲活动非常重要。这些活动既要有意义，又要具有灵活性，因为随着时间的推移，人们的兴趣可能会发生变化。本节将讨论潜艇和南极基地中报告的休闲活动，作为直接研究太空任务中休闲时间的前奏。

——*NK*

Shurley 等人进行了一项研究[76]，旨在确定南极任务中的参与者是如何度过他们的时间的。结果显示，他们每天花费 8.6 小时在休闲活动上。Nowlis[77] 指出，在 Tektite I1 水下研究设施中，参与者花费了总时长的 20%用于休闲活动，研究人员还估计在更长时间的任务中，用于休闲活动的时间平均至少应该达到总时长的 25%。Eberhard[78] 认为，在长期太空任务中，总休闲时间将会更长："在任务的深空探测阶段，航天员每天的非工作时间可能超过 10 小时。这是因为：(1)为睡眠分配的时间过多(冗余了 2.2 小时)，(2)工作机会不足(超过 5.5 小时)。"任务中很可能会有大量的非工作时间，因此，预防无聊是至关重要的。

有关南极和潜艇人员的研究表明，休闲时间的利用方式多种多样。Shurley 等人的研究[76] 指出，休闲时间内最受欢迎的活动包括聊天(4.5 小时/天)、打游戏(1.35 小时/天)、阅读(1.35 小时/天)和看电影(1.2 小时/天)。在鹦鹉螺号和海狼号潜艇巡航期间，阅读、音乐、电影和业余爱好占据了船员们大量的时间。Nowlis[77]指出，Tektite I1 任务提供了录音带、书籍、电视磁带和游戏，但休闲内容缺乏多样性仍是最常见的抱怨。同时，研究人员还发现任务期间出现了一个有趣的性格相关性：卡特尔因子 F(紧迫感-冲动、热情、活泼)与休闲活动所花费的总时间相关性为 0.554 ($p<0.02$)。令人惊讶的是，研究人员还发现[79]，在南极探险中表现得最为稳定的人对音乐、打牌和摄影等流行娱乐活动持中立态度；然而，大多数被研究的任务参与者要么是科学家，要么是技术人员，因此 Gunderson 相信，他们会将闲暇时间花在与工作相关的追求上。

南极任务中的人们不像潜艇中的船员那样有效地利用他们的休闲时间[80]。南极人员更喜欢交谈或轻松阅读；而潜艇人员则利用休闲时间进行自我提高或阅读有助于晋升的技术材料[81,82]。Fraser[83]认为这是由于潜艇上士气高昂，并总结道："创造性地利用休闲时间可能既是高昂士气的体现，也是保持士气高昂的一个因素……"

Eberhard[78]指出了关于休闲活动选择的两个重要原则："自由活动的选择必须考虑乘员的个人偏好以及长期隔离对这些偏好的影响……至于学习类活动，相比于密闭隔离期间完成任务的崇高目标，乘组人员以往的受教育习惯更能预测他们的选择。"乘员的个人特质必须是休闲活动选择的最终指南。此外，Gunderson[79]认为，相比于纯粹的娱乐活动，"以工作为导向"的乘员可能会在与工作相关的活动中收获更多的快乐。

Fraser[83]认为，音乐是宝贵的资产，既可以作为娱乐活动，也可以作为工作的辅助手段。他指出，音乐"在减少日常单调活动带来的无聊感方面具有特殊价值"。Davies[49]报告说："我们发现，与安静的条件相比，音乐可以显著减少人们对信号的反应时间，同时并不影响正确率。"在鹦鹉螺号跨极航行期间，Kinsey[81]报告说，音乐几乎持续不断地传送到潜艇上的三个站点。针对这一现象，他解释道："持续不断地使用听觉刺激的根源可能在于潜艇密闭环境中感官刺激的减少。"

Eberhard[78]在他关于休闲时间的研究中发现，密闭环境中的人似乎更倾向于工作而不是享受自由时间，并且他们会小心翼翼地守护着(并且犹豫是否放弃)他们的工作活动。尽管自由时间的总量可能超过每天 10 小时，但他认为"鉴于太空中的休闲活动种类可能性的减少"，自由时间的上限应为 5 小时。Eberhard 指出，在密闭的团体中，聊天、阅读小说和观看电影和电视是最受欢迎的活动，而绘画、打扑克、下国际象棋和跳棋相对较少受欢迎。然而，Eberhard 认为这些活动应该考虑到个人的喜好。他还观察到一个有趣的现象："不应忽视吃饭作为自由活动的价值，因为在密闭环境中，人们吃饭的时间几乎是正常时间的两倍。"最后，他建议在长时间太空任务中采用每周 5 天或 5.5 天工作制，每天有三个休息时间段。

6.6 太空中的休闲一刻

在太空任务中,心理支持的一个重要方面是减少执行任务期间由于长时间空闲所带来的单调、无聊和孤立感。因此,要格外注意任务中的闲暇活动,尤其要考虑到航天员的兴趣和需求会发生变化。尤其是在执行任务的几周后,航天员已经适应了太空,最初的兴奋感已经下降,操纵任务也成为例行公事。

6.6.1 Kelly 和 Kanas 的沟通研究:有关休闲活动的调查

在本书的前几章,我介绍了 Kelly 和 Kanas 对 54 名航天员和宇航员进行的问卷调查,并讨论了乘组人员与地面(第 4.4.2 节)和乘组人员内部之间(第 5.5.5 节)的沟通。在这里,我将介绍 Kelly 和 Kanas 的调查中与太空休闲活动有关的三道题目[30]。第一个问题要求航天员和宇航员从以下八个选项中圈出他们在太空飞行期间(有些调查发生在 25 年前)使用过的所有媒介:广播、电视、报纸、杂志、书籍、唱片/录音带、电影和信件以及补充可能出现的未提及选项。调查中最大的赢家是唱片/录音带,有 93%的受访者使用过这些媒介。航天员与宇航员之间、长期飞行者(在太空中停留 20 天或以上)或短期飞行者(在太空中停留少于 20 天)之间没有显著的作答差异。唱片/录音带的受欢迎表明音乐对太空旅行者的重要性。根据 Fisher 精确检验,对于其余的休闲类别,宇航员比航天员更偏好电视、广播、信件、书籍、电影和报纸($p<0.05$,双尾)。长期太空旅行者(通常是宇航员)也比短期太空旅行者有更多的机会接触书籍、广播、电视、信件和电影。总体而言,每位宇航员平均可以使用 5.5 种不同的媒介,而航天员则为 1.3 种。长期和短期太空旅行者之间也存在类似的差异。国内受访者与国际受访者之间或研究人员与操作人员之间没有选择差异。

在第二个问题中,受访者需要在一个里克特 9 点式量表上评估他们对第一个问题中提及的八种媒介的缺失程度的感受,若完全感受不到该媒介的缺失则评为"1",若能完全感受到该媒介的缺失则评为"9"。受访者还可以添加一个选项,即"不知道",该选项得分为"0"。总体而言,每种媒介的平均分数都低于"4",表明没有哪种媒介是所有受访者都非常想念的。然而,宇航员在该量表的平均给分在中等范围内,他们对七类媒介的平均给分显著高于航天员。长期太空飞行者的对三种媒介给分显著高于短期太空飞行者。对于第二道题目,在国内和国际受访者,以及研究人员和操作人员之间没有显著差异。

对于第三个问题,受访者需要从媒体内容列表中圈出他们在太空中更喜欢的主题类别。这些类别的排名顺序如表 6.1 所列。我们可以看到,国际事件、国家事件和历史是所有受访者最常选择的主题。Fisher 精确检验结果表明,受访者在六个主题上出现偏好差异:历史(宇航员>航天员)、历史(长期太空飞行者>短期太空飞行者)、国家事件(操作人员>研究人员)、情色(国际受访者>国内受访者)、教育(国际受访者＞国内受访者）和体育（操作人员＞研究人员）。然而，我们总共进行了92次比较，在统计上人们会预期其中5次比较在0.05水平上是偶然显著的，因此，这些偏好差异可能是偶然事件。

表6.1　所有受访者偏好的媒体内容主题排名

媒体内容主题	受访者人数
国际活动	31
国家大事	25
历史	21
喜剧	15
专业内容	14
小说、体育	12
科幻小说	11
哲学	10
人文关怀	9
艺术、教育	8
未解之谜、讽刺片、纪录片	7
悬疑	6
评论、政治、宗教	5
情色	4
传记	3
戏剧、经济	1

注：改编自参考文献[30]。

当然，问题1和2的结果可能存在偏差，因为大多数受试者都是执行短期任务且工作日程紧张的航天员（例如，航天飞机任务），相比于苏联空间站的长期任务，短期任务中的休闲活动不太重要。此外，由于俄罗斯心理支持小组的努力，宇航员的休闲活动重视（见第6.2.1节）。一个有趣的发现是，那些有各种媒体资源的太空旅行者报告说他们在太空中更想念这些媒体，相比之下，那些没有这些资源的受访者则没有这种感受。这表明心态很重要，而且那些接触媒体的人可能在执行任务期间拥有更丰富的经验。然而，这些想法都是推测性的，因为某些类别（例如宇航员、长期太空旅行者）的受访者样本太小，以至于我们无法进行统计分析。

有趣的是，对于受访者而言，最热门的三个主题都与世界事件和历史有关。有人可能会说，太空旅行者，特别是那些执行涉及“第一次”任务（例如，进入太空第一人、登月第一人）的太空旅行者将自己视为代表人类参与重要历史事件的开拓者。因此，其他重要的国内和国际当代和历史事件自然会引起他们的兴趣。由于我们的受试者可以从太空看到地球美景,他们也可能受到了概览效应的影响,这也增强了受访者体验的特殊性(见第3.2节)。

其他热门主题(喜剧、小说、体育、科幻小说)在地球上同样受欢迎,而对专业主题的偏好则符合宇航员的工作常规和职业规划。有趣的是,情色的排名非常低。考虑到潜艇和南极任务中男性会进行“男性谈话”并张贴魅力女郎的海报,太空中的宇航员和航天员可能也会对情色材料有类似的兴趣。但微重力任务的条件(例如,生理反应、缺乏隐私、短期任务期间的繁忙工作量)可能会与这种兴趣相悖。此外,我们的受访者受过高强度的训练且具有专业动机,他们可能已经学会将性趣转化为工作活动。考虑到火星探险涉及男性和女性长期密切合作,让我们拭目以待火星探险期间会发生什么。

6.6.2 Stuster的日志研究:有关休闲活动的调查

在第2.8节中,我回顾了Jack Stuster的“日志”研究[84]。在这项研究中,他对20名在国际空间站飞行的航天员的个人日记进行了内容分析,前10名航天员他们所属的都是两人和三人乘组(第一阶段),最后10名航天员他们所属的是六人乘组(第二阶段)。在他们的日志中,与娱乐和休闲活动相关的话题被广泛提及。在24个日志主题中,娱乐/休闲活动是最常提及的主题之一。这一主题在第一阶段的航天员的日志主题中排名第四,在第二阶段的航天员的日志主题中排名第五。通常而言,国际空间站繁忙的工作日程限制了乘组人员进行非工作活动的时间,但是如果有空闲,他们会好好利用这段时间。表6.2列出了日志中与娱乐和休闲时间有关的常见主题。

表6.2 “日志”研究中常见的娱乐和休闲活动陈述主题

排　名	第一阶段的航天员	第二阶段的航天员
1	摄影	观赏地球
2	电影	摄影
3	观赏地球	运动
4	日常生活中的各种常规活动	社交
5	阅读	放松
6	放松	与地球通话
7	音乐	日常生活中的各种常规活动
8	新闻	电影/电视
9	国际象棋	音乐

续表 6.2

排　名	第一阶段的航天员	第二阶段的航天员
10	计算机	社交媒体
11	业余无线电通信	阅读
12	睡觉	睡觉
13	学习	新闻
14		业余无线电通信

注:改编自参考文献[84]。

在第一阶段,乘组人员的日志中与地球景观和摄影有关的记录占所有记录的40%,在第二阶段占41%。例如:“欣赏窗外的景色仍然是头等消遣。/我试图再睡一会,最后我在大约10:30来到穹顶舱(cupola),空间站正好在尼罗河上空经过,我欣赏到了难以置信的美丽景色。/唯一不断变化并让我兴奋的是地球的景色……我爱它,我爱它,我爱它。”[84,pp.40-41]根据以往的太空经验和太空模拟经验,这些活动并不令人意外(参见第3章)。根据Stuster的说法[84],天空实验室的乘组人员几乎将所有的空闲时间都花在了空间站的窗户前,并建议在未来的空间站上安装类似泡泡状的观察舱。此外,国际空间站上安装的穹顶舱的设计灵感就是来自Tektite水下栖息地的类似设计特征的启发。但是Stuster警告说,对于星际旅行者而言,在他们的长时间航行中,这种娱乐和个人满足的来源将越来越少,因为地球将在他们的眼中变得越来越小,越来越不重要。

在第一阶段,一起观看电影是第二常见的娱乐活动,但在第二阶段,这种活动的频率有所下降。在南极站,录像机最终使得观看电影成为一项个人活动。Stuster推测在国际空间站上也是如此。在每天的2.5小时锻炼期间和晚上休息前,航天员越来越多地选择独自观看电视剧。他们还可以观看由补给火箭带来的家庭视频。对于第二阶段的航天员来说,观看体育比赛(例如奥运会)和社交活动是两项重要的团体娱乐活动。但是,由于第一阶段的乘组规模较小,这两项团体活动被提及的频率较低。航天员在日志中写道:“美好的一天以一顿丰盛的晚餐和奥运会结束/我妻子寄来了一份在约翰逊航天中心录制的录影带。在影片中,航天员纪念林(Astronaut Tree Grove)①中的树木在风中簌簌作响。风声听起来很奇怪,唤起了我童年的遥远记忆/在锻炼时看电视节目或电影是个不错的放松大脑的方式。事实上,我是一个被跑步机或健身车困住的观众,如果我不看些什么就只能一直盯着墙了。”[84,pp.41-42]

其他常见的休闲活动包括阅读、听音乐、了解地球上的新闻、与朋友和家人交流,并花时间写日志。在第二阶段出现的一个有趣的新活动是社交媒体活动,主要包括在Twitter上发布照片和视频。Stuster评论说,这项活动可能会引起乘组人员之间的不

① 航天员纪念林(Astronaut Tree Grove)位于约翰逊航天中心内。它是为了纪念已故的航天员们而建立的。每棵树都代表一位已故的航天员。通过它,游客可以参观并了解这些航天员的生平和贡献。(译者注)

和，原因有三：(1)一些人因此获得了不成比例的认可，而其他乘组人员则为此付出了代价；(2)活跃于社交媒体使得一些人不太愿意参与任务中的团体活动；(3)NASA 鼓励航天员在社交媒体上发布信息以吸引大众关注，但同时又可能会批评个别人发布的内容。关于最后一个原因，一名航天员写道："这是一项艰难的任务——他们说'让人们知道并支持我们的计划'，但当世界听到我们的声音并因为娱乐而喜爱我们时，我认为管理层感到害怕，并希望从中抽身而退。我们很难找到适当的平衡点。"[84,p.42] 也许地球上的人们可以从国际空间站航天员的经历中学到一些社交媒体的教训！

6.6.3 灵活多样的休闲活动

太空舱内，例如国际空间站，存储了各种各样的休闲活动支持材料，这些材料可以通过计算机或轻量级介质存储。大多数休闲活动材料在任务开始之前就会确定好，这些材料包括音乐、视频、书籍、娱乐软件、各种各样的食物选择或其他大小和重量符合规定的物品(见图 6.8)。但我们要意识到，在长期任务过程中，个人的兴趣有时会发生变化。因此，有必要对休闲活动支持材料进行灵活规划。此外，我们还可以通过补给飞船向轨道上的乘组人员提供额外的休闲活动支持材料。

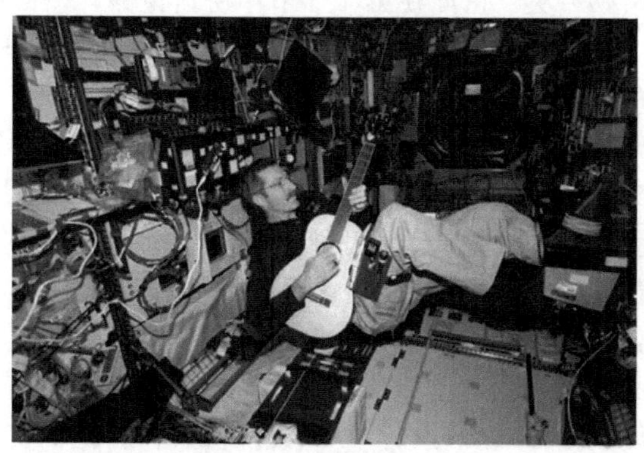

图 6.8 乐器可以为太空中的航天员提供愉快的休闲活动。图中，一名航天员在休闲时间在国际空间站上弹吉他(图片来源：NASA)

6.7 任务后的再适应进程

对于从极地探险归来的人而言，长期生活在隔离环境中并不一定会损害到他们随后的健康和绩效[85]。然而，从长期太空任务返回后，乘组人员可能会出现再适应的问题，这一过程可能需要心理支持。

6.7.1 个人问题

在任务结束后，可以通过个人和乘组层面的详细总结来协助宇航员进行后期调整。一些航天员可能在太空中经历了不愉快的心理或人际体验(并留下了一些问题),这些问题需要得到解决。例如,在任务期间被其他乘组人员指责的航天员可能在返回后会感到愤怒,而这可能会影响该乘组人员与以前的乘组人员的未来互动。在太空中的经历也可能使返航的航天员出现个性上的变化。航天员在看到地球上人类的共同性或宇宙的无限性后可能会变得更具有人道主义或宗教性[86,87]。还有一些航天员会被任务带来的名誉和荣耀所困扰,尤其是执行各类开创性活动的航天员,比如成为第一个太空旅行者,或是成为第一个登月或登陆火星的乘组中的一员。Buzz Aldrin 报告了他在登月任务后遇到的再适应问题,其中包括抑郁症、药物滥用和婚姻问题[88]。对于更多的航天员来说,他们在完成任务返回后会突然发现自己成为聚光灯下的焦点,并被要求进行各类公关活动,出现在各种媒体或团体面前。但是,航天员的这些不适可以通过汇报、在再适应期间保护个人隐私,以及调整和再次适应地球生活来解决。

6.7.2 家庭问题

家人也需要重新适应从太空返回的旅行者。研究表明,许多潜艇船员的妻子在丈夫巡逻时学会了适应他的缺席,但超过一半的妻子在丈夫返回并试图重新融入家庭时经历了抑郁和婚姻冲突。正如在第 4.5 节中所讨论的,这种现象被称为"潜艇船员妻子综合征"[89,90]。太空任务的相关人员需要意识到这一再适应问题,以免严重影响航天员任务结束后的家庭动态。

工作人员不仅应在任务期间对家庭成员提供支持,还应该在任务结束后继续提供支持活动。这些支持活动可以包括由受过培训的心理辅导专家组织的由乘组人员和他们的家庭成员参加的联合总结会,用以处理分离对家庭生活产生的影响。同时,工作人员还应该合理安排时间,以便乘组人员能够在没有公众关注的情况下重新融入他们的社交网络,避免额外的压力。尽管太空任务伴随着声名鹊起,但相关人员仍需要私人时间来从心理上和生理上重新适应他们在地球上的家庭生活。

Johnson、Suedfeld 和 Gushin 进行了一项有趣的研究,他们使用父亲参与量表调查了宇航员在太空事业期间与子女的亲子关系[91]。这项研究由 17 名退休宇航员完成,回顾性地测量了他们在自己的太空职业生涯中对养育孩子的实际参与度与期望参与度。总体而言,这些宇航员对养育孩子的参与程度介于"有时"和"经常"之间。参与程度较高的项目(即评分在 10 分或更高的项目)包括:提供经济支持;管教子女;分享活动和兴趣;关心子女的心智发展。同时,宇航员们希望在以下领域能够更多地参与:子女的身体、智力和精神发展;分享活动和兴趣;陪伴。尽管宇航员参与育儿的程度似乎足够,但正如研究人员自己指出的那样,将此实验结果与国外其他父亲的回答进行比较,并了解孩子们的观点,也会是一项很有趣的研究。

6.8 章节要点

- 在发射前的行为问题培训中,应采取跨文化的方法,包括熟练掌握共同的任务语言。同时，这种培训应该包括乘组人员和任务控制人员（有时还需要一起进行培训）。

- 培训主题应该包括应对隔离和密闭环境、乘组人员与地面任务控制人员的关系、团队的紧张氛围和合作、移置、领导角色、国家和组织规范的重要性，以及团队动力学。
- 培训的方式包括简报会、讲座和研讨会；实践经验；实地演习；面向乘组人员的敏感性和团队建设培训，例如 NASA 太空飞行资源管理（Space Flight Resource Management，简称 SFRM）计划。
- 心理支持小组以远程的方式帮助监控和支持处于飞行任务中的乘组人员。俄罗斯、美国、加拿大、日本和中国等国家和欧洲都成立了此类团体。与乘组人员举行私人会议非常重要，这些会议也应包括任务控制人员和航天员家属。
- 利用正式的语音分析来评估乘组人员与地面控制人员沟通中的压力和情绪状态是一项非常有前景的技术，但前提是这种技术能够处理个体差异和动机。
- 在飞行任务中，对乘组人员的监测和支持可以使用不显眼的活动手表或戒指；团队的自我监测可通过定期的团队讨论和总结来实现；认知测试可以利用 WinSCAT 和 Cognition 测试包。研究表明，相比于 WinSCAT，Cognition 可以评估更广泛的认知领域，并体现出男性和女性的反应差异。
- 对于应对策略的选择，以问题为导向的方法比以情绪为导向的策略使用得更频繁。寻求社会支持和幽默是重要的应对策略。俄罗斯宇航员比美国航天员更支持以问题为导向的幽默，尤其是那些有更多太空飞行经验的宇航员。
- 尽管个人对虚拟现实技术的反应以及隔离、密闭与极端环境的具体设置都有所不同，但研究表明，虚拟现实技术可能有助于对抗低感官刺激的负面影响并帮助应对压力。虚拟现实技术结合逐步暴露于压力情境的方法可以有助于削弱乘组人员对意外压力的反应。
- 休闲活动非常重要，尤其是在长期任务期间。尽管社交很重要，但许多休闲活动都是乘组人员在锻炼期间或晚上睡觉前私下进行的。
- 热门的休闲活动主题包括国际和国家事件以及历史。由于乘组人员的兴趣可能会随着时间的推移而改变，因此，保证休闲活动材料的灵活性和适应性非常重要。
- 欣赏地球和摄影也是流行的休闲活动。其他休闲活动内容，如电视节目、电影、体育、音乐和阅读材料，都是通过磁带或计算机以视听方式提供的。
- 对于一些结束任务返回的太空旅行者来说，任务结束后的再适应过程可能十分困难，因为乘组人员间的冲突、性格变化、完成任务带来的名誉和荣耀以及繁忙的公共关系职责可能带来挥之不去的困扰。返回者重新融入家庭也会给家庭带来压力（例如潜艇船员妻子综合征）。通过汇报交流、安排休息时间以及保护航天员及其家人的隐私可以帮助他们重新适应在地球上的生活。
- 在一项调查中，男性宇航员表示他们在太空生涯中同样充分参与了子女的养育过程。他们涉及的重要领域包括：提供经济支持；管教子女；分享活动和兴趣；关心子女的心智发展。

6.9 思想饕餮

1. 您负责培训乘组人员及其支持人员，他们将在绕月新空间站执行长期太空任务。任务中有多个国际合作伙伴参与其中，因此，乘组人员将具有多元的文化背景，且乘组人员包括男性和女性，他们将在任务中共同生活一年或更长时间。基于这样的任务设定，您希望培训计划包含哪些主题元素？你会采用什么训练方法？在任务发射前，您需要多长时间进行培训？

2. 国际空间站上安装了一台昂贵的离心机，这是一项重要实验的一部分，但这台机器开始出现故障。设计该机器的专家就在乘组中，但任务指令长报告说，该专家在微重力适应方面遇到了问题，有时会迷失方向。如果您是任务控制中心心理支持小组的负责人，您会在地球上采用何种策略来评估该专家的认知功能？您会建议指令长在太空中采取何种策略？如果有一艘计划在 2 天内发射的补给货运飞船，您希望可以将何种特殊设备或评估工具发射到国际空间站？

3. 一些在国际空间站待了很长一段时间的航天员表示感觉很无聊，想要一些新奇的活动来打发他们的闲暇时间。当您查看可用的活动列表时，您会寻找哪些活动主题？您会寻找什么样的内容媒介？为了评估乘组人员的个人需求和兴趣，您会问他们哪些问题？

参考文献

[1] Kass, J., Kass, R., & Samaltedinov, I. (1995). Psychological considerations of man in space: Problems & solutions. Acta Astronautica, 36, 657-660.

[2] Kass, R., & Kass, J. (1995). Group dynamics training for manned spaceflight and the CAPSULS mission: Prophylactic against incompatibility and its consequences. Acta Astronautica, 36, 567-573.

[3] Kanas, N. (2013). Human interactions on-orbit. In D. A. Vakoch (Ed.), On orbit and beyond: Psychological perspectives on human spaceflight. Springer.

[4] Kanas, N. (2015). Humans in space: The psychological hurdles. Springer International Publishing.

[5] Kanas, N., & Manzey, D. (2008). Space psychology and psychiatry (2nd ed.). Microcosm Press/Springer.

[6] Kring, J. P. (2001). Multicultural factors for international spaceflight. Journal of Human Performance in Extreme Environments, 5(2), 11-32.

[7] Gushin, V., Zaprisa, N. S., Kolinitchenko, T. B., Efimov, V. A., Smirnova, T. M., Vinokhodova, A. G., & Kanas, N. (1997). Content analysis of the crew communication with external communicants under prolonged isolation. Aviation, Space, and Environmental Medicine, 68, 1093-1098.

[8] ISS Mission Operations Directorate ITCB Training Working Group. (2007, April). Volume I, Human behavior and performance competency model guide (JSC-63837-Basic). Johnson Space Center.

[9] ISS Mission Operations Directorate ITCB Training Working Group. (2007, September). Volume Ⅱ, Human behavior and performance competency model guide (JSC-63837-Basic). Johnson Space Center.

[10] Picano, J. J. (1990). An empirical assessment of stress-coping styles in military pilots. Aviation, Space, and Environmental Medicine, 61, 356-360.

[11] Helmreich, R. L., Merritt, A. C., & Wilhelm, J. A. (1999). The evolution of crew resource management training in commercial aviation. The International Journal of Aviation Psychology, 9, 19-32.

[12] Helmreich, R. L., & Foushee, H. C. (1993). Why crew resource management? Empirical and theoretical basis of human factors training in aviation. In I. L. Wiener, B. G. Kanki, & R. L. Helmreich (Eds.), Cockpit Resource Management. Academic Press.

[13] Nicholas, J. M. (1989). Interpersonal and group-behavior skills training for crews on space station. Aviation, Space, and Environmental Medicine, 60, 603-608.

[14] Kanki, B. G., & Foushee, H. C. (1989). Communication as group process mediator of aircrew performance. Aviation, Space, and Environmental Medicine, 60, 402-410.

[15] Salas, E., Burke, C. S., Bowers, C. A., & Wilson, K. A. (2001). Team training in the skies: Does crew resource management (CRM) training work? Human Factors, 43, 641-674.

[16] Salas, E., Fowlkes, J. E., Stout, R. J., Milanovich, D. M., & Prince, C. (1999). Does CRM training improve teamwork skills in the cockpit? Two evaluation studies. Human Factors, 41, 326-343.

[17] Rogers, D. G., Jenkins-Todd, D., Kempton, R., Miller, B., Bauer, J., Dillon, S. F., Huning, T. M., & Sterling, M. R. (2002). NASA's space flight resource management program: A successful human performance error management program. Barrios Technology, Inc., and United Space Alliance.

http://arc.aiaa.org/doi/pdf/10.2514/6.2002-T4-12
[18] Landon, L. B., Vessey, W. B., & Barrett, J. D. (2016). Human research program behavioral health and performance: Risk of performance and behavioral health decrements due to inadequate cooperation, coordination, communication, and psychosocial adaptation within a team. NASA Lyndon B. Johnson Space Center.
[19] Landon, L. B., Slack, K. J., & Barrett, J. D. (2018). Teamwork and collaboration in long-duration space missions: Going to extremes. American Psychologist, 73, 563-575.
[20] Manzey, D., Schiewe, A., & Fassbender, C. (1995). Psychological countermeasures for extended manned spaceflights. Acta Astronautica, 35, 339-361.
[21] Grigoriev, A. I., Kozerenko, O. P., & Myasnikov, V. I. (1987). Selected problems of psychological support of prolonged space flights. Paper presented at the 38th Congress of the International Astronautical Federation, Stockholm, Sweden.
[22] Kanas, N. (1991). Psychosocial support for cosmonauts. Aviation, Space, and Environmental Medicine, 62, 353-355.
[23] Gushin, V., Ryumin, O., Karpova, O., Rozanov, I., Shved, D., & Yusupova, A. (2021). Prospect for psychological support in interplanetary expeditions. Frontiers in Physiology, 12, 1-9.
[24] Kanas, N. (1998). Psychiatric issues affecting long duration space missions. Aviation, Space, and Environmental Medicine, 69, 1211-1216.
[25] Flynn, C. F. (2005). An operational approach to long-duration mission behavioral health and performance factors. Aviation, Space, and Environmental Medicine, 76(6, Suppl), B42-B51.
[26] Sipes, W. E., & Vander Ark, S. T. (2005). Operational behavioral health and perfor-mance resources for international Space Station crews and families. Aviation, Space, and Environmental Medicine, 76(6, Suppl), B36-B41.
[27] Li, Y. (2021). Space life sciences in China. In L. R. Young & J. P. Sutton (Eds.), Handbook of bioastronautics (pp. 707-716). Springer Nature Switzerland AG.
[28] Manzey, D., Carpenter, F., Beven, G., Sipes, W., Vander Ark, S., Salnitzkiy, V., Koserenko, O., & Vassin, A. (2007). Private psychological conferences for long duration space missions. Paper presented at the 16th Human in Space Symposium, Beijing, China, May 20-24, 2007.

[29] Kelly, A. D., & Kanas, N. (1993). Communication between space crews and ground personnel: A survey of astronauts and cosmonauts. Aviation, Space, and Environmental Medicine, 64, 795-800.

[30] Kelly, A. D., & Kanas, N. (1994). Leisure time activities in space: A survey of astronauts and cosmonauts. Acta Astronautica, 32, 451-457.

[31] Palinkas, L. A., Gunderson, E. K. E., Holland, A. W., Miller, C., & Johnson, J. C. (2000). Predictors of behavior and performance in extreme environments: The Antarctic space analogue program. Aviation, Space, and Environmental Medicine, 71, 619-625.

[32] Stepaniak, P. C., & Matsumoto, A. (2021). Operational space medicine. In L. R. Young & J. P. Sutton (Eds.), Handbook of bioastronautics (pp. 601-624). Springer Nature Switzerland AG.

[33] Lieberman, P., Morey, A., Hochstadt, J., Larson, M., & Mather, S. (2005). Mount Everest: A space analogue for speech monitoring of cognitive deficits and stress. Aviation, Space, and Environmental Medicine, 76(6, Suppl), B198-B207.

[34] Ruiz, R., Legros, C., & Guell, A. (1990). Voice analysis to predict the psychological or physical state of a speaker. Aviation, Space, and Environmental Medicine, 61, 266-271.

[35] Gazenko, O. G., Myasnikov, V. I., & Uskov, F. N. (1976). Behavioral control as a tool in evaluating the functional state of cosmonauts in flight. Aviation, Space, and Environmental Medicine, 47, 1226-1227.

[36] Khachaturyants, L., & Grimak, L. (1972). Emotional stress during spaceflight. Aviation Kosmonautica, 11, 33-34. (JPRS OPBS 58039).

[37] Simonov, P. V., & Frolov, M. V. (1973). Utilization of human voice for estimation of man's emotional stress and state of attention. Aerospace Medicine, 44, 256-258.

[38] Older, H. J., & Jenney, L. L. (1975). Psychological stress management through voice output analysis. NASA CR 147723. Planar Corporation.

[39] Brenner, M., & Shipp, T. (1987). Voice stress analysis. In J. R. Construck (Ed.), Mental-state estimation 1987. NASA conference publications. Washington, DC: National Aeronautics and Space Administration.

[40] de Vasconcelos, C. A., Vieira, M. N., Kecklund, G., & Yehia, H. C. (2019). Speech analysis for fatigue and sleepiness detection of a pilot. Aerospace Medicine and Human Performance, 90, 415-418.

[41] Johannes, B., Salnitzki, V. P., Haller, H., Wilke, D., Fischer, F., &

Schlykova, L. (1995). Comparison of voice stress reactivity under psychological stress and simulated Mir docking maneuver. Journal of Gravitational Physiology, 2, P107-P108.

[42] Johannes, B., Salnitski, V. P., Gunga, H.-C., & Kirsch, K. (2000). Voice stress monitoring in space—Possibilities and limits. Aviation, Space, and Environmental Medicine, 71, A58-A65.

[43] Johannes, B., Bronnikov, S. V., Bubeev, J. A., Kotrovskaya, T. I., Shastlivtseva, D. V., Piechowski, S., Hoermann, H.-J., Rittweger, J., & Jordan, J. (2019). Operational and experimental tasks, performance, and voice in space. Aerospace Medicine and Human Performance, 90, 624-631.

[44] Johannes, B., Salnitski, V., Dudukin, A., Shevchenko, L., & Bronnikov, S. (2016). Performance assessment in the PILOT experiment on board space stations Mir and ISS. Aerospace Medicine and Human Performance, 87, 534-544.

[45] Johannes, B., Bronnikov, S. V., Bubeev, J. A., Kotrovskaya, T. I., Shastlivtseva, D. V., Piechowski, S., Hoermann, H.-J., & Jordan, J. (2021). Operator's reliability during spacecraft docking training on board Mir and ISS. Aerospace Medicine and Human Performance, 92, 541-549.

[46] Kanas, N. A., & Fedderson, W. E. (1971). Behavioral, psychiatric, and sociological problems of long-duration space missions. NASA technical memorandum, NASA TM X-58067. Houston, TX: National Aeronautics and Space Administration Manned Spacecraft Center. https://ntrs.nasa.gov/api/citations/19720008366/downloads/19720008366.pdf

[47] Gurovskiy, N. N. (1970). Several peculiarities in work activities of astronauts on prolonged space flight (transl.). In N. N. Gurovskiy (Ed.), Studies on the psychophysiology of the work of astronauts. NASA TT F-593.

[48] Weybrew, B. B. (1963). Psychological problems of prolonged marine submergence. In N. E. Burns (Ed.), Unusual environments and human behavior. Free Press of Glencoe.

[49] Davies, D. R. (1970). Monotony and work. Science Journal, 6, 26-31.

[50] Weybrew, B. B. (1961). Impact of isolation upon personnel. Journal of Occupational Medicine, 3, 290-294.

[51] Barger, L. K., Sullivan, J. P., Vincent, A. S., Fiedler, E. R., McKenna, L. M., Flynn-Evans, E. E., Gilliland, K., Sipes, W. E., Smith, P. H., Brainard, G. C., & Lockley, S. W. (2012). Learning to live on a Mars day: Fatigue countermeasures during the Phoenix Mars Lander Mission. Sleep,

35，1423-1435.

[52] Barger，L. K.，Flynn-Evans，E. E.，Kubey，A.，Walsh，L.，Ronda，J. M.，Wang，W.，Wright，K. P.，Jr.，& Czeisler，C. A.（2014）. Prevalence of sleep deficiency and use of hypnotic drugs in astronauts before，during，and after spaceflight：An observational study. Lancet Neurology，13，904-912. See also：https://humanresearchroadmap.nasa.gov/Gaps/gap.aspx? i=401

[53] Basner，M.，Dinges，D. F.，Mollicone，D.，Ecker，A.，Jones，C. W.，Hyder，E. C.，Antonio，A. D.，Savelev，I.，Kan，K.，Goel，N.，Morukov，B. V.，& Sutton，J. P.（2013）. Mars 520-d mission simulation reveals protracted crew hypokinesis and alterations of sleep duration and timing. Proceedings of the National Academy of Sciences，110(7)，2635-2640.

[54] Monk，T. H.，Buysse，D. J.，& Rose，L. R.（1999）. Wrist actigraphy measures of sleep in space. Sleep，22，948-954.

[55] Nimon，J.（2011）. Improving slumber on the space station with sleep-long. NASA International Space Station Program Science Office，Johnson Space Center，June 24. https://www.nasa.gov/mission_pages/station/research/news/Sleep_Long.html

[56] Belew，L. F.（1977）. Skylab，our first space station. National Aeronautics and Space Administration，NASA SP-400. 7.

[57] Cooper，H. S. F.，Jr.（1976）. A house in space. Holt，Rhinehart & Winston.

[58] Maynard，M. T.，Kennedy，D. M.，Tannenbaum，S. I.，Mathieu，J. E.，& Levy，J.（2021）. Team adaptation and resilience：Where the literature currently stands and how it applies to long-duration isolated，confined，and extreme contexts. In L. B. Landon，K. J. Slack，& E. Salas (Eds.)，Psychology and human performance in space programs，Vol. 1：Research at the frontier (pp. 151-169). CRC Press.

[59] Tannenbaum，S. I.，& Cerasoli，C. P.（2013）. Do team and individual debriefs enhance performance? A meta-analysis. Human Factors，55，231-245.

[60] Kane，R. L.，Short，P.，Sipes，W.，& Flynn，C. F.（2005）. Development and validation of the Spaceflight Cognitive Assessment Tool for Windows (WinSCAT). Aviation，Space，and Environmental Medicine，76(6，Suppl)，B183-B191.

[61] Retzlaff，P.，& Vanderploeg，R.（2000）. Validating the spaceflight cognitive assessment tool against other neurocognitive measures in young adults

(Abstract). In Proceedings of the 71th annual meeting of the Aerospace Medical Association, Houston, May, 2000.

[62] Retzlaff, P., Flynn, C., Glode, B., & Lane, B. (1999). Space cognitive assessment tool: Description and cut scores. Paper presented at the American Psychological Association annual meeting, Boston, Massachusetts, August 19-24, 1999.

[63] Shephard, J. M., & Kosslyn, S. M. (2005). The MiniCog rapid assessment battery: Developing a "blood pressure cuff for the mind". Aviation, Space, and Environmental Medicine, 76(6, Suppl), B192-B197.

[64] Basner, M., Savitt, A., Moore, T. M., Port, A. M., McGuire, S., Ecker, A. J., Nasrini, J., Mollicone, D. J., Mott, C. M., McCann, T., Dinges, D. F., & Gur, R. C. (2015). Development and validation of the Cognition test battery for spaceflight. Aerospace Medicine and Human Performance, 86, 942-952.

[65] Basner, M., Hermosillo, E., Nasrini, J., Saxena, S., Dinger, D. F., Moore, T. M., & Gur, R. C. (2020). Cognition test battery: Adjusting for practice and stimulus set effects for varying administration intervals in high performing individuals. Journal of Clinical and Experimental Neuropsychology, 42, 516-529.

[66] Moore, T. M., Basner, M., Nasrini, J., Hermosillo, E., Kabadi, S., Roalf, D. R., McGuire, S., Ecker, A. J., Ruparel, K., Port, A. M., Jackson, C. T., Dinges, D. F., & Gur, R. C. (2017). Validation of the Cognition test battery for spaceflight in a sample of highly educated adults. Aerospace Medicine and Human Performance, 88, 937-946.

[67] Lee, G., Moore, T. M., Basner, M., Nasrini, J., Roalf, D. R., Ruparel, K., Port, A. M., & Dinges, D. F. (2020). Age, sex, and repeated measures effects on NASA's "Cognition" test battery in STEM educated adults. Aerospace Medicine and Human Performance, 91, 18-25.

[68] Basner, M., Moore, T. M., Hermosillo, E., Nasrini, J., Dinges, D. F., Gur, R. C., & Johannes, B. (2020). Cognition test battery performance is associated with simulated 6df spacecraft docking performance. Aerospace Medicine and Human Performance, 91, 861-867.

[69] Casario, K., Howard, K., Cordoza, M., Hermosillo, E., Ibrahim, L., Larson, O., Nasrini, J., & Basner, M. (2022). Acceptability of the Cognition test battery in astronaut and astronaut-surrogate populations. Acta Astronautica, 190, 14-23.

[70] Suedfeld, P., Brcic, J., & Legkaia, K. (2009). Coping with the problems of space flight. Reports from astronauts and cosmonauts. Acta Astronautica, 65, 312-324.

[71] Suedfeld, P., Brcic, J., Johnson, P. J., & Gushin, V. (2015). Coping strategies during and after spaceflight: Data from retired cosmonauts. Acta Astronautica, 110, 43-49.

[72] Brcic, J., Suedfeld, P., Johnson, P., Huynh, T., & Gushin, V. (2018). Humor as a coping strategy in spaceflight. Acta Astronautica, 152, 175-178.

[73] Pallavicini, F., Argenton, L., Toniazzi, N., Aceti, L., & Mantovani, F. (2016). Virtual reality applications for stress management training in the military. Aerospace Medicine and Human Performance, 87, 1021-1030.

[74] Anderson, A., Stankovic, A., Cowan, D., Fellows, A., & Buckey, J., Jr. (2022, May 23). Natural scene virtual reality as a behavioral health countermeasure in isolated, confined, and extreme environments: Three isolated, confined, extreme analog case studies. Human Factors. https://doi.org/10.1177/00187208221100693

[75] Finseth, T. T., Keren, N., Dorneich, M. C., Franke, W. D., Anderson, C. C., & Shelley, M. C. (2018). Evaluating the effectiveness of graduated stress exposure in virtual spaceflight hazard training. Journal of Cognitive Engineering and Decision Making, 12, 248-268. https://doi.org/10.1177/1555343418775561

[76] Shurley, J. T., Pierce, C. M., Natani, K., & Brooks, R. E. (1970). Sleep and activity patterns at South Pole Station. Archives of General Psychiatry, 22, 385-389.

[77] Nowlis, D. (1970). Preliminary observations on leisure time. Tektite II Habitability Assessment Program, NAS 8-25100.

[78] Eberhard, J. W. (1967). The problem of off-duty time in long-duration space missions (Vol. 2). NASA CR-96721.

[79] Gunderson, E. K. (1968). Mental health problems in Antarctica. Archives of Environmental Health, 17, 558-564.

[80] Wise, H. G., Jr. (1966). Analysis of anticipated problems, effects of confinement of long duration manned space flights. Paper presented at NASA Symposium, Part 2, November 17.

[81] Kinsey, J. L. (1959). Psychological aspects of the "Nautilus" transpolar cruise. U. S. Armed Forces Medical Journal, 10, 451-462.

[82] Ebersole, J. H. (1960). The new dimensions of submarine medicine. New

England Journal of Medicine，262，599-610.

[83] Fraser，T. M.（1968）. Leisure and recreation in long-duration space missions. Human Factors，10，483-488.

[84] Stuster，J.（2016）. Behavioral issues associated with long duration space expeditions：Review and Analysis of Astronaut Journals，Experiment 01-E104（Journals），Phase 2，Final Report（NASA/TM-2016-218603）. Houston，TX：Johnson Space Center. https://www.academia.edu/33059049/Behavioral_Issues_Associated_With_Long_Duration_Space_Expeditions_Review_and_Analysis_of_Astronaut_Journals_Experiment_01_E104_Journals_Phase_2_Final_Report.

[85] Palinkas，L. A.（1986）. Health and performance of Antarctic winter-over personnel：A follow-up study. Aviation，Space，and Environmental Medicine，57，954-959.

[86] Kanas，N.（2020）. Spirituality，humanism，and the overview effect during manned space missions. Acta Astronautica，166，525-528.

[87] Kanas，N.（1990）. Psychological，psychiatric，and interpersonal aspects of long-duration space missions. Journal of Spacecraft and Rockets（AIAA），27，457-463.

[88] Aldrin，E. E.（1973）. Return to earth. Random House.

[89] Isay，R. A.（1968）. The submariners' wives syndrome. Psychiatric Quarterly，42，647-652.

[90] Pearlman，C. A.，Jr.（1970）. Separation reactions of married women. American Journal of Psychiatry，126，946-950.

[91] Johnson，P. J.，Suedfeld，P.，& Gushin，V. I.（2018）. Being a father during the space career：Retired cosmonauts' involvement. Acta Astronautica，149，106-110.

第七章　商业载人航天

商业载人航天的主要目标是通过私人资金支持的方式实现太空旅行。自 2021 年起，几家公司都开始进行商业亚轨道或轨道飞行任务，这些任务的费用由私人资助支付。在此之前的几十年里，私人公司已经进行了大量的通信卫星和其他卫星发射活动，从而在太空领域确立了私营实体的存在。

最初，那些通过私人付费进入太空的人被称为太空游客[1]。然而，这个词可能会误导人们认为所有支付费用的人仅仅是对太空体验感兴趣。也许有些人确实是如此，但实际上，付费的人们可能会参与与太空相关的各种活动，尤其是前往国际空间站的"太空游客"。这些参与者可能是为了拍摄太空电影或参与科学实验，因此他们也被称为太空飞行参与者(Space Flight Participants，简称 SFP)。太空飞行参与者有一定的任务要执行，但与飞行员或工程人员等的职责不同。因此，我们需要一个更通用的术语。"私人太空旅行者"是得克萨斯大学医学院兼职教授 James Vanderploeg 博士在 2022 年 7 月 1 日提出的术语。这个术语更准确地概括了通过商业航天公司(偶尔也可能通过政府机构，如 NASA)使用私人资金支付太空旅行费用的人。这个术语还强调了参与者的动机，可以包括对微重力生理反应的研究，宗教或人文体验等。

按照国际标准，太空从海拔 100 千米(62 英里)的高度开始，这个高度被称为卡门线，是以匈牙利裔美籍数学家、航空航天工程师和物理学家 Theodore von *Kármán*(西奥多-冯-卡门)的名字命名的。根据美国空军和美国国家航空航天局的标准，太空从 80 千米(50 英里)的高度开始，这也是航天员可以"变出翅膀"开始"飞行"的高度。在这个高度，人们可以体验失重状态并欣赏地球的壮丽景象。虽然通过飞机进行低空的抛物线轨迹飞行也可以体验失重，但其持续时间不到一分钟，且与商业飞行的体验有较大差距。太空视角公司(Space Perspective)计划通过巨大的气球将豪华客舱送入高空，但达到的高度远低于太空起始点，且乘客将无法体验到失重的感觉(尽管可以欣赏地球景色)。

在本章中，我们将重点讨论商业载人航天计划，即通过飞行器进入太空，使乘客能够体验至少几分钟的失重状态。这一目标可以通过两种方式实现，即亚轨道飞行和轨道飞行[2-6]。亚轨道飞行通常持续时间较短，不超过一个小时，乘客利用动力抛物线轨迹进入太空，在几分钟的失重状态后，迅速返回地球。轨道飞行持续时间更长，可达数天至数周，乘客的目的地通常是国际空间站。

为实现亚轨道和轨道飞行，有三类飞行器可供使用：第一种是飞机携带飞行器至高空，然后飞行器点火进入太空，例如维珍银河(Virgin Galactic)的团结号(Unity)；第二种是从水平跑道起飞的飞行器，例如先锋火箭巡航飞机(Pioneer Rocketplane)、环宇公司(XCOR)的山猫号(Lynx)和欧洲航空航天防务集团阿斯特里姆公司(EADS Astrium)的太空喷气式飞机(Spacejet);第三种是从地面垂直发射的飞行器,其中一些使用自己的动力火箭,例如追星者公司(Starchaser)的雷星号(Thunderstar)、基斯特勒公司(Kistler)的火箭机(Rocketplane)、蓝色起源公司(Blue Origin)的新谢泼德火箭(New Shepard)和太空探索技术公司(SpaceX) 的龙飞船(Dragon)。还有一些项目是搭载在其他公司的火箭上,例如内华达山脉公司(Sierra Nevada Corporation)的追梦者号(Dream Chaser)和波音公司的 CST - 100 星际航线(CST - 100 Starliner),二者将使用联合发射联盟的火箭。毕格罗太空公司(Bigelow)的可扩展活动模块(Bigelow Expandable Activity Module ,BEAM)和公理太空公司(Axiom)的模块(module)将使用 SpaceX 公司的猎鹰 9 号。在这些多样的太空飞行项目中,有些项目起初看起来很有前景,但最终因为遇到了工程和财务问题而破产、被收购或推迟。

下面我们将重点介绍一些已经在商业载人航天这一领域取得一定成就的公司。这些公司包括维珍银河公司、蓝色起源公司、波音公司、SpaceX 公司、毕格罗公司和公理航天公司。毫无疑问,随着商业载人航天市场的发展和利润的增加,将会有更多美国和国外的公司进入这一市场。此外,俄罗斯仍然计划通过联盟号积极地将私人太空旅行者送往国际空间站。

7.1 亚轨道飞行任务

7.1.1 早期历史:Ansari X 奖

过去,航天员、航空公司员工、试飞员,甚至普通公民都曾在沿高空抛物线飞行的飞机上体验过微重力。在这类飞行中,当飞机上升时,旅行者会感受到较高的重力,但当飞机达到顶点开始下降时,重力被抵消,旅行者会体验大约 20~30 秒的失重状态,随后飞机平飞完成另一次抛物线循环(见图 7.1)。这类飞行任务被用于公共关系宣传或训练,航天员可以在此期间练习太空任务中要执行的活动。因为阿波罗任务中的航天员将在以后的实际太空任务中执行对接活动,因此,在 1969 年,我被允许以观察员身份参加一系列抛物线飞行,以帮助航天员练习对接活动。这种飞行虽然在高空中进行,但并未接近卡门线。

1996 年 5 月,X 奖基金会发起竞赛以鼓励非政府实体发射载人飞行器进入太空。在企业家 Anousheh 和 Amir Ansari 捐赠数百万美元后,该奖项被更名为“Ansari X 奖”。获得 1 000 万美元奖金的要求是私人组织可以在两周内两次将可重复使用的载人飞行器发射至太空并返回,并且该载人飞行器能够搭乘三个人。许多公司参与了这一竞赛。

2004 年 6 月 21 日,Michael Melvill 驾驶 Scaled Composites 公司设计、微软联合创始人 Paul Allen 资助建造的“太空船一号”(SpaceShipOne),首次突破卡门线。随后,Melvill 于 2004 年 9 月 29 日再次完成了这一壮举。为达到 X 奖的标准,2004 年

10 月 4 日，飞行员 Brian Binnie 再次成功地驾驶了这艘飞船。太空船一号每次从加利福尼亚州莫哈韦机场起飞，与白骑士一号（WhiteKnightOne）飞机连接在一起（见图 7.2）。在飞行到约 12 千米高度后，太空船一号会被释放并点燃火箭发动机进入太空。维珍大西洋航空公司的 Richard Branson 提供了部分赞助，并在飞船上绘制了维珍的标志。X 奖的设立成功地推动了亚轨道商业太空活动的发展，并吸引了多家公司进入这一领域。NASA 的太空计划采用目的论的模式，由一个单一资助实体指导以实现特定目标。相比之下，私人亚轨道公司则采用了进化模式，通过多个实体的竞争来实现共同的总体目标，无法继续融资的实体会自然退出[7].

图 7.1　微重力体验是太空的独特乐趣之一。图中航天飞机的乘组人员正通过 KC－135 飞机上的训练体验微重力的感受。飞机上可以创造出一种特殊的飞行轨迹，巧妙地抵消地球重力，使航天员仿佛漂浮在太空中一般。然而，令人遗憾的是，每次这种微重力体验只能持续不到一分钟。但尽管时间短暂，这却是航天员们珍贵的学习机会(图片来源：NASA)

图 7.2　Ansari X 奖得主白骑士一号携带太空船一号的图片，太空船一号被抛向空中，然后点燃其单个火箭发动机，将其及其飞行员送入太空(图片来源：由 Michael Pereckas 于 2005 年 7 月 25 日拍摄，并获得 CC－BY 2.0 许可)

7.1.2 Richard Branson 的维珍银河公司

在这些私人公司中，Branson 创办的维珍银河公司是一个成功的典范。2004 年，他宣布创立了该公司。他与 Allen 和 Rutan 签订了合同，共同建造了一艘新的飞船，名为“太空船二号”(SpaceShipTwo)，并于 2016 年 2 月首次亮相。运载飞机名为“白骑士二号”(WhiteKnightTwo)。每位乘客只需支付 20 万～25 万美元，就能在 2 小时的飞行中体验几分钟的失重状态。

首次载人发射计划最早定于 2009 年，但 2007 年的火箭爆炸以及 Mojave 设施出现的工程问题导致该计划被推迟。2010 年，该公司进行了重大重组，引入了新的首席执行官，扩大了员工团队，运营重点由营销转向空间工程和测试。2014 年 10 月 31 日，航天器与运载火箭分离后，由于人为失误导致飞行事故，造成两名飞行员中的一位不幸丧生。随着该项目从这场悲剧中恢复过来，该公司采取了一些措施来确保未来的飞行安全，包括针对整个操作过程的措施。2018 年 4 月 5 日，经过两年的地面和非动力坠落测试后，被命名为维珍银河团结号(Virgin Space Ship Unity，简称 VSS Unity)的太空飞船首次成功完成了自主飞行测试。2020 年，公司聘请了一位曾在迪士尼工作的新首席执行官，这可能预示着公司理念的转变，从面向太空活动转向提供休闲旅行体验。

2021 年 7 月 11 日，团结号进行了首次载人飞行。从新墨西哥州拉斯克鲁斯美国航天发射场(建于 2010 年)起飞后，运载飞机 VSS Eve 飞到 5 万英尺(15.2 千米)的高空，然后释放了团结号。机上有两名飞行员和四名公司员工，其中包括 Richard Branson 本人。在团结号飞翔到 86 千米(53.4 英里)的最高高度后，乘客们体验了约 4 分钟的失重状态。

在任务开始一个多小时后，飞机成功降落在美国航天发射场的跑道上。

7.1.3 蓝色起源公司：Jeff Bezos 的探索之路

2000 年 9 月，Jeff Bezos 利用他 6 年前创建的亚马逊公司的利润作为支持，在西雅图郊区创立了蓝色起源公司。他希望将自己对太空的激情付诸实践，实现将人类带入太空并保护地球的目标。

公司总部位于西雅图郊外，其标志性的亚轨道飞行器以航天员 Alan Shepard 的名字命名，即新谢泼德号。多年来，公司在得克萨斯州范霍恩的工厂默默壮大。这款飞行器采用垂直起飞和着陆的方式。可搭载六名乘客的可重复使用的太空船配有可观赏地球的大窗户，太空船位于同样可重复使用的助推器顶部(见图 7.3)。飞行任务使用无人驾驶技术，助推器通过软件和控制喷射器在任务结束后返回地球，以实现多次的重复使用，而太空舱在亚轨道轨迹任务结束时通过降落伞着陆。2015 年 4 月 29 日，该飞行器进行了首次无人发射和返回任务。后续试飞同样十分成功，且包括了火箭组件的重复利用。

2021 年 7 月 20 日，在维珍银河亚轨道飞行 9 天后，蓝色起源载人火箭搭载着 Jeff Bezos 及三名私人乘客飞向太空。此次飞行达到了 106 千米的高度(近 66 英里)，创下了亚轨道飞行的新纪录，超过了美国和国际标准所定义的太空边界。整个飞行过程是全自动化的，仅用时 11 分钟。在太空舱返回地球之前，乘客们经历了几分钟的失重状态，欣赏到了壮观的地球景象。就这样，在 2021 年 7 月中旬的短短一周时间内，两家私人公司成功地将平民乘客送上了亚轨道，这标志着私营公司亚轨道飞行时代的正式开启。到目前为止，蓝色起源公司已经成功地执行了多次飞行任务，乘客中不乏知名人士，如 90 岁的演员 William Shatner 和前橄榄球明星、电视名人 Michael Strahan。

图 7.3　返回的新谢泼德号助推器(不包括顶部太空舱)，由 ThePenultimateOne 于 2017 年 7 月 27 日拍摄(图片来源：已获得 CC - BY 4.0 许可)

自 2016 年起，蓝色起源公司一直在研发以航天员 John Glenn 命名的巨型火箭新格伦号(New Glenn)。该火箭几乎与土星五号一样高，其升力是猎鹰九号的三倍，可以将人送入轨道或更远的地方。此外，公司还在研发名为蓝色着陆器(Blue Moon)的月球货物运输飞船，在新格伦号火箭完成之前，它可以通过 NASA 的太空发射系统(Space Launch System，简称 SLS)进行发射。

7.1.4　亚轨道飞行任务的准备和体验

对于参与亚轨道飞行任务的乘客，Seedhouse 提出了一个为期 5 天 21 小时的通用培训计划。Seedhouse 公司认为可以将培训时间缩短到 3 或 4 天，并将许多培训问题整合到《亚轨道地面学习手册》中。这个培训课程涵盖了医疗和操作问题，包括飞行器定位、太空飞行理论、高海拔和抗重力训练，以及在低压舱和离心机中的体验。学员还将在一系列飞机抛物线飞行中接受短暂的微重力训练。此外，培训还包括了生存和发射逃生系统的训练。尽管其中一些概念与商业载人航天公司采用的概念类似，但总体而言，这些公司已经制定了与发射系统相关的系列培训计划。随着飞行经验的积累，这些培训计划也在不断完善，读者可以登录各公司的网站获取最新信息。

为了使人们对涉及的培训有一定了解，在这里，我们简要介绍蓝色起源公司在首次执行任务时所涉及的培训计划：潜在的参与者需要年满 18 岁，身高在 5 英尺～6 英尺 4 英寸之间，体重在 110～223 磅之间。他们将接受为期 14 小时的培训项目，包括课堂教学、演示和在训练舱中的实际操作。这些培训皆符合美国联邦航空局的规定。培训内容涵盖了火箭和太空飞船的概述、安全简报、任务模拟以及在失重环境中的移动方式。培训还将指导私人太空旅行者如何进入和离开太空飞船，并在其中获得方向感。培训结束后，乘客还需要复习五类不同的飞行场景，并进行期末考试。此外，他们还必须达到七个功能性要求：在 90 秒内爬上发射塔（大约七层楼梯）；在不平坦的地面上快速行走（如斜坡或有台阶的平台）；在 15 秒内系好和解开座椅安全带；理解英语指令；承受 5.5g 的重力加速度；在座椅上坐 40～90 分钟而不需起身；与其他五名乘客和谐相处。

私人太空旅行者需要在发射前两天抵达位于得克萨斯州的发射场地。他们将在发射前 30 分钟登上“蓝色起源”号飞船（最多可容纳 6 人）并将自己绑在座椅上。座椅旁边设有巨大的窗户，透过窗户可以俯瞰地球。在达到太空边界后，他们可以解开安全带，在机舱内体验 4 分钟的失重漂浮，然后再次系好安全带，飞船将利用副伞返回地球。整个旅程计划持续约 11 分钟。

维珍银河公司开发了名为“航天员准备计划（Astronaut Readiness Program）”的预备培训课程。该计划由曾参与早期亚轨道飞行任务的人员提供指导和教学。新的私人太空旅行者首先要穿上太空服，接受医疗评估、营养和体能训练，以及教学指导。随着越来越多的人进入太空，该计划将进一步得到发展和完善。

维珍银河公司在其网站（*virgingalactic.com*）上对首次飞行任务的体验作了如下描述：发射从跑道起飞开始，然后飞船和母舰一起爬升到略低于 50 000 英尺的高度。随后，飞行员将飞船从母船上释放，飞船的火箭点火，以略高于飞行马赫 3 的速度将飞船送入太空。当乘客进入太空时，火箭发动机关闭，窗外的颜色从蓝色变为靛蓝色，而后再变为午夜黑色。在抛物线的最高点（远地点），乘客可以解开安全带并体验在微重力环境中飘浮的感觉。通过飞船的 17 扇窗户，他们可以看到地球，同时有 16 台摄像机记录这一过程。在重返大气层时，飞船的稳定翼会在开始下降时上升至 60 度，然后在浓密的大气层中展开，飞行员将飞船平稳地降落至与起飞时相同的跑道上。此外，值得注意的是，网站上的这段描述在 2022 年 12 月初撰写时进行了一些调整，强调了概览效应，但基本信息仍然准确。

7.1.5 亚轨道飞行任务的医疗和心理问题

私人太空旅行者需要为亚轨道飞行所带来的医疗和心理挑战做好准备，这些挑战包括高加速度、狭小的空间限制以及短暂的微重力环境。私人太空旅行者可能不像传统的航天员那样健康或年轻，甚至可能有正在接受治疗的健康问题。美国联邦航空局于 2006 年制定并发布了医疗筛查指南，旨在协助商业航天运营商评估潜在的乘客[10,11]。这些指南定义了两类乘客（亚轨道和轨道），并描述了与太空旅行相关的医疗风险，列出了参与此类飞行的一些医疗禁忌症（如进行性癌症、严重急性感染、曾过度暴露于辐射、怀孕等）。本书附录中列出了未来私人太空旅行者需要报告的病史，以及体检和实验室检测中需检查的一些项目。

除此之外，还存在一些适用于商业航天旅行的潜在飞行禁忌症，包括可能对飞行安全构成潜在威胁的医疗或行为问题，对其他乘客和/或机组人员的福利和舒适度产生不利影响的行为，在飞行期间需要特殊医疗护理和/或设备，并可能因飞行本身而严重恶化的医疗情况[12]。然而，在特殊医疗方面，2006 年美国联邦航空局的指南指出，即使存在医疗禁忌症或残疾，只要在进一步评估和治疗后能够做出适当的调整，仍然可以获得太空飞行认证。例如，著名的物理学家 Stephen Hawking 教授尽管因患晚期肌萎缩性脊髓侧索硬化症而行动严重不便，但在自己的医疗团队的陪同下，通过非侵入性生物医学设备的监测，他仍参与了微重力亚轨道飞行[10,13]。

对于心理层面的禁忌症，指南将其规定为“任何会导致个人对自己或他人构成潜在危险的精神、心理或行为障碍”[11,p.3]。这些特定的问题包括急性精神病或精神分裂症、双相情感障碍、严重的人格障碍或最近的药物滥用或依赖史。太空旅行中的应激源包括：狭小的空间、噪声和振动。这些应激源可能会产生出乎意料的心理问题，例如“隐藏的幽闭恐惧症”[2]，因此，在发射前应评估这些因素影响的程度。然而，考虑到亚轨道飞行的持续时间不超过几个小时（垂直起飞不到一个小时）。因此，在这些相对时间较短的任务中，很多可能引发行为问题的心理和人际应激源可能都不会发挥重要作用。

最近，航天专业人员协会生命科学工作组发布了一套亚轨道商业载人航天飞行医疗指南，重点关注了精神健康问题，包括焦虑、抑郁、幽闭恐惧症、恐慌症、过度换气、自杀未遂，酒精或药物依赖或滥用等[14]。工作组建议在太空飞行后 6 个月内进行体检，并进行正式的精神状态评估。

在亚轨道飞行任务中，焦虑问题引起了特别关注[10,15,16]。由于乘坐火箭进入太空的高重力条件可能会产生压力，人们已经开始讨论如何减轻由此产生的压力情绪反应。例如，有一项研究详细回顾了对经历过离心机训练、军事行动、具有飞行恐惧或晕动病的非专业人员所进行的焦虑干预措施[17]。研究结果表明，虚拟现实暴露在帮助减轻与飞行相关的焦虑方面与实际暴露疗法一样有效[17]。研究同样认为，加入认知行为疗法或生物反馈疗法可以提高虚拟现实暴露的脱敏效果。由于晕动易感人群比非晕动人群具有更高的特质性焦虑，因此有人建议通过晕动易感性问卷来识别高危人群。此外，苯二氮卓类药物在缓解飞行焦虑方面具有一定的效果，但该药物不能帮助人们缓解与未来飞行相关事件的焦虑。

在一项研究中，有 86 名参与者通过离心机模拟亚轨道飞行的加速度。在这些参与者中，有 18 人曾经感到焦虑，其中 12 人的焦虑程度已经干扰到了他们完成模拟任务的能力。阳性精神病史与焦虑症状的发展无关。在这 12 人中，有 9 名参与者在后续的辅导和支持下成功完成了模拟任务，这表明这些活动有助于帮助高度焦虑的人完成商业航天飞行[18]。

在同一团队成员进行的后续研究中[19]，148 名参与者接受了四种不同的离心机训练计划，其复杂程度和持续时间从 1 小时到 2 天不等。研究发现，晕动病史与参与者退出模拟的选择有关，较短的训练计划与血流动力学反应升高有关。同时，在高仿真度的情况下，训练效果似乎最好。此外，连续的暴露似乎可以提高人们对身体和心理飞行压力的耐受力。

7.2 轨道任务

7.2.1 早期历史：空间站任务

作为国际宇航员(Intercosmos)计划的一部分，苏联/俄罗斯的太空项目一直允许将“客座”宇航员送往礼炮号及和平号空间站。大多数国际宇航员是由东道国选拔并给予培训的。苏联/俄罗斯的太空项目还在 20 世纪 90 年代初将由私人资助的一名日本男子和一名英国妇女送往了和平号空间站[1]。美国则是将平民通过航天飞机送往太空，这些平民接受的训练比航天员少，其中包括了一名商人、一名美国参议员和一名美国国会议员(见图 7.4)。NASA 的目的是增加民众的参与，但该计划于 1986 年停止，原因是教师 Christa McAuliffe 和她的乘组在挑战者号灾难中丧生。

随后，通过公司间合资的方式，在轨的商业载人航天正式拉开序幕。通过太空探险(Space Adventures)公司与俄罗斯联邦航天局以及能源火箭航天公司之间的合作，七名私人太空飞行参与者前往国际空间站执行了八次飞行任务，他们每人为此支付了 2000 万～4000 万美元。他们是：Dennis Tito(美国，2001 年 4 月)，Mark Shuttleworth(南非/英国，2002 年 4 月)，Greg Olsen(美国，2005 年 10 月)，Anousheh Ansari——因 Ansari X 奖而闻名(美国/伊朗，2006 年 9 月)，Charles Simonyi(美国/匈牙利，2007 年 4 月和 2009 年 3 月)，Richard Garriott(美国/英国，2008 年 10 月)和 Guy Laliberte(加拿大，2009 年 9 月)[1,6]。这些太空旅行者在联盟号飞船上度过了 8～15 天的时间，进行了科学实验并参与了国际空间站的日常任务。然而，随着国际空间站乘员人数的增加，该计划在 2010 年暂时停止。此外，太空探险公司还促成了一项交易，将日本社交媒体明星、电子企业家和艺术收藏家 Yusaku Maezawa(MZ)

与其经纪人一同送往国际空间站，他们在太空中度过了12天，并为YouTube制作了视频以展现他们的经历[21]。未来，太空探险公司计划赞助更多的太空飞行，包括环月飞行任务。

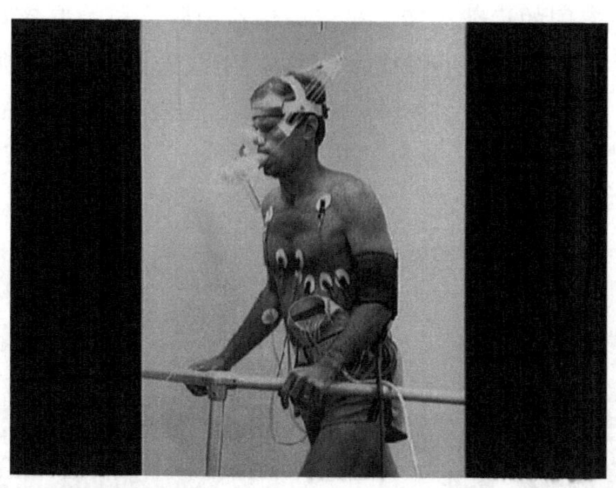

图7.4 1985年，佛罗里达州众议员 Bill Nelson 在约翰逊航天中心接受了体检，这是在他登上航天飞机前的必要程序。相似地，未来将要进行私人太空旅行的航天员也需在发射前接受身体检查和测试，这一过程将在后文中详细介绍(图片来源：NASA)

轨道任务通常使用垂直起飞式的火箭。到目前为止，已经有几家公司开展了发射绕地球卫星的业务[5]并且获得了丰厚的利润。在历史上，航天公司一直受NASA和其他太空机构的合同约束，这意味着它们必须遵守政府的监管和法规。这些合同遵循了成本加价的理念①，本质上是为了增加一笔补贴，以帮助公司维持其基础设施，但这会造成价格过高及任务延迟[3]。因而人们成立了一些初创公司，这些初创公司受到的监管较少，并且相信自己可以开发更便宜、可重复使用的火箭，从而降低发射成本。其中的一些公司(比如维珍银河、蓝色起源和SpaceX)的创始人是亿万富翁，他们可以向自己的公司注入私人资金[3,4]。我们之前已讨论过维珍银河和蓝色起源公司，下面我们将讨论联合发射联盟这一更传统的成本加价企业，而后，我们将介绍SpaceX公司。

7.2.2 联合发射联盟

成立于2005年的联合发射联盟(United Launch Alliance，简称ULA)由波音公司和洛克希德-马丁公司这两家传统航空航天公司合作组建，旨在整合资源，以打造更具生态化的体系。这两家公司一直为国防部、卫星通信行业和NASA提供支持。实际上，它们负责了美国约一半的军事和商业发射[5]。在历史上，联合发射联盟始终使用两款经过验证的、不可重复使用的火箭：Atlas Ⅴ和逐步被淘汰的Delta Ⅳ，后者

① 即在成本的基础上加上期望的利润。

正逐步被价格较低且部分可重复使用的火神火箭(Vulcan)所取代。

2014 年 9 月 16 日,NASA 宣布波音公司和 SpaceX 公司获得了将航天员送往国际空间站的竞争性合同[22]。这标志着自 2011 年最后一次航天飞机飞行之后,国际空间站将再次迎来美国的运载火箭。虽然内华达山脉公司的追梦者号与航天飞机类似,但 NASA 随后认为其技术不够成熟,无法用于载人任务,但不排除未来重新评估并应用的可能性。正如后文所述,Space X 目前承担着将航天员送往国际空间站的任务,而波音公司则希望凭借可重复使用、能搭载 4－7 名航天员的CST－100星际航线(见图 7.5)迎头赶上。

图 7.5　波音 CST－100 星际航线太空舱被放置在卡纳维拉尔角垂直整合设施的 Atlas V 火箭顶部,为无人轨道飞行测试做准备(图片来源:NASA)

7.2.3　Elon Musk 的 SpaceX

2002 年 3 月,Elon Musk 利用在线公司(尤其以 PayPal 最著名)的销售收入创办了 SpaceX 公司(又名太空探索技术公司)。该公司的目标是研发成本低于传统航空航天公司、可重复使用且可垂直起降的火箭。Musk 通过法律诉讼挑战老牌航空航天公司与 NASA 以及美国空军之间的垄断行为,并在竞争中赢得了政府合同。

在经历了三次失败的尝试后,SpaceX 公司终于在 2008 年 9 月 28 日成功发射了第一枚两级猎鹰 1 号火箭(以《星球大战》电影中的千年隼命名)。猎鹰 1 号火箭的第一级由 SpaceX 公司的梅林发动机提供动力。通过将九个这样的发动机集中在助推器上(再加上第二级的另一个发动机),SpaceX 公司制造了更大的猎鹰 9 号火箭,并于 2010 年 6 月 4 日进行了首次飞行。自 2017 年开始,该公司通过助推器的重复使用,展示了其高效的成本效益。

猎鹰 9 号火箭搭载了龙飞船,用于将成员和物资送往国际空间站。该太空舱的内部容积大约比阿波罗时期的太空舱大 60%[3]。在 2012 年 5 月 25 日,货运版的龙飞船成为首个成功与国际空间站对接的商业航天器[23]。自那时起,无人货运飞船开始定期将科学实验材料和其他物资送往国际空间站,然后再返回地球(见图 7.6)。

2020 年 5 月 30 日，猎鹰 9 号火箭首次发射了搭载两名航天员的载人龙飞船，并在第二天与国际空间站成功对接[24]。至此，龙飞船已经展示了其运送航天员往返国际空间站的能力，这是一个重要的里程碑。

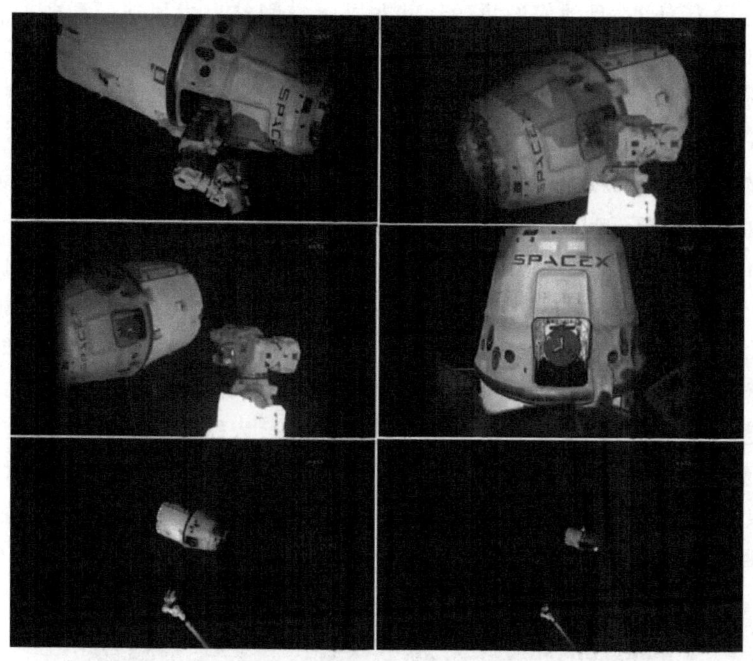

图 7.6　一系列图像显示 SpaceX 公司的无人驾驶龙飞船于 2014 年 10 月 25 日离开国际空间站返回地球，搭载了科学样本和其他货物。载人版本的龙飞船可以运送航天员往返国际空间站

通过将三个猎鹰 9 号助推器绑在一起，SpaceX 公司开发了可重复使用的猎鹰重型火箭(Falcon Heavy Rocket)。在 2018 年 2 月 6 日的首次发射中，该火箭将 Musk 个人的红色特斯拉跑车(车内有一个身穿太空服的人体模型)送入飞越火星的轨道中[3]。这款火箭是自 20 世纪 60 年代的土星五号以来美国发射的最大火箭，旨在将物资送往月球甚至更远的地方。

Musk 于 2017 年 9 月 27 日首次公布，除了现有产品外，SpaceX 公司还正在制造可重复使用的超重型火箭(也称为 Big Falcon Rocket，简称 BFR。正式名称为“大猎鹰火箭”，非正式名称为“Big F-ing Rocket”)。该火箭的运载能力是猎鹰 9 号火箭的六倍[3]。从理论上讲，它甚至可以发射，巨型星际飞船(Starship)将至少一百名乘组人员送上火星。每人的费用约为 25 万美元。

SpaceX 的总部位于加利福尼亚州霍索恩，在加利福尼亚州、佛罗里达州和得克萨斯州都设有建造和发射基地。各类设备的大部分零部件都在当地制造和组装，从而进一步降低了成本。借助四个高超声速网格鳍作为转向桨，返回的 SpaceX 火箭可以自动垂直降落在海上驳船上，或者在四个着陆腿的帮助下在陆地设施上降落。在 50 多次发射中，其成功率约为 96%[5]。公司每月或每半月发射一次军用和商用有效载荷，包括卫星等[5]。截至 2017 年年中，SpaceX 公司的估值达到 210 亿美元[4]。

2021 年 9 月 15 日，SpaceX 公司成功将四名平民送入太空，这是首次由非航天员参与的轨道飞行任务，且他们的目的地并非国际空间站。肯尼迪航天中心 39A 发射场完成了此次引人注目的夜间发射(见图 7.7)。随后，助推火箭利用自身的计算机制导系统成功返回，降落在大西洋的一艘驳船上。航天员们搭乘龙飞船绕地球飞行了 3 天，该飞船位于地球上方约 575 千米(357 英里)处，这一高度位于国际空间站的上方，国际空间站的轨道高度为 400 千米(250 英里)。这次任务被命名为“启发 4 号”(Inspiration4)，它的目标是为圣裘德儿童研究医院筹集资金。任务中的每一位乘客都带有一个象征意义：领导(男性任务指挥官，他是一名专业飞行员和成功的企业家，为支持此次任务贡献了 2 亿美元)、希望(女性医务官，她是一名医生助理，是一名在接受治疗的癌症幸存者，腿上装了一个假肢)、慷慨(男性数据工程师和美国空军老兵，从慈善抽奖中被选中参加)和繁荣(女性飞行员，她是一名地球科学家、科学传播专家和艺术家，因其创业精神而被选中)。在发射、入轨和返回过程中，飞船的计算机和制导系统都是自动启用，但乘客们也接受了手动控制的培训以备不时之需。任务期间，乘员们进行了医学实验、创作、音乐演奏等活动。任务结束后，四位乘客通过降落伞返回地球，降落至大西洋。这次任务已被制作成五集的电视纪录片[25]。

图 7.7　肯尼迪航天中心 39A 发射场内的猎鹰 9 号火箭及龙飞船。这就是将人类送入太空的设备配置(图片来源：NASA)

7.2.4　俄罗斯的联盟号计划(另见第 7.2.1 节)

2021 年 10 月 5 日，俄罗斯联盟号火箭将一名宇航员 Anton Shkaplerov、俄罗斯电影导演 Klim Shipenko 和俄罗斯女演员 Yulia Peresild 送往国际空间站[26]。这些私人太空旅行者实际上是太空飞行的参与者，因为他们的活动与这次任务的目标一致，即为一部名为《挑战》的太空电影拍摄场景。此次飞行一直是全自动的。直到最后阶段，由于通信问题，Shkaplerov 不得不手动控制飞船与国际空间站对接。俄罗斯的飞行控制团队开玩笑说，最后的那场戏一定是为了增加情节的悬念而上演的。两位私人太空旅行者在经过12天的电影拍摄后安全返回地球，他们在此期间共拍摄了约30个小时的影像视频。

7.2.5 Robert Bigelow 的充气栖息舱

房地产企业家兼 Budget Suites 公司创始人 Robert Bigelow 在商业载人航天领域选择了与众不同的发展方向。他创办了总部位于拉斯维加斯的毕格罗太空公司(Bigelow Aerospace)。与其他公司不同的是，这家公司并非专注于开发火箭和太空舱以将人送上太空，而是注重为人们提供一个轨道目的地。这个目的地不同于以探索科学和技术为目标的空间站，它的目标是娱乐和休闲。

毕格罗从 NASA 废弃的 Transhab 项目中获得了充气式太空结构的设计权。毕格罗的太空舱采用扁平结构，在进入轨道后被加压并充气。2006年7月12日，俄罗斯的一枚火箭发射了这一轨道结构的两个次规模版本中的第一个，它被称为"创世纪1号"，其中装载了活蟑螂和跳豆[1]①。第二年，更大规模的"创世纪2号"发射，搭载了蟑螂和蝎子。2016年4月8日，毕格罗可扩展活动模块(Bigelow Expandable Activity Module，简称 BEAM)通过 SpaceX 公司的猎鹰9号火箭发射升空。它于2016年5月28日停泊并进行了充气加压(见图7.8)。经过长时间的测试和人类居住验证后，该公司计划开发名为 B330 的模块。B330 是一个容积为330立方米的栖息舱，最多可容纳6人[27]。栖息舱不仅可以被放置在绕地球轨道上，还可以被部署在绕月轨道上，为私人太空旅行者带来独一无二的体验。然而，由于2020年3月的 COVID－19，毕格罗太空公司不得不解雇员工。该公司计划在条件允许的情况下重新招聘员工并恢复运营。

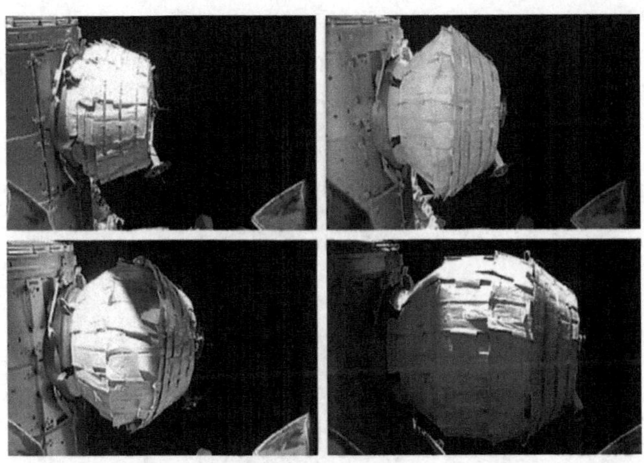

图7.8 一系列照片显示了毕格罗可扩展活动模块(BEAM)扩展到全尺寸的过程(图片来源：NASA)

---

① 跳豆也被称为墨西哥跳豆，是一种被寄居的豆荚。寄居者通常为蛾的幼虫。跳豆跳跃的原因是幼虫在遇热时通常会痉挛以试图将豆荚滚到凉快的环境中。

7.2.6 公理太空公司

公理太空公司(Axiom Space,Inc.),又称公理航天公司,是一家美国太空公司,由国际空间站前项目经理(2005—2015 年)Michael T. Suffredini 和工程师兼企业家 Kam Ghaffarian 于 2016 年创立。Kam Ghaffarian 此前曾是 NASA 的合同商[28,29]。公司总部位于得克萨斯州休斯敦,公司的目标是执行飞往国际空间站的商业任务,随后建立并运营全球首个私人空间站。团队中还包括 NASA 前局长 Charles Bolden,以及其他 NASA 前员工,例如航天员 Michael Lopez-Alegria 和 Peggy Whitson。

2020 年 1 月,NASA 选中公理太空公司向国际空间站发送一个以商业为目的的太空舱。该太空舱旨在对接国际空间站的“和谐号”前端端口,这可以展示公司在近地轨道上提供商业服务和产品的能力。最终,公司将建造一个小型空间站,其中包括对接器、研究和制造舱、乘员舱,以及一个用于欣赏地球的大窗户。公司计划在 2024 年将第一个舱室与国际空间站对接,并在 2028 年完成整套舱室的对接。在国际空间站退役之前,公司计划将这些舱室拆解并成为一个独立飞行的“公理站”。

公理太空公司计划在为期 10 天的飞行任务中提供载人太空服务。除了培训之外,公理太空公司还提供飞行任务规划、硬件开发、生命支持、医疗支持、乘员条款、硬件和安全认证、在轨运营以及飞行任务管理等服务。根据需要,飞行任务的持续时间可以延长到 10 天以上。

2020 年 3 月,公理太空公司与 SpaceX 公司签署合同,通过猎鹰 9 号火箭和载人龙飞船将商业的航天员送往国际空间站。随后,公司于 2021 年 6 月又增加了三次飞行任务。2022 年 4 月 8 日,公理任务 1 号从肯尼迪航天中心发射,NASA 前航天员 Michael Lopez-Alegria 担任任务指挥官,乘员是三名商人(见图 7.9)。他们每人支付了 5 500 万美元,并和任务指挥官一起前往国际空间站[30,31]。在进行了 20 多项私

图 7.9 SpaceX 公司的载人龙飞船奋进号搭载四名公理任务 1 号的航天员,从 NASA 位于佛罗里达州的肯尼迪航天中心发射后不到一天的时间便接近了国际空间站。(图例和图片来源:NASA)

人开发的实验并欣赏了地球的壮丽景色后，乘组人员在因天气原因延误 17 天后于 2022 年 4 月 25 日安全返回地球。第二次任务计划于 2023 年进行，由前 NASA 航天员 Peggy Whitson 担任任务指挥官。

表 7.1 所列为当前和计划中的载人航天器。

表 7.1　载人航天器一览

亚轨道航天器：维珍银河团结号、蓝色起源新谢泼德号
当前轨道航天器：SpaceX 龙飞船、俄罗斯联盟号飞船、中国神舟飞船
当前在轨空间站：国际空间站、中国天宫二号
计划中的轨道航天器：内华达山脉公司的追梦者号、波音 CST－100 星际航线
计划中的在轨空间站：俄罗斯和平号 2 号空间站、毕格罗充气栖息舱、公理站
计划中的月球/火星航天器：NASA 的太空发射系统/猎户座宇宙飞船（见第八章），SpaceX 公司超重型（BFR）飞船/星际飞船

7.2.7　轨道飞行任务的准备和体验

Seedhouse[1] 阐述了一个更为详细的五周轨道飞行计划，涵盖了上述亚轨道飞行的许多问题（详见第 7.1.4 节）。相比亚轨道飞行，轨道飞行任务的时长、长期微重力的影响（包括太空晕动症）、长时间的隔离和密闭环境都带来了更高的生理和心理的医疗要求。该计划的大部分内容已纳入他的《轨道地面学校手册》中。

Webber 也概述了乘客参加轨道飞行体验前所需的培训[6]，包括安全和应急程序、对医疗应激源的忍受度、通过沿抛物线轨迹飞行的飞机体验零重力、水上着陆逃生练习、熟悉可能发生的飞行任务事件，以及与其他乘客和乘组人员进行团队训练。此外，熟悉太空服也是必要的。在培训阶段，可能还需要为乘客的家人提供住宿和娱乐，并在飞行任务期间保持乘客与家人和朋友之间的通信。Webber 还指出，飞行体验应考虑到乘客的个人喜好，如最喜欢的食物或饮料，或者是飞过乘客要求的特定地点（如大峡谷或出生地）。同时，太空舱还需要提供隐私区域。在地球着陆后，乘客在经过医疗检查后会有一个返回仪式。仪式上会播放视频并赠送航天员羽翼（astronaut wings），这将为这次任务画上完美的句号。

与亚轨道飞行任务类似，不同公司的轨道飞行任务培训计划也会有所不同。这些培训计划随着公司获得更多经验而不断调整。感兴趣的读者可以在公司官方网站上获取最新信息。

让我们以 2021 年 9 月 15 日 SpaceX 任务所执行的训练为例。乘组人员的训练从 3 月开始，一直持续到发射前 1 周他们将要进行隔离时[25,32,33]。在这段时间里，乘组人员接受了多个方面的培训。他们进行了穿戴太空服的训练，并在位于加利福尼亚霍桑的 SpaceX 总部的模拟器上熟悉了龙飞船。他们观摩了 SpaceX 之前任务的发射和返回操作，接受了与任务和太空生活相关的培训，还需要完成家庭作业。他们的培训时间常常长达12个小时。乘组人员在离心机中体验 $6g$ 的加速度，在战斗机中体验了高达 $8g$ 的加速度。他们还在飞机上进行了零重力训练，即通过飞机的抛物线弧形轨迹来模拟微重力环境。他们还接受了高原舱的训练，以了解因失压而导致的低氧条件可能引起的身体反应。在所有这些活动中，乘组人员都接受了严密的监测和医疗检查。此外，他们还在攀登华盛顿州的雷尼尔山时接受了生存训练。指挥官和飞行员还在SpaceX的模拟器上学习了如何在太空舱自动系统失效的情况下手动控制飞船。总体而言，这些培训旨在帮助乘组人员克服任务带来的恐惧，从而更好地凝聚成一个团队。

7.2.8 轨道飞行任务的医疗和心理问题

第7.1.5节提到的许多亚轨道飞行任务中的医疗和心理问题同样适用于轨道飞行任务。然而，鉴于轨道飞行任务在太空中的持续时间较长，需要考虑更多医疗应激源：高加速度、气压变化、长期的微重力环境、电离和非电离辐射、舱内噪声和振动的增加、温度和湿度的波动，以及舱内空气污染物。此外，还需要考虑行为问题，例如隔离和密闭、受伤或死亡风险、缺乏隐私以及乘组人员间的人际关系所引发的压力。在更遥远的未来，轨道太空舱可能会更宽敞，并可能具有某种人造重力(例如围绕中心旋转，以便在人们居住的外围产生 $1g$ 的离心力)。但在早期的商业载人航天时代，太空舱应该就是发射舱本身或空间站或毕格罗结构的栖息舱，舱内肯定是微重力环境。

在私人太空旅行领域，付费客户可能会提出特殊需求，如更高标准的头等舱待遇(例如要求提供美食和酒精饮料等服务)。因此，应该适当放宽政府赞助项目中的一些严格标准，以适应不同客户的需求。同时，商业航天需要制定合理的准则，在允许私人太空旅行者根据自己的喜好选择服务的同时，也要确保他们的安全以及乘组人员和其他付费乘客的安全[13]。

微重力对身体的影响可能是一个挑战，尤其是对于那些有潜在疾病的人来说。Antuñano等人[17]总结了一些可能的应激源："当下的轨道飞行尤其令人担忧的是，人们并不清楚太空飞行对现有疾病的影响，所欠缺的知识主要包括两个方面：(1)已知的微重力后果(如液体转移、晕机、心血管功能减退、骨丢失、颅内压增高、尿潴留、胃肠道蠕动减弱、飞行后位移/失衡、免疫功能下降)对现有疾病的影响；(2)现有疾病对与太空飞行相关的医学问题的影响。"[16,p.631]

迄今为止，私人太空旅行者的轨道飞行时间一般为8～15天，与航天飞行任务的时长相当。在一项针对607名航天员和有效载荷专家的研究中(他们总计参与过106次航天飞机任务)，98.1%的男性和94.2%的女性平均每两天半报告一次医疗事件或医学症状[13,34]。这些问题的详细情况如表7.2所列。总共发生了194起受伤事件，有14人死亡。因此，即使是训练有素的航天员，在太空中出现医疗问题的概率也相当高。而对于年龄较大、体能较差、飞行时间较长的私人太空旅行者来说，这些风险可能更加突出。此外，私人太空旅行还需要考虑精神健康问题，特别是对于那些具有人格障碍、适应和心理躯体问题、焦虑症和恐惧症、严重抑郁症、急性精神病或精神分裂症、躁狂症、自杀倾向以及药物滥用史的人而言[13]。

表 7.2 航天飞机飞行中的医疗事件

涉及的医疗事件或身体系统	占比/%
太空适应综合征(太空晕动症)	37.6
阵发性失眠和疲劳	36.0
神经系统和感觉器官	16.7
消化系统	9.2
受伤和创伤	8.8
肌肉骨骼系统和结缔组织	8.2
皮肤和皮下组织	8.0
呼吸系统	4.5
行为表征	1.8
泌尿生殖系统	1.5
传染病	1.3
循环系统	0.3
内分泌、营养、新陈代谢和免疫失调	0.1

注：改编自参考文献[13,34]

大多数有能力在未来参与轨道飞行任务的人可能都不会像典型的航天员或有效载荷专家群体那般健康或年轻。2007 年 12 月，国际空间站医学团队发布了一份详细清单，列出了在国际空间站短期访问 30 天以内的私人太空旅行者需符合的医疗标准和评估要求[35]。尽管没有对专业航天员的要求那么严格，但这些评估和标准仍然非常严格，并且可能会排除许多有医疗或精神问题的潜在申请人。

患有各类疾病的人需要根据具体情况进行评估才能参与飞行任务。人们可以在采取适当预防措施的情况下参与太空飞行。Jennings 和他的同事介绍了一名 57 岁男性的案例研究，该男性患有多种涉及心脏和肺部的疾病[36]。通过在太空模拟条件下进行仔细评估，并针对申请者的病情进行预防性治疗，这位申请者获得了飞行资格并成功完成了为期 10 天的国际空间站任务。

轨道任务还可能增加私人太空旅行者的心理压力。例如，连续几天与他人关在狭窄、孤立的环境中会对心理造成挑战。在美国联邦航空局资助的一项研究中，研究人员回顾了许多可能在亚轨道和轨道任务中影响航天员和私人太空旅行者的医疗和心理问题[15]。鉴于轨道任务的复杂性和时长，研究人员特别提到了心理健康评估需要涵盖的四个行为和精神领域(见表 7.3)。

表 7.3　轨道飞行任务需要考虑的重要行为和精神领域

精神问题:人格障碍、适应和心身反应、焦虑症和恐惧症(即害怕飞行)、幽闭恐惧症、重度抑郁症、急性精神病反应、双相情感障碍或自杀未遂史
尼古丁成瘾
最近或目前有酗酒和吸毒史,可能导致在任务初期出现渴求或戒断症状
睡眠、昼夜节律和认知能力的紊乱

注:改编自参考文献[15,p.14]。

鉴于轨道任务将涉及一群人在训练和任务期间一起互动。因此,保证团队动力和凝聚力是需要被优先考虑的问题。尽管私人太空旅行将比许多当前的航天任务短,但私人太空旅行者一起训练的时间也会更短(大多数航天员在执行任务之前一起训练了一年或更长时间),这使得乘客融入一个高效团队的机会会更少。本书前面讨论的许多人际应激源可能会影响群体行为,因此需要将某种团队培训纳入私人太空旅行者的飞行前培训中。有迹象表明,"启发 4 号"团队在训练过程中紧密团结在一起[25],在未来的任务中应确定和利用鼓励团队团结的要素。

Antuñano 等人[16]认为,在商业载人航天运营中需要重视医疗风险管理。这包括个性化定制和实施有效的医疗安全管理系统,其特点是:(1)通过识别、描述、交流、控制、消除和跟踪风险来促进安全的一系列方法;(2)采用正式的自上而下的业务式风险管理方法,包括提高安全性的系统程序、实践和政策[16,p.632]。这样的计划应当是主动的,通过持续监测以识别风险并采取相应措施,防止不良的医疗后果发生。

7.3　商业载人航天的市场前景

商业载人航天的兴趣点和需求是什么?以目前的价格来看,太空飞行仍只是富人的游戏。例如,根据 Webber 的估计[6],体验亚轨道飞行的游客需要有 200 万～1 000 万美元的净资产,而参与轨道飞行的游客需要拥有 2 亿～10 亿美元的资产。然而,航天飞行的价格仍需要降低以吸引更多人的参与。以航空业为例,最初机票价格十分昂贵,但如今有数百万人可以以相对合理的价格乘坐飞机。

Futron 是一家专门预测太空相关市场的公司,它于 2002 年 10 月发布了一项调查结果[6,37]。参与调查的均是美国的百万富翁,他们被询问是否会参加耗资 10 万美元的抛物线亚轨道飞行(72%的受访者为男性,平均年龄 55 岁)或耗资 2 000 万美元的持续两周的轨道飞行(89%为受访者男性,平均年龄 55 岁)。尽管 12%的人表示他们"绝对有可能" 参与亚轨道旅行,10%的人表示会参与轨道飞行,但两组中仍约有一半人宁愿将这笔钱用于投资。有近一倍的受访者表示,如果亚轨道旅行的价格降低至每次飞行 25 000 美元,他们会参与,但如果价格在 200 000～250 000 美元范围内(这是目前的价格),只有不到一半的受访者会参与。超过四倍的受访者表示,如果轨道飞行价格降至 100 万美元，他们就会前往。对于这些忙碌的富翁而言，训练时间是一个问题：如果飞行前的训练能减少到一周以内，12%的人将“更有可能”参与亚轨道飞行，如果飞行前的训练时间从 6 个月减少到 1 个月，则 30%的人更有可能参与轨道飞行。63%的受访者认为，从太空观看地球是亚轨道飞行最具吸引力的特色（而只有 24%的受访者渴望“失重”），而 49%的受访者认为他们参与轨道飞行的动机是体验在太空中生活和飘浮的感觉。超过一半的受访者表示，他们对亚轨道飞行的渴望不受飞行器（政府的或私人的）所属机构的影响，也不会受到轨道飞行中可能经历身体不适的影响。根据调查，Futron 当年预计，到 2021 年，亚轨道市场的乘客量将达到 15 000 人次以上，轨道市场的乘客量将达到每年 60 人次。很明显，这些预测并没有实现。

另一项与商业载人航天相关的调查发表于 2006 年 9 月[6,38]。与 Futron 的调查不同，此项调查偏向于那些热爱参与冒险活动（例如跳伞、登山）的人，并且只有 14%的人是百万富翁。这些的受访者更年轻（94%在 60 岁以下），其中 91%是男性。调查显示，在这个群体中，价格同样是一个问题。只有 7%的人表示愿意以 10 万～20 万美元的价格进行亚轨道飞行，但如果价格降至 25 000 美元或更低，这个比例就会增加到 36%。只有 4%的人愿意为轨道飞行支付 1 000 万～2 000 万美元，而 33%的人愿意花费 100 万美元或更低的价格进行此类飞行。在训练方面，59%的人表示他们最多可以花两周时间进行亚轨道飞行训练，22%的人表示最多一周，19%的人只能花 1～3 天。对于轨道飞行，19%的人表示能接受的训练时长最长为 6 个月，30%的人表示最长为 3 个月，29%的人表示最长为 1 个月。就发射偏好而言，29%的人更愿意乘坐飞行器水平起飞并飞向太空，另外 29%的人表示更喜欢乘坐火箭垂直发射，14%的人更喜欢乘坐悬挂在母舰下方的航天器起飞，还有 28%的人表示没有偏好。在返回方式上，53%的人更愿意在陆地上水平着陆，9%的人更喜欢通过降落伞在水面垂直降落，8%的人希望在地面上通过降落伞降落（当时没有垂直火箭辅助降落的选择）。70%的人表示他们会对持续两周或更短时间的轨道飞行感到满意，88%的人表示有兴趣进行太空行走。

Tauri 集团在 2011 年 11 月进行了市场调查，以评估人们乘坐可重复使用运载火箭进行亚轨道旅行的意愿[1,6,39]。调查对象包括潜在用户、供应商、研究人员以及高净值人士。调查结果显示，当时全球有足够多的高净值人士（约 8 000 人）愿意并且有能力支付平均约 123 000 美元的亚轨道飞行费用，其中约三分之一的高净值人士来自美国。该项调查预计在未来 10 年，随着高净值群体的增长以及那些不那么富裕的爱好者加入，体验亚轨道飞行的人数可能达到约 4 000 人，带来约 6 亿美元的收入。其中 80%的需求来自私人资金的支付，20%来自政府、企业或非营利组织等。然而，这项预测与之前调查的预测一样，显然过于乐观，未得到现实验证。

从这些调查中，我们可以得出以下主要结论：首先，如果亚轨道飞行的价格可以从 10 万～20 万美元降至 25 000 美元，参与亚轨道飞行的人数将增加 2～5 倍；如果价格从 2 千万美元降至 1 百万美元，参与轨道飞行的人数将增加 4～8 倍。其次，如果培训时间缩短到一周或更短，参与亚轨道飞行的人数将增加 12%～41%；如果培训时间缩短到一个月或更短，参与轨道飞行的人数将增加 30%。最后，早期市场预测过于乐观，部分原因是事故和技术挑战导致商业航天进展放缓，另一部分原因是财务限制造成许多私人航天公司纷纷倒闭。然而，2021 年仍是商业航天史上辉煌的一年，维珍银河公司、蓝色起源公司、SpaceX 公司以及俄罗斯均成功将公民送上亚轨道或轨道飞行。此外，在 2021 年，毕格罗公司实现了一个重要的里程碑，其充气式栖息舱对接在国际空间站上已满五年，并能够供人居住；公理太空公司派遣人员前往国际空间站，为其建立商业空间站计划做准备。当下，仍有高净值人士愿意前往太空。例如，维珍银河公司已经吸引了 600 多名潜在的私人太空旅行者，他们支付了 20 万英镑/25 万美元参加公司的计划[8]。Webber 估计这一市场的经济价值约为 3.6 万亿美元，并以每年约 3%的速度增长[6]。这主要归因于利润丰厚的卫星产业的发展，尤其是全球通信和国防需要很多传统卫星和小型立方卫星。向国际空间站的发送货物和乘组人员也具有重要意义。2016 年，NASA 与 SpaceX、轨道公司和内华达山脉公司签订新合同，由这些公司执行前往国际空间站的货运任务[3]。此外，维珍银河公司和 NASA 已确定了 12 个创新研究型有效载荷，它们将搭载维珍银河公司的太空船 2 号进入太空[6]。

商业载人航天产业预计将在目前约 20 亿美元的基础上继续扩大[6]。航空航天工程师、企业家和执行官 Joel Sercel 估计，商业载人航天将成长为一个价值 1 000 亿美元的产业。他预计，亚轨道飞行的价格可能从每人 25 万美元降至 3～5 万美元。而市场成熟后，轨道飞行的价格可能在 300～500 万美元[3]。然而，许多潜在的轨道飞行客户可能会因为长时间的培训要求而望而却步，尤其是考虑到他们中的大多数人在地球上的生活都很繁忙，不可能在太空飞行培训中花费超过 1～2 个月的时间。

目前，我们主要关注运载火箭和太空旅行的体验。然而，除此之外，商业载人航天还需要建设专门的太空港。这不仅是为了避免干扰商业航空交通，还是为付费的客户、家人和朋友提供期望的环境，因为他们为太空体验支付了高昂的费用[2,6]。全球有超过 35 个运营中的太空港，其中大部分由政府拥有和运营，但也有超过 11 个获得了联邦航空局许可的非政府太空港[10]。出于安全考虑，太空港必须远离城市中心，因此它们需要便利的交通。太空港应包括可供过夜的餐厅和酒店，并提供电影、太空模拟器、虚拟现实等娱乐以供家人和朋友体验与太空相关的活动。私人太空旅行者及其重要人士还应获得在游乐园和太空中心广受欢迎的太空纪念品，如飞行服、任务向徽章、T 恤衫、帽子和头盔。在某些情况下，私人太空旅行者可以在太空港接受飞行前培训，因此这些太空港需要配备培训和医疗设施以及模拟器。此外，太空港还需要具备垂直发射和水平降落能力的设施。

在前文提及的 2006 年的调查中[6,38]，有 48%的受访者表示愿意前往任何地方的太空港进行亚轨道飞行，另有 31%的受访者更愿意选择本国的太空港。现在，有一些计划想要利用这些太空港设施（以及更传统的机场）作为超音速喷气式飞机点对点抛物线轨迹飞行的目的地，这种飞行方式可以将国际旅行时间缩短到目前水平的一半以下。但在这一领域，仍有一些问题需要解决，如飞行器设计、音爆降噪、军事用途以及潜在的客户定位(如私人太空旅行者、邮件或货物等),这些问题都会影响定价。

7.4 法律和环境问题

在美国,对于商业载人航天的管理政策仍处于起步阶段,特别是对于涉及风险、安全、行为健康和表现的政策[40]。目前,这些政策遵循《2004 年商业航天发射修正法案》(*Commercial Space Launch Amendments Act of 2004*,简称 *CSLAA*)中概述的商业友好型指导方针[41]。该文件允许个人进入太空冒险,并认可更多的私人投资将刺激商业太空运输业的发展。文件承认"太空运输本身具有风险"[41,摘要],因此,商业运营商需要不断提高商业安全性能。对安全的监管可以通过颁发有关商业发射和返回操作的许可证和商业执照来实现。然而,该文件规定,监管应该"既不扼杀技术发展,也不使乘组人员或太空飞行参与者面临可避免的风险"[41,摘要]。此外,许可证或执照的持有者必须通知"任何担任乘组人员的个人和任何飞行参与者,美国政府尚未证明运载火箭对于运载乘组人员或太空飞行是安全的"[41,摘要]。这实际上免除了美国政府对发生事故或死亡的任何责任。*CSLAA* 还规定,合理的医疗和培训要求应由美国交通部长制定。尽管出现严重或致命伤害事件可能会吊销执照,但吊销时间应尽可能短,并在持有执照的个人采取措施可以减少今后再次发生事故的可能性时,应该撤除对执照的吊销。遵守该法案的责任由部长承担,目前由联邦航空管理局的商业航天运输办公室负责。

根据该法案以及随后的法律[10,13],太空飞行的参与者必须签署知情同意书,承认他们将面临的潜在危险。运营商必须以书面形式披露已知的可能导致严重伤害、残疾或死亡的危险和风险(包括身体和精神方面),以及可能存在的未知的危险和风险。这些材料必须以无需特别培训或教育便可轻易理解的方式呈现[17]。由于太空飞行的参与者自愿承担这些风险,因此,除非出现重大过失,太空飞行运营商可以在飞行协议中包含免责条款。基于此,运营商可能不会对飞行任务期间发生的事故或太空飞行参与者的死亡承担责任。此外,运营商可能会要求申请者购买昂贵的人寿和责任保险,例如俄罗斯以前发生的涉及平民的轨道空间事故[13]。与知情同意书的要求不同,美国联邦航空局并没有为私人太空旅行规定健康和医疗标准,只是制定了指导方针,各个商业运营商需自行制定标准[10]。

值得注意的是,在前 368 次载人航天飞行中,仅有 5 次灾难性事故导致人员死亡,相应的死亡率为 1.4%。事实上,死于交通事故或家庭事故的人数比死于所谓危险行为 (例如跳伞、登山)或一般航空飞行的人数还要多[6]。如果我们假设商业太空飞行事故的发生率与商业航空航班甚至之前的太空任务相似,那么,对大多数人来说,这样的风险是可以被接受的。

在国际范围内,商业太空旅行涉及许多法律方面的问题,需要受到负责发射飞行任务的国家国内太空法律、联合国条约和决议的适用法律所约束。然而，国际法律问题可能会带来纷扰，因此需要从现有的太空、航空和高风险探险旅游法律中汲取经验，以制定合理的综合条例[42]，否则可能会造成巨大的安全风险[43,44]。此外，还需要制定一些协议来规范商业活动，特别是月球或太空中的采矿活动。例如，奥巴马总统在 2015 年签署的法律赋予了美国公司开采太空资源的权利[4]。这些协议需要得到国际认可，并能够适用于所有航天国家的政策。

商业载人航天对环境产生的影响也需要加以明确[44]。一项 2010 年的计算机模拟研究表明，扩大的商业太空活动可能会向大气中排放大量黑碳或烟尘，这些物质将在平流层中停留，影响全球大气环流和臭氧分布。模型预测中的一个结果是，极地气温可能会上升 1℃，极地海冰减少 5％～15％[45]。需要进一步地研究以探索商业载人航天对气候变化的影响，特别是考虑到使用更环保的发动机可能减少黑碳排放，例如使用一氧化二氮点燃合成碳氢化合物，而不是传统的煤油和氧气发动机。

7.5 月球和太阳系任务

展望 21 世纪 20 年代末和 30 年代，私人太空旅行者的下一个目的地可能是哪里？也许他们会前往月球，在 1/6 的地球重力下打高尔夫球，或者在月球表面进行慢跑。根据 2006 年对冒险家的调查[6,38]，59％的人表示有兴趣进行环月旅行，但只有 4％的人认为他们能承担 1 亿美元的费用。然而，如果价格降低到 100 万美元，就会有 19％的人愿意尝试。

前往月球的商业航天活动有着强大的推动力。谷歌设置了 2 000 万美元的“月球 X 奖”以鼓励第一个成功在月球上着陆、表面飞行 500 米并将视频传回地球的团队。目前有大约 33 个团队参与竞争以获得这一奖金。该奖项将像 Ansari X 奖激励亚轨道任务那样，推动月球商业太空活动的发展[46,47]。

月球旅游计划已经开始推进。SpaceX 公司宣布已有两名乘客交付押金，准备乘坐龙飞船绕月飞行。2018 年，日本亿万富翁 Yusaku Maezawa（我们已经在前文提到过此人）宣布，他已向 SpaceX 支付了押金，计划在 2023 年与一群艺术家一起环绕月球巡游[20]。太空探险公司正在提供绕月飞行的预订服务，而金穗公司则计划提供前往月球表面并返回的往返旅程，费用仅为 15 亿美元[47,48]。

对太阳系其他行星的商业探索也正在讨论中（见图 7.10）[49]。这为商业载人航天提供了有趣的可能性，例如通过穿越金星大气层探索金星轨道附近的环境，或者前往火星的基地，让付费的私人旅行者有机会欣赏火星表面的火山和峡谷。一些外行星，如木星或土星的卫星，也可能成为度假胜地。尤其是木卫二，其冰冷的表面适合滑雪或滑冰，潜在的地下水可能允许私人太空旅行者使用潜水器进行探索[1]。Seedhouse[1]概述了前往月球、火星和木卫二的游客的日常行程，而科学家 Koski 和 Grcevich 则在他们引人入胜的书中讨论了许多未来可能的太阳系目的地[50]。展望

2040 年及以后，人们可能会考虑前往太阳系边缘的柯伊伯带或奥尔特云，甚至前往围绕其他恒星运行的系外行星，不过这些计划超出了本书讨论的范围。

图 7.10 星际高速公路是喷气推进实验室工程师 Martin Lo 构想的一条前往行星的节省燃料的飞行路径，它利用了太阳对行星的引力或行星对其卫星的引力。来自多个方向的力几乎相互抵消，并在拉格朗日点①的重力场中留下路径，航天器可以在其中行驶，燃烧很少的燃料可降低未来私人太空旅行者的成本(图片来源：NASA/JPL)

在地球轨道之外，私人太空旅行者可能会面临四种主要危险：与微小流星体和太空碎片碰撞、太阳耀斑和地球辐射带之外的其他辐射对身体的伤害、长期微重力导致的骨质流失、肌肉衰退和其他生理后果，以及长时间在危险和封闭环境中生活所引发的心理和人际关系问题[51]。

其中一种避免这些危险的方法是提供虚拟商业载人太空飞行。Genta[47]已经以月球任务为参考讨论了这个问题。在未来的月球任务中，带有视频设备的漫游车在月球表面漫游，并将图像发送回地球，用于创建虚拟现实体验。通过控制月球车，参与者可以更真实地体验月球旅行。这样的活动是安全的，而且比实际将人送到月球表面要便宜得多。它甚至可以适用于月球以外的体验，比如火星探险。但由于距离遥远，探索火星会遇到时间延迟(双向的延迟平均将有 25 分钟或更长)，这会干扰人们对火星表面飞行器的实时控制。虽然如此，虚拟商业载人太空飞行体验可能会吸引一些人，激发他们的兴趣，并希望参与其他太空活动。

无论是现实还是虚拟，只要人们有时间和资金，商业载人航天作为一项事业，就会有光明的前景。随着越来越多的富人投身航天活动，价格有望下降，培训时间也会减少。此外，企业竞争可能会根据需求调整，提供各种活动以满足不同预算和优先事

① 拉格朗日点位于两个天体之间，在这些点上的物体相对于这两个天体的引力保持相对稳定的位置。一般有五个拉格朗日点，分别用 L1、L2、L3、L4 和 L5 表示。这些点对于特定的两个天体来说，形成了一个稳定的几何关系。

项,从简单的飞行到长期停留在轨道或星球表面度假村。天空可能并不是我们的极限!

7.6 章节要点

- 私人太空旅行者(private space travelers)是指使用私人资金飞入太空的非航天员,他们的动机多种多样,包括感官体验、宗教或人文情感、参与私人项目或研究等。太空飞行参与者(spaceflight participant)一词则特指那些使用私人资金进行太空旅行且在飞行中执行非关键任务的人。这个术语在机构和法律文件中频繁出现。私人太空旅行者和太空飞行参与者均不是乘组人员,乘组人员被认为是由航天局雇佣的带薪员工,由他们参与并执行飞行任务中的关键活动。
- 目前,商业载人航天分为亚轨道和轨道飞行任务,未来还将拓展至月球和星际飞行任务。
- 然而,从资金和技术角度看,从事商业载人航天事业都面临诸多困难。许多原本打算从事这项业务的公司已经破产、被收购,或者由于技术问题或事故而出现延误。成功的公司往往拥有更具收益性的资金来源,如政府支持、卫星发射,或由富豪经营,将他们的私人资金投入业务中。
- 2021 年是商业载人航天史上的关键里程碑。维珍银河公司和蓝色起源公司成功发射了亚轨道飞行任务载人飞船,SpaceX 公司和俄罗斯发射了载人飞船并执行了轨道飞行任务。此外,毕格罗太空公司庆祝了其充气式栖息舱与国际空间站成功对接五周年。2022 年,公理太空公司将首批人员送往国际空间站,为其商业空间站计划做准备。
- 因为参与太空旅程的很多人年龄较大且健康状况较差,私人太空旅行者的医疗和心理需求须得到重视。这可以通过发射前规划和飞行中的建议来满足特殊需求。对于轨道飞行任务,还需要解决培训期间的群体互动和团队合作问题。
- 尽管全球有足够多的富人来维持现有的商业载人航天活动,但从长远来看,要真正实现盈利,该行业需要更多人的参与。为此,亚轨道飞行的费用需降至 25 000 美元以下,轨道飞行的费用需降至 100 万美元以下。此外,为了鼓励繁忙的人们抽出时间进行太空旅行,亚轨道飞行的培训时间应少于一周,轨道飞行的培训时间应少于一个月。
- 需要在国家和国际层面上制定并明确相关法律以解决乘客安全、知情同意和保险责任等问题。
- 除了在微重力环境中翻滚和观赏地球,还有许多其他方法可以增加太空体验的乐趣。这包括在太空港为乘客及其家人提供丰富多彩的活动,将太空旅行目的地设计成度假胜地,在飞行期间提供体育和娱乐活动,以及跃出地球轨道,前往月球、火星或木星和土星的卫星上探险。

7.7 思想饕餮

1. 您正在考虑花 25 万美元乘坐亚轨道飞行器到 100 千米的卡门边界,体验 4 分钟的太空微重力,这是您一生的梦想。此时,您发现另一家公司花 5 万美元就能乘坐一架飞机,在天空中进行 8 个巨大的抛物线弧线,其远地点在 12 千米处。在每个抛物线飞行期间,您将体验 30 秒的微重力。假设每个计划都要求您动用您预备留给孩子的积蓄,您会选择哪个项目? 这个项目的相对优点和缺点是什么?

2. 恭喜您中了 1 亿美元彩票。在履行完家庭义务并留出资金用于投资后,您还剩下 6 000 万美元用于慈善事业和您梦想的两周的太空之旅。花费 2 000 万美元,您将可以进行一次国际空间站之旅。在那里,您将成为一名太空飞行参与者,帮助进行航天器维护并协助科学家进行研究(以及您的名字将出现在他们的出版物上)。或者,您可以选择花 3 000 万美元去毕格罗酒店,在那里您将看到美丽的地球景色、享受美味的食物和饮料,还可以参加微重力派对。您会选择哪一种旅行? 您会带您的配偶去度第二次蜜月吗(他/她不是太空爱好者但愿意前往)您如何平衡您的太空体验和通过慈善捐款帮助他人的愿望?

参考文献

[1] Seedhouse, E. (2014). Tourists in space: A practical guide (2nd ed.). Springer/Praxis.

[2] Bukley, A., & Peeters, W. (Eds.). (2014). Private human access to space. Volume 1: Suborbital flights. International Academy of Astronautics.

[3] Fernholz, T. (2018). Rocket billionaires: Elon Musk, Jeff Bezos, and the new space age. Houghton Mifflin Harcourt Publishing Company.

[4] Davenport, C. (2018). The space barons: Elon Musk, Jeff Bezos, and the quest to colonize the cosmos. Hachette Book Group.

[5] Pyle, R. (2019). Space 2.0: How private spaceflight, a resurgent NASA, and international partners are creating a new space age. Ben Bella Books.

[6] Webber, D. (2021). Space tourism business: The foundations. Curtis Press.

[7] Davidian, K. (2021). What makes space activities commercial? Acta Astronautica, 182, 547-558.

[8] CBS. (2021). Blue Origin's training and requirements for space travel. CBS News, July 20. https://www.wsgw.com/blue-origins-training-and-requirements-for-space-travel/.

[9] Etherington, D. (2019). Virgin galactic begins "Astronaut Readiness Pro-

gram" for first paying customers. TechCrunch, November 15. https://techcrunch. com/2019/11/15/virgin-galactic-begins-astronaut-readiness-program-for-first-paying- customers/

[10] Antuñano, M. J., Blue, R. S., Jennings, R. T., Mathers, C. H., & Vanderploeg, J. M. (2022). Medical aspects of commercial human spaceflight. In J. R. Davis, J. Stepanek, J. A. Fogarty, & R. S. Blue (Eds.), Fundamentals of aerospace medicine (5th ed., pp. 790-806). Wolters Kluwer.

[11] Antuñano, M. J., Baisden, D. L., Davis, J., Hastings, J. D., Jennings, R., et al. (2006). Guidance for medical screening of commercial aerospace passengers. DOT/FAA/AM-06/1. Federal Aviation Administration.

[12] Neis, S. M., & Klaus, D. M. (2014). Considerations toward defining medical "levels of care" for commercial spaceflight. New Space, 2(4), 165-177. https://doi.org/10.1089/space.2014.0018

[13] Antuñano, M., Hobe, S., & Gerzer, R. (2009). Medical safety and liability issues for short-duration commercial orbital space flights. International Academy of Astronautics.

[14] Schroeder, G. S., Clark, J. C., Gallagher, M., & Pandya, S. (2021). Medical guidelines for suborbital commercial human spaceflight: A review. Acta Astronautica, 187, 529-536.

[15] Jennings, R., Vanderploeg, J., Antuñano, M., & Davis, J. (2012). Flight crew medical standards and spaceflight participant medical acceptance guidelines for commercial space flight. Center of Excellence for Commercial Space Transportation/UTMB Health.

[16] Antuñano, M. J., Blue, R. S., Jennings, R., & Vanderploeg, J. M. (2021). The commercial spaceflight industry: Medical challenges and risk mitigation. In L. R. Young & J. P. Sutton (Eds.), Handbook of bioastronautics (pp. 625-640). Springer Nature Switzerland AG.

[17] Mulcahy, R. A., Blue, R. S., Vardiman, J. L., Castleberry, T. L., & Vanderploeg, J. M. (2016). Screening and mitigation of layperson anxiety in aerospace environments. Aerospace Medicine and Human Performance, 87, 882-889.

[18] Mulcahy, R. A., Blue, R. S., Vardiman, J. L., Mathers, C. H., Castleberry, T. L., & Vanderploeg, J. M. (2014). Subject anxiety and psychological considerations for centrifuge-simulated suborbital spaceflight. Aviation, Space, and Environmental Medicine, 85, 847-851.

[19] Blue, R. S., Bonato, F., Seaton, K., Bubka, A., Vardiman, J. L., Mathers, C., Castleberry, T. L., & Vanderploeg, J. M. (2017). The effects of training on anxiety and task performance in simulated suborbital spaceflight. Aerospace Medicine and Human Performance, 88, 641-650.

[20] Space Adventures Website. https://spaceadventures.com/ms-20

[21] Kyodo News. (2021, December 20). Japanese entrepreneur Maezawa safely returns from 12-day ISS trip. https://english.kyodonews.net/news/2021/12/e9cc3b34b61a-entrepreneur-maezawa-returns-from-iss-trip.html

[22] Chang, K. (2014). 2 companies will take Americans to space station. New York Times, September 16. http://www.nytimes.com/2014/09/17/science/space/boeing-and-spacex-win-contracts-to-carry-americans-to-space-station.html?_r=0

[23] Chang, K. (2012). Space X capsule docks at Space Station. New York Times, May 25. https://www.nytimes.com/2012/05/26/science/space/space-x-capsule-docks-at-space-station.html

[24] NASA. (2020). International Space Station welcomes first SpaceX Crew Dragon with NASA astronauts. NASA Space Station Feature, May 31. https://www.nasa.gov/feature/international-space-station-welcomes-first-spacex-crew-dragon-with-nasa-astronauts

[25] Documentary. (2021). Countdown: Inspiration4 Mission to Space. Season 1, Episodes 1-5. Netflix, September.

[26] Pultarova, T. (2021). Russian crew arrives at space station for a historic film shoot. Scientific American: Space Exploration, October 5. https://www.scientificamerican.com/article/russian-crew-arrives-at-space-station-for-a-historic-film-shoot/

[27] Bigelow Aerospace Website. http://www.bigelowaerospace.com/b330

[28] Foust, J. (2020). NASA selects Axiom Space to build commercial space station module. SpaceNews, January 28. https://spacenews.com/nasa-selects-axiom-space-to-build-commercial-space-station-module/

[29] Johnston, S., Ⅲ. (2022). Axiom space medical operations for commercial space exploration (Aerospace Medical Association Scientific Meeting Abstract #324). Aerospace Medicine and Human Performance, 93, 267.

[30] Associated Press. (2022). The 1st private astronaut mission to International Space Station is back on Earth. NPR Space. https://www.npr.org/2022/04/25/1094633659/spacex-international-space-station-splashdown

[31] Vanderploeg, J. (2022). Medical evaluation and acceptance of the private

space flight participant (SFP) (Aerospace Medical Association Scientific Meeting Abstract #241). Aerospace Medicine and Human Performance, 93, 237.

[32] Sesnic, T. (2021). Inspiration4 launch nears as intense training schedule continues. NASASpaceFlight. com, August 23. https://www. nasaspaceflight. com/2021/08/inspiration-4- update/

[33] Wattles, J. (2021). SpaceX launches four people to orbit in company's first-ever tourism mission. CNN Business, September 15. https://www. msn. com/en-us/news/technology/spacex-launches-four- people- to- orbit- in- company-s-first-ever- tourism- mission/arAAOuqtM? ocid=BingNewsSearch

[34] Johnston, S. L., Ⅲ. (2013). Space medicine applications for terrestrial wellness. NASA-JSC. http://www. dsls. usra. edu/education/grandrounds/archive/2013/20130226/20130226. pdf. (also in [13, p. 13]).

[35] Bogomolov, V. V., Castrucci, F., Comtois, J.-M., Damann, V., Davis, J. R., et al. (2007). International Space Station medical standards and certification for spaceflight participants. Aviation, Space, and Environmental Medicine, 78, 1162-1169.

[36] Jennings, R. T., Murphy, D. M. F., Ware, D. L., Aunon, S. M., Moon, R. E., et al. (2006). Medical qualification of a commercial spaceflight participant: Not your average astronaut. Aviation, Space, and Environmental Medicine, 77, 475-484.

[37] Beard, S. S., & Starzyk, J. (2002). Space tourism market study: Orbital travel & destinations with suborbital space travel. Futron Corporation. https://www. spaceportassociates. com/pdf/tourism. pdf

[38] Webber, D., & Reifert, J. (2006). "Filling in some gaps": Executive summary of the adventurers' survey of public space travel. https://www. incredible-adventures. com/space- survey/space- adventurers-survey. pdf. (Also reproduced in reference [6]).

[39] The Tauri Group. (2017). Suborbital reusable vehicles: A 10-year forecast of market demand. https://www. faa. gov/about/office_org/headquarters_offices/ast/media/Suborbital_Reusable_Vehicles_Report_Full. pdf

[40] Morris, N. P. (2018). Behavioral health policy for human spaceflight. Aerospace Medicine and Human Performance, 89, 1068-1075.

[41] H. R. 5382 - Commercial Space Launch Amendments Act of 2004. 108th Congress (2003-2004). Summary, Public Law No: 108-492 (12/23/2004). https://www. congress. gov/bill/108th-congress/house- bill/5382

[42] Von der Dunk, F. G. (2013). The integrated approach—Regulating private human spaceflight as space activity, aircraft operation, and high-risk adventure tourism. Acta Astronautica, 92, 199-208.

[43] Beamer-Downie, D. (2013). Considering the unthinkable—A review and discussion of current international law and suggestions regarding how we deal with a catastrophic incident in space. Acta Astronautica, 92, 255-262.

[44] Padhy, A. K., & Padhy, A. K. (2021). Legal conundrums of space tourism. Acta Astronautica, 184, 269-273.

[45] Mann, A. (2010). Space tourism to accelerate climate change. Nature, October 22. http://www. nature. com/news/2010/101022/full/news. 2010. 558. html

[46] Bowler, S. (2014, October). The new race to the Moon. A&G, 55, 5. 15-5. 17.

[47] Genta, G. (2014). Private space exploration: A new way for starting a spacefaring society? Acta Astronautica, 104, 480-486.

[48] Golden Spike Website. http://goldenspikecompany. com

[49] NASA Jet Propulsion Laboratory. (2002). Interplanetary superhighway makes space travel simpler. Genesis Mission News, July 17. https://www. nasa. gov/mission_pages/genesis/media/jpl-release-071702. html

[50] Koski, O., & Grcevich, J. (2017). Vacation guide to the solar system: Science for the Savvy Space traveler! Penguin Books.

[51] Kanas, N., & Manzey, D. (2008). Space psychology and psychiatry (2nd ed.). Microcosm Press/Springer.

第八章　阿尔忒弥斯计划和月球移民中的心理社会学

在太空中，月球是我们最近的邻居，与地球的平均距离为 382 500 千米(约 238 000 英里)。1969—1972 年，12 名美国航天员在阿波罗计划的六次任务中完成了登月任务。但自从美国自认赢得了与苏联的太空竞赛，它就对登月任务失去了兴趣。事实上，自阿波罗计划以来，还没有其他人类登上过月球表面。

然而，在 2017 年 12 月 11 日，时任美国总统 Donald Trump 签署了《太空政策 1 号令》，提出了在美国领导下与私人公司合作的计划，以实现人类重返月球的愿景，并在此之后执行火星及深空探索任务[1]。这一政策得到了拜登总统的支持，并成为"阿尔忒弥斯计划"的基础，下文将详细阐述。阿尔忒弥斯计划的目标是在 2024 年将两名航天员(包括一名女性航天员)送往月球，并于 2028 年建立可供人类持续生活的月球基地(尽管当前的计划表明，第一次登月的日期可能会推迟到 2025 年，而且计划中现在包括了一名有色人种的航天员)。这一计划为在月球上建立永久移民地铺平了道路。

当我们考虑月球上的移民地时，我们必须考虑到那些对居民产生影响的心理问题以及与移民地形成和维护相关的社会学问题。对心理学和社会学共同问题的研究属于心理社会学的范畴[2]。移民地是复杂的组织，心理因素和社会因素相互影响甚至彼此重叠。前面几章中讨论的有关长期太空模拟任务和在轨任务中许多心理和人际风险及相应对抗措施也适用于月球任务和早期的月球基地任务。尽管阿波罗计划提供了有关人类登月经历的信息，但这些飞行仅限于短期任务，并未涉及永久月球基地。随着更为永久性的月球移民地的建立，考虑额外的心理社会因素将变得格外重要，我们将在下文详细介绍这些因素。

8.1　重返月球的原因

但在讨论这些因素之前，让我们先看看为什么我们想重返月球。

月球是一个寒冷的、无生命、没有可持续大气层的天体，沐浴着来自太阳和外层空间的辐射。然而，移民月球也有几项好处[3-6]。这些优势总结如下(见表 8.1)。

表 8.1　移民月球在以下几个领域的优势

作为前往更遥远天体(如火星)执行任务的练习(具有辐射、部分重力)
可发射火箭(较低的月球重力可以节省用于人员和货物的燃料质量)

续表 8.1

靠近地球(实时通信、快速供应、紧急疏散)
地球观测(军事防御、天气预报、生态和地球科学)
太空科学(辐射效应、远侧的望远镜、月球和行星过程)
采矿作业(居住环境建设、水、燃料、金属、氦3、地球商业)
移民地(月球作业中的永久劳动力,减轻地球的人口压力)
非技术原因:获得灵感、国家威望

第一,月球可以让我们为未来在太空中更遥远的天体上生活和工作做准备,比如火星或小行星。这些天体同样寒冷,没有可呼吸的大气层,并且充满辐射。此外,月球上的重力约为地球的1/6(而火星上的重力为3/8g)。这让我们有机会检验部分重力对人体的影响。没有人知道火星上的重力是否有助于我们了解部分重力对人类的影响。

第二,与地球相比,从月球发射带有有效载荷的火箭更具成本效益,这是因为月球较低的重力使得火箭达到逃逸速度所需的推进剂较少,节省了燃料质量,还可以发射更多的人员和货物。

第三个优势是月球距离地球相对较近。地球与月球之间的双向通信大约需要2.5秒,这可以被看作是"实时"通信,而地球和火星之间的双向通信时间延迟可能长达44分钟。"实时"通信意味着月球上的人们可以与地球上的家人和朋友们自然地交谈,并且在紧急情况发生时可以从任务控制中心获得实时建议。此外,航天员还可以在几天后即可获得所需的物资。如果航天员出现医疗或心理问题,他们可以选择返回地球。

第四,登上月球可以更准确地观测地球上的活动。从月球上,人们可以观察和监测地球整个半球的导弹发射和部队调动,因而月球可被看作是用于军事防御目的的地球轨道卫星。类似的,在月球上可以追踪地球的天气模式,从而进行更准确的预测。此外,移民月球还有发展生态和地球科学优势。例如,可以随着时间的推移监测堡礁的状态以及与气候相关的变化。

第五,在某些情况下,空间科学可以在月球上更有效地进行。地球被厚厚的可供呼吸的大气层和范艾伦辐射带包围。范艾伦带是源自太阳风的高能带电粒子区域,被地球的磁场固定在适当的位置,阻挡了大部分来自太空的辐射。因此,相比于受保护的地球表面,在月球上科学家们可以更有效地研究来自太阳的带电粒子和来自深空的银河宇宙射线。此外,地球上的大气层也阻碍了可见光和其他波长的天文观测,而位于月球远端的天文台将可以捕捉这些波长,以作为卫星上的望远镜的补充。最后,研究人员可以研究了解月球和行星的形成过程,包括从月球的角度了解地月系统的波动周期和历史。

第六,月球表面可能会进行各种采矿作业。月壤及其底下的基岩可以用来建造月球表面上的未来栖息地,或者在深入地下、超出致命辐射范围的地方建造隧道。月球上的化学和热过程可以让月球工程师分解月球上自然存在的矿物和化合物,将它们转化为人类可使用的物品,甚至在某些地点可以转化为火箭燃料。例如,位于月球南极的月球基地可以选址在山脉顶部以利用持续的阳光进行太阳能发电,但也可以选址在靠近永久阴影区的区域,因为这些区域可能含有冻结的水。这些水可以用于饮用,或者分解成火箭推进剂。人们呼吸所需的氧气也可以从这些水或者月壤中的化学结合氧中分解得到。金属可以通过化学还原方式从地下的氧化物中提取,从而制得铁、钛和铝。由于太阳风轰击月球表面产生的氦-3(或 3He)可以作为核聚变反应中的能源。尽管将月球产品用于地球的商业用途可能面临较高的提取和运输成本,但如果被月球居民使用,这些产品将具有价格优势。

第七,一些月球任务可能需要常驻工作人员,这可以缓解地球由于人口过剩和气候变化所带来的人口压力。这个优点以及上述提到的其他优势将可能促使人们在月球(以及火星和大型轨道空间站)建立永久移民地。在本章后面,我们将详细讨论建立移民地及其心理社会影响。

第八,返回月球的一个非技术原因与获得灵感和国家威望有关。前 NASA 航天员 Leroy Chiao 博士如此说道:“人类返回月球所获得灵感和国家威望可能不如技术原因具体,但同样十分重要。就灵感而言,太空探索在历史上激发了许多年轻人追求科学、技术、工程和数学(STEM)职业的热情……成为人类航天领域的领导者无疑有助于确立和维护美国的国家威望,并加强了其在世界上的整体领导地位。”[5,p.859] 他接着说道:“美国是迄今为止唯一成功登陆月球的国家,我们仍然具有无与伦比的、与登月相关的操作经验。重返月球的努力将使美国能够在国际空间站计划结束后以一种可见的方式继续保持其领导地位……”[5,p.860]

8.2 阿尔忒弥斯计划

目前 NASA 已经计划返回月球并将其用作火星任务的中转站,这一计划以希腊神话中阿波罗的双胞胎姐妹月亮女神阿尔忒弥斯命名,被称为阿尔忒弥斯计划[6,7]。这一计划包含了 NASA、国际航天机构和私人企业之间的合作。因为在阿尔忒弥斯这样全新的复杂计划中,任务的交付日期可能会出现延误,某些组件也可能已经落后于计划。因此,以下信息仅代表了当前的规划预测。

到目前为止,NASA 已经计划了五项阿尔忒弥斯任务[8]。在每个任务中,太空发射系统(Space Launch System,简称 SLS)都将作为火箭系统将猎户座宇宙飞船的载人舱和服务舱发射到月球(见图 8.1)。太空发射系统将有多种型号,具体取决于有效载荷(例如货物、乘组人员)和任务目标的要求。Block 1 型号将用于前三项阿尔忒弥斯任务,而 Block 1B 将用于携带额外货物的重型任务,例如阿尔忒弥斯四号和五号任务。而功能更强大的 Block 2 将用于火星载人发射。

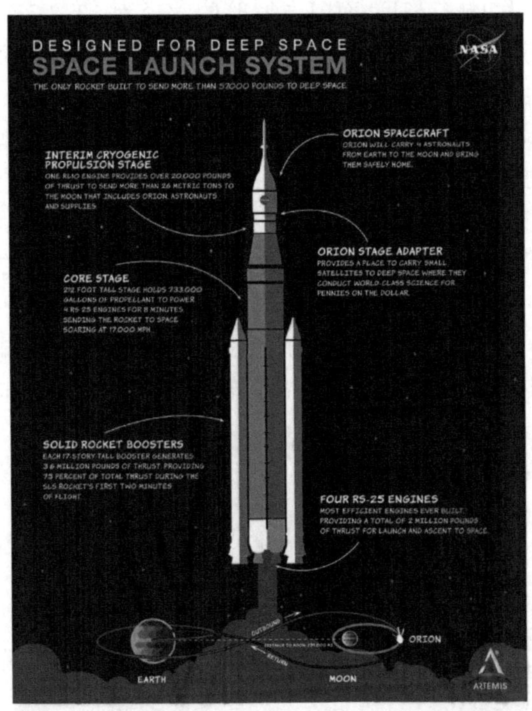

图 8.1　太空发射系统(Space Launch System,简称 SLS)的组成部分(图片来源:NASA)

8.2.1　阿尔忒弥斯一号

阿尔忒弥斯一号于 2022 年 11 月 16 日发射升空。此次任务共持续了 25.5 天。在此期间,无人驾驶的猎户座宇宙飞船进入逆行的月球轨道,飞行距离月球约 30 000 英里,并在月球表面上空 80 英里处掠过。其载人舱于 12 月 11 日在地球着陆。这是太空发射系统 Block 1 和猎户座宇宙飞船组成的集成系统的首次飞行测试。猎户座宇宙飞船能够自主飞行。这次飞行测试不仅展示了太空发射系统火箭的性能,而且在整个任务期间和高速返回地球期间收集了有关猎户座宇宙飞船的重要工程数据[8]。在整个任务过程中,猎户座宇宙飞船飞行了超过 130 万英里,超越了阿波罗号作为载人航天器创造的飞行距离纪录。该任务还部署了 10 颗名为立方卫星(CubeSats)的小型卫星,用于进行科学研究和技术演示,以提高我们对深空环境的了解。

猎户座宇宙飞船的载人舱最初是作为"乘组探险飞船"(Crew Exploration Vehicle,简称 CEV)开发的,它是"太空探险愿景"(Vision for Space Exploration)和"星座计划"(Constellation Programs)的一部分,这两个计划均已被取消。猎户座宇宙飞船的载人舱被设计用于将最多六名航天员送往国际空间站,或者支持四名航天员在月球上停留三周。洛克希德·马丁(Lockheed Martin)公司是主要承包商。它的外形类似阿波罗舱，不过它已经通过增加更先进的设备和显示屏进行了现代化改造。载人舱也更大，直径为 16.5 英尺，而阿波罗舱的直径为 12.8 英尺。因此，有时人们开玩笑地将猎户座宇宙飞船的载人舱称为“类固醇版的阿波罗号”。

猎户座宇宙飞船的服务模块由欧洲航天局提供，该模块将为乘组人员提供电力、推进、热控制、空气和水。与阿波罗计划对应的服务模块相比，猎户座宇宙飞船所使用的服务模块更短，质量更轻，提供的推力更小。然而，与阿波罗计划使用电池和燃料作为动力不同，猎户座宇宙飞船的服务除了电池之外还将部署太阳能电池板用于太空操作。

图 8.2 展示了猎户座宇宙飞船系统。这幅图展示了相连接的载人舱（左侧）与服务舱（右侧）相连接，并且服务模块上装有太阳能电池板。图的下半部分展示了前往绕月轨道的门户空间站（见第 8.2.4 节）的任务示意图。请注意图中范艾伦辐射带的范围，超出这个范围，航天员将承受比当前在轨任务更多的太阳和深空辐射。

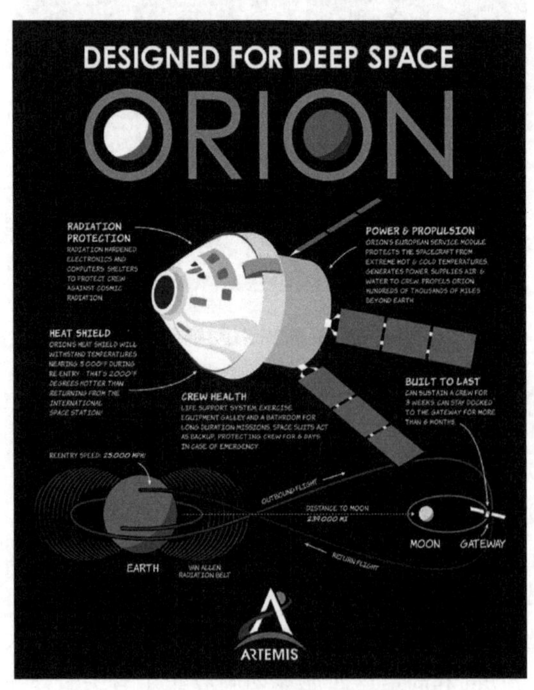

图 8.2　阿尔忒弥斯登月任务中的猎户座宇宙飞船（图片来源：NASA）

8.2.2　阿尔忒弥斯二号

阿尔忒弥斯二号计划最早于 2024 年发射[①]，并将人类送入月球轨道。与阿波罗号的三人宇宙飞船相比，猎户座宇宙飞船的载人舱能够容纳四人（见图 8.3）。阿尔忒

---

① 2024 年 1 月 9 日，NASA 更新了阿尔忒弥斯计划的最新时间表，阿尔忒弥斯二号最新的发射日期不早于 2025 年 9 月。（译者注）

弥斯二号的目标不再像阿尔忒弥斯一号那样对猎户座宇宙飞船进行应力测试，而是对乘组系统进行测试，乘组将包括四名航天员，他们将在50多年后首次重返月球环境[8]。

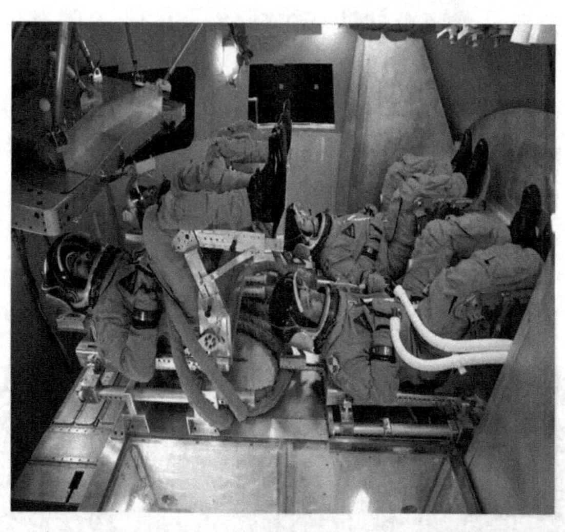

图8.3 太空服工程师在约翰逊航天中心使用猎户座宇宙飞船载人舱的模型演示了四名乘组人员在发射时的座位安排。图片拍摄于2014年10月24日(图例和图片来源:NASA)

在高地球轨道完成检查程序后，猎户座宇宙飞船将使用服务模块进行月球注入机动，提供推力，将宇宙飞船送入通向月球的轨道，并采取自由返回轨迹。乘组将进行约四天的出行，绕过月球的背面，最终在四天的回程旅途中返回家园。阿尔忒弥斯二号将在月球背面4 600英里的地方旅行，以书写人类在月球表面最远行程的新纪录。在整个任务期间，乘组人员与家人联系的休息时间有限，但他们将有一个休息日来为回家做心理准备，并通过视频与地球上的家人和朋友交流。

8.2.3 阿尔忒弥斯三号

阿尔忒弥斯三号计划最早于2025年发射①。与SpaceX的人类着陆系统（Human Landing System，简称HLS)会合后，阿尔忒弥斯三号将在21世纪把第一批人类送上月球。人类着陆系统将在此之前被发射到围绕月球的椭圆轨道上，即近直线晕轨道(Near Rectilinear Halo Orbit，简称NRHO②)。在此期间，门户空间站的各类组件(见第8.2.4节)将被发射并自主放置在近直线晕轨道中，以便日后进行组装。此外，作为商业月球货运服务(Commercial Lunar Payload Services，简称CLPS)的一部分，第一批有效载荷(例如科学仪器、货运着陆器、月球车)将被送往月球。

---

① 2024年1月9日，NASA更新了阿尔忒弥斯计划的最新时间表，阿尔忒弥斯三号最新的发射日期定于2026年。(译者注)

② 近直线晕轨道(Near-Rectilinear Halo Orbit，简称NRHO)是一种正在被计划当中，位于地月之间的一条轨道，其主要充当起前往月心轨道的缓冲区。NASA计划在2024年部署月球通道计划，其运行轨道将是一种高偏心率椭圆轨道(近乎是一条直线)，轨道周期为7天。

任务过程中，四名航天员中的两名将进入人类着陆系统，并携带着重达 220 磅的科学工具和设备下降到月球表面。女性和有色人种的登陆将创造登月的新历史。登月的着陆地点可能会在月球南极的沙克尔顿（Shackleton）陨石坑附近，那里有阴影区域，有望蕴含先前彗星撞击所产生的冰冻水，且附近的山峰也能接收近乎持续的阳光照射从而产生所需的能源。乘组人员将进行多次舱外活动，记录区域地质情况，并住在人类着陆系统的上部机舱内，这将是他们从月球表面发射并返回所用的机舱。在月球停留一周后，他们将从月球表面起飞，与绕轨道运行的猎户座宇宙飞船会合后返回地球。

图 8.4 描绘了阿尔忒弥斯三号任务概况，但等待乘组人员的将是人类着陆系统，而不是具有对接功能的完整门户空间站。

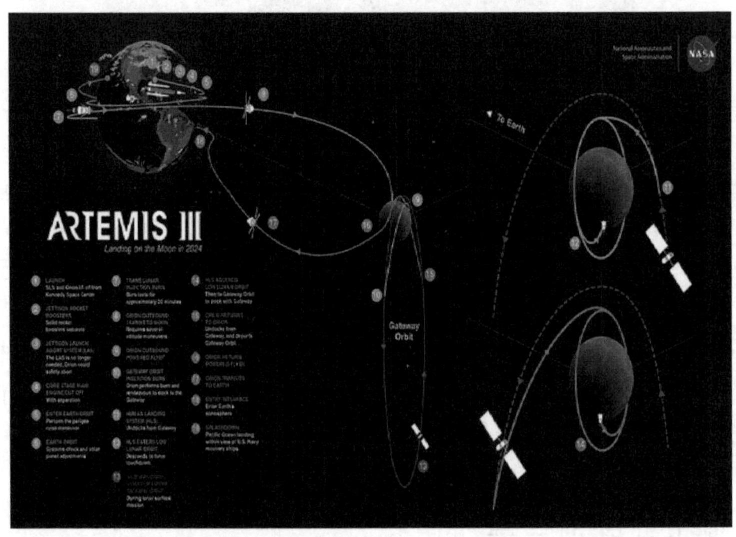

图 8.4　阿尔忒弥斯三号任务。由于门户空间站届时尚未组装完成，猎户座号将直接与已经在“门户空间站”（近直线晕轨道）轨道上的人类着陆系统对接

8.2.4　阿尔忒弥斯四号

阿尔忒弥斯四号计划于 2026 年之前发射①。其目的是利用已经在近直线晕轨道上的组件建设门户空间站。在阿尔忒弥斯四号任务期间，航天员不会登陆月球，而是将致力于在太空组建门户空间站。与猎户座宇宙飞船一起发射的还将包括由欧洲航天局制造的国际居住舱（International Habitation Module，简称 I－HAB），该居住舱配有维持长期生命保障系统。由于该任务增添了额外的重量，阿尔忒弥斯四号将使用太空发射系统的 Block 1B 进行发射。在地球轨道和地月转移轨道点火（a trans-

① 2024 年 1 月 9 日，NASA 更新了阿尔忒弥斯计划的最新时间表，阿尔忒弥斯四号最新的发射日期不早于 2028 年 9 月。（译者注）

lunar injection burn)之后,猎户座宇宙飞船将会与国际居住舱对接,并充当太空拖船将其送往近直线晕轨道,使其在那里与已经存在的门户空间站组件对接。猎户座宇宙飞船上的乘组人员将进入这一复杂的空间站,激活它,然后再次返回猎户座宇宙飞船并随其一起返回地球。

如图 8.5 所示,门户空间站是一个国际项目,其各种组件由不同的航天机构提供。最初,门户空间站有两个主要组成部分:提供太阳能/电力的动力和推进元件(the Power and Propulsion Element,简称 PPE)以及定居和后勤前哨站(Habituation and Logistics Outpost,简称 HALO)。定居和后勤前哨站将提供以下功能:指挥、通信和数据处理,热控制,储能和配电,通信和跟踪能力,以及乘组人员的环境控制和生命保障。定居和后勤前哨站将有几个用于给来访太空飞船和未来太空舱对接的端口,通常可容纳 4 名乘组人员在太空驻留 30 天。

门户空间站将在月球的拉格朗日点附近的稳定轨道上运行,这个轨道被称为近直线晕轨道,距离月球表面约为 930～43 500 英里。轨道周期大约需要一周的时间。门户空间站被设计为能够自主操作的空间站,并符合国际认同的标准,它将提供一个独特的平台,用于在地球的范艾伦辐射带外进行科学研究。国际科学界已经确定了太阳物理学、辐射和空间天气作为高优先级的研究领域[6]。

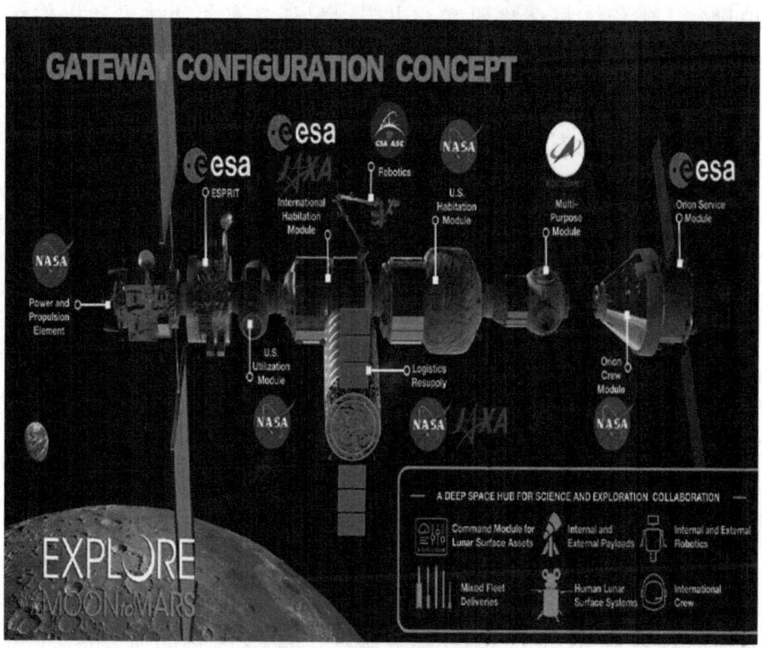

图 8.5 这是一个概念性的示意图,展示了门户空间站在 21 世纪 20 年代末可能的外观。请注意,阿尔忒弥斯计划的伙伴提供了不同组件(图片来源:NASA)

8.2.5 阿尔忒弥斯五号

阿尔忒弥斯五号将在阿尔忒弥斯四号任务结束大约一年之后发射，猎户座宇宙飞船将再次充当太空拖船，将一个名为 ESPIRIT（代表提供加油、基础设施和通信的欧洲系统组件，European System Providing Refueling，Infrastructure and Telecommunications，简称 ESPIRIT）的加油舱送往门户空间站（见图 8.5）。正如其名称所示，该模块将提供增强的通信和加油能力，而且它还将拥有一个类似于国际空间站上的天窗的大窗户。

阿尔忒弥斯五号任务中，门户空间站上将有两名乘组人员，另外两名将在登月舱的帮助下登陆到月球表面并执行多项任务，包括月球漫步、月球车操作和地表科学研究。一个星期后，他们将再次与猎户座宇宙飞船会合，然后返回地球。

8.2.6 阿尔忒弥斯大本营

随着登月任务的增多，人们将在月球上建立阿尔忒弥斯大本营。最初，大本营不会长期有人驻留。相反，每次会有两到四人的乘组人员登陆月球，他们将在月球上花费一到两个月的时间进行科学研究（月球、天文学、地球观测）、收集岩石、寻找水以及改进和维护设施。乘组人员还将研究与未来火星任务有关的技术和操作活动。从很多方面来说，月球将成为火星任务的优秀模拟训练站：月球有岩石表面，没有可供呼吸的大气层，它的表面受到来自太阳的带电粒子和来自深空的银河宇宙射线的轰炸，它是一个遥远且危险的地方。月球的重力为地球的 1/6（而火星重力为 $3/8g$），航天员将借此了解如何在部分重力条件下工作，医务人员也将借此了解部分重力对骨骼和肌肉的可能恢复效果，并将其与微重力条件下的骨丢失和肌肉损失做对比。

门户空间站和阿尔忒弥斯大本营可以在火星任务模拟中发挥关键作用[6]。在模拟火星任务的设想中，四人乘组将前往门户空间站并在这一微重力条件下的前哨站中居住数月，这可以看作是模拟前往火星的旅行。在门户空间站居住一段时间后，两名乘组人员将前往阿尔忒弥斯大本营，探索月球表面以模拟火星表面的活动内容（因为火星同样是一个具有坚实土壤、具有部分重力的天体）。剩下的两名乘组人员将留在门户空间站上。登月任务完成后，四名乘组人员将再次在门户空间站中会合，进行另一次为期数月的微重力停留以模拟返回地球的旅程，然后再返回家园。

图 8.6 展示了阿尔忒弥斯大本营的设计图。大本营包括用于探索大本营附近环境的无压月球地形车（Lunar Terrain Vehicle，简称 LTV），如图 8.6 右侧所示；加压居住移动平台，可进行长达 14 天的远距离旅行，如图 8.6 中间所示；一个可容纳四名航天员的地表基地居住舱（Foundation Surface Habitat），如图 8.6 右上方所示；远处的山峰上有一个太阳能发电站和中继通信站。这些车辆将允许航天员定期在月球基地外进行栖息地外活动（Extra-Habitat Activities，简称 EHAs），以便在月球表面进行地质和化学研究。

图 8.6 NASA 航天员在月球南极阿尔忒弥斯大本营的示意图(图片来源:NASA)

鉴于大本营的位置以及地球将在不同的时间点起落,月球与地球的直接连续通信将是不可能的。因此,人们将建立一个被称为“月网”(LunaNet)的复杂月球通信和导航架构,该架构将与许多轨道卫星连接[6]。有了这个系统,机器人着陆器、探测器和航天员将在月球表面和地球联网,这使得分析样本的仪器和探测器能够将它们的数据传送回地球。此外,航天员将能够全天候地与地面任务控制人员、家人和朋友进行实时交流,他们还将实时接收到太阳耀斑来袭的警报,以便及时寻找掩蔽物。

随着时间的推移,一到两个月的任务时间可能会被延长,以实现在月球表面的长期驻留。在这种情况下,人们计划通过来自地球的补给飞船实现每六个月一次的乘组轮换,每位乘组人员的停留时间约为 190 天[6]。

8.2.7 多国参与的阿尔忒弥斯计划:法律和其他问题

阿尔忒弥斯计划是在美国领导下的跨国太空项目。如图 8.5 所示,有多个航天机构参与了门户空间站的建设。尽管有许多国家已经签署了《阿尔忒弥斯协议》,但并非所有国家都同意参与[9]。一个主要的、尚未被解决的障碍是如何利用月球资源和管理人类居住的法律问题。例如,1967 年的《联合国外层空间条约》规定了载人航天探索的基本原则[10]。具体而言,太空活动(包括月球探索)应该是和平的、造福于人类的、所有国家都可以参与的,并且不应该被某一国家据为己有。尽管一般原则很明确,但该条约遗漏了与月球和其他天体有关的具体细节。1979 年联合国月球协议的诞生正是为了纠正这一问题[11]。该协议指出,月球和其他天体(例如火星)“应专门用于和平目的,其环境不应受到破坏,应将在这些天体上建立的任何空间站的位置和目的告知联合国”以及“月球及其自然资源是人类的共同遗产,当此类资源的开发即将变得可行时,应建立一个国际制度来管理此类资源的开发”[11]。尽管少数国家批准了《月球协议》,但其他国家认为该协议对国家利益和经济规划限制太大,因此没有批准该协议,特别是美国、中国和俄罗斯。此外,《外层空间条约》和《月球协议》都不够具体,不足以充分解决私人公司引发的采矿和可持续发展问题[12,13]。希望在不久的将来，参与太空探索的国家能够就有关月球的问题达成法律共识，从而鼓励更多的国家签署《阿尔忒弥斯协议》。

除了阿尔忒弥斯之外，还有其他月球探索计划。例如，中国已经开始探索自己的太空之路，包括大力开展载人航天计划和天宫空间站的建设[14-16]。中国国家航天局还计划在21世纪30年代将航天员送上月球，很可能是前往月球南极[7,14,17]。中国还参加了生物医学问题研究所在莫斯科组织的为期520天的火星探险模拟实验（参见第9.5节），这也表明中国对长期载人太空任务（如飞往火星）的兴趣。

图8.5还描绘了Roscosmos（原俄罗斯联邦航天局）向门户空间站提供的多用途舱。但俄罗斯航天局一直在寻求与中国在未来太空探索方面进行合作[17,18]，并于2020年宣布不再参与阿尔忒弥斯计划[9,19,20]。2021年3月，俄罗斯和中国签署了一份谅解备忘录，将在月球南极建设联合国际月球研究站（International Lunar Research Station，简称ILRS），与阿尔忒弥斯计划展开了竞争[21,22]。

当前，俄罗斯与西方国家在乌克兰问题上的紧张局势不会有助于阿尔忒弥斯计划的合作，但希望在未来会发生变化。希望俄罗斯、中国和西方国家的紧张关系会进入缓和期，不仅在阿尔忒弥斯计划上，而且在太空探索的整体领域（比如登陆火星的任务）也会如此。这可能会让每个国家在成本和技术方面受益。但就目前而言，一场新的太空竞赛似乎正在发展，而月球再次成为奖品，这正如Suedfeld等人[23]在2011年所预见的那样。

8.3 太空移民

由于各个国家没有共同认可的月球计划，而且至少将存在两个月球基地，这些事实都会引发新的思考：两个（或更多）基地是否会发展成为永久移民地。如果是这样，法律上缺乏明确的限制会不会导致移民地之间出现竞争甚至敌对，以及出现对月球资源的商业掠夺？太空飞行已经对社会产生了重要的经济影响[24]。月球移民地会产生类似的商业效应吗？月球移民地将如何与地球上的人类互动？他们会寻求独立吗？

没有人知道这些问题的答案，但是两类研究来源可以展现许多心理和社会学问题：科幻小说和地球上建立的早期移民地。但首先，让我们看一下月球移民地的替代方案：太空中巨大的人类移民地。

8.3.1 奥尼尔圆筒（O'Neill Cylinders）

普林斯顿大学物理学家Gerard O'Neill在他的经典著作《高空前哨：太空中的人类移民地》[25]中讨论了他对位于地球附近的太空人类移民地的看法，他认为这是应对人口压力、能源枯竭和气候变化所必需的。他认为我们不需要在行星上定居（比如月球），而是设想在距离地球稳定的L5拉格朗日点建造巨大的太空设施。

他设想了三种设计。前两个是旋转球体：一号岛，直径约 1 500 英尺，可容纳 10 000 人；二号岛，直径约 6 000 英尺，可容纳 140 000 人。最终的居住地为三号岛，由两个相连的旋转圆柱体组成，称为奥尼尔圆筒（见图 8.7）。通过沿其长轴以相反方向旋转，圆柱体将像陀螺仪一样不断指向太阳。这种旋转还可以为居民提供人造重力。每个圆柱体的直径约为 4 英里，长 20 英里，可容纳多达 1 000 万人。六个等面积的条带将贯穿圆柱体，形成三个透明窗户和三个可居住的“山谷”（见图 8.8）。窗户上方的大型平面镜会将阳光反射到山谷中，它们的角度可以调整，以模拟太阳穿过天空的过程，并帮助调节热平衡。围绕圆柱体的一圈小型空间单元可用于农业和制造业。港口将可供太空飞船在地球或月球之间停靠和卸载货物和乘客。事实上，从月球运来的材料可以用来建造奥尼尔圆筒的主要结构，并且可以在该综合体中添加一系列太阳能卫星，以将电力传输到地球。

图 8.7 两个相连的奥尼尔圆筒。请注意圆筒上的大型平面镜，它们通过窗户反射阳光以提供光和热（图片来源：NASA）

这项宏伟计划的最主要障碍是成本。最初，O'Neill 设计了一系列低成本的航天飞机任务，以将人员和货物往返运输于移民地。随着该计划的终止，此类运输可能将由私人运载火箭提供。为了从月球表面移动大量物质，O'Neill 设计了一种质量投射器，这是一种电磁弹射器（见图 8.9）。这个计划的原理是连续发射一排电磁体将装有有效载荷的金属容器沿着高速路径加速，并最终达到月球逃逸速度。发射后，动量将把有效载荷带到月球后面的 L2 拉格朗日点，然后可以通过太空将其转移到地球附近。由于它由太阳能供电，因此质量投射器的运营成本非常低。

奥尼尔圆筒的建造具有一定的优点。与月球基地相比，将人类和物资运送到 L5 附近的基地会更快，成本更低。此外，在 L5 的基地内制造的产品可以更容易地在微重力环境下运输到近地轨道。由于月球仍具有相当于地球 1/6 的重力，与从月球运输相比，这样的计划所需的燃料更少。最后，与月球上的许多地点相比，在 L5 附近的太阳能能源将一直可用，因为由于月球自转的原因，月球每四周中只有两周可利用太阳能资源。

图 8.8 奥尼尔圆筒内部图(图片来源:NASA)

图 8.9 月球上的质量投射器装置。请注意,图中的这些装置具有风化层覆盖物,以保护里面的人免受辐射伤害(图片来源:NASA)

8.3.2 斯坦福环面(Stanford Torus)

建立太空移民地的另一种设施是斯坦福环面(Stanford torus),因其在 1975 年由 NASA 支持的斯坦福大学夏季研讨会上的开发而得名[26]。与 Wernher von Braun 等人提出的其他环形空间站类似[27],斯坦福环面这个类似甜甜圈的设施通过旋转以离心力为内部人员提供人造重力。巨大的非旋转外镜将阳光反射到轮毂周围的辅助环上以提供电力(见图 8.10)。斯坦福环面的直径略大于一英里,周长为 3.5 英里,内部有足够的空间来布局农业梯田、公园和 10 000 多名居民的住宅。肉类可以由养护成本较低的动物提供,例如兔子、鸡、山羊和鱼。

图 8.10 斯坦福环面(上方)及其下方的大镜子反射阳光以获取能量(图片来源:NASA)

在斯坦福环面上,中心枢纽的顶部将是一个对接区域,底部将连接一个非旋转的建筑球体和太阳能炉。该中心枢纽将用于娱乐和低重力工业,旅客可以通过电梯或类似地铁的系统从环面通过六个条带到达。与奥尼尔圆柱体一样,斯坦福环面最初被提议位于 L5 点,尽管随后的计算机模拟表明有更节能的位置可供选择[26]。

这些太空移民地的建设和维护成本十分高昂,而且已经存在像阿尔忒弥斯这样的登月计划,这使得短期内地球外的移民地更有可能以月球为基础。此外,为了进行月球采矿活动和操作质量投射器,月球表面需要建立某种永久性设施。因此,我们将在下面讨论一些涉及月球移民地的问题。

8.4 月球移民

8.4.1 永久月球移民地的建造与人口充盈

月球上的永久移民地会是什么样子?考虑到月球表面的恶劣条件(即无空气、寒冷等因素),再加上它暴露于来自太阳和外太空的辐射中,人们需要居住在密闭的环境中从而更好地屏蔽宇宙射线和太阳耀斑的影响。在月球表面,屏蔽层可以由厚重的金属或玻璃制成。一个更便宜的选择是利用月球的风化层,这些风化层可以被从月球表面转移到移民地(见图 8.9)。还可以将这些松散的风化层材料包含在超结构中,以便人们随时进行无尘检查和维护[28,29]。另一个更便宜的选择是寻找古老的洞穴、熔岩管或陨石坑(见图 8.11),在地下建造移民地,利用现有的月球表面作为屏蔽层。

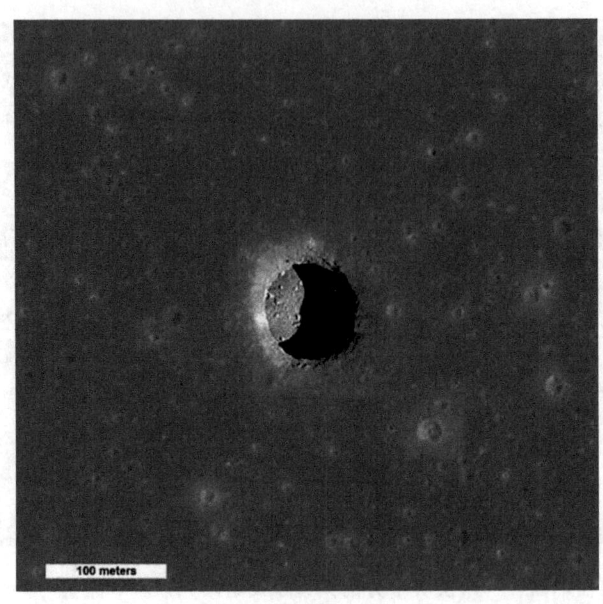

图 8.11 这是月球静海(*Mare Tranquillitatis*)坑洞的高视角图,显示了平滑地面上的巨石。据估计,坑洞的深度略超过 100 米(328 英尺)(图片来源:NASA)

与上述洞穴内移民地的想法相关,欧洲航天局制定了一项洞穴培训计划,因此地球上的天然洞穴系统被用作航天员培训的平台[30]。2011—2019 年,有来自六个不同航天机构的 34 名航天员参加了培训。这些培训旨在提高航天员在参与真正的洞穴科学项目时的个人和团队表现。正式任务之前的准备阶段通常持续 9 天,包括课堂课程和参观各个洞穴。正式任务本身包括对主要洞穴环境进行为期 6 天的独立探索和研究。外部的任务支持团队也参与其中,与乘组人员进行沟通。任务结束后,乘组人员将就他们在洞穴中的经历和训练本身为研究人员提供反馈意见。尽管该计划旨在进行太空模拟,但它对月球或火星上类似洞穴环境中的生存具有明显的训练意义。

对于地表栖息地,月球上的材料可以用于一般建筑用途。月球岩石中包含许多有用的化学物质,它们以氧化物的形式存在:硅、铁、钛、镁、钙、铝,当然还有氧气。利用太阳能或来自核电站的电力能源,月球矿工可以收集这些岩石并将其分解,以提炼相应的金属和氧气。制造建筑用的砖块时,可以使用黏土或玄武岩,还可以使用由生石灰制成的铝、钢、玻璃和水泥。除了屏蔽层和居住建筑,月球上的材料还可以用于火箭燃料,并用于采集用于聚变反应堆的稀有氦-3。必要的采矿设备包括用于挖取月壤以覆盖表面设施的土壤吹扫器,以及用于将月壤移动到移民地建设点的拖车。NASA 的探测器在月球上发现了水存在的迹象,特别是在南北极地区。据估计,这些地区的冰下可能有超过 60 亿吨的冰水。这些水可以用于饮用或农业,或转化为可呼吸的氧气,或分解成氢和氧气用于火箭燃料(见图 8.12)。除了低重力的优势之外,这些有利条件使得月球可以成为前往外太阳系的燃料补给和发射站。

图 8.12 艺术家对月球采矿设施的描绘，该设施正在从资源丰富的火山土壤中获取氧气。在画作的前景中，航天员正在讨论加工尾矿①中的高含量的铁、铝、镁和钛，这些尾矿可以用作月球金属生产厂的原材料(图例和图片来源：NASA/SAIC/Pat Rawlings)

太空建筑师 Brent Sherwood 列出了月球基地的一些实用原则[28]。他表示，在大部分时间里，大多数月球基地的操作(例如建设、维护)都将由机器人完成，甚至包括远离基地的活动，例如采矿或科学探索。即使没有人类的操作，此类任务也可以继续进行。然而，此类任务并不会完全自主。人类的监督控制是必要的，包括现场指导、月球远程指导，甚至地球远程监测和指导。基地的居住系统和其他复杂组件不应直接埋在风化层下，因为这会影响未来的检查、操作或维护。相反，用于屏蔽目的的风化层可以合并到上部结构中。这一计划可以通过采用相对较新的技术来实现，例如千功率裂变发电厂、大块金属玻璃和 3D 打印。

在这种情况下，什么样的人会居住在月球移民地呢？特别是如果决定将居住地设为永久居住设施的话，什么样的人会成为其中的居民？当然，移民地自身需要熟练掌握建筑修建和维护活动的工作人员(例如管道工、电工)。移民地还需要掌握农业和兽医技能的居民以照顾植物和动物。为了解决人员护理的问题，移民地还需要医生和心理治疗师。工程师(例如工业、电气、核能)和科学家(例如天文学家、化学家、地质学家)也是必需的。最初，移民地可能会需要年轻的单身男女(最好数量相等)，但随着时间的推移，老年人和有家庭的已婚夫妇也可居住在这个移民地。娱乐活动可以包括低重力性爱和游戏、电影、食物和酒精派对、凝视天空和美丽的地球，以及乘坐月球车在月球表面骑行。居民区可能会按照宗教或种族界限形成。

随着时间的推移，月球移民地可能会成为月球村(见图 8.13)。欧洲航天局局长 Johann-Dietrich Wörner 于 2015 年提出了这一设想。据他表示，在这样的月球村中，“多个国家和公司将携带各自的系统，在月球的一个共同地点进行自主操作，以便他们都能从共用设施、共享服务和经济效益的协同作用中受益”[29,p.396]。最初，政府将

① 在采矿作业过程中，尾矿指的是把矿石中有价值的部分提炼出来后，剩下不具经济价值的部分。

发挥推动作用，在当地建立工业规模的运营园区。园区规模的增长将依赖于出口月球材料及其产品，不久将形成一个多功能的太空商业园区，从而进一步促进园区的扩大和永久存在。但伦理和法律问题也将随之出现，其中有一部分是基于国际空间站乘组人员行为守则(ISS Crew Code of Conduct)[33]，有一部分是基于1967年外层空间条约(Outer Space Treaty)中概述的原则：和平、促进国际合作并使所有国家都受益的活动(例如科学、商业活动)[34]。但还有一些问题仍需要得到解决，比如政府机构和月球环境中的非政府实体之间的互动，以及由负责任的"发射国"对源自月球而不是地球的材料和行为承担责任。

图8.13　欧洲航天局对其未来月球村的展望(图片来源：欧洲航天局，经许可)

现在，让我们来看看可能影响月球移民地的各种心理和社会学问题。

8.4.2　移民月球：来自科幻小说中的心理社会经验

我首先介绍的是一部获雨果奖的经典科幻小说《严厉的月亮》，由美国作家Robert A. Heinlein于1966年创作[35]。这本书因其对月球移民地生活的阐述而闻名。例如，Allen和Roberts认为，书中情节"除了相当详细地描述有关规划和实施革命外，还涉及了对月球上的生活方式和政府性质的研究。Heinlein擅长详细描述月球上的条件及其对人类的影响"[36, pp. 87-88]。

故事发生在2075年，月球被地球政府用作流放地。月球上的300万居民都是罪犯、政治流亡者或者他们的后代。月球的居民居住在地下设施中，以保护他们免受月球表面空气不流通、高温高辐射的影响。由于月球上的重力较低，居民的生理适应状况使得他们在月球居住几个月后几乎不可能返回地球。

地球上任命的监守长官①及其保镖负责管理月球移民地。月球分为不同的聚集

① 各类译名参照四川科学技术出版社出版的中文版《严厉的月亮》。

地。从名字就可以看出，这些聚集地居住着来自不同国家的人，比如中国（“香港”）、俄罗斯（“新列宁格勒”）和西方国家（“月球城”“约翰逊城”“丘吉尔”）。当然，月球移民地很容易让人联想到早期澳大利亚和早期美国移民地的情况。地球对月球的兴趣不仅仅是将不受欢迎的人送到那里，还希望将月球作为廉价劳动力的来源，在地下农场种植小麦，并通过质量投射器将其运回地球。监守长官在管理上相对被动，而且月球上的社会有些混乱，类似于地球上的旧西部。例如，争论会私下解决；不还债会导致公开羞辱；争端要么通过决斗解决，要么通过将人通过气闸“放逐”到外面，或者由信誉良好的非正式法官解决。

鉴于月球原先是流放地，因此男性与女性的比例超过了 2∶1，这提高了女性的社会权利和受尊重程度，使得传统婚姻在很大程度上被一妻多夫和宗族婚姻（包括直系家庭）的形式所取代。在这个系统中，几代人通过婚姻和子女共同生活在一个等级制度分明的家庭中，其中最年长的成员管理着整个大家庭。

月球上几乎所有的操作功能，包括质量投射器、通信和生命支持系统，都是由主计算机控制的。月球上唯一受过地球训练的计算机技术人员曼努埃尔·曼尼·加西亚·奥凯利-戴维斯发现，这台主控电脑已经拥有了自我意识，甚至可以讲笑话。他和它成了朋友，并给它起了个昵称“迈克”。

在书中，有一小群人正在游说人们脱离地球和月球政府的控制以寻求独立。这不仅是出于理想主义的思考，还因为地球贪婪的需求导致月球移民地面临饥饿和资源枯竭的威胁。参加完他们的一次会议后，曼尼遇到了一位名叫怀俄明·诺特的女人，以及该组织的政治战略家、年长的贝尔那多·德拉帕扎教授。教授认为，月球社会注重个人责任和最低限度的政府，拥有优于地球上的治理结构。曼尼开始转向月球独立运动，考虑到主控电脑影响深远的力量，小组成员决定将有意识的迈克纳入他们的活动。

在曼尼关闭了监守长官居所的氧气设施后，叛乱分子夺取了月球的控制权。他们前往地球争取独立地位，但联合国并不答应他们的条件。由于地球拥有所有的火箭和氢弹，曼尼和他的团队决定利用质量投射器将岩石抛向地球，这也是他们唯一有效的武器。因为被派遣的地球士兵在月球的低重力下难以机动行走，月球居民设法击退了地球试图摧毁质量投射器和入侵月球的企图。随着岩石砸向地球表面，联合国的各个成员国逐渐意识到与独立的月球和平相处比遭受岩石的破坏更好，于是月球被承认为一个独立的国家。

这个故事说明了几个问题：

1. 与地球的联系：月球居民受月球当局控制，必须以低工资工作，为地球提供小麦。监守长官和他的亲信的存在时刻提醒着月球居民地球的存在。但是，只要居民提供小麦并且不反抗，他们基本上可以自行其是。月球上存在一个基本不受监管的自由市场，尽管人们使用政府券，但他们更喜欢那些更稳定的本地的银行货币。

2. 地球上的风云变迁：我们得知地球早些时候发生了一场核战争。据推测，这场战争改变了地球的国界(例如,北美洲被统一为一个政府;南美洲、欧洲和非洲组成了一个大的国家。有一个强大而团结的联合国组织,类似于我们当今的联合国,总部设在印度的阿格拉。

3. 月球治理:尽管政府很小,但月球社会出奇地稳定,这在很大程度上是因为人们生活在接近真空和严寒的环境中,而且女性非常稀缺。人们基本上遵循"偿还债务,保持低调,维护你和你的家庭的声誉"的准则。TANSTAAFL 是"There Are No Such Thing As A Free Lunch"(天下没有免费的午餐)的缩写,这是一个在月球上常用的表达,代表着一个重要的道德指导原则。

4. 宗族婚姻:女性的相对稀缺导致了宗族婚姻的形成,人们组成多代同堂的家庭单位,共有多个丈夫、妻子和子女。新的配偶是经过家庭共识定期引入的,这样家庭就是稳定且长寿的,基本上永远不会结束。

5. 革命:这让人想起了地球上的布尔什维克革命,因为在月球上,革命者形成了一个以"支部"为中心的秘密组织,他们互相称为同志,而且口语上的月球方言受俄语语法的影响,使用了很多俄语词汇。

8.4.3 移民月球:来自地球的心理社会经验

通过研究地球上新兴移民地的发展,我们可以了解更多可能影响月球移民地的心理和社会学问题。例如,Schwartz 研究了地球上的 13 个后移民社区,并总结了社区组织的三个典型阶段[37]。第一个阶段是拓荒阶段,将持续 2～4 年。在这个阶段,新的定居点会因与生存相关的问题(如食品生产和住房)而面临紧张和派别之争。人们会怀疑自己是否真的能够生存下去。但如果社区能够自给自足,并且建立了永久性住所之后,这些焦虑和不稳定感就会消失。随后社区进入第二阶段,即巩固阶段。在这个阶段,社会制度和组织形式得到正式确立。在第一阶段形成的群体团结感在巩固阶段得以延续。尽管新社区的条件有所不同,有些社区仍保留了他们在迁移时带来的旧习惯。在其他移民地,异地而居的原因并不总是基于意识形态,群体不会感受到旧规范的束缚,并且对文化变革持开放态度。不论是哪一种情况,社区都可能出现派别,并导致一些人的出走,或者这些人留下并被看作是可被容忍的亚群体。如果找到了应对这些问题的方法,社区就会进入稳定阶段。在这个阶段,移民地的发展不再与定居安置相关,而是自行发展的。但无论如何,人们都将开始感觉到稳定。

在社会结构方面,Schwartz 认为,一些定居者要么体验到了彼此平等的感觉,要么保留了原始移民群体的社会阶层结构。新社区可能存在弱或强的权力模式,这在很大程度上取决于他们以往文化中权威结构的性质。有时,新的环境会产生新的社会制度。

在宗教方面,Schwartz 概述了三种模式:移民后阶段宗教制度会出现简化;作为增强社区团结的因素,宗教的重要性不断提高;在最初的和解期后宗教成为派系斗争的工具。

Schwartz 最后指出:“在其他条件相同的情况下,迁移的成功与否取决于群体导向的强烈程度。然而,一旦新社区面临新型的严酷生活,具有创造性的孤独者可能正是产生创新和变革所必需的人格类型。”[37,p.245]

不同文化中可能存在不同的移民倾向,尽管这些文化在其他方面可能具有相似性。例如,在讨论波利尼西亚人在太平洋的扩张时,Finney 指出,世袭酋长和根据家谱地位划分等级是这个社会的核心,这种制度基本上是“结构性的不平等[38]”。酋长源自神祇的血统使得他可以激励他的人民,命令他们建造航海独木舟,并前往遥远未知的土地进行探险。一旦登陆,这种制度上的结构依然存在。这与新几内亚的社会结构形成鲜明对比,在新几内亚,继承并不重要,一个人通过他的成就成为领导者。只要社会的经济保持积极稳定,他的领导地位就会持续存在。因此,领导者的不断更替导致了权力的不断争夺。这种情况不利于形成进行大胆探险和移民地建设的社会。

祖国与其殖民地之间也可能存在多种关系。Lee 讨论了公元前 750 年至公元前 500 年左右发生在整个爱琴海的希腊殖民[39]。最初,大多数殖民地都是母城的分支机构,母城经常发布法令,并指定一位主要公民来统治该殖民地。其中大多数殖民地成了一个城邦,以领导者的家乡为蓝本,但又独立于他们的家乡。然而,情况并非总是如此。例如,科林斯(Corinth)更喜欢直接控制所有殖民地,并建立了一个小型帝国,八个殖民地处于其统治之下。另一些殖民地,比如锡巴里斯(Sybaris),变得非常富有,甚至比他们的家乡还要富有(由此产生了“奢侈”一词)。然而,母城在哲学、科学和政治方面往往仍然保持优势。

8.4.4 移民月球:心理社会学结论

从上述材料中可以得出许多有关月球移民地的心理学和社会学结论:

1. 一个独立的月球移民地可能会遵循 Schwartz 总结的三阶段理论经历自己的发展:开拓、巩固和稳定。

2. 由于距离地球较近,地球将对月球移民产生重要影响。这种影响既有积极的(贸易、资源共享)也有消极的(控制、政治影响)。

3. 地球上的政治和战争会影响月球上的政治和社会氛围。

4. 月球移民地的治理结构和社会规范可能反映了地球的治理结构和社会规范,或者月球居民可能会依据月球上的新情况制定不同规范,包括人际关系和家庭结构的变化。

5. 由于距离地球较近,地月旅行很容易且相对较快。随着时间的推移,人们将以个人或家庭的形式移民到月球,而不是作为离散的社会群体。移民地居民的组成将更多地基于不断变化的月球需求,而不是基于预先的设计,后一种情况更可能会发生在火星移民中(请参阅第 9.7 节)。一个可能的意外是将月球作为“惩罚性的”流放地,例如 Heinlein 在书中所描述的情况。

6. 随着太空旅行变得更加私有化且成本更低，月球上将形成特定的政治、文化、经济和宗教的亚群体，这些亚群体要么在主要的移民群体之内，要么独立于主要移民群体。

7. 随着时间的推移，月球居民可能会形成他们自己的身份认同，并且厌倦地球的控制。因此，他们可能会进行一场革命，建立他们自己的国家。

8.5 章节要点

- 2017 年 12 月 11 日，Donald Trump 总统签署了太空政策 1 号令，呼吁人类重返月球，并展望了前往火星和更远目标的太空任务。这一政策得到了随后的 Biden 政府的认可。这为地球边界之外的移民奠定了基础。
- 太空、月球或火星上的移民地的建立都会产生心理和社会方面的影响。研究心理学和社会学的共同问题是心理社会学的领域。
- 重返月球的优势包括：为火星任务提供实践机会、可以在月球低重力环境下轻松发射火箭、在地球附近进行太空作业、进行地球观测、开展太空科学研究、进行月球采矿作业、建立移民地，以及获得灵感和提升国家威望等非技术优势。
- NASA 重返月球的计划以希腊神话中的月亮女神命名，即阿尔忒弥斯计划。
- 阿尔忒弥斯计划的主要组成部分包括：太空发射系统、猎户座宇宙飞船的乘员舱及其服务舱、位于月球近直线晕轨道上的门户空间站、SpaceX 的载人着陆系统，以及商业月球载荷服务，能够自主地将产品运送到月球。
- 从 2022 年开始，前五次阿尔忒弥斯任务已经确定：阿尔忒弥斯一号于 2022 年 11 月 16 日发射，并发射了一艘无人驾驶的猎户座宇宙飞船的乘员舱及其服务舱绕月飞行，以测试该飞行器的性能；阿尔忒弥斯二号将派遣四名航天员乘坐猎户座宇宙飞船绕月球运行，以测试载人系统；阿尔忒弥斯三号将在 21 世纪派遣航天员登陆月球，其中包括女性和有色人种；阿尔忒弥斯四号将建造门户空间站以为未来的对接和登月做准备；阿尔忒弥斯五号将是一项混合任务，两名航天员将登陆月球，另外两名航天员将完成门户空间站的检查。
- 登月地点可能会在月球南极的沙克尔顿陨石坑附近，那里有阴影区域，有望含有冰冻水，附近的山峰也能持续接受阳光照射以提供电力。
- 随着登月任务的开展，月球上将建立一个可容纳四人的阿尔忒弥斯大本营。航天员将花 1～2 个月的时间进行科学研究（月球、天文学、地球观测）、收集岩石、寻找水以及改进和维护月球上的设施。航天员还将参与技术研究和作业活动，为我们未来的火星任务做好准备。
- 尽管许多国家已经签署了《阿尔忒弥斯协议》，但并非所有国家都同意参与。一个主要的障碍是如何利用月球资源和管理人类居住的法律问题。

- 2021 年 3 月，俄罗斯和中国签署了一份谅解备忘录，将在月球南极建设联合国际月球研究站。
- 有人提议在地球附近建立大型太空移民地，例如奥尼尔圆筒和斯坦福环面。尽管有一些可取之处，但这些大型太空移民地项目的建设和维护成本非常高，而阿尔忒弥斯等现有项目已经将月球表面作为未来基地和移民地的所在地。
- 为了保护人类免受恶劣的月球环境（尤其是来自太空的辐射）的影响，地表的移民地需要很好的屏蔽设施。设施的建造可能需要融入月球风化层材料。一个更简单的选择是利用月球的地下洞穴、熔岩管道或陨石坑。
- 月球上需要矿工以收集和搬运富含金属元素的风化层，并将其分解成可用的各类元素。月球上还需要其他移民者，从建筑和维护人员到科学家，再到从事农业、动物和医疗工作的专业人员。随着时间的推移，也会有家庭举家迁往移民地。
- 正如月球基地可以演变成月球移民地一样，月球移民地也可以形成月球村，这是由欧洲航天局首先提出的太空商业园区设想。
- 通过研究 Heinlein 的《严厉的月亮》等科幻小说以及地球上移民或移民地的形成过程，我们可以学到许多与月球移民相关的心理社会学教训。
- 一个独立的月球移民地可能会经历 Schwartz 总结的移民地三阶段理论：开拓、巩固和稳定。
- 移民地面临的重要心理社会问题涉及移民地与地球之间的关系；适用于月球情境的最佳治理结构类型；移民者的人口构成和亚群体的形成；以及移民地身份认同和对独立的渴望。

8.6 思想饕餮

1. 您是美国驻联合国代表团的成员。由于在未来 10 年内可能有多个国家在月球上建立基地，因此联合国正在制定一项新决议，要求所有联合国国家支持 1979 年的《月球协议》，但美国、中国和俄罗斯尚未批准该协议。美国大使需要发表讲话以捍卫美国的立场。当她征求您的意见时，您会给出何种建议？您认为，如果批准该协议将如何影响美国的国家利益？阿尔忒弥斯计划是否违反本协议？您会用什么观点来鼓励俄罗斯和中国等国家与美国一起起草一份人人都能接受的月球政策？可以采用哪些原则来加强美国及其盟国同俄罗斯和中国建立的月球基地共存？

2. 假设，美国已在月球上建立了移民地。最初，它是美国的一颗卫星，由地球上的政治家统治，从事有利于地球的贸易。但移民地的居民越来越希望它成为一个独立的国家，拥有由当地选举产生的总统和立法部门，有权制定法律并与地球上其他国家进行贸易谈判。但美国只准备承认该移民地为美国的一个州。对于这两类选项（独立的国家或一个州），月球环境的哪些独特特征可以影响这种选择？移民地的居民可以用什么论据来说服地球当局相信独立对他们有利？移民地的居民可以用什么和平手段来获得独立？

参考文献

[1] Wang, J. R. (2017). New space policy directive calls for human expansion across solar system. NASA Release 17-097, December 11. NASA Headquarters. https://www.nasa.gov/press-release/new-space-policy-directive-calls-for-human-expansion-across-solar-system

[2] "Psychosociology." Merriam-Webster.com Medical Dictionary, Merriam-Webster, https://www.merriam-webster.com/medical/psychosociology. Accessed 20 June 2022.

[3] Lempriere, M. (2017). Mining the Moon. Mining Technology, December 4, 2017. https://www.mining-technology.com/features/mining-the-moon/#:~:text=The%20concept%20of%20mining%20on%20the%20Moon%20has,in%20mining%20resources%20in%20some%20way%20or%20another

[4] Horneck, G., Facius, R., Reichert, M., Rettberg, P., Seboldt, W., Manzey, D., Comet, B., Maillet, A., Preiss, H., Schauer, L., Dussap, C. G., Poughon, L., Belyavin, A., Reitz, G., Baumstark-Khan, C., & Gerzer, R. (2003). HUMEX, a study on the survivability and adaptation of humans to long-duration exploratory missions, part I: Lunar missions. Advances in Space Research, 31, 2389-2401.

[5] Chiao, L. (2021). Why return humans to the Moon? In L. R. Young & J. P. Sutton (Eds.), Handbook of bioastronautics (pp. 857-865). Springer.

[6] National Aeronautics and Space Administration. (2020). Artemis plan: NASA's lunar exploration program overview. NP-2020-05-2853-HQ. NASA Headquarters. https://www.nasa.gov/sites/default/files/atoms/files/artemis_plan-20200921.pdf

[7] Von Ehrenfried, M. (2020). The Artemis lunar program: Returning people to the Moon. Springer.

[8] Merancy, N. (2022). How to design an Artemis mission. NASA 2022 Human Research Program Investigators' Workshop. NASA Zoom conference. February 7-10. https://www.eventscribe.net/2022/HRPIWS/agenda.asp?pfp=Browse%20by%20Day

[9] Newman, C. (2020). Artemis Accords: Why many countries are refusing to sign Moon exploration agreement. The Conversation, October 19. https://

theconversation. com/artemis-accords- why-many- countries- are- refusing- to-sign- moon- exploration- agreement- 148134

[10] de Gouyon Matignon, L. (2019). The outer space treaty of 1967 and the main principles of space law. Committee on the Peaceful Uses of Outer Space (COPUOS). Spacelegalissues. com, March 13. https://www. spacelegalissues. com/space-law- the- outer- space- treaty- of- 1967- and- the- main- principles- of- space- law/

[11] United Nations Office for Outer Space Affairs (UNOOSA). (2022, Accessed February 18). Agreement governing the activities of states on the Moon and other celestial bodies. UNOOSA. https://www. unoosa. org/oosa/en/ourwork/spacelaw/treaties/intromoon-agreement. html

[12] Dallas, J. A. , Raval, S. , Alvarez-Gaitan, J. P. , Saydam, S. , & Dempster, A. G. (2020). Mining beyond earth for sustainable development: Will humanity benefit from resource extraction in outer space? Acta Astronautica, 167, 181-188.

[13] Iliopoulos, N. , & Esteban, M. (2020). Sustainable space exploration and its relevance to the privatization of space ventures. Acta Astronautica, 167, 85-92.

[14] Harvey, B. (2013). China in space: The great leap forward. Springer.

[15] Jones, A. (2021). China's Tiangong space station: Tiangong is China's space station in low Earth orbit. Space. com, August 24. https://www. space. com/tiangong-space- station

[16] Jones, A. (2022). China aims to complete space station, break launch record in 2022. Space. com, February 16. https://www. space. com/china-will-complete- space- station- launch-record- 2022

[17] Williams, D. R. (2021). Future Chinese lunar missions. NASA Goddard Space Flight Center, September 3. https://nssdc. gsfc. nasa. gov/planetary/lunar/cnsa_moon_future. html

[18] FindChinaInfo. (2017). China, Russia agree cooperation on lunar and deep space exploration, other sectors. FindChinaInfo, November 2. https://findchina. info/china-russia- agree- cooperation- on- lunar- and- deep- space- exploration- other- sectors

[19] Whittington, M. R. (2020). Russia rejects joining NASA's Artemis moon program in favour of China. The Hill, July 19. https://thehill. com/opinion/technology/508013-russia- rejects- joining- nasas- artemis- moon- program- in-favor- of- china

[20] Wehner, M. (2020). Russia isn't keen on Artemis, sides with China for Moon exploration. BGR, July 20. https://bgr.com/science/nasa-moon-mission-russia-roscosmos/

[21] Jones, A. (2021). China, Russia open moon base project to international partners, early details emerge. Space News, April 26. https://spacenews.com/china-russia-open-moon-base-project-to-international-partners-early-details-emerge/

[22] Anglesey, A. (2022). China's moon base to rival NASA advances after Russia deal. Newsweek, April 24. https://www.msn.com/en-us/news/world/chinas-moon-base-to-rival-nasa-advances-after-russia-deal/ar-AAWxLV1

[23] Suedfeld, P., Wilk, K., & Cassel, L. (2011). Flying with strangers: Postmission reflections of multinational space crews. In D. Vakoch (Ed.), Psychology of space exploration: Contemporary research in historical perspective (pp. 143-175). NASA. REPRINTED in D. A. Vakoch (ed.) (2013). On orbit and beyond: Psychological perspectives on human spaceflight. Springer.

[24] Scranton, P. (2007). Commercial and economic impact of spaceflight: An overview. In S. J. Dick & R. D. Launius (Eds.), Societal impact of spaceflight (pp. 121-139). NASA SP-2007-4801.). National Aeronautics and Space Administration.

[25] O'Neill, G. K. (1976). The high frontier: Human colonies in space. William Morrow and Company, Inc.

[26] Heppenheimer, T. A. (1997). Colonies in space. Warner Books.

[27] von Braun, W. (1952). Crossing the final frontier. Colliers, March 22.

[28] Sherwood, B. (2019). Principles for a practical Moon base. Acta Astronautica, 160, 116-124.

[29] Sherwood, B. (2017). Space architecture for MoonVillage. Acta Astronautica, 139, 396-306.

[30] Sauro, F., De Waele, J., Payler, S. J., Vattano, M., Maria Sauro, F., Turchi, L., & Bessone, L. (2021). Speleology as an analogue to space exploration: The ESA CAVES training programme. Acta Astronautica, 184, 150-166.

[31] Zubrin, R. (2000). Entering space: Creating a spacefaring civilization. Jeremy P. Tarcher/Putnam Books.

[32] Williams, D. R. (2022). Ice on the Moon: A summary of Clementine and Lunar Prospector results. NASA Goddard Space Flight Center, January 31. https://nssdc.gsfc.nasa.gov/planetary/ice/ice_moon.html

[33] Greenstone, A. F. (2018). Ethics and public integrity in space exploration. Acta Astronautica, 143, 322-326.

[34] Marboe, I. (2019). Living in the Moon Village - Ethical and legal questions. Acta Astronautica, 154, 177-180.

[35] Heinlein, R. A. (1966, 2018). The Moon is a harsh mistress. New York: Ace Reprint Edition, Kindle Version.

[36] Allen, L. D., & Roberts, J. L. (1973). Science fiction: An introduction. Cliffs Notes.

[37] Schwartz, D. W. (1985). The colonizing experience: A cross-cultural perspective. In B. R. Finney & E. M. Jones (Eds.), Interstellar migration and the human experience (pp. 234-246). University of California Press.

[38] Finney, B. R. (1985). Voyagers into ocean space. In B. R. Finney & E. M. Jones (Eds.), Interstellar migration and the human experience (pp. 164-179). University of California Press.

[39] Lee, R. B. (1985). Models of human colonization. Kung San, Greeks, and Vikings. In B. R. Finney & E. M. Jones (Eds.), Interstellar migration and the human experience (pp. 180-194). University of California Press.

第九章　探索火星及更遥远的星球

我们在上一章中已经了解到，阿尔忒弥斯计划的目标之一是为远征火星做准备，此外还有到达并在月球上定居。另外，我们在第七章中也了解到，Elon Musk正在研发他的超重型火箭（Super Heavy Rocket，又名 BFR），目的是利用巨大的星际飞船运送大约一百人到达火星并实现火星移民。美国和中国已经发射了机器人探测器穿越火星表面，分析其组成并寻找生命。因此，火星是未来太空任务的潜在目标。

尽管金星离我们更近，但其剧烈的温室效应形成了高压、酸雨和酷热的环境。因此，金星是一个不太理想的着陆选择。相比之下，火星的极冠中含有水，温度也相对适中，而且在火星表面下可能存在微小生命，我们相信那里可能有水的存在（见图 9.1）。不过，火星仍然是一颗非常奇特的行星。它拥有太阳系最大的火山，高度接近 26 千米（约 16 英里），还有一个长达 3 000 多千米（1 800 英里）的巨大峡谷系统。火星上的重力是我们在地球上的 38%。它基本上就是一个寒冷、干燥的沙漠，大气层稀薄，缺氧，并且火星没有地磁场，无法很好地阻挡来自太空的辐射（见图 9.2）。

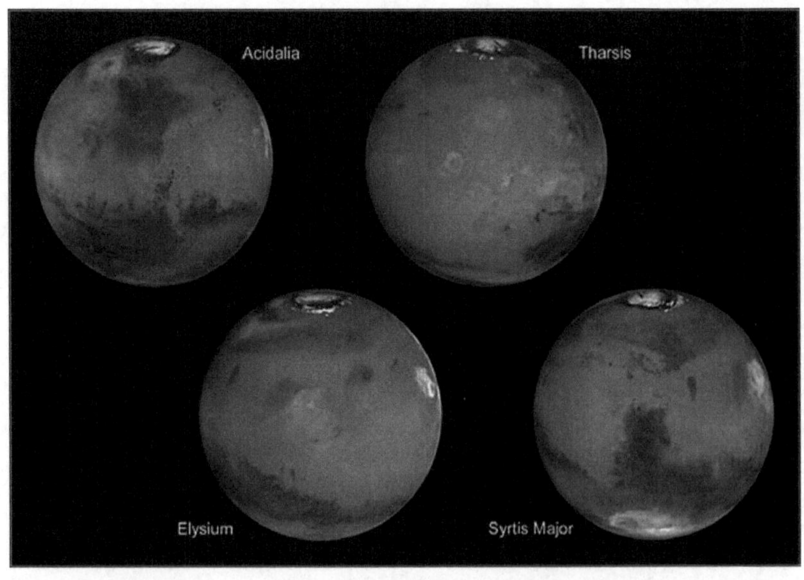

图 9.1　1999 年 4 月 27 日至 5 月 6 日哈勃太空望远镜拍摄的火星表面的四张视图。图中的英文：Acidalia 为阿西达利亚，Tharsis 为塔尔西斯，Elysium 为埃律西昂，Syrtis Major 为大瑟提斯（图片来源：NASA/NSSDC，与科罗拉多大学 S. Lee、康奈尔大学 J. Bell 和空间科学研究所 M. Wolff 合作）

图 9.2 海盗 1 号着陆器在 1976 年 7 月 20 日着陆后拍摄的火星表面。请注意被岩石覆盖的如沙漠般贫瘠的火星表面(鸣谢:NASA/NSSDC,与圣路易斯华盛顿大学的 M. A. Dale - Bannister 合作)

9.1 前往火星

既然有这些不利条件,我们为什么要去火星呢?其中一个原因是我们想通过登陆火星来了解更多关于行星的信息。而且从很多方面来说,这会帮助我们更好地了解地球及其起源。在过去的太空活动中,研究人员研发了“新”的技术和材料。而这些技术和材料现在已经被广泛地应用,例如尼龙搭扣、特氟龙和 GPS 系统。因此,准备和进行火星探索可能将收获类似的好处。由于受到气候变化和全球变暖的挑战,以及未来彗星或小行星与地球相撞的威胁,一些人认为,在地球之外建立移民地是一种保险政策,是对我们这一物种未来的一种保护和几乎是命中注定的需求[1-3]。最后,无论是在地下水域环境还是在洞穴或岩浆管中受到辐射防护的环境中,火星上是否存在生命一直是人类探索这颗红色星球的主要原因。这种可能性激发了我们的想象力,可以追溯到 19 世纪末 20 世纪初的运河热潮(canal craze)①(见图 9.3)。

① 在 19 世纪末和 20 世纪初,有一段时间人们认为火星上存在由智慧生命创造的灌溉运河网络。这种想法起源于早期望远镜观察者错误地解释了火星表面的特征。意大利天文学家乔凡尼·维尔加(Giovanni Schiaparelli)在 19 世纪末绘制的火星地图上描述了一些线性特征,他将这些特征称为“沟渠”(canali,意大利语中的“渠道”或“沟渠”)。这个意大利语词汇在英语中被错误地翻译成了“canals”(运河),这导致了人们对火星上存在由智慧生命创造的人工运河系统的错误信念。这种错误的理解形成了“canal craze”(运河热潮),即普遍的观点认为,火星上的这些“运河”是由外星文明建造的,并且这种观念在当时引发了民众极大的兴奋和兴趣。随着后来对火星的更多探测和研究,这种信念被证明是错误的。后来的太空探测任务和更精确的观测揭示,这些线状特征实际上是天文现象和光学干扰造成的结果,而非人工运河。尽管这一错误观点逐渐消退,但“canal craze”成了描述那个时期的特定天文观念的标志性词汇。

鉴于近年来自动化和机器人系统的发展，为什么我们不利用这些新技术探索火星呢？Friedman[4]指出，几乎所有的太空任务都可以使用机器人以更安全、更低成本的方式完成。像通信、遥感和日常采矿等太空作业可能最适合使用高度自动化的机器。然而，这些作业也有特殊情况需要人类的参与，比如在危险地形中驾驶探测器，修理和维护设备，创造性地处理不可预测的情况或事故，或者根据“直觉”选择一个有趣的地点进行探索。人类登上火星表面会创造很多机遇，且发现这种机遇无法仅靠自动化的机器。因此，我们可以从这一角度赢得公众对火星探险任务的支持。也有基于非技术因素支持人类登上火星的观点，例如激励年轻人和维护国家声誉。因此，火星探险任务既需要人类也需要机器人，我们的精力应该花在如何提高两者之间的协作能力上。但是我们怎么才能到达火星呢？

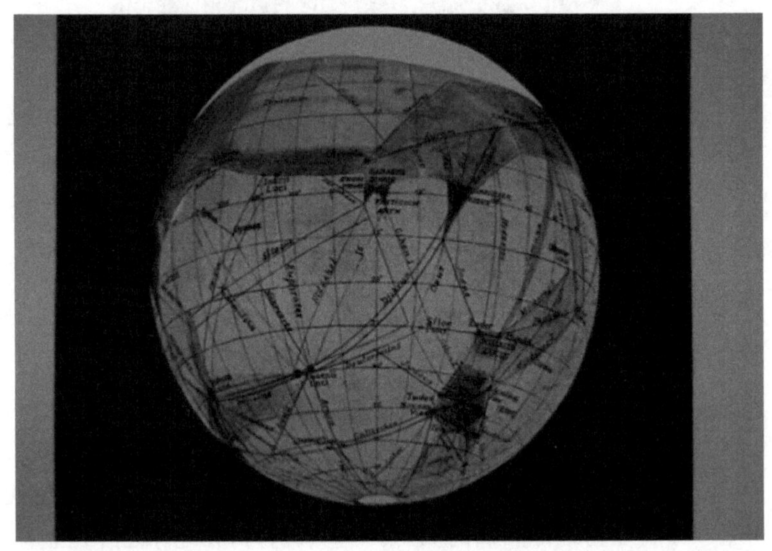

图 9.3　火星地图，出自 Percival Lowell 于 1908 年首次出版的《火星是生命之所》(*Mars as the Abode of Life*)1909 年印刷版。请注意，Lowell 认为，火星人修建了广泛的运河系统，将水从两极输送到沙漠。我们现在知道，这些运河是由丰富的想象力增强的视错觉(图片来源：Nick 和 Carolynn Kanas 收藏；以及《太阳系地图：从古代到太空时代》，Nick Kanas，Springer/Praxis，2014 年)

由于其大偏心的轨道，火星大约每两年与地球有一个有利的冲位，这时它与我们在太阳的同一侧，离我们相对较近。在这些时候，火星与我们的距离约为 5 500 万千米，而在最远处时则为 4.01 亿千米。相比之下，月球距离地球的平均距离为 382 500 千米。因此，与使用当前化学推进技术到达月球所需的三天时程相比，NASA 估计使用同样的技术前往火星将需要 6～7 个月，而返回到地球所需的时间也将类似。

目前，已经有研究人员提出了几个如何将人类送上火星的计划。尽管有些计划提出了飞越金星的好处[5]，但大多数被认真考虑的计划都是直接飞向火星的。其中之一是 NASA 阿尔忒弥斯计划的延伸[6,7]，我们在上一章中对此进行了讨论。这个设想是在 2035 年前后，由四名航天员组成一个的乘组乘坐火星转运飞船从地月门户空间站前往火星(见图 9.4)。尽管考虑到心理多样性和乘组出现死亡情况时的人员替补，其他研究提出乘员人数应为六人[8-10]，但 NASA 计划的人数仍是四人，因为乘组规模受到猎户座宇宙飞船运载能力的限制。据说这一乘组规模足以满足飞行器操作的目标。抵达火星后，乘组人员将与预先送上轨道的火星着陆器会合并前往火星表面，在那里他们将发现早些时候送上去的物资补给。为了留出时间探索这颗红色星球，NASA 计划对火星进行为期 2～2.5 年的往返探索。

根据任务的预期目标和阶段，NASA 确定了执行火星探索任务的乘组必须包含八类人员角色(无论乘组规模多大)：指令长、生物学家、地质学家、医生、机械师、电工、飞行员或导航员和计算机专家。此外，Stuster[11] 还提出了四类额外的辅助角色：乘组医疗官、植物学家、天体物理学家和设备官。如果乘组只有四个人，那么他们需要承担所有这些角色并接受工作职能的交叉培训。

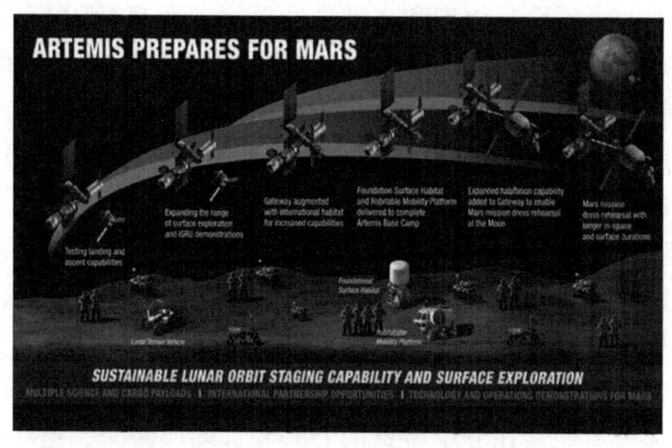

图 9.4 阿尔忒弥斯计划中的火星探险。请注意，地月门户空间站被用作发射火星转运飞船的集结地，并利用月球来测试着陆火星和生活的各个方面(图片来源：NASA)

第二个火星探险计划是 Elon Musk 于 2017 年在澳大利亚阿德莱德举行的第 68 届国际宇航大会上提出的[12]。他计划在 2020—2030 年发射超重型火箭并搭载一个由 40 个舱室和一个大型中央公共区域组成的人类星际飞船，飞往火星的乘组规模约为 100 人。这种圆形的、堆叠的“夹心蛋糕”式设计被称为圆形监狱。这种设计最初是在 1798 年作为监狱的设计提出的，警卫在中心，牢房在外围[13]，太空旅行者使用中心区域进行与饮食、音乐、电影、锻炼和体育赛事相关的公共活动，外围则用作卧室、卫生间和浴室等私人区域，并设有向外的窗户以供乘组人员观赏太空。火箭会降落在火星上，并作为乘组在火星上的栖息地，这些乘组人员将在这颗红色星球上建立第一个移民地。先前通过自动驾驶飞船送上来的补给品将会在火星上等待着他们。另一项将人类送上火星的计划是由火星协会主席 Robert Zubrin 提出的“火星直航计划(Mars Direct Program)”[14,15]。它计划每两年向火星发射一艘飞船。最初，像土星五号这样的重型运载火箭将飞向火星，其中包含可无人操作的返航飞行器

(Earth Return Vehicle)和化学处理装置,用于将储存的液态氢和大气中的二氧化碳转化为甲烷和水,从而产生氢气和氧气供未来第一批四人乘组使用。两年后,这批乘组人员将乘坐一架搭载居住舱、食物和流动站的飞船发射升空。在火星上停留1.5年后,宇航员将乘坐先前制造甲烷燃料的返航飞行器返回。与第一批乘组人员同时发射的还有第二艘载有返航飞行器和化学处理装置的飞船,该飞船将供两年后发射的第二批乘组人员使用。未来的任务也是如此。这个提议的巧妙之处在于,它支持探索活动从火星资源中提取甲烷燃料、水和氧气,供下一批航天员使用。2013年,Zubrin提出了一项改进的"火星半直通计划(Mars Semi-Direct Program)",使用改进的SpaceX猎鹰重型运载火箭和龙飞船等运载工具将航天员运送到火星[15]。

9.2 距离:游戏规则的改变者

登陆火星的下一个障碍是地球和火星之间遥远的距离(平均2.25亿千米)。如此遥远的距离造成了许多我们以前在载人任务中从未遇到过的心理和人际关系问题。具体而言,遥远的距离使得乘组人员将与同一乘组的其他乘员隔离在距离地球数百万英里的空间里长达两年半,这可能会给他们带来心理和人际压力,并影响他们执行任务目标的能力。此外,即使以光速行进,地球和火星之间的平均双向通信时间延迟也将达到25分钟。当地球和火星位于太阳两侧时,通信延迟最长将达到44分钟。这将妨碍乘组人员与地球上的人们实时沟通,因而难以获得地面支持、和家庭成员聊天以及获得处理紧急情况的建议。最后,在飞往火星的旅途中,我们的地球将变成天空中一个微不足道的蓝绿色小点,这是人类肉眼从未见过的景象。

表9.1显示了火星探索任务中特殊的心理和人际应激源。这些应激源会给个别乘组人员带来压力,并对他们彼此之间的关系产生负面影响。

表9.1 火星探索任务中特殊的心理和人际应激源

心理应激源	人际关系应激源
任务选择:谁会执行为期两年半的任务?	有限的社交接触和新鲜感
长期辐射和微重力的影响	乘组人员间的紧张关系
罹患身体和精神疾病的风险增加	性冲动和嫉妒
单调而富裕的闲暇时间	文化问题
隔离和思乡	船员脱离地球支持的自治
地球消失现象	与地球的通信延迟

9.2.1 心理应激源

并不是每个人都愿意离开家人和朋友长达2.5年,因此志愿参加火星探索任务的人会偏向于特定的人群，例如单身、没有孩子要照顾或有足够家庭资源在他们缺席时照顾孩子。不同的任务需要不同的人员角色（例如，驾驶、导航、计算机编程、工程、地质和生物调查），这也会增加选拔过程的复杂度。而经济和政治方面的考虑则可能会让选拔变得更加复杂，特别是当其是一项国际任务时，国际代表权会偏向那些将为这项昂贵的探索支付大部分费用的国家，而且是混合性别乘组。

火星没有地球周围的范艾伦带的辐射屏蔽作用，而执行火星探索任务的航天员将在这一不利情况下度过大部分任务时间。虽然研究已经证明，人类可以在微重力环境下生活长达 14 个月。但目前还不清楚，在只有 38％地球重力的火星上，航天员在生理上是否有足够的能力来恢复飞往火星及返回过程中由微重力造成的骨骼和肌肉损失以及其他生理影响。

在如此漫长的任务中，随着时间的推移以及在火星探索时发生事故的可能性的增加，出现牙科问题、身体和精神疾病的风险也将增加。根据南极探险任务中报告的行为问题的发生率，假设每人每年 6％的发病率不变，并且两种隔离和密闭环境中的人员数量相等，那么在两年半的火星旅途中，六人乘组出现严重行为问题的估计概率为 89.3％。乘组人员需要有充足的训练和资源来处理可能危及生命的情况。远程医疗的进步可能会对此有所帮助，但由于低重力和时间延迟，采取手术等治疗方式将更加困难。

火星探索任务会有一段单调乏味的时期，如何有意义地度过这段时期将是一项挑战。当登陆火星所带来的兴奋感全部消失之后，在任务的返回阶段，单调乏味可能会成为更加普遍的现象。此外，人们的爱好和兴趣会随着时间的推移而变化，因此有限的船上资源必须足够灵活，以应对整个任务期间的这种变化。

与地球的距离可能会让乘组人员产生一种真正的孤立感。乡愁是地球上远离家乡的人的一个常见特征，而火星与地球遥远的距离可能会加剧这种情况。在目前的近地空间任务中，可以通过各类对抗措施来保障乘组人员的心理健康，包括与任务控制人员举行实时家庭会议和咨询，以及通过补给船发送鼓舞士气的礼物和航天员喜爱的食物。在前往火星或在火星上的乘组人员则无法获取这些社会支持，这可能会加剧思乡情绪甚至出现抑郁状态。

随着任务的进展，地球在航天员的视野中将会变得越来越小，在他们心中的重要性也会越来越低。正如本书第三章中提到的，绕地球飞行期间，航天员的主要积极活动之一是欣赏地球，但是看到地球逐渐缩小（地球消失现象），航天员可能会感受到更多的思乡、孤立和与家人和朋友分离的孤独感。诚然，在前往月球的途中，地球的尺寸也有所减小，但它仍然是空中一个引人注目的美丽天体，具有明显的陆地特征，可以让观察者想起他们的家乡。然而，在火星探索任务中，地球将继续缩小直至它在天空中看起来像一个蓝绿色的点，肉眼看不到任何明显的陆地特征（见图 9.5）。在人类历史上，从来没有人以这种方式认识地球母亲并识别她的特征（例如重力、食物、植物、动物、大气、物种的历史记录）。这种地球消失现象导致的心理变化可能以深刻的孤独感、焦虑、抑郁、自杀意图，甚至幻觉或妄想等精神病症状为特征[9,17]。此外，人们可能会因此部分或完全丧失对通常(地球)价值观和行为规范体系的承诺，从而导致个人行为和乘组人员之间的互动发生不可预见的变化。

图 9.5　从火星上看到的地球。这是 NASA 好奇号火星车拍摄到的照片。尽管我们的星球比火星夜空中的任何其他"星星"都明亮，但它看起来仍然很小且微不足道(图片来源：NASA)

据我所知，关于地球消失现象的唯一研究是 Jonathan Laws 在 Matthew Haigh 的监督下于 2017 年在诺森比亚大学(Northumbria University)完成的一篇未发表的荣誉心理学论文中所提及的[18]。该研究包含 22 名被试(12 名男性，10 名女性，平均年龄为 28.8 岁)，他们通过使用虚拟现实技术从太空观察地球。画面中的地球被描绘成从近处看：有清晰美丽的陆地特征(就像从月球上看一样)；从中等距离看：虽然小但陆地特征清晰可见；从远处看：比蓝绿色的点大一点，但仍然是一个几乎看不出陆地特征的圆盘。研究人员随机分配被试到这三种虚拟现实地球观测条件组中(近距离、中距离和远距离)。因变量是被试在 15 分钟观察期间所听到的问卷题目得分，该问卷评估了整体情绪、孤独感、国家主义和环境意识的水平。单因素多元方差分析发现，在三种实验条件下，被试在四类题目的得分之间没有显著差异。这表明，观察地球的距离并不影响被试的整体情绪、孤独感、国家主义或环境主义。尽管随着地球变小，国家主义的得分呈现下降的趋势(但并不显著)。这项研究的局限性有以下几个方面：样本较小；处于安全的实验室环境中，没有火星探索任务中的行为应激源(即与其他乘组人员一起被隔离在距离家数百万英里的地方，存在通信延迟)，从火星表面看上去，地球是一个微不足道的蓝绿色点，但实验所用的最小的地球图像仍很大。虽然这是一个良好开端，但这项研究需要在更多被试中重复进行，也应该在更真实的太空条件下进行。

9.2.2 人际应激源

在火星探索任务中，航天员需要长期与同一群人在隔离和密闭条件下生活与工作。人类习惯于在工作和休闲时与许多人互动，这样就带来了人际多样性，同时也允许人们暂时摆脱复杂人际关系的困扰。但是，由于社交接触的数量有限，这种多样人际互动的情况在火星探索期间将不会出现。因此，乘组人员不得不寻找新的方法来了解彼此，以促进人际关系的多样性。

有时，冲突甚至性格怪异都会导致人际关系紧张。目前，环绕地球飞行的在轨乘组人员通过撤回到私人空间或从事更多工作来处理此类问题。这些策略可能会在短期内取得成功。但从长远来看，尤其是在社交接触有限的情况下，这些策略可能会让负面情绪恶化，直到爆发人际冲突或导致人们变得更加具有领地意识并彼此疏远。

与性冲动和紧张有关的问题也是如此。正如我们在第五章中讨论的那样，没有证据表明在轨太空任务期间有性行为的发生。然而，火星探索任务将会非常漫长，其中一部分时间将在火星的弱引力中度过。因此，我们预计可能会出现性吸引和紧张(身体和心理)情况。目前尚不清楚人们应如何处理这个问题，但我们需要在任务开始之前找到解决方法。一种想法是，执行火星探索任务的乘组应该由成对的异性伴侣组成。然而，将这个变量添加到选拔过程中将使本已复杂的选拔进一步复杂化。此外，模拟经验表明，乘组中的配对可能并不能完全防止破坏性的竞争、嫉妒和对抗的发生(例如，生物圈 2 号项目——见第 5.4.2 节)。尽管选拔、训练执行火星探索任务的乘组与执行模拟实验的人员不同，但我们不能忽视这些过往经验。因此，未来需要更多的研究来探索长期太空任务(例如火星探索任务)中异性和同性活动的心理和人际影响。

第五章考虑了与国际太空任务相关的文化问题。Nechaev 等人[8]调查了 11 名航天员，了解他们对火星探险期间可能出现的心理和人际关系问题的看法。调查人员发现以下因素被提到得最多：隔离和单调、由于距离带来的通信延迟、领导问题、不同航天局管理风格的差异以及国际乘组人员内部的文化差异。因此，与国家和航天局机构文化相关的差异被视为国际任务可能出现的潜在问题。虽然调查中没有涉及，但教育背景和工作培训(职业文化)的差异也可能引起问题，特别是在这些差异引发任务目标相互冲突的情况下。

航天员的自治以及与地球的通信延迟可能引发非常重要的人际问题，这些问题通常与地月环境之外的任务特征相关。下面两节将更全面地讨论它们。

9.3 自治

9.3.1 常见议题

自治权涉及个人或团队执行任务时(包括决策和解决问题)的自行决定权和自由

度[19]。在地球上，组织研究表明自治权可以提高团队凝聚力和幸福感[19]；可以对员工的问题所有权、角色广度和绩效产生积极影响[20]；促进主动学习行为并减少疲惫情绪[21]；并与个人压力呈负相关[22]。因此，太空任务期间自治权的增加有望提高绩效和凝聚力，并减少疲劳和压力。

在当前的太空任务中，地面控制人员帮助航天员们制定时间表、解决问题和处理太空中发生的紧急情况。由于距离远且通信具有延迟，来自地面控制人员的帮助在火星探索任务中更加难以实现。尽管任务控制中心可能会参与一些航行调度，但在许多活动中，乘组人员拥有更大的自治权，并且更加依赖身边的资源（例如机载计算机和设备）的可靠性。我们在第 2.4 节中讨论了与此类资源有关的问题。此外，计划的补给任务会减少，并且地面控制中心不可能对生病的乘组人员提供紧急补给或医疗救援。这些因素将迫使乘组人员更独立地工作，并以高度自治的方式来处理问题。正如我们在 4.4.1 节中看到的那样，有时候，在隔离和密闭环境中的人们想要自己安排日程，使自己不受外部控制人员的影响。因此，地球上的任务规划者在与乘组人员互动时，需要考虑航天员在执行活动时需要更多的自治权和灵活性。

Marquez 等人进行了一项时间规划能力的研究，人们需要自我安排那些任务导向的工作[23]。这项实验旨在评估尚未习惯航天任务调度复杂性的个体在效率、有效性、工作负荷和态势感知方面安排任务的能力。任务调度的复杂性受到限制条件的数量和类型的影响。受过大学教育的 7 名女性和 8 名男性被试被告知他们需要“充当航天员”并完成计算机化的太空调度任务。结果表明，限制条件的数量和类型是影响调度任务复杂性和绩效表现的关键因素。与没有限制条件的调度活动相比，较少的限制条件对于这些新上任的调度员而言还是可以接受的。但当限制条件增多时，他们的调度工作绩效就会下降，这表明调度辅助工具的必要性。不同的限制条件以不同的方式影响人们的工作绩效。对调度任务复杂性影响的深入研究将有助于设计调度系统，使未来的航天员能够进行自我调度，特别是对于那些处于自治状态下的航天员。

居住空间和人机界面的人体工程学特征也是设计火星飞行器和居住舱时需要考虑的重要问题。由于并非所有的物资和燃料都可以带上飞船，乘组人员在返回地球时将需要依赖以往送往火星的物资储备，或者依赖火星大气层和火星表面的资源以各类化学反应的方式生成所需的水和燃料。因此，相关设备的易用性和可靠性至关重要。自治不仅对乘组人员，而且对地面任务控制中心都有很大的影响。下面将更详细地讨论这个主题。

与过度安排任务、缺乏同理心以及对自治需求不敏感有关的问题可能会导致乘组与地面之间的沟通不畅，并使乘组人员认为地面工作人员不支持他们。这可能会对任务的执行产生负面影响。在对 9 名航天员的调查中，Santy 等人[24]发现了三起涉及航天员与地面工作人员在互动过程中的沟通不畅、误解或人际冲突事件。此外，在第五章中，我们也看到了处于紧张情绪中的乘组人员会将负面情绪转移到外部人员身上，从而导致了乘组与地面的沟通问题。

现在，让我们看一下自治权的增加如何影响隔离和密闭环境中的人们。

9.3.2 高自治性与低自治性

在和平号和国际空间站研究中，我和我的同事使用了第二章和第五章中提到过的方法进行了三项探索性研究。这些研究旨在探索高、低乘组自治性是如何影响处于隔离和密闭环境中的人们的[25,26]。第一项研究使用了位于佛罗里达州海岸附近的水瓶座水下实验室(见图 9.6)，该实验室属于 NASA 极端环境任务操作 (NASA Extreme Environment Mission Operations，简称 NEEMO)计划。我们研究了两个 NEEMO 任务：NEEMO12 和 NEEMO13。NEEMO12 由 12 天的低自治性任务组成，其中 3 名 NASA 乘组人员的工作时间表由 6 名任务控制人员安排。NEEMO 13 包括 4 天的低自治性任务和 6 天的高自治性任务，4 名 NASA 乘组人员可以更灵活地计划自己的工作时间，并且与 8 名任务控制中心的人员具有 40 分钟的双向通信延迟。与 NEEMO12 相比，NEEMO13 中的乘组人员报告说，任务指挥官提供了更多的指示，并且从低自治性到高自治性阶段，他们的疲劳程度有所减轻。在 NEEMO12 的后半阶段，任务控制人员的角色混乱程度较低，而对于 NEEMO13 的高自治阶段，任务控制人员经历了更多的角色混乱，这表明当乘组人员接管更多任务时，任务控制人员的角色变得不那么清晰。

图 9.6 NASA 极端环境任务操作任务 12(NEEMO12)。训练结束后，乘员们正前往水瓶座潜水器居住舱(图片来源：NASA/JSC)

我们的第二项研究包括了在 2008 年夏天参加加拿大德文岛霍顿-火星项目

(Haughton - Mars Project,简称 HMP)①的一些乘组人员。他们需要在一个古老的大型陨石坑中工作,该陨石坑具有类似火星的物理特征。乘组人员身着航天服,乘坐"火星车"旅行,执行的任务与实际火星探索中的任务相似。乘组人员每天自主计划他们的活动,没有任务控制中心。我们研究了 8 位非 NASA 科学家和研究生在任务最后三周的情况。与地面上的其他工作组相比,参与项目的乘组人员对凝聚力、创新性和领导者的指导的评价明显更高。他们还表示对外部监督的需求减少了。

我们的第三项研究是在 2009 年进行的为期 105 天的火星任务模拟。该项研究为后续的火星 500 项目做准备。在火星 105 项目中,六名乘组人员在莫斯科的火星模拟器中工作。乘组人员包括两名俄罗斯宇航员、一名俄罗斯医生、一名俄罗斯运动生理学家、一名德国机械工程师和一名法国飞行员。他们在项目中完成了许多任务,这些任务都与往返火星和在火星表面工作有关。在项目的前三分之二阶段,乘组人员可以与外部监控人员实时互动(低自治条件),但在项目的后三分之一阶段(高自治条件),乘组人员有责任计划自己的任务活动,而且与外部监控人员具有双向的、模拟火星式的沟通延迟。总体而言,高自治条件下的乘组人员成功完成了任务目标,未出现不良后果。由于样本量较小,两种自治条件的数据差异根据 *Cohen's d* 分数进行评估。研究使用了心境状态量表、团队环境量表和工作环境量表,在 21 个分量表中,有 7 个分量表产生了中等到较大的差异(d 值在 0.6 及以上):在高自治条件下,乘组人员的抑郁、活力、愤怒/攻击、来自领导的指导和来自外部监督者支持的得分均下降;同时,乘组人员的自我发现感和工作压力得分增加了,这在很大程度上是由于四位俄罗斯乘组人员的给分增加。相比于低自治条件,高自治条件下的俄罗斯乘组人员在凝聚力方面得分较高,而来自欧洲的乘组人员则得分较低。有趣的是,与我们在和平号空间站和国际空间站的研究发现一样,乘组人员在所有 6 个相关指标上都显示出移置作用的出现(其中四个指标是显著的),并且乘组人员感知到的领导者支持与凝聚力之间存在显著关系。正如上面所提及的 NEEMO 任务,由于工作目标和要执行的任务均不明确,外部监控人员在高自治条件下经历了更多的紧张和困惑情绪,同时体会到较少的任务导向和抑郁情绪。

Gushin 和他的同事[27]在火星 105 项目中进行了两项探索性研究。在该团队的一项研究中,研究人员对乘组人员的书面报告以及他们与任务控制中心的日常音频通信进行了分析。在第一个 35 天周期中,为了适应环境,乘组人员积极地向任务控制中心反映自己出现的问题,并根据任务控制中心的建议改善生活和工作质量。在第二个周期,乘组人员的通信交流范围缩小了,消息中包含的信息更少,变得更加标准化。在第三个周期,当为了增加自治水平而限制乘组人员获得的补给和与任务控

① 霍顿-火星项目是一项地球上最相似于火星表面环境的科学研究项目,而非一个特定的栖息地。该项目主要位于加拿大北极地区的霍顿撞击坑,这个地方的特殊地质和气候条件使得它成为模拟火星表面任务的理想场所。

制中心的通信时，研究人员观察到两种通信模式。有两名乘组人员的活动程度有所提高，他们的报告长度、情绪强度、对外部控制人员的批判以及情绪和活动得分均有所增加。另外两名乘组人员则“关闭”了与外界的沟通渠道，他们的报告长度和情绪强度减小，情绪和活动得分较低。

Gushin 团队的另一项研究[28]采用了多种措施来评估乘组内部人际互动的效率、价值取向、自我觉察和人际关系。在隔离期的中期(第二个 35 天周期)，研究人员观察到乘组人员之间的凝聚力下降，紧张感增加。一些俄罗斯乘组人员和任务控制中心之间具有发生冲突的迹象，这被看作是乘组人员在心理上的疏远。研究人员的观察和乘组人员的个人自我感知和态度量表结果表明，乘组人员经常独处或处于亚群体中。一些乘组人员之间会有冲突，而另一些则变得更加亲密并形成稳定的同伴关系。这种团队关系可能是压力所带来的领导者效率不足所导致的。俄罗斯和欧洲乘员之间的一些配对是基于相似的价值观而不是文化特征。

Sandal 和她的同事[29]在火星 105 项目期间也进行了一项研究。他们在项目期间每个月都通过乘员价值观问卷(Portraits of Crew Values Questionnaire，简称 PCVQ)了解个人价值观差异对乘员凝聚力和紧张关系的影响。此外，Sandal 和她的同事还在项目前后对乘组人员进行了半结构化的个人访谈。研究结果揭示了乘员内部存在紧张关系，这可能是因为最后一个周期(项目的最后 35 天)乘组人员在享乐主义、仁慈和传统上存在价值观差异。最后一个周期的特点是，乘组人员处于高自治状态。乘组内的亚群体是根据个人价值观形成的，没有证据表明存在“群体思维”。因此，研究人员认为，未来长期太空任务的选拔过程应考虑乘组人员的个人价值观。项目后的访谈表明，乘组人员在整个任务期间感受到乘组内部的关系紧张程度较低，并且渴望与彼此相处。尽管乘组人员认为与任务控制中心具有良好的关系，但一些乘组人员也表示，在低自治条件下，乘组与任务控制中心之间的紧张关系和沮丧情绪不断加剧。对于这些乘组人员来说，高自治条件下与外界接触的减少是一种“解脱”。大多数乘组人员认为在高自治条件下，舱内的气氛“更加平静”，因为他们可以专注于自己的工作。

夏威夷太空探索相似与模拟项目的密闭隔离设施(HI - SEAS)已经进行了多项关于自治性的研究。在一项火星模拟任务中，有 6 名乘组人员参与(3 位男性及 3 位女性)。任务设计包含与外部控制人员的 20 分钟双向通信延迟，而且乘组人员拥有比目前国际空间站太空任务中更高的任务计划和执行自主权。Goemaere 等人[30]的第一项研究是探索乘组人员感受到的自治性与他们的动机以及与外部支持人员的合作的相关性。Goemaere 等人[30]还探索了乘组人员的自治性与任务支持沟通风格的相关性。在为期四个月的任务中，乘组人员每周评估与自治性相关的各项指标。结果表明，乘组人员表现出了更高的意志，他们有更自发的动机去遵从任务控制中心的指示，并表示他们不太可能反叛和违抗这些指示；他们对任务控制中心的不满也减少了。此外，乘组人员越是认为外部人员支持他们的自治权(而不是认为自己处于被控制的状态)，他们的意愿和个人自由体验就越强。

在 Goemaere 团队随后进行的一项为期一年的模拟火星任务中，研究人员对乘组的自治进行了进一步研究。乘组人员每周完成测量评估，其内容涉及自治、业务能力、彼此之间以及与家里亲人的关系、幸福感、动机、对抗性(即拒绝执行日常任务)以及与外界任务支持人员的互动。指令长们还根据幸福感、压力和表现对乘组人员进行了评分。结果表明，随着任务的推进，乘组人员体验到的自治以及与外界家人的关联性显著下降。自治和关联性与自我支持动机、合作、幸福感和绩效呈正相关；与蔑视、愤怒和压力呈负相关。有趣的是，这些变量的变化更可能受到乘组人员之间关系的影响，而不是受到家人之间关系的影响。这表明在隔离及沟通延迟的条件下，来自乘组内部的支持比外界亲人的支持更重要。与先前的研究一样，任务控制中心自治性的、支持性的沟通方式与乘组人员的自治体验、感知到的业务能力以及与外界的关联性呈正相关(控制式的沟通方式则正好相反)。

Heinicke 等人[32]在夏威夷太空探索相似与模拟项目的设施中进行了三项研究任务，分别持续了 4、8 和 12 个月。在任务过程中，乘组人员可以独立安排工作日程和休闲时间的活动。尽管三个乘组的工作方式有许多相似之处，然而在亚团体的形成和工作职责分配方式方面仍表现出了差异。尽管乘组人员的角色存在一定的流动性，但没有一个乘组轮换指挥官的角色。研究表明乘组能够在高自治的条件下成功完成任务并达到任务目标。

Roma 等人[33]使用一种新颖的基于实验室的计算机模拟模型来评估自治的影响。他们共进行了两项独立的实验，包含了 33 名被试，每三名被试组成一个小组。每个小组都学习了如何完成计算机模拟的行星表面地质勘探任务，这些模拟任务持续三到四个小时。每位小组成员都被分配操作以下三类设备之一：轨道飞行器、着陆器或漫游车，小组成员需要协调彼此的活动才能成功完成任务。一些任务是由任务控制中心指挥的，而另一些任务则由小组人员自行制定规则。在第二个实验中，一些任务场景包括音频和短信功能的意外失能，这增加了小组人员的自治程度。结果表明，在自治条件下，小组人员的任务绩效得到提高(＝探索到更多高价值的地质样本)，自我报告的积极情绪增加，更少提及负面情绪，生理压力应激性反应减弱(＝更低的唾液皮质醇水平)。此外，小组成员在任务结束后的报告中更多地使用了社会参考语言(例如“聆听”或“分享”)。基于这些发现，研究小组认为自治性与任务绩效的提高、更好的社会心理适应、团队凝聚力以及可持续的行为健康之间存在因果关系。

除了 Roma 等人的研究之外，上述其他实验都是探索性研究，因而需要更大的样本对结果进行验证。但总的来说，在地球上进行的这些研究表明，太空模拟环境下的乘组人员在高自治条件下表现良好，甚至可能更偏爱这种高自治条件。虽然高自治条件可能会降低效率，但可以提高乘组人员的情绪和士气。然而，乘组人员对工作压力的感知存在文化差异，这需要在未来的研究中进一步探讨。此外，由于在更高的自治条件下，外部监督人员要做的工作较少，因此在远距离太空探索任务(例如火星之旅)中,需要关注任务控制人员的作用和职责。也许这些工作人员的名称应该从"任务控制"改为"任务支持"人员,以更准确地反映他们的角色。

9.4 通信延迟

9.4.1 常见议题

在持续两年半的太空任务中,与所爱之人的通信是对航天员的重要支持。在任务期间,航天员的家庭情况可能会随时发生变化,比如孩子的长大、家人生病甚至死亡。航天员和他们的家人希望互相保持联系,航天员也希望能感觉到他们的亲人受到照顾。这种联系在近地任务期间非常重要。此外,在在轨太空任务期间,乘组人员经常需要与任务控制人员就调度和紧急情况处理等问题进行沟通。在近地轨道任务和月球任务中,航天员们与地球上的人们(任务控制中心人员、家人、朋友)的通信几乎是同步的,没有明显的延迟。但在远距离任务中,例如地球和火星之间的通信将存在大大的延迟或异步,这会限制航天员与家人和朋友们的支持性通话,并妨碍与任务控制中心讨论操作问题时的有效性(见图 9.7)[34]。

图 9.7 在地月任务期间,任务控制人员可以提供有效的实时监控和支持活动。此图显示了约翰逊航天中心内的任务控制中心追踪航天飞机任务(图片来源:NASA/JSC)

Love 和 Reagan[35]对在乘组人员和外部控制中心之间使用了通信延迟的太空模拟任务研究进行了综述(例如 NEEMO、Desert RATS)。他们发现,通信过程中的短期延迟(50 秒)与长期延迟(300 秒)具有同样的挑战性。异步通信带来了许多挑战,包括事件顺序混乱、呼叫受阻、浪费乘组人员时间、提供相关信息的能力受损、丢失所要追踪的消息、削弱乘组人员与外部控制中心之间的关系、对快速变化的情况反应缓慢以及情景性意识降低。研究人员发现,更多的训练、预测可能传达的内容、更长但频率更低的传输、更好的记录和计时策略以及传输消息之前的简短警报都有助于异步通信。此外,研究人员还发现短信对于通信延迟情境而言是一个有用的辅助手段。

9.4.2 对通信延迟的研究

Ute Fischer 和 Kathleen Mosier 探索了通信延迟对乘组人员行为绩效的影响[36-39]。NASA 深空栖息地模拟太空任务包含了航天员-任务控制中心通信研究,Ute Fischer 和 Kathleen Mosier 的研究是其中的一部分。他们的研究包含了由 8 名飞行控制人员和 4 名太空乘组人员组成了 4 个小组。这些人员在 6 次模拟太空任务中遇到了 50 秒和 5 分钟的单向通信延迟[38,39]。通过描述性分析,Fischer 和 Mosier 发现两种通信延迟都会破坏轮流对话(即不同团队成员之间的通信单位)的结构和时间:他们的交流会出现重叠,或者他们的交流是无序的,因为一方在另一方对上一回合内容做出反应之前就插入了下一回合的对话内容。研究发现,50 秒的延迟对通信的干扰更严重。这可能是因为在 5 分钟条件下,被试对较长延迟带来的不确定性更加敏感,并因此采取相应措施,例如在对话中加入"结束"或"汇报完毕"等表述。

在后续的实验室研究中,Fischer 和 Mosier 研究了 24 个小组,每组由 3 名学生组成:其中一人为指令长,两人为乘组人员[36,38]。这些团队的任务是在同步和 5 分钟通信延迟条件下模拟解决生命支持系统问题。研究人员还研究了语音通信与使用书面文本通信的效用。他们发现,与无通信延迟相比,团队在延时条件下修复系统故障所需的时间要长得多,但这种差异仅发生在语音通信中。通信延迟打乱了对话的轮流顺序并导致了误解。在延时条件下,语音或书面通信方式并不影响乘组修复系统的时间。但在同步条件下,乘组在语音通信条件下修复系统的时间明显短于书面通信。通信介质或传输延迟时间对正确修复系统的次数没有显著影响。从质性分析层面看,有迹象表明被试并没有表现出任务共同感和情境意识(共同情境),并且他们的操作就好像彼此之间并没有通信延迟一样。例如,他们会将信息分割成细小的部分,这使得他们很难在多个对话回合中持续追踪这些信息。并且在对话的轮替中,被试会将接收到的回答看作是对自己刚刚通信内容的回复(邻近偏差)。

基于这些结果,Fischer 和 Mosier 开发了通信协议来改善通信延迟条件下语音和书面沟通[37-39]。通信协议包含多种策略,其目标包括帮助团队成员追踪对话进程和说话者的时间顺序,以及尝试建立和维护共同情境。这些策略包括强调时长、对话进程和提高通信效率。提高通信效率的方式包括正式确定新一轮对话的开启、做出明确的评论以标记对话回合的结束以及确认和总结输入信息。一项实验室研究对这些策略的有效性进行了评估。72 名学生被分配到 24 个三人小组(其中一名学生担任"国际空间站的飞行工程师",另外两名学生担任"探索航天器的乘组人员")。在 5 分钟通信延迟的情况下,三人小组需要模拟处理航天器生命支持系统的故障。结果发现,与更模糊的故障相比,直接的程序故障解决得更快,错误也更少,并且使用语音或文本通信的效果是一样的。令人惊讶的是,就解决时间或正确修复故障的数量而言,通信协议对任务表现没有显著影响。研究人员推测,这是因为没有足够的训练时间来帮助被试学会应用协议并克服生活中养成的同步通信的习惯。

在后续的研究中,研究人员将被试的协议训练时间增加了一倍。8 名航天员乘组人员参加了 NEEMO 水下设施的两项任务。同时,在人口统计学指标上具有与航天员相似特征的 32 名志愿者参加了在约翰逊航天中心 HERA 模拟器中进行的 8 项任务[38,39]。描述性统计分析表明,在实施 5 分钟和 10 分钟单向通信延迟的日子里,通信协议促进了乘组与任务控制中心的通信效率,尤其是那些接受了训练的志愿者。总体而言,经过训练的乘组人员报告说,通信延迟并未影响他们与任务控制中心的有效互动。然而,对于那些未经训练的志愿者,与同步通信相比,通信延迟降低了他们的沟通效率。他们不愿联系任务控制中心寻求帮助,任务控制中心也认为这些志愿者执行任务不当,需要更多来自地面的帮助。

Kintz、Palinkas 及其同事[40-42]在现实的太空情境中探索了通信延迟的影响。在为期 166 天的任务期间,三名国际空间站乘组人员(两名美国人和一名欧洲人)和 18 名任务控制人员在同步通信的情况下执行了 6 项任务,并在 50 秒单向通信延迟的情况下执行了 4 项任务。每项任务完成后,实验参与者都会对个人和团队表现和行为进行自我评估。尽管存在一些操作问题,但参与者仍然很好地参与了该项研究。研究人员发现,通信延迟与乘组人员的情绪状况、乘组与地面通信质量下降有关,通信延迟还增加了个人的压力和挫败感。任务后的采访表明,通信延迟对乘组人员的情绪、操作结果和团队合作过程都产生了负面影响,这种情况尤其发生在涉及高频率通信要求的任务中。产生这些影响的原因是通信策略不佳,或者是乘组人员自治性低。

9.5 火星 500 项目

2010 年 6 月 3 日至 2011 年 11 月 4 日,莫斯科生物医学问题研究所开展了一项独特的太空模拟实验——"火星 500 项目",旨在模拟为期 520 天的火星往返探索旅程。实验共包含六名男性被试(三名俄罗斯人、两名欧洲人和一名中国人),他们被隔离在模拟舱中。模拟舱由上下两大部分组成(见图 9.8),下层为生活区和实验室,上层为模拟的火星表面,三名乘组人员可在上层模拟着陆火星并身着航天服进行表面探索。

图 9.8　火星 500 模拟舱，右下为乘组生活区和实验室，左上为模拟的火星表面（图片来源：IBMP/Oleg Voloshin，根据 Creative Commons CC－BY－NC－SA 许可发布）

Ushakov 等人[43,p.106]对此次实验做出如下总结："研究通过限制乘组人员能够获得的资源（食物、消耗品、备件等）数量并在实验第 36 天停止资源补充创造了自治生存的条件。该项目首次在模拟任务控制中心和星际任务乘组之间不断增加通信延迟时长。在实验的第 350 天，通信延迟达到了 12 分钟。此外，在实验的第 320～327 天，任务控制中心与乘组的通信完全停止。在通信延迟期间，乘组使用电子邮件和视频消息与任务控制中心进行沟通。"模拟火星登陆和探索发生在实验的第 244～272 天。值得注意的是，除了第一周和最后几周外，整个实验过程中都存在乘组自治和一定程度的通信延迟。

在第 9.3.2 节中，我们讨论了在该模拟舱中进行的为期 105 天的早期试点研究的行为结果。在这里，我们将报告实际 520 天实验研究的心理和人际关系结果。（另请参见第 1.7 节中 Barger 等人报告的火星昼夜节律研究）。

Basner、Dinges、Mollicone 和他们的同事[44]使用腕部体动记录仪、精神运动警觉测试和各种主观测试来研究乘组人员的行为。他们发现，乘组人员在睡眠模式、情绪和与任务控制中心的冲突方面存在许多个体差异。与任务控制中心的冲突的报告频率是乘组人员之间冲突的五倍，其中压力和体力耗竭占冲突原因的 85%。任何心理或行为测试都没有显示出第三季现象。研究人员还发现，大多数乘组人员经历了一种或多种形式的睡眠质量的下降、警惕性不足或睡眠－觉醒周期及时间的改变。在整个任务过程中，觉醒时的活跃度水平有下降的趋势，直到最后 20 天，当乘组人员预期隔离环境即将结束时，他们的觉醒水平又开始上升。

Zavalko 等人[46]还通过多导睡眠图记录乘组人员睡眠模式的变化。在密闭环境期间，乘组人员的睡眠效率和潜伏期 δ 波下降，而睡眠潜伏期增加，这些变化主要集中在最后一个半月。在重要事件（例如模拟火星登陆和结束密闭环境）发生之前，乘组人员出现低睡眠效率的频率显著增加。而在登陆火星两周后，乘组人员出现睡眠效率低下的夜晚数量明显减少。因此，研究人员认为在长期密闭环境下乘组人员对重大事件的预期可能是导致睡眠状况恶化的额外因素，并可能导致他们无法入睡。

I. Solcova 等人[47]测量了乘组人员的情绪能量、工作自我效能感和团队凝聚力。结果表明在模拟实验中这些指标的得分均显著提高。同样地，研究人员没有发现第三季现象出现的证据。

I. P. Solcova 等人[48]使用情绪问卷和任务后半结构化访谈研究了乘组人员的情感进程。他们发现，在整个任务期间，乘组人员主要报告了积极情绪。他们的情绪变化是不同步但平衡的。研究结果表明，与日常生活不同，乘组人员用积极的情绪取代消极的感受，从而使消极情绪得到了抑制和中和。任务结束后的访谈显示，乘组人员认为在密闭环境中最重要的体验是庆祝活动、与重要他人的视频通话以及模拟火星着陆。最困难的时期是通信延迟或中断的时期，以及实验后半部分打发单调无聊的时光[49]。

Gushin 等人[50]研究了实验中乘组内部、乘组人员与任务控制中心之间的通信。他们发现乘组人员的时间感知发生了变化(即时间“变慢”了)，有证据表明乘组人员的紧张情绪转移到了飞行控制中心，乘组人员的交流量减少了。而且在高度自治期，他们的需求和请求的表达也减少了，这表明乘组人员已经成功地找到了适应这种环境的方法。与此同时，在整个任务期间，与亲戚和朋友的私人通话范围不断扩大，这可以证明乘员们需要更多的心理支持。

Kuznetsova、Gushin 及其同事[51]使用社会测量问卷来评估乘组人员的社会偏好水平，通过“放松计”并利用电阻抗的原理来评估乘组人员的自我调节放松的能力，他们还使用计算机化的颜色测试来评估焦虑水平并使用视频监控来评估人际互动。通过描述性分析，研究人员发现在社会测量问卷中显示的受欢迎的“领导者”往往焦虑程度较低，而不太受欢迎的乘员焦虑程度较高。同时，焦虑程度较低的乘组人员在自我调节心理生理状态的能力上表现出积极的变化。在视频分析中，研究人员发现更受欢迎(焦虑程度较低)的乘组人员更可能接收到沟通的信号，也更容易满足群体的归属需要。然而，不受欢迎(也更焦虑)的乘员比那些受欢迎的乘员更经常成为交流的发起方，这可能是他们缓解自身紧张焦虑的一种方式。总的来说，这些发现非常有趣，但还需要在其他环境中使用更大的样本量和严格的统计分析来验证。

Ushakov 等人[43]总结了火星 500 项目期间进行的多项心理生理学研究结果。乘组人员和任务控制中心人员都对通信延迟所造成的联系减少表示不满，通信延迟使得彼此之间出现一些基于猜测而非相互沟通理解后的决策，这也导致了一些决策失误。与飞行任务控制中心联系的减少提高了乘组人员的自治性。与此同时，乘组人员越来越需要得到家人和朋友们的支持，并使得他们发送电子邮件的数量和文件大小逐渐增加。通信延迟期结束后，乘组人员组织了几次与外部的长时间电话会议，这大大增强了他们的士气。从飞行任务控制中心的角度来看，通信延迟使得任务操作反馈变得有限，乘组人员无法获得全面的心理支持。

总体上看，乘组自治性的提高是有益的。乘组人员学会使用自己拥有的资源，有效地适应了隔离和密闭生活。因此，任务控制中心逐渐从指挥和指导的角色转变为建议者角色，这意味着任务控制中心要从乘员的要求中获取线索而不仅仅是要求获得自己所需的信息。

在飞行任务的第二部分，乘组有一个星期的时间是高度自治的，他们完全失去了与外界的通信。根据隔离后的访谈，一些乘员喜欢这种缺乏沟通的情况，他们对减少来自任务控制中心的外部压力和控制表达了认可。但这种高度自治不利于乘组内部规范操作纪律。任务控制中心人员报告说，他们发现俄罗斯（而不是欧洲）乘组人员在完成飞行任务方面出现了更多的延迟和绩效下降，乘组人员将其归因于通信中断使得任务控制中心无法提醒他们履行职责。通信中断时期结束后，实验用了两个星期的时间才将通信频率恢复到以前的强度。

虽然乘组人员预测模拟着陆操作将带来很大压力，但在火星表面成功执行复杂任务是一项积极的体验。这大大提高了人们的积极性，也增加了与外界的交流。在任务的第一部分（就像在火星 105 项目中一样），乘组人员不满于他们无法获得美味食物的补给。但是在模拟着陆后，乘组获得了“预先储存在火星上”的补给，这些补给中包含了更丰富的、更具国际特色的饮食，进而提高了乘组士气。此外，乘组人员们也很重视在任务期间种植植物，这也是提高士气的方式之一。

Sandal 和 Bye[52]使用航天员价值观问卷和任务后访谈的方法研究了火星 500 项目中乘组人员个人价值观的变化。研究表明，密闭环境减少了乘组人员对仁慈、传统和刺激寻求的关注，但增加了乘组人员对自我导向的重视程度。人际关系的紧张越来越多地归因于乘组人员间对仁慈的重视程度存在差异，同时，人际沟通的减少也加剧了关系的紧张。这些变化表明，随着时间的推移，乘组凝聚力越来越差。虽然有人尝试通过社交活动和投入工作来对抗单调无聊感，但一些乘组人员报告说，在最后一个季度中，他们的感知敏感度提高，情绪低落，缺乏活力。同样，没有确切证据表明存在第三季度现象。

Van Baarsen 和她的同事们通过问卷评估了诸如信息接收、社会压力感知和个人挑战等指标，从而探索了个人自治性和志愿性对动机和决策的影响。研究发现，随着时间的推移，乘组人员的孤独感增加，来自同事的支持减少，这对认知适应产生了负面影响[53]。虽然有几个因素影响了动机，但乘组人员仍具有高动机[54]。研究还发现，准确的信息有助于乘组人员做好准备并做出平衡的决策。

Tafforin[55]在她的行为学研究中检查了乘组人员在早餐时间的行为录像。她分析了人际互动、面部表情、额外动作（即没有明显功能的小动作，例如挠鼻子、揉头发）以及视线、物体和身体的互动。她通过描述性分析报告了这些互动随着时间的推移出现的变化和波动。值得注意的是，她在分析中将任务分为两个阶段。在“飞往”火星的阶段，乘组人员的集体活动时间和面部表情都在减少，但额外动作却在增加。在返回地球阶段，集体活动时间进一步减少，但面部表情和额外动作却在增加。虽然Tafforin没有分析任务中模拟火星轨道运行和着陆阶段，但她认为，这些事件影响了由此产生的行为互动模式，表明乘组人员正在适应隔离和密闭的环境。

Tafforin将火星500项目的结果与塔拉号双桅帆船(Tara schooner) 507天的极地漂流结果进行了比较，塔拉号双桅帆船被嵌入北极冰中[56]。两个任务中乘组人员的积极面部表情频率没有差异，这表明两个任务情境都具有高幸福感或高团队精神。然而，与塔拉探索队的乘组人员相比，火星500项目中的乘组人员表现出的压力性额外动作更为频繁，个人行动的时长也更长。此外，在塔拉探索队中，促进社交的眼神互动和物品互动时间更长。因此，Tafforin认为，虽然两种研究条件下的六名男性乘组人员都能积极适应其所处的环境，但火星500号的密闭环境会带来更多的压力表现，而塔拉探索队虽仍处于隔离状态，但密闭程度较低，因此乘组人员间的社会关系得到了加强。

Wang等人[57]通过测量情绪(即心境状态量表、可唤起积极和消极情绪的图片)和四种与情绪相关的血浆激素水平，评估了火星500乘组人员的情绪反应和心理适应情况。研究人员发现，随着时间的推移，乘组人员会对负面图片给予积极的评价，这可能是一种防御性反应，可能是心理压力激活了这种反应。虽然他们在心境状态量表的得分变化中没有发现第三季现象存在的证据，但他们发现5-羟色胺(5-HT或血清素)和去甲肾上腺素(norepinephrine，简称NE)从第二季度末开始升高，在第三季度初达到峰值，然后在第四季度下降。峰值的出现时间与实验不同阶段的新应激源有关。研究人员指出，“5-羟色胺和去甲肾上腺素的上升与任务中期的活动在时间上相关，这与压力应对有关”[57,p.7]。虽然不能排除第三季现象存在，但模拟登陆火星活动及其相关的情感激活似乎是一个更可能的解释。

由于火星500项目中有一名乘组人员是中国人，中国在该项目期间资助了三项研究。第一项研究探索了在这种长期密闭的环境中使用中药的效果。第二项研究探索了生物节律和氧化应激的影响。第三项研究探索了跨文化环境下非语言交际对情绪状态和人际交往的影响[10]。虽然这些研究听起来都很有趣，但尚未有相关结果被发表。

作为一个实操项目，火星500项目非常成功地探索了火星任务中可预测的重要问题。此外，研究人员也通过该项目了解到了很多关于特定人群如何在地球上的隔离和密闭环境中长期互动的问题。但是，火星500项目代表的是一组没有接受过航天员训练的特殊男性群体的任务表现。因此，还需要在太空环境中使用不同的乘组(包括女性乘组人员)来进行更多的长期飞行任务模拟。为了更准确地模拟火星探索，未来可以利用国际空间站或阿尔忒弥斯中继站来模拟飞行任务的微重力出舱和返回阶段，在月球上进行探索活动的同时也可以模拟实际登陆火星时的将要遇到的部分重力的行星条件(见第8.2.6节)。

9.6 火星探险中的对抗措施

根据已有的知识，我们有几种对抗措施来帮助参与火星探索的乘组人员减轻上述应激源的影响。我们可以事先在实验室或模拟火星任务中检验这些对抗措施的有效性。这些对抗措施可以在地球上进行检验，当然更理想的测试环境是近地轨道。这些对抗措施中，有些针对的是长期星际探索固有的独特心理社会压力。另一些则是第六章中提到的近地任务中所使用的有效对抗措施的延伸。然而，这些以往有效的对抗措施仍需要调整。例如，在为火星探险任务制定一个以团队为导向的训练计划时，需要考虑火星探险任务要求乘组人员更具适应性、更具有自给自足、实时诊断和处理问题的能力。在训练中，不仅要求呈现有关这些问题的信息，还可能需要演示和实践，以便乘组在无法与任务控制中心进行实时联系的自治条件下能够继续参考这些信息[59]。

9.6.1 发射前的选拔

就选拔而言，参与火星探索任务的乘组人员应具有太空飞行经验以及第 4.3.1 节和第 4.3.2 节所述的多种素质。乘组人员应具备良好的心理素质，在必要时能独自完成项目，但他们也应能与队友保持互动，重视团队合作。根据火星 500 项目的研究，有人建议，未来参与火星探索的乘组人员应表现出“更强的冒险和探索意愿，以及在非标准化和难以预测的情景下迅速做出决策的能力。与此同时，专业精神和良好的社交技能在长期任务中仍然非常重要，这包括高效的团队内和团队间交流以及对不同文化价值观和习俗的包容。”[43, p.113] 此外，乘组人员的动力也应更多地来自于成就感而不是避免失败。最后，乘组人员的社会或家庭状况应允许他们在执行任务期间与亲人长时间分离(最长 2 年半)。

任务指令长应该由以前执行过飞行任务并且具有一定领导能力、可以满足乘组人员需求的人来担任。他们还应对那些可能影响个体和乘组行为的心理和文化因素保持敏感性。Ryumin 和 Voitenko[60] 认为，为特定星际飞行任务(如火星之旅)挑选的指令长不仅需要通过针对所有潜在乘组人员的心理评估，还应接受专家(如主管、教官、太空心理学家)的领导素质评估，然后通过社会学调查或匿名投票获得潜在乘组人员的认可。他们应具有管理能力；关注乘组人员的安全；能够确定正确的优先目标；能够在困难情况下迅速且灵活地做出反应；通常能做到公正且鼓舞人心，但在情况需要时也能展现出果敢坚毅的品格；具备适当的委派能力；能够在自治条件下做出独立决策。

9.6.2 发射前的训练

发射任务前，乘组人员将接受理论和操作培训，为执行任务做好准备(见图 9.9)。培训内容包括心理社会教育培训，旨在认识和处理与火星探索有关的重要心理和人际问题。其中一些培训需要乘组和飞行任务控制中心的关键工作人员共同参与。重要的培训专题包括：如何在隔离和密闭条件下有效地工作和互动；认识和处理潜在的心理和人际关系问题；应对自治性的提高和对身边资源的依赖；处理通信延迟问题；给予和接受社会支持；提供冲突管理的领导方法，包括对工作和士气问题保持敏感；处理跨文化任务中与乘组人员的语言和文化有关的问题。

图 9.9 在得克萨斯州休斯敦的 NASA 约翰逊航天中心，潜水员帮助航天员在水下舱内为太空行走做准备。对于火星探索任务，乘组人员还需要与负责其任务的任务控制中心的关键工作人员一起接受心理社会教育培训（图片来源：NASA）

Dempsey 和 Barshi[61] 认为，由于火星探索具有距离远、通信延迟和自主性高的特点，发射前培训需要采取以乘组人员为中心、以任务为导向的方法，以实用的方式向乘组人员介绍操作内容。这种方法以大约 20 年的实证成果为基础，在操作环境中学习知识，采用支持技能学习和保持学习效果的具体训练方法，并整合整个团队的培训，这对于培养任务成功所需的技能至关重要。受训人员将学习如何按照他们在执行任务时的具体情境来处理问题，而不是通过抽象和零散地介绍内容的传统方法进行学习。培训进程是依据任务时间线安排的，团队技能以实操的方式进行学习和实践。

任务指令长的培训除了应包括上述面对所有乘组人员的培训内容，还应包括有针对性培训。Ryumin 和 Voitenko[60] 主张为指令长制定特殊培训计划，其中包含与领导者实用心理学问题相关的科目。主题应包括：领导者和下属之间最佳沟通的方法、对个人和人际冲突模式的认识和处理这些冲突的策略，以及保持和恢复乘组人员专业绩效的方法。

9.6.3 任务期间乘组内部的监控、支持和应对

在任务期间，乘组人员和任务控制人员应利用基于计算机的自助课程和心理社会教育培训的复习课程来巩固他们在发射前讨论的关键问题。乘组人员还应该安排时间进行团队会议或团队汇报，讨论个人和人际问题以及应激源，以避免问题滋生并

持续恶化。利用飞船上的望远镜观察地球可能会帮助乘组人员更好地应对飞离地球的情绪，并预防出现与地球消失现象相关的问题。

DiazGranados、Wildman 和 Curtis[62] 表示，执行长期太空探索任务（例如火星之旅）的乘组人员需要制定团队自我维护策略，他们将其定义为“在没有外部支持的情况下，监控、调整和保持团队心理健康和整体表现不断发展的过程。”[62, p.156] 他们指出，由于团队是由个人组成的，因此，团队的利益也牵扯到乘组人员的福祉。DiazGranados、Wildman 和 Curtis 强调了三个特别值得关注的方面：克服无聊感、解决人际问题以及促进整体心理健康。他们讨论了处理这三个问题的 10 种最佳实践方案。为了对抗无聊，他们建议：选拔心理自我调节能力强，而不仅仅是技术能力优异的乘组人员；培养对太空飞行的现实期望，强调无聊的可能性；促使乘组人员认识到由于无聊而可能导致的幸福感和绩效下降；对乘组人员进行无聊管理技巧培训；为乘组人员提供基于技术的无聊管理支持系统。为了处理人际冲突，他们建议：选择具有有效管理人际冲突能力，而不仅仅是技术能力优异的乘组人员；培养对太空飞行的现实期望，强调人际关系的重要性和出现人际关系问题的可能性。为了促进整体心理健康，他们建议：培训乘组人员成为乘组内其他成员的后援与支持者，包括直接关注情感和心理健康的支持；参与注重情绪和心理健康自我管理的汇报（例如聊天会议、团队汇报）；对团队成员进行工作恢复活动培训，并提供有效的工作恢复活动机会。可能的活动包括讨论、正念训练、情绪调节技巧及实践锻炼。在实际任务之前，乘组人员应参与应对这些问题的培训，并在任务期间通过线上课程加以巩固。

由于与地球的通信速度无法提高，因此需要制定一些策略使乘组人员能够在通信延迟的条件下更有效地与地球进行沟通。例如，可以在信息末尾附上建议的回复选项，接收者可以按照选项回复，而无需反复来回沟通确认。Fischer 和 Mosier[38] 提出了许多策略来提高通信延迟条件下语音和文本通信的效率，表 9.2 总结了其中一些策略（背景研究见第 9.4.2 节）。

表 9.2　通信延迟条件下沟通更清晰、更高效的策略[38]

培训沟通双方使用一致的通信协议，鼓励求同存异
在多人交流时，让每位发言者在发言时表明自己的身份
正式地引入或标记新对话回合
在一条信息中呈现所有相关信息，避免信息分割
通过总结或陈述上一轮的交流内容来表达理解
有条理地呈现复杂信息（例如，为程序的步骤编号）
强调关键信息（例如，在同一对话回合中重复关键信息）
通过结束标志（如“结束”“以上”）来避免混淆
不要假定下一个对话回合是对上一次评论的回应，从而避免邻近偏差

最近，Fischer 等人[63] 发明了一种被称为“编织”（braiding）的通信技术。该应用

程序将远程团队成员之间的通信构建为编制线(沟通主题),从而帮助成员追踪他们的对话。研究人员用七组被试(共 14 人)对该软件进行了测试,每组由一名飞行外科医生(或飞行任务控制员)和一名乘组人员组成,这些小组需要在单向通信延迟 3 分 45 秒的情况下合作完成操作任务。参与者按照 100 分的双极视觉量表(即,不自然 vs. 自然)对交流过程进行评分。评分(>74)表明,使用该程序进行的沟通是自然、连贯、易于理解、清晰、直接且有效的。这表明其在通信延迟过程中的有效性。未来的研究者将尝试用这个有发展前景的新程序来安排更多的任务计划。

Gushin 等人[64]最近报告了一些可用于星际探索的新型对抗措施。他们的报告十分有意义,因为报告本身是用英文撰写的,但其中综述了几篇只有俄文版的论文。报告中建议采取的一项对抗措施涉及虚拟现实技术(另见第 6.4.5 节)。虚拟现实已被用于减轻地球上各种身体和精神疾病造成的压力,也被应用于训练航天员在微重力条件下执行长期太空任务时的工作当中[65]。此外,通过展示地球和他们家人的图像,虚拟现实技术可以用来应对地球消失的现象,帮助航天员解决因距离遥远导致通信延迟而产生的思乡之情和孤独感。Gushin 和他的同事报告说,在两次 SIRIUS 密闭任务(第 17 和 19 次任务)中,虚拟现实技术对乘组人员产生了积极的情感影响,乘组人员反馈说虚拟现实技术有助于消除单调乏味感[64]。

干浸体验是通过让被试漂浮在水中的弹性织物上模拟失重状态。Gushin 和他的同事还报告说,虚拟现实技术在体验干浸的被试身上产生了放松、平衡情绪和认知方面的益处[66]。在一项对六名女性进行为期三天的干浸研究中,被试们接受了 2～3 次(平均每次 18 分钟)的虚拟现实放松训练,语言和面部分析表明虚拟现实具有显著的认知和情感益处。根据行为测量法,虚拟现实会带来更多的行为放松[67]。与之前男性被试参与的研究相比,女性被试的适应期开始得更早,结束得也更快,这反映在心境状态量表上的焦虑水平和抑郁程度的下降,同时声学分析也表明她们的语音音调和声音强度的下降[68]。

一种不需要与地球通信的计算机产品是虚拟空间站(Virtual Space Station,简称 VSS),它是一套交互式心理训练和治疗程序,使用简报、学习界面、人们试图处理行为问题的图片(例如冲突、压力、抑郁),以及认知行为方法来帮助用户处理类似问题。Anderson 等人[69]在夏威夷太空探索相似与模拟任务中测试了虚拟空间站的效果,六名乘组人员发现它在识别压力源和学习应对策略方面是有效的,具有很高的可接受性。

该团队还评估了虚拟空间站后续版本的有效性,该程序被称为“高峰心理表现应用程序的探索”(Expedition Application for Peak Psychological Performance,简称 Expedition-APPP)[70]。研究人员在夏威夷太空探索相似与模拟项目的三次任务中使用了该工具。任务中,有 6 名工作人员进行了 8～12 个月的隔离。其中两项实验还使用了基于自然的虚拟现实技术。研究者对 10 名男性和 8 名女性被试的任务后访谈进行了定性分析,结果表明 Expedition - APPP 提供了共同的文化、语言和工具以应对情感和人际挑战。在密闭条件下很难获得的情感和体验,例如与家庭、熟悉的地方和与动物有关的情感和体验。被试对这两种虚拟现实工具都表示赞赏,但他们更希望得到有关其使用方法的培训,以及获得更多的内容和体验。

Gushin 等人[64]提到的另一种策略涉及语音和虚拟助手以及社交机器人。在地球上,这种设备被用于医院中的病人和老人。在太空中,这种设备可以帮助远离家乡的航天员消除因与家人和朋友联系不及时而产生的孤独感。这类设备还可以帮助补偿自治条件下信息的缺乏,并帮助航天员安排他们的休闲时间。Rappaport 和 Corbally[71]也对这类设备表示认可,他们预测这些“聊天机器人”可以替代治疗师,但前提是它们必须有人工智能的辅助以达到个性化支持。

为了应对长时间太空旅行带来的生理和心理压力,航天员也可以学习多种自我放松技巧。这已被证明在各种情况下都有所帮助。一种技巧是冥想,即通过控制呼吸或重复某些话语来清理思绪、放松身心。另一种技巧是正念,我曾在其他地方将其描述为一种“使大脑摆脱自动且无益的思维和感觉模式……‘通过接受负面想法的存在而不加工其内容,与它们建立距离’”[72,pp.47-48]。第三种方法是放松训练,其形式多种多样,如渐进性肌肉放松、规律性呼吸、生物反馈辅助方法和基于自我暗示的自发训练[73]。这些自我放松方法安全、易学、有益,已被成功用于太空模拟和军事环境[73,74]。此外,利用机载设备进行体育锻炼也有助于应对生理和心理压力。

地球上的研究和来自太空的轶事报告表明,栽种植物不仅为人们提供了食物来源和休闲活动,还能起到镇静作用,为在轨环境带来一些地球的气息(见图 9.10)[75]。Gushin 等人[64]发现,在火星 500 项目中,在温室中栽培的植物对乘组人员产生了积极的心理效应,他们更喜欢种植大而鲜艳、几乎不需要养护的花朵。此外,Sychev 等人还指出,“在空间站(10 次和平号任务和 10 次国际空间站任务)上栽种植物的长期经验表明,与绿植的日常接触对航天员而言是一种巨大的情感资源”。[76,p.1124] Szocik、Abood 和 Shelhamer[77]认为,人们与生俱来就有一种寻求自然和其他生命形式的需求,这种需求是进化而来的。在火星探索期间,为了满足这一需求,研究人员建议乘组可以通过虚拟现实和模拟现实设备等脑机接口接触花草树木、宠物和自然景色。

来自植物和其他来源的食物不仅可以对执行长期太空任务的乘组人员产生积极的心理影响,而且适当的营养也有助于他们应对深空的沧桑巨变。有证据表明,充足的营养可以提升认知能力,降低因辐射、长期微重力和密闭环境造成的神经炎症及与之相关的神经退行性疾病的风险[78,79]。例如,不理想的饮食以及高糖和高脂肪饮食会加剧神经炎症和认知障碍,因此飞行任务中的食品供应需要考虑到这些因素。此外,动物研究发现,抗氧化营养素(如硒和维生素 C、维生素 E、叶酸、烟酸和 β-胡萝卜素)和药物放射保护剂(如强效的阿米福斯汀)可以降低因辐射引起的损伤程度。因此,对于火星探索而言,认真对待饮食不仅对心理有好处,而且对乘组人员在任务期间的适应性也有好处,因而是一项重要的策略。

图 9.10 一名参与远征 22 号的宇航员手持来自国际空间站俄罗斯星辰号服务舱(Zvezda)Lada 温室植物生长实验室的 Mizun 莴苣。在太空中种植植物不仅能提供新鲜食物,还能使宇航员感到心情平静(图片来源:NASA)

Tang 等人[80]回顾了与营养有关的长期空间飞行任务研究。他们指出了许多与太空旅行相关的对饮食有影响的因素:体重减轻、体力活动少、微重力、液体和电解质失衡、辐射、新陈代谢压力、肠道细菌变化的后遗症以及视力损伤。现有的太空饮食营养策略有几个局限性可能会在长期飞行任务中成为问题焦点:相比于新鲜食品,目前加工食品仍占主导地位,这在长期飞行任务中会影响健康和口味;冰箱和冰柜使用水和能源,而这些都是长期飞行任务中的稀缺资源;在这种飞行任务中,补给和储存是有限的;目前食物种类有限,会导致饮食疲劳;以及缺乏应对深空环境的营养物质(如上一段所述)。研究人员认为,在长期太空飞行任务中,最理想和最可持续的太空营养系统需要包括:"新鲜食品、天然未加工食品作为日常膳食、建立食物残渣的营养循环和再生系统,以及闭环生物圈或基于景致的太空栖息地作为长期生命支持系统"。[80,摘要]

9.6.4 任务后再适应(另见第 6.7 节)

在火星探险期间,航天员的家人也需要得到支持,包括非正式的(同伴领导的小组)和正式的(治疗师咨询)支持活动。另外,需要开展返回后的重新适应和支持活动,帮助返回的航天员及其家人及时重新适应地球上的生活。乘组人员还需要得到支持,以应对高曝光率的太空任务所带来的声誉和荣耀。首次火星探索会是人类历史上的一个里程碑,对包括普通大众在内的每个人都产生重要的心理影响。

9.7 火星移民

在第 8.4 节,我们讨论了在月球上建立移民地所涉及的相关因素,其中许多因素同样适用于火星移民地。例如,就像在月球上一样,人们也需要穿着航天服才能在火星表面行走。火星强烈的辐射将促使人们在洞穴、熔岩管道、地下或地表屏蔽外壳内建造栖息地(见图 9.11)。尽管存在这些困难,1986 年美国国会国家太空委员会的报告、1987 年 Sally Ride 主持的 NASA 内部报告以及同年太空科学家 Carl Sagan 在《纽约时报》发表的文章均提及了对火星的探索与移民[81]。然而,地球和火星之间的遥远距离将为移民带来额外的复杂性。在火星上实现食物、水和氧气的自给自足将具有挑战性。但遥远的距离也使得火星移民者将比在轨或月球移民者更加自主,通信延迟和视野中微不足道的地球将培养他们与地球强烈的分离和独立感。这些因素将为火星移民带来许多不同的心理和人际挑战。

图 9.11 某位艺术家于 2019 年为 NASA 设计的火星大本营概念图。它描绘了火星上的航天员和人类栖息地,左边还有一辆火星车。随着时间的推移,移民者可能会在地下建造建筑物,以避开地面辐射(图片来源:NASA)

9.7.1 移民火星:来自科幻小说中的心理社会经验

正如我们在第 8.4.2 节所做的那样,让我们先从科幻小说中寻找线索,了解我们的火星移民地可能会发生什么。这方面的经典著作是美国作家 Kim Stanley Robinson 于 1992 年首次出版的《红火星》[82]①。著名科学和科幻小说作家 Arthur C. Clarke 评价这本书是"有史以来关于火星移民的最佳小说"。[82,封面引用]该书获得了许多奖项,包括星云奖年度最佳小说。这是 Robinson 撰写的火星三部曲中的第一部,故事背景是人们正在改造火星以使其变得更像地球。另外两本书《绿火星》(1993 年)和《蓝火星》(1996 年)也获得多项大奖。下面,让我们简单了解一下《红火星》这部科幻小说。

故事开始于 2026 年,美国、俄罗斯以及他们的盟友共计 100 名火星移民乘坐战神号完成了首次火星移民航行。这次探险是在前一次火星任务之后进行的,前一次任务共有四名乘组人员(其中一人正在执行当前任务)。首批移民主要是科学家和工

① 此书已有中文版:由重庆出版社出版的《火星三部曲》,包括《红火星》、《绿火星》和《蓝火星》。

程师,他们想要在火星上创造一个更好的社会并拓展科学知识。《红火星》记录了这个勇敢的团体的旅程,以及这个团队在火星和火星的卫星——火卫一上建造栖息地的故事。后来,其他国家(日本人、瑞士人、以色列人、中国人、阿拉伯人等)也加入了移民火星的行列,他们出于更特殊的原因前往火星,例如贸易和文化/宗教逃亡。

从一开始,首批移民者就对火星改造的有用性进行了争论。绿党支持对火星的改造,他们希望创造一个透气且足够厚的大气层来保护火星免受太空辐射,从而使火星成为真正属于人们的宜居星球。争论的另一方是红党,他们出于哲学原因认为火星应该保持原始状态,并保护任何可能存在的本土微生物。在地球上,绿党得到了联合国火星事务办公室(United Nations Organization of Mars Affairs,简称 UNOMA)的支持。该组织代表了一个易怒且人口过剩的母星的需求,即希望借火星摆脱多余的人口。绿党还得到了各种跨国公司的支持,这些公司重视火星主要是因为其贸易和机器人采矿的潜力。事实上,火星的地球化改造活动是从巨大的"莫霍尔"释放地下热量以及从风化层含水层中的释放水开始的。同时,科学家通过基因工程创造了产氧地衣,这些地衣可以在火星二氧化碳含量极低的大气中生存。

通往轨道小行星的太空电梯的建造也在进行中,这将使货物和人员能够廉价而高效地往返于火星表面。火星科学家正在实现多项科学突破,其中包括延长寿命的抗老化治疗。尽管延长寿命会加剧地球人口过剩的压力,但抗老化治疗仍然引起了地球上想要接受治疗的人们的嫉妒和紧张。

许多火星移民者认为,火星不应该受制于地球的传统和权威。紧张局势一直持续到 2061 年,直到不断壮大的叛乱派系发起了一场革命,反对日益增多的地球人口移民以及联合国火星事务办公室和跨国公司的政治和经济控制。为了应对叛乱行动,联合国火星事务办公室向火卫一运送导弹并向火星城市发射,并使用太空电梯将部队送往火星表面。叛乱分子通过炸毁火卫一并拆除太空电梯电缆进行反击,两者都坠落到了火星表面。这些活动与叛乱分子的核爆炸一起造成了巨大的破坏并引发大洪水。这导致了许多人遇难。同时,这些破坏活动带来了更多的粒子从而增厚了大气层,使火星变暖并加速了火星地球化的过程。许多幸存者逃到了火星南极的一个秘密基地,为三部曲中的后续两部奠定了基础。

相比于第 8.4.2 节所提及的 Heinlein 的《严厉的月亮》,《红火星》这部作品有其相似性,但也有其不同点。

1. 与地球的距离:火星与地球的距离比月球与地球的距离要远得多。从最初的 100 名移民者出发时,人们就建立了一种独立于地球习俗和惯例的意识。

2. 地球上的风云变迁:从书中,我们对地球上的国界知之甚少,但很明显,联合国和跨国公司比独立国家更具主导地位。此外,地球上的人口压力和经济利益导致联合国火星事务办公室和跨国公司想要联合起来控制火星社会。

3. 火星的治理:火星的治理由美俄两派领导人主导,并受到首批登陆火星的

100 人的影响。然而,对地球控制不满意的人们逐渐形成团体并发展成为一支松散的反叛队伍,其中一些人生活在远离主要移民地中心的地方。

4. 人口构成:最初的 100 名的组成结构是经过精心设计的,主要由科学家和工程师组成,其使命是在火星上发展一个社会,满足地球赞助者(例如联合国火星事务办公室和跨国公司)的需求。这不是一个像 Heinlein 书中那样的监狱社会,而是一个理性和科学应该占据主导地位的社会。然而,反叛组织仍在形成并挑战地球对火星的控制。反叛组织支持建立一个基于火星公民的社会。

5. 专业群体的存在:在最初的 100 个来自美国和俄罗斯的移民者开始移民之后,更多的专业群体出于自己的需求(通常是经济、文化或宗教)抵达火星。其中包括来自日本、瑞士、以色列、中国和阿拉伯国家(其中包括埃及人和一群流浪的苏菲派)的人们。

6. 地球化改造:火星是一颗行星,具有极地和地下水,重力为地球重力的 38%,存在稀薄的大气层(主要由二氧化碳组成),温度寒冷但并非无法忍受,总陆地表面等于地球的大陆面积(不包括海洋)。因此,对火星进行地球化改造,使其变得更像地球的想法出现在移民者和家乡人民的脑海中。金星具有全球性的高温和硫酸性的大气层,而木星具有可以令人粉身碎骨的重力而且缺乏陆地。与这些行星相比,地球化火星的可能性提升了火星作为移民地世界的吸引力。

7. 革命:就像 Heinlein 书中所写的一样,火星上的人们反抗地球的控制,但这不是基于政治和阶级仇恨的布尔什维克式革命。相反,它的基础是在一个不受旧式思想阻碍的新世界上创建一个更加乌托邦的社会。

9.7.2 移民火星:来自地球的心理社会经验

第 8.4.3 节讨论的关于月球移民地的一些想法与火星移民地息息相关,例如 Schwartz 的移民发展三阶段理论(开拓、巩固和稳定)[83]。此外,许多专家还基于地球经验讨论了多个议题,有助于增强未来火星移民者的心理社会体验。如9.1 节所提及的,Abood[13] 提出的圆形监狱设计可能对于火星栖息地来说是一个很好的选择。在该设计方案中,有一个位于中央共享的空间和位于圆形外围的私人封闭住所。Abood 还提到了可能会对移民者产生有益的心理影响的设计因素,包括天花板高度、曲线家具、轻松的配色方案、植物和宠物、消除噪音和气味、窗户以及游戏和其他活动等消遣。

火星移民地的理想人口数量是多少?在某种程度上,这将取决于运输工具的大小、任务目标(宗教、商业等)以及建立和维持火星栖息地所需的活动类型。当然,其中许多活动与第 8.4.1 节中讨论的月球移民地的活动类似。但假设这样的移民地是永久性的,并且与其他新移民地相对隔离,那么另一个因素将决定其规模:遗传学。任何自给自足的人类社区都必须能够繁衍其人口,而不会因近亲繁殖或不健康的隐性基因而产生过高的遗传疾病风险。Mankins、Mankins 和 Walter[84] 估计,如果要提供足够的遗传多样性并减轻意外死亡的影响，至少需要 20 名男性和 20 名性活跃且不具有亲属关系的女性。该基因库可以通过来自无关捐赠者的冷冻受精胚胎来补充，以扩大可用遗传物质的数量。

假设没有新的移民，这个群体在大约 40 年内将稳定在大约 120 人：40 位处于孕龄的成年人，40 位儿童和年轻人，以及 40 位无法再生育的老年人。这个数字接近 Moore[85] 的估计，Moore 对前往遥远系外行星的多代星舰的船员数量进行了计算机建模，模型同样将 150～180 人规模的乘组分为三梯队：年轻个体、处于生育阶段个体和老年个体。在我的多代科幻小说《星神使命》[86] 中，我设想了 240 名初代乘组人员来驾驶星舰（还有另外 40 名处于休眠状态的人，相比于成为星舰乘组人员，他们的技能与定居移民地更为相关）。因此，从纯粹的遗传和社会学角度来看，如果想要建立可持续性的火星移民地，至少需要 20 对处于适孕年龄的个体，加上冷冻胚胎、一些儿童和一些因其智慧和职业技能而被选中的老年人。显然，如果飞船可以容纳更多的人，或者需要更多的人来驾驶或完成任务目标，将更好地使移民地的基因库多样化。

还有一些其他的遗传问题可能会影响火星移民者。其中之一是始祖效应，这是研究地球上人类迁徙的进化生物学家众所周知的一个因素[87]，即当一个新的种群由较大种群中的少数人建立时，遗传变异就会丧失，并且有与原始种群遗传分化的趋势。而且这一问题会通过遗传漂变加剧。遗传漂变是由于随机抽样而导致的基因变异频率的变化，也可能导致小群体中遗传变异的减少。这两种现象都可能导致新物种的形成[87]。我们希望新移民的不断到来能够抵消这些遗传效应。但如果事实并非如此，并且移民地仍然处于与外界隔离的状态，那么出生在火星（以及月球）上的人们可能会受到遗传和环境影响，产生适应低重力和人工环境的生理特征，这使得他们很难再回到地球上。

满足移民者的精神需求也很重要[70,88]。地球上的许多人都参加过宗教活动，并且人们参与的活动和信奉的基本信仰体系存在很大差异，例如人们用于祈祷的空间和如何看待死亡与葬礼。对于许多人来说，解决精神需求可以增强心理调节能力，帮助他们应对压力和抑郁。只要宗教是亲社会的，而不是严格限制和惩罚性的，它也可以促进利他行为。

在解决精神问题上应该具有灵活性，因为许多移民者基于其火星经历可能更具有人文主义观点而非宗教观点。我曾经通过研究航天员如何从太空观赏地球来探索这一问题[89]。研究表明，具有更多宗教精神的航天员会从宗教的角度将地球看作上帝或更高权力的产物，而具有人文主义的航天员则关注国家边界的缺乏、人类的团结以及地球的脆弱性。基于此，火星移民地应该满足宗教和人文需求，并能够容忍和尊重不同的观点。事实上这是有可能的，因为第一批火星移民者可能多是科学家和工程师[90]，他们有望创造一种拥抱多样性和理性的文化。

这并不是 Robinson 的《红火星》的结局，部分原因是地球上贪婪的经济集团强加的控制，但也因为移民者之间不同的派系争端，一些人想要保持火星的原始状态，而另一些人则希望进行地球化，使火星更像地球。几位作家已经讨论过火星改造[87,91,92]。他们指出，就人类能源和资源而言，这将是一项艰巨的任务，可能需要数百到数千年才能完成。改造火星存在的道德障碍包括通过人为改变自然（这在地球上并不总是有效）、干扰星球发展的正常演化，以及破坏可能存在于火星未被发现的区域的本土微生物。Milligan 和 Elvis[93]提出了一个有趣的折中计划，该计划将火星上的开发限制在其表面的 1/8 范围内，同时使其余部分不受人类干预。当然，他们承认，为了遵守这一原则并应对限制开发所带来的政治压力，权衡取舍是必需的手段。

9.7.3 移民火星：认知观点的改变

Smith 和 Davies[94]撰写了一些关于促进未来星际旅行和星际移民所必需的认知转变的文章，表 9.3 对此进行了总结。总的来说，星际移民需要非军事化的思维方式，重点是在太空中建立以人类和家庭为导向的平民社区。这些社区以和平为目的。私人企业进入太空（例如 Elon Musk 的移民计划——见第 9.1 节）将有助于这一转变。技术将成为人类适应环境的工具，而不是目的。此外，未来的移民地不应被看作是那些专业化的、享有特权且训练有素的太空专家们的领地，而同样属于非太空专家，并最终成为所有人都可进入的公共场所。移民者将更像农民而不是试飞员。移民化应被视为人类历史新的开始，而不是一个有限的项目。从某种意义上说，太空代表了我们这一物种的下一步进化。在移民地，我们不再是探险家，而是不希望返回地球的定居者和移民。鉴于太空环境的陌生性，我们应该把精力放在学习适应它们的方法上，而不是征服和改变它们，至少在短期内应该如此（注：Smith 和 Davies 讨论了对像火星这样的行星的地球化改造。但他们指出，这种地球化改造将耗费数千年的时间才能自然发生，除非做出英勇的尝试来人为地加速这一过程。人为地球化改造可能是一个昂贵的“全员参与”的项目，或是像 Robinson 的《红火星》中所描述的那种叛乱行动）。太空移民为人类提供了更多的选择，而不是被困在日益荒凉的地球上。我们应该将太空旅行视为一种例行活动，而不是一种罕见且几乎不可能的特殊活动。地球外儿童的出生可能会加速这种认知观点的转变。但我们应该认识到，这个过程不会被动地发生，我们应该积极地参与并推动其发展。当然，这一过程将耗资巨大，但我们不应将其视为奢侈品，而应将其视为对未来的重要投资。太空旅行也会产生一些副产品（例如聚四氟乙烯和 GPS 技术），但更重要的是，它将有助于我们作为一个物种的延续。最后，我们不应该用高度技术性的语言谈论太空旅行，而应该使用通俗语言来使其日常化。例如，我们不应该说“太空探索、航天员、基地和外星人”，而应该使用更多地球友好型术语，例如“太空旅行、航海者、村落和地球外”[94,p. 224]。随着我们认知观点和用词的转变，我们在火星及其他地方旅行和建立村落的观点将变得更容易接受。

表 9.3 人类进行太空移民所需转变的认知观点

旧有的认知观点	新的认知观点
冷战/军国主义	人文主义/太空中的家庭/人们
工业的/机械的	人类的/有机的
合格的素养	普通人/先驱者
短期/有限的目标	长期/无限的未来
探索	移民
征服自然	适应自然
人类的局限性	增加人类的选择
几乎不可能	可能且常规
命中注定的发展	人类主导的进化
昂贵的奢侈品	负责任的投资
副产品心态	生存心态
技术语言	通俗语言

9.7.4 移民火星:地球上的大型模拟研究

Lordos 和 Lordos[95] 指出,根据 SpaceX 和火星协会目前的火星探险计划,我们需要在地球上进行模拟火星的研究。这些研究需要将更多人纳入进来并进行自主化运作,以反映居住在火星定居点的生活。2019 年,火星协会举办了火星协会定居点设计大赛,旨在确定在火星建立人类定居点时可能出现的社会行为挑战。在对参赛的 22 篇概念论文进行分析后,研究人员认为应该建立实验任务,其中应包括至少 50 人。这些实验任务的参与者应该被分到不同的半自治且在空间上分隔的合作社区中,以研究社区间协作和社会发展的自然过程。

在考虑自治的现实性时,应该向参与者提供心理、社会和技术技能(以及原材料和设备)支持,以鼓励创新和合作而不是遵循严格的协议。通过这种方式,可以研究许多因素,例如社区的理想数量和亲近程度;自给自足和相互依赖之间的平衡;社区间在文化上同质还是异质的程度;以及在火星上将需要的专业技能的组合。研究人员得出结论:“为了使模拟任务与在火星上的大规模人类定居生活所遇到的挑战具有相似性,研究重点应从团队协作转向研究社会兴起的过程,从克服遵守协议的心理压力转向如何在恶劣的环境中通过创新和自力更生获得心理抗逆力。”

9.7.5 移民火星:心理社会学结论

从上述材料中可以得出许多关于火星移民地的心理社会学结论,特别是与月球移民地相比(见第 8.4 节):

1. 火星移民地可能会沿着 Schwartz 的三阶段理论经历自己的发展:开拓、巩固和稳定。

2. 由于距离较远，地球对火星移民的影响不如月球移民地那么重要。人们会更快地认同自己是火星人而不是地球人。独立的观念会较早地发展出来，以反映由于距离遥远而产生的自治和自力更生的需要。

3. 地球上的政治和战争仍然会影响火星上的政治和社会气候，但不如月球那么直接。

4. 火星移民地的治理结构和社会规范可能反映了最初从地球带来的治理结构和社会规范，但随着时间的推移，火星移民比月球移民更有可能选择不同的规范，以反映新家园的新条件，包括人际关系的变化和家庭结构。

5. 在第一批移民群体中，需要仔细考虑性别和种族构成、职业背景、宗教代表性等多个方面。

6. 就像在月球上一样，随着太空旅行变得更加私有化和更低成本，专门的政治、文化、经济和宗教团队可能会到达火星建立更小规模的移民地。这些小移民地可能位于已建立的主要移民团体之内，也可能与已建立的主要移民团体分开。与地球间遥远的距离可能会给这些群体带来额外的压力，因为他们要与占主导地位的移民团体形成一个统一的火星认同。

7. 随着时间的推移，火星移民者可能会厌倦地球的控制，并经历一场革命，成为一个独立星球。

8. 改造火星的想法将影响移民的心理，可能导致 Robinson 在《红火星》中讨论的红党和绿党冲突。这将引发额外的独立压力。

9. 为了促进火星移民地的发展，我们要转变一些认知观点，例如将火星移民地看作支持人类社会进化的必要实体，并将其概念化为所有人都将参与的和平事业。

10. 使用通俗的地球友好型语言将有助于火星移民地的形成和维护。

11. 第一批登上月球的人在 20 世纪 25 条新闻报道中排名第二(头条是美国投下原子弹)[96]。第一批航天员登陆火星并在火星上建立基地可能会成为 21 世纪的头条新闻。

9.8 火星之外的星际探险

当我们讨论将人类送往火星以外的地方时，我们可能在讨论未来 20 年以后的事情，而这超出了本书讨论的范围。其他文章已经详细讨论了行星间和星际之间的任务[97,98]。在这里，我只会概述我对这类任务的看法，并讨论可能涉及的一些独特的心理和人际关系问题。

表 9.4 显示了太阳系目前的组成。与大型小行星谷神星一样，冥王星及其柯伊伯带中的一些伴星也被归类为矮行星。平坦的柯伊伯带是短周期彗星的来源，而巨大的球形奥尔特云，距离除太阳之外最近的恒星约四分之一的距离，是长周期彗星的来源。

表 9.4 太阳系目前的组成

太阳
水星
金星
地球＋月球
火星＋卫星
小行星(300 000＋)
木星＋卫星
土星＋卫星
天王星＋卫星
海王星＋卫星
矮行星(谷神星、冥王星、大型柯伊伯带天体)
柯伊伯带
奥尔特云

我们想要将人类送往火星以外的行星有以下几个原因。一是寻找生命。我们知道太阳系中有几个天体含有水冰，木星的卫星欧罗巴和木卫三以及土星的卫星土卫二都被认为含有地下液态水。此外，土星的卫星泰坦表面也有液态碳氢化合物湖。生命可能存在于这些天体中的一个或多个中。将人类送往其他行星及其卫星的另一个原因是建立移民地，不仅是为了保护地球免受人口不断增长的影响并减缓气候变化，而且是为了在发生战争引起的以及小行星或彗星等天体撞击所引起的世界灾难时将我们的物种留存在其他星球上。向外探险的第三个原因是通过学习如何处理非地球环境来保持我们在科学和技术上的活力。此外，小行星和太阳系其他天体富含矿物质，开展贸易和采矿活动也可能带来经济效益。

表 9.5 显示了超越火星的太空任务所包含的遥远距离感。可以看出，根据目前的技术和化学推进系统，我们需要几年到几十年的时间才能到达外太阳系。我们需要开发其他的推进系统，使我们能够更快地飞行，例如使用核裂变或聚变技术。这将鼓励我们开采氦-3(可以从木星和土星的大气层中获得)和氘(从柯伊伯带和奥尔特云中的彗星核中开采)，并将其用作未来聚变动力火箭的燃料。

表 9.5 使用现有技术前往太阳系外进行载人任务的特征

	距离地球的平均距离	双向通信延迟时间	任务时长
火星	225 000 000 千米	25 分钟(最长:44 分钟)	1.3 年
木星	778 000 000 千米	87 分钟	4.5(3.8)[a] 年
土星	1 427 000 000 千米	159 分钟	8.3(8.0)[a] 年
天王星	2 871 000 000 千米	319 分钟	16.8(16.8)[a] 年
海王星	4 498 000 000 千米	500 分钟	26.3(24.0)[a] 年

续表 9.5

	距离地球的平均距离	双向通信延迟时间	任务时长
柯伊伯带	5 906 000 000 千米	657 分钟	34.5 年
奥尔特云	0.63～0.94 光年[b]	1.26～1.88 年	以百年计

注：[a]括号中的数字是实际旅行者 2 号所用的时间乘以 2 得出的假设往返行程所花费的时间。[b]1 光年＝9.46 万亿千米。

假设我们可以开发出一种在不到一年的时间就可到达目的地的方法，那么这种旅行的心理和人际应激源与表 9.1 中所示的应激源是同质的。但有些压力源会出现量的变化。例如，从遥远的海王星肉眼是无法用肉眼看见地球的，当向家人发送语音信息时，需要八个多小时才能得到回复。

当我们开始考虑离开太阳系执行星际任务时，会出现一系列独特的压力源。数百年来，人们一直猜测遥远的恒星系统是否存在（见图 9.12）。现在，我们已经证实，除了我们自己的恒星之外，还存在超过 5 200 颗行星围绕恒星运行[99]。其中一些系外行星距其恒星处于所谓的宜居距离，那里的条件"不太热，不太冷，但恰到好处"，所以适合液态水（可能还有生命）存在。如果我们希望前往这样的系外行星，距离再次成为一个主要因素。虽然位于奥尔特云远端的太阳系外边界距离我们不到 1 光年，但最近的恒星（比邻星）的距离是这一距离的四倍。假设我们以十分之一光速行进，需要 84 年才能到达那里并返回地球。

图 9.12　Homann1742 年的《星图集》中出现的一幅印刷品。它总结了 18 世纪中期的天文知识，包括图中心已知的太阳系。请注意图右上角的小行星系统。当时的人们有先见之明地认为这些小行星存在于遥远的恒星周围（图片来源：Nick 和 Carolynn Kanas 收藏；《星图：历史、艺术和制图术》，第三版，Nick Kanas，Springer/Praxis，2019）

这样的星际旅行时间将长于大多数乘组人员的预期寿命，除非他们能够处于一种低代谢状态(例如,麻痹或休眠状态)。但诱发这种状态会引发许多心理问题。无助地依赖机器和先进技术来维持低代谢状态长达几十年之后再次被唤醒,这一想法可能给人们带来焦虑和压力。此外,我们不知道长期低代谢状态对大脑的影响。他们在醒来时会感到困惑或痴呆吗?最后,醒来后的乘组人员会面对一个改变的现实世界,家乡的人都已经死去,一个新的世界将呈现在他们面前。

目前,使整个人处于休眠状态的技术还不存在[100-104]。另一种选择是开始多代星际任务,航天员在太空中生活、生子、变老并最终死去。例如,考虑到加速和减速时间,在发射后,以光速的10%飞往离地球10.5光年的天苑四星系的旅程中,需要四代人接力完成任务[98]。从心理上来说,乘组人员的选拔将是一个问题,因为最初的乘组(以及他们的绝大多数后代)不能活着看到最终目的地。在这次任务的大部分时间里,地球是肉眼不可见的,而太阳则是一个微不足道的点,甚至从视野中消失。执行任务的人们也将没有机会再次见到地球上的家人和朋友。

在这样的使命中,社会学问题也将变得突出。最初的乘组人员对地球和留下的亲友记忆犹新,会产生强烈的思乡之情。而他们的后代受到母星的影响较小,因此,他们的整体存在和家乡参考点将是星际飞船。地球的图像和故事将被保存下来,并可能成为神话和民间传说的主题。另一个代际差异可能是第一代人更忠于使命的最初目的和目标,而后代成员可能会根据不断变化的条件更具灵活性。后者中的一些人甚至可能会反抗并想要返回地球,或者避免降落在目标系外行星上,而宁愿继续作为永久的太空人。此外,如果发生叛乱,如何处理叛乱分子?星舰上会有罪犯和反社会者的监狱吗?会有怎样的法律体系,违法行为将如何治理?在生育方面,男性和女性是会配对成为稳定的伴侣,还是会发展出一个性更加自由的社会?通过传统的家庭单位还是社区来抚养孩子?

一旦到达目标系外行星,人们将会建立什么形式的政府和社会?它将如何演变?如果没有星舰的限制,繁育的策略会是什么?可用的土地和资源是否允许人口无限增长?如果发现外星生命,特别是多细胞或有感知力的生命,或者不是基于水和碳而是硅或其他一些核心元素的生命怎么办[105]?发现外星生命将对移民产生深远的心理影响,这不仅表明人类在宇宙中并不孤单,而且也可以融入他们的定居计划中。当这样的消息传回地球时,它会鼓励对未来星际任务的更多支持,还是会因为宗教原因或仇外恐惧而阻止此类任务?鉴于宇宙中无数的恒星,一颗系外恒星存在生命意味着其他恒星也可能存在生命。这种认识将改变我们看待自己的方式以及我们与宇宙互动的方式,这种认识也许比我们物种现有的任何发现都更重要。

9.9 章节要点

- 第一次载人星际飞行任务可能会前往火星。理由包括更多地了解地球和其他行星、取得新的技术进步、建立移民地以帮助缓解地球环境压力并让我们的物种得以传播,以及寻找外星生命。

- 虽然一些火星活动可以由机器人完成,但仍需要人类发挥自身的创造力来应对不可预见的事件,增加冒险感以帮助赢得公众对此类任务的支持,激励年轻人以及维护国家威望。这样的探险既需要人类,也需要机器人。
- 人类已经提出了几个前往火星的任务计划,例如NASA的阿尔忒弥斯计划、Elon Musk的超重型火箭/星舰计划以及Robert Zubrin的火星直航和火星半直航计划。
- 为了进行为期2～2.5年的火星探险,阿尔忒弥斯计划预计需要四名航天员。他们必须履行的职责包括:领导者、生物学家、地质学家、医生、机械师、电工、飞行员/领航员和计算机专家,需要对乘组人员进行交叉培训。
- 地球和火星之间的遥远距离产生了许多独特的心理和人际应激源,可能导致个体和乘组层面的压力。心理应激源涉及选拔、长期辐射和微重力的影响、身体和精神疾病的风险、单调和填充休闲时间、隔离和思乡,以及地球消失现象。社会应激源包括有限的社交接触、乘组人员之间的紧张关系、性冲动和嫉妒、文化问题、乘组人员的自治性以及与地球的通信延迟。
- 与地球的延迟(异步)通信可能会降低乘组人员的士气,导致任务活动中断,并造成缺乏家人和朋友支持的感觉。虽然传输速度是由光速决定的,但人们提出了许多策略来提高通信效率,例如正式确认新一轮对话的开启、确认并总结通信内容、做出明确的评论以标记一次通信的结束。
- 火星500项目作为一项操作和研究模拟非常有意义。但这项任务只代表了一组特定人员,他们不是受过训练的航天员,且任务本身是在地球上进行的。为了更真实地模拟火星探险,国际空间站或阿尔忒弥斯计划的门户空间站可用于模拟火星任务的微重力出站和返回阶段,而在月球上度过的时间可以模拟实际登陆火星时将要遇到的部分重力。
- 参与火星探险的乘组人员需要采取特殊的对抗措施,以应对这种任务的独特应激源。火星任务需要选拔那些能够在远离家人和朋友的情况下度过长达2.5年的人,并且能够应对突发情况。任务的指挥官应同时具备技术和情感支持能力。
- 火星任务发射前的培训应与任务相关,并侧重于心理社会教育培训,以及如何处理自治性和与地球的通信延迟。
- 在星际任务期间支持乘组人员的方法包括:基于计算机的回顾性心理社会教育培训课程、团队自我维护技术、处理通信延迟的策略、虚拟现实技术、语音和虚拟助理、自我放松技术、照顾植物和动物以及注意适当的营养平衡。
- 任务结束后,乘组人员应及时与家人团聚,乘组人员与家人需要得到支持以应对任务带来的名誉和荣耀。
- 通过研究Robinson的《红火星》等科幻小说以及地球上移民、移民地形成的经历,我们可以学到许多与移民火星相关的心理社会学经验。

- 一个独立的火星移民地可能会沿着 Schwartz 讨论的三个阶段经历自己的发展：开拓、巩固和稳定。
- 从纯粹的遗传学和社会学角度来看，建立一个可持续的火星移民地至少需要 20 对可繁育的夫妻，再加上冷冻胚胎、儿童和一些基于智慧和职业技能而被选中的老年人。
- 始祖效应和遗传漂变等遗传问题可能会影响移民地发展。
- 应注意应对精神需求，因为宗教对某些移民者很重要，而其他移民可能更注重人文主义观点。
- 为了促进太空移民发展，我们需要转变一些认知观点，例如将太空旅行视为促进人类进化的必要活动，并将其定位为所有人都将参与的和平事业。使用通俗的、地球友好型语言来定义其特征将有助于移民地群体形成和发展的正常化。
- 移民地的重要心理社会问题涉及移民地与地球之间的遥远距离、火星上形成的治理结构类型、移民人口构成和子群体形成的影响、关于是否对火星进行地球化的决策，以及建立移民地身份和对独立的渴望。
- 在计划前往火星之外的太阳系天体执行任务时，我们需要通过使用更快、更高效的火箭推进系统（例如基于核裂变或聚变的系统）来缩短任务时间。这些任务的目的将是寻找生命、建立移民地、推进科学技术以及从事贸易和采矿。
- 在对另一颗恒星周围的系外行星进行探险时，如果乘组人员无法处于休眠（假死）状态，那么就需要进行多代任务。这引入了更多的心理和社会学问题：返回地球的可能性不大，后代可能不会遵循最初的文化使命和任务目标，不是最初的乘组，而是他们的后代到达最终目的地，而生命的发现将对移民者和地球上的人们产生深远的心理影响。

9.10 思想饕餮

1. 您即将前往火星执行任务。在任务的启程阶段，您很高兴地欣赏地球的美丽。现在您已经接近火星了，地球成为天空中一个微不足道的点，而火星则像一个巨大的红色圆盘隐约出现在您的窗前，没有蓝色的海洋，也没有伴随您成长的陆地。虽然您在理智上对登陆和探索火星感到兴奋，但在情感上，您怀疑这个奇怪的星球是否可以替代地球。远离家乡会不会加剧您的孤独感和思乡之情？火星能否成为未来移民的“家”？

2. 当您到达目的地时，向地球上的家人发送消息并得到他们的回复需要间隔 25 分钟。您对这种延迟感到沮丧，特别是因为您知道无法再加快传输时间（固定为光速）。您可以使用哪些策略来使延迟的通信更有效率？表 9.2 列出了一些可能性。您还能想到更多吗？

3. 您是遥远系外行星登陆队的一员。您和您的同胞们计划建立一个社会，以改进您的祖先留在地球上的社会。为了实现这一目标，您希望新社会有怎样的政府形式？您希望保留多少旧传统（例如，宗教信仰、父母养育与集体养育、自由放任与社会主义社会）？在独立和贸易方面，系外行星上的新社会与地球的关系是什么？新生命的发现会对移民地产生怎样的影响？

参考文献

[1] Zubrin, R. (2008). How to live on Mars: A trusty guidebook to surviving and thriving on the red planet. Three Rivers Press.

[2] Seedhouse, E. (2009). Martian outpost: The challenges of establishing a human settlement on Mars. Springer/Praxis.

[3] Wanjek, C. (2020). Spacefarers: How humans will settle the moon, Mars, and beyond. Harvard University Press.

[4] Friedman, L. (2021). Humans and robots in space exploration. In L. R. Young & J. P. Sutton (Eds.), Handbook of bioastronautics (pp. 831-837). Springer Nature Switzerland AG.

[5] Izenberg, N. R., McNutt, R. L., Jr., Runyon, K. D., Byrne, P. K., & MacDonald, A. (2021). Venus exploration in the new human spaceflight age. Acta Astronautica, 180, 100-104.

[6] von Ehrenfried, M. (2020). The Artemis Lunar Program: Returning people to the moon. Springer/Praxis.

[7] NASA. (2020). Artemis plan: NASA's Lunar Exploration Program overview. NP-2020-05-2853-HQ. National Aeronautics and Space Administration. https://www.nasa.gov/sites/default/files/atoms/files/artemis_plan-20200921.pdf.

[8] Nechaev, A. P., Polyakov, V. V., & Morukov, B. V. (2007). Martian manned mission: What cosmonauts think about this. Acta Astronautica, 60, 351-353.

[9] Kanas, N., & Manzey, D. (2008). Space psychology and psychiatry (2nd ed.). Microcosm Press/Springer.

[10] Horneck, G., Facius, R., Reichert, M., Rettberg, P., Seboldt, W., Manzey, D., Comet, B., Maillet, A., Preiss, H., Schauer, L., Dussap, C. G., Poughon, L., Belyavin, A., Reitz, G., Baumstark-Khan, C., & Gerzer, R. (2006). HUMEX, a study on the survivability and adaptation of humans to long-duration exploratory missions, part II: Missions to Mars. Advances in Space Research, 38, 752-759.

[11] Stuster, J., Adolf, J. A., Byrne, V. E., & Greene, M. (2018). Human exploration of Mars: Preliminary lists of crew tasks (NASA/CR-2018220043). Johnson Space Center. https://ntrs.nasa.gov/citations/20190001401

[12] Musk, E. (2017). Plenary talk. International Astronautical Congress. https://www.bing.com/videos/search?q=elon+musk+international+astronautical+congreww&qpvt=elon+musk+international+astronautical+congreww&view=detail&mid=0D414FFAB19E17B751870D414FFAB19E17B75187&&FORM=VRDGAR&ru=%2Fvideos%2Fsearch%3Fq%3Delon%2Bmusk%2Binternational%2Bastronautical%2Bcongreww%26qpvt%3Delon%2Bmusk%2Binternational%2Bastronautical%2Bcongreww%26FORM%3DVDRE

[13] Abood, S. (2019). Martian environmental psychology: The choice architecture of a Mars mission and colony. In K. Szocik (Ed.), The human factor in a Mission to Mars: An interdisciplinary approach (pp. 3-34). Springer Nature Switzerland AG.

[14] Zubrin, R. (1997). The case for Mars: The plan to settle the red planet and why we must. Free Press.

[15] Zubrin, R. (2013). Mars direct: Space exploration, the red planet, and the human future. Polaris Books.

[16] Slack, K. J., Williams, T. J., Schneiderman, J. S., Whitmire, A. M., & Picano, J. J. (2016). Human research program behavioral health and performance: Risk of adverse cognitive or behavioral conditions and psychiatric disorders. NASA Lyndon B. Johnson Space Center.

[17] Manzey, D. (2004). Human missions to Mars: New psychological challenges and research issues. Acta Astronautica, 55, 781-790.

[18] Laws, J., & Haigh, M. (2017). The "Earth-out-of-view Phenomenon:" Does distance from planet earth affect our mental health and how we see the world? Unpublished BSc (Hons) Psychology thesis. Newcastle upon Tyne, UK: Northumbria University,

[19] Leach, D. J., Wall, T. D., Rogelberg, S. G., & Jackson, P. R. (2005). Team autonomy, performance, and member job strain: Uncovering the teamwork KSA link. Applied Psychology: An International Review., 54, 1-24.

[20] Morgeson, F. P., Delaney-Klinger, K., & Hemingway, M. A. (2005). The importance of job autonomy, cognitive ability, and job-related skill for predicting role breadth and job performance. Journal of Applied Psychology,

90, 399-406.

[21] Van Mierlo, H., Rutte, C. G., Vermunt, J. K., Kompier, M. A., & Doorewaard, J. A. C. M. (2007). A multi-level mediation model of the relationships between team autonomy, individual task design and psychological well-being. Journal of Occupational and Organizational Psychology, 80, 647-664.

[22] Bakker, A. B., Demerouti, E., & Euwema, M. C. (2005). Job resources buffer the impact of job demands on burnout. Journal of Occupational Health Psychology, 10, 170-180.

[23] Marquez, J. J., Edwards, T., Karasinski, J. A., Lee, C. N., Shyr, M. C., Miller, C. L., & Brandt, S. L. (2021). Human performance of novice schedulers for complex spaceflight operations timelines. Human Factors, 10. https://doi.org/10.1177/00187208211058913

[24] Santy, P. A., Holland, A. W., Looper, L., & Marcondes-North, R. (1993). Multicultural factors in the space environment: Results of an international shuttle crew debrief. Aviation, Space and Environmental Medicine, 64, 196-200.

[25] Kanas, N., Saylor, S., Harris, M., Neylan, T., Boyd, J., Weiss, D. S., Baskin, P., Cook, C., & Marmar, C. (2010). High vs. low crewmember autonomy in space simulation environments. Acta Astronautica, 67, 731-738.

[26] Kanas, N., Harris, M., Neylan, T., Boyd, J., Weiss, D. S., Cook, C., & Saylor, S. (2011). High versus low crewmember autonomy during a 105-day Mars simulation mission. Acta Astronautica, 69, 240-244.

[27] Gushin, V., Shved, D., Vinokhodova, A., Vasylieva, G., Nitchiporuk, I., Ehmann, B., & Balazs, L. (2012). Some psychophysiological and behavioral aspects of adaptation to simulated autonomous Mission to Mars. Acta Astronautica, 70, 52-57.

[28] Vinokhodova, A. G., Gushin, V. I., Eskov, K. N., & Khananashvili, M. M. (2012). Psychological selection and optimization of interpersonal relationships in an experiment with 105-days isolation. Human Physiology, 38, 677-682.

[29] Sandal, G. M., Bye, H. H., & van de Vijver, F. (2011). Personal values and crew compatibility in a 105-day space simulation study. Acta Astronautica, 69, 141-149.

[30] Goemaere, S., Brenning, K., Beyers, W., Vermeulen, A. C. J., Binsted,

K. , & Vansteenkiste, M. (2019). Do astronauts benefit from autonomy? Investigating perceived autonomy-supportive communication by Mission Support, crew motivation and collaboration during HI-SEAS 1. Acta Astronautica, 157, 9-16.

[31] Goemaere, S. , Van Caelenberg, T. , Beyers, W. , Binsted, K. , & Vansteenkiste, M. (2019). Life on mars from a Self-Determination Theory perspective: How astronauts' needs for autonomy, competence and relatedness go hand in hand with crew health and mission success - Results from HI-SEAS IV. Acta Astronautica, 159, 273-285.

[32] Heinicke, C. , Poulet, L. , Dunn, J. , & Meier, A. (2021). Crew self-organization and group-living habits during three autonomous, long-duration Mars analog missions. Acta Astronautica, 182, 160-178.

[33] Roma, P. G. , Hursh, S. R. , Hienz, R. D. , Brinson, Z. S. , Gasior, E. D. , & Brady, J. V. (2013). Effects of autonomous mission management on crew performance, behavior, and physiology: Insight from ground-based experiments. In D. A. Vakoch (Ed.), On orbit and beyond: Psychological perspectives on human spaceflight (pp. 245-266). Springer.

[34] Landon, L. B. , Vessey, W. B. , & Barrett, J. D. (2016). Human research program behavioral health and performance: Risk of performance and behavioral health decrements due to inadequate cooperation, coordination, communication, and psychosocial adaptation within a team. NASA Lyndon B. Johnson Space Center.

[35] Love, S. G. , & Reagan, M. L. (2013). Delayed voice communication. Acta Astronautica, 91, 89-95.

[36] Fischer, U. , & Mosier, K. (2014). The impact of communication delay and medium on team performance and communication in distributed teams. Proceedings of the Human Factors and Ergonomics Society 58th Annual Meeting, pp. 115-119. Santa Monica, CA: HFES.

[37] Fischer, U. , & Mosier, K. (2015). Communication protocols to support collaboration in distributed teams under asynchronous conditions. Proceedings of the Human Factors and Ergonomics Society 59th Annual Meeting, pp. 1-5. Santa Monica, CA: HFES.

[38] Fischer, U. , & Mosier, K. (2016). Final report on NASA Grant NNX12AR19G: Protocols for asynchronous communication in space operations: Communication analyses and experimental studies. Georgia Institute of Technology. https://cpb-us- w2. wpmucdn. com/sites. gatech. edu/dist/

d/917/files/2018/10/Fischer_Mosier-Protocols- for- Asynchronous- Communication- in-Space- Operations- 2016. pdf

[39] Fischer, U., & Mosier, K. (2021). Mitigating the impact of communication delay. In L. B. Landon, K. J. Slack, & E. Salas (Eds.), Psychology and human performance in space programs, Vol. 2: Extreme application (pp. 101-114). CRC Press.

[40] Kintz, N. M., Chou, C.-P., Vessey, W. B., Leveton, L. B., & Palinkas, L. A. (2016). Impact of communication delays to and from the International Space Station on self-reported individual and team behavior and performance: A mixed-methods study. Acta Astronautica, 129, 193-200.

[41] Kintz, N. M., & Palinkas, L. A. (2016). Communication delays impact behavior and performance aboard the International Space Station. Aerospace Medicine and Human Performance, 87, 940-946.

[42] Palinkas, L. A., Kintz, N., Vessey, W. B., Chou, C.-P., & Leveton, L. B. (2017). Assessing the impact of communication delay on behavioral health and performance: An examination of autonomous operations utilizing the International Space Station. NASA/TM-2017-219285. NASA/Johnson Space Center.

[43] Ushakov, I. B., Morukov, B. V., Bubeev, Y. A., Gushin, V. I., Yu, V. G., Vinokhodova, A. G., & Shved, D. M. (2014). Main findings of psychophysiological studies in the Mars 500 experiment. Herald of the Russian Academy of Sciences, 84(2), 106-114.

[44] Basner, M., Dinges, D. F., Mollicone, D. J., Savelev, I., Ecker, A. J., Di Antonio, A., Jones, C. W., Hyder, E. C., Kan, K., Morukov, B. V., & Sutton, J. P. (2014). Psychological and behavioral changes during confinement in a 520-day simulated interplanetary mission to Mars. PLoS One, 9(3), e93298:1-10. https://doi.org/10.1371/journal.pone0093298

[45] Basner, M., Dinges, D. F., Mollicone, D., Ecker, A., Jones, C. W., Hyder, E. C., Antonio, A. D., Savelev, I., Kan, K., Goel, N., Morukov, B. V., & Sutton, J. P. (2013). Mars 520-d mission simulation reveals protracted crew hypokinesis and alterations of sleep duration and timing. Proceedings, National Academy of Sciences, 110(7), 2635-2640.

[46] Zavalko, I. M., Rasskazova, E. I., Gordeev, S. A., Palatov, S. U., & Kovrov, G. V. (2013). Effects of long-term isolation and anticipation of significant event on sleep: Results of the project "Mars-520". Human Physiology, 39, 602-607.

[47] Solcova, I., Gushin, V., Vinokhodova, A., & Lukavsky, J. (2013). Emotional energy, work self-efficacy, and perceived similarity during the Mars 520 study. Aviation, Space, and Environmental Medicine, 84, 1186-1190.

[48] Solcova, I. P., Lacev, A., & Solcova, I. (2014). Study of individual and group affective processes in the crew of a simulated mission to Mars: Positive affectivity as a valuable indicator of changes in the crew affectivity. Acta Astronautica., 100, 57-67.

[49] Solcova, I. P., Solcova, I., Stuchlikova, I., & Mazehoova, Y. (2016). The story of 520 days on a simulated flight to Mars. Acta Astronautica, 126, 178-189.

[50] Gushin, V., Shved, D., Ehmann, B., Balazss, L., & Komarevtsev, S. (2012). Crew-MC interactions during communication delay in Mars-500. Paper # IAC-12-A1. 1. 2. Proceedings, 63th International Astronautical Congress. International Astronautical Federation, Naples, Italy, October 1-5.

[51] Kuznetsova, P. G., Gushchin, V. I., Vinokhodova, A. G., Chekalina, A. I., & Shved, D. (2017). Interpersonal interaction under the conditions of high autonomy in interplanetary mission simulation (Mars-500 experiment). Human Physiology, 43, 751-756.

[52] Sandal, G. M., & Bye, H. H. (2015). Value diversity and crew relationships during a simulated space flight to Mars. Acta Astronautica, 114, 164-173.

[53] Van Baarsen, B., Ferlazzo, F., Ferravante, D., Smit, J., van der Pligt, J., & van Duijn, M. (2012). The effects of extreme isolation on loneliness and cognitive control processes: Analyses of the Lodgead data obtained during the Mars105 and the Mars520 studies. Paper # IAC-12-A1. 1. 4. Proceedings, 63th International Astronautical Congress. International Astronautical Federation, Naples, Italy, October 1-5.

[54] Van Baarsen, B. (2013). Person autonomy and voluntariness as important factors in motivation, decision making, and astronaut safety: First results from the Mars 500 LODGEAD study. Acta Astronautica, 87, 139-146.

[55] Tafforin, C. (2013). The Mars-500 crew in daily life activities: An ethological study. Acta Astronautica, 91, 69-76.

[56] Tafforin, C. (2015). Confinement vs. isolation as analogue environments for Mars missions from a human ethology viewpoint. Aerospace Medicine and Human Performance, 86, 131-135.

[57] Wang, Y., Jing, X., Lv, K., Wu, B., Bai, Y., Luo, Y., Chen, S., &

Li, Y. (2014). During the long way to Mars: Effects of 520 days of confinement (Mars500) on the assessment of affective stimuli and stage alteration in mood and plasma hormone levels. PLoS One, 9(4), e87087:1-9. https://doi.org/10.1371/journal.pone.0087087

[58] Li, Y. (2021). Space life sciences in China. In L. R. Young & J. P. Sutton (Eds.), Handbook of bioastronautics (pp. 707-716). Springer Nature Switzerland AG.

[59] Croitoru, N., Bisbey, T. M., & Salas, E. (2021). Team training for long-duration space exploration: A look ahead at the coming challenges. In L. B. Landon, K. J. Slack, & E. Salas (Eds.), Psychology and human performance in space programs, Vol. 2: Extreme application (pp. 81-99). CRC Press.

[60] Ryumin, O. O., & Voitenko, A. M. (2020). Interplanetary mission: Crew commander assignment and psychological training. Human Physiology, 46, 731-735.

[61] Dempsey, D. L., & Barshi, I. (2021). Applying research-based training principles: Toward crew-centered, mission-oriented space flight training. In L. B. Landon, K. J. Slack, & E. Salas (Eds.), Psychology and human performance in space programs, Vol. 2: Extreme application (pp. 63-80). CRC Press.

[62] DiazGranados, D., Wildman, J. L., & Curtis, M. T. (2021). Extremely stressed and extremely bored: Team self-maintenance in long-duration space exploration. In L. B. Landon, K. J. Slack, & E. Salas (Eds.), Psychology and human performance in space programs, Vol. 2: Extreme application (pp. 155-177). CRC Press.

[63] Fischer, U., Mosier, K., Schmid, J., Smithsimmons, A., & Brougham, R. (2022). Technological support for crew/MCC communication and collaboration during space exploration operations. NASA Human Research Program Investigators Workshop (oral presentation), Feb. 7, and personal e-mail communication with Drs. Mosier and Fischer, June 1-5, 2022.

[64] Gushin, V., Ryumin, O., Karpova, O., Rozanov, I., Shved, D., & Yusupova, A. (2021). Prospect for psychological support in interplanetary expeditions. Frontiers in Physiology, 12, 1-9. https://doi.org/10.3389/fphys.2021.750414

[65] Salamon, N., Grimm, J. M., Horack, J. M., & Newton, E. K. (2018). Application of virtual reality for crew mental health in extended-duration

space missions. Acta Astronautica, 146, 117-122.

[66] Tomilovskaya, E., Shigueva, T., Sayenko, D., Rukavishnikov, I., & Kozlovskaya, I. (2019). Dry immersion as a ground-based model of microgravity physiological effects. Frontiers in Physiology, 10, 1-17. https://doi.org/10.3389/fphys.2019.00284

[67] Rozanov, I. A., Kuznetsova, P. G., Savinkina, A. O., Shved, D. M., Ryumin, O. O., Tomilovskaya, E. S., & Gushchin, V. I. (2022). Psychological support using virtual reality in a study with three-day dry immersion (transl.). Aviakosmicheskaya i Ekologicheskaya Meditsina (Russia), 56, 55-61.

[68] Lebedeva, S., Shved, D., & Savinkina, A. (2022). Assessment of the psychophysiological state of female operators under simulated microgravity. Frontiers in Physiology, 12, 1-11. https://doi.org/10.3389/fphys.2021.751016

[69] Anderson, A. P., Fellows, A. M., Binsted, K. A., Hegel, M. T., & Buckey, J. A. (2016). Autonomous, computer-based behavioral health countermeasure evaluation at HI-SEAS Mars analog. Aerospace Medicine and Human Performance, 87, 912-920.

[70] Lyons, K. D., Slaughenhaupt, R. M., Mupparaju, S. H., Lim, J. S., Anderson, A. A., Stankovic, A. S., Cowan, D. R., Fellows, A. M., Binsted, K. A., & Buckey, J. C. (2020). Autonomous psychological support for isolation and confinement. Aersopace Medicine and Human Performance, 91, 876-885.

[71] Rappaport, M. B., & Corbally, C. (2019). Program planning for a Mars hardship post: Social, psychological, and spiritual services. In K. Szocik (Ed.), The human factor in a Mission to Mars: An interdisciplinary approach (pp. 35-58). Springer Nature Switzerland AG.

[72] Kanas, N. (2021). Integrative group therapy for psychosis: An evidence-based approach. Routledge.

[73] Pagnini, F., Phillips, D., Bercovitz, K., & Langer, E. (2019). Mindfulness and relaxation training for long duration spaceflight: Evidences from analog environments and military settings. Acta Astronautica, 165, 1-8.

[74] Gatti, M., Palumbo, R., Di Domenico, A., & Mammarella, N. (2022). Affective health and countermeasures in long-duration space exploration. Heliyon, 8, e09414. https://doi.org/10.1016/j.heliyon.2022.e09414

[75] Bates, S., Gushin, V., Bingham, G., Vinokhodova, A., Marquit, J., & Sy-

chev, V. (2010). Plants as countermeasures: A review of the literature and application to habitation systems for humans living in isolated or extreme environments. Habitation, 12, 33-40. https://doi.org/10.3727/154296610X12686999887201

[76] Sychev, V., Levinskikh, M., & Podolsky, I. (2008). Biological component of life support systems for a crew in long-duration space expeditions. Acta Astronautica, 63, 1119-1125. https://doi.org/10.1016/j.actaastro.2008.01.001

[77] Szocik, K., Abood, S., & Shelhamer, M. (2018). Psychological and biological challenges of the Mars mission viewed through the construct of the evolution of fundamental human needs. Acta Astronautica, 152, 793-799.

[78] Zwart, S. R., Mulavara, A. P., Williams, T. J., George, K., & Smith, S. M. (2021). The role of nutrition in space exploration: Implications for sensorimotor, cognition, behavior and the cerebral changes due to the exposure to radiation, altered gravity, and isolation/confinement hazards of spaceflight. Neuroscience and Biobehavioral Reviews, 127, 307-331.

[79] Mhatre, S. D., Iyer, J., Puukila, S., Paul, A., Tahimic, C. G. T., et al. (2022). Neuro-consequences of the spaceflight environment. Neuroscience and Biobehavioral Reviews, 132, 908-935.

[80] Tang, H., Rising, H. H., Majji, M., & Brown, R. D. (2022). Long-terms space nutrition: A scoping review. Nutrients, 14(194), 1-30. https://doi.org/103390/nu14010194

[81] Neal, V. (2007). Framing the meanings of spaceflight in the Shuttle era. In S. J. Dick & R. D. Launius (Eds.), Societal impact of spaceflight (pp. 67-88). NASA SP-2007-4801.). National Aeronautics and Space Administration.

[82] Robinson, K. S. (1993). Red Mars. Bantam Books.

[83] Schwartz, D. W. (1985). The colonizing experience: A cross-cultural perspective. In B. R. Finney & E. M. Jones (Eds.), Interstellar migration and the human experience (pp. 234-246). University of California Press.

[84] Mankins, J. C., Mankins, W. M., & Walter, H. (2015). Biological challenges of true space settlement. Acta Astronautica, 146, 378-386.

[85] Moore, J. H. (2003). Kin-based crews for interstellar multi-generational space travel. In Y. Kondo, F. C. Bruhweiler, J. Moore, & C. Sheffield (Eds.), Interstellar travel and multi-generation space ships (pp. 80-88). Apogee.

[86] Kanas, N. (2014). The Protos mandate: A scientific novel. (part I—The no-

vel). Springer International Publishing.

[87] Impey, C. (2019). Mars and beyond: The feasibility of living in the solar system. In K. Szocik (Ed.), The human factor in a Mission to Mars: An interdisciplinary approach (pp. 93-111). Springer Nature Switzerland AG.

[88] Oviedo, L. (2019). Religion for a spatial colony: Raising the right questions. In K. Szocik (Ed.), The human factor in a Mission to Mars: An interdisciplinary approach (pp. 217-231). Springer Nature Switzerland AG.

[89] Kanas, N. (2020). Spirituality, humanism, and the overview effect during manned space missions. Acta Astronautica, 166, 525-528.

[90] Capova, K. A. (2019). Human extremophiles: Mars as a camera obscura of the extraterrestrial scientific culture. In K. Szocik (Ed.), The human factor in a Mission to Mars: An interdisciplinary approach (pp. 115-132). Springer Nature Switzerland AG.

[91] Losch, A. (2019). Interplanetary sustainability: Mars as a means of a long-term sustainable development of humankind in the solar system. In K. Szocik (Ed.), The human factor in a Mission to Mars: An interdisciplinary approach (pp. 157-166). Springer Nature Switzerland AG.

[92] Szocik, K. (2019). Human place in the outer space: Skeptical remarks. In K. Szocik (Ed.), The human factor in a Mission to Mars: An interdisciplinary approach (pp. 233-252). Springer Nature Switzerland AG.

[93] Milligan, T., & Elvis, M. (2019). Mars environmental protection: An application of the 1/8 principle. In K. Szocik (Ed.), The human factor in a Mission to Mars: An interdisciplinary approach (pp. 167-183). Springer Nature Switzerland AG.

[94] Smith, C. M., & Davies, E. T. (2012). Emigrating beyond earth: Human adaptation and space colonization. Springer Science+Business Media.

[95] Lordos, A., & Lordos, G. (2020). Preparaing for the socio-behavioural challenges of a populous, semi-independent settlement on Mars through a new generation of multi-team, empowerment-oriented Mars analogue missions. Paper # IAC-20-A1.1.10. Proceedings, 71st international astronautical congress. International Astronautical Federation, The CyberSpace Edition, October 12-14.

[96] Launius, R. D. (2007). What are turning points in history, and what were they for the space age? In S. J. Dick & R. D. Launius (Eds.), Societal impact of spaceflight (pp. 19-39). NASA SP-2007-4801). National Aeronautics and Space Administration.

[97] Kanas, N. (2015). Humans in space: The psychological hurdles. Springer International Publishing.

[98] Kanas, N. (2014). The Protos mandate: A scientific novel (part Ⅱ—The science behind the fiction). Springer International Publishing.

[99] NASA. (2022). Exoplanet exploration: Planets beyond our solar system. Internet running catalog accessed December 1. https://exoplanets. nasa. gov/discovery/exoplanet-catalog/.

[100] Matloff, G. L. (2005). Deep space probes: To the outer solar system and beyond (2nd ed.). Springer Science+Business Media.

[101] Stratmann, H. (2015). Suspended animation: Putting characters on ice. In Using medicine in science fiction. Springer Science+Business Media.

[102] Tahir, T. (2021). Human hibernation for long-duration space missions. Journal of the British Interplanetary Society, 74, 97-100.

[103] Cerri, M. , Hitrec, T. , Luppi, M. , & Amici, R. (2021). Be cool to be far: Exploiting hibernation for space exploration. Neuroscience and Biobehavioral Reviews, 128, 218-232.

[104] Chouker, A. , Ngo-Anh, T. J. , Biesbroek, R. , Heldmaier, G. , Heppener, M. , & Bereiter-Hahn, J. (2021). European space agency's hibernation (torpor) strategy for deep space missions: Linking biology to engineering. Neuroscience and Biobehavioral Review, 131, 618-626.

[105] Kanas, N. (2016). The Caloris network: A scientific novel. (part I—The novel, part Ⅱ—The science behind the fiction). Springer International Publishing.

第十章　附　录

本附录逐字收录了我与 Bill Feddersen 于 1971 年撰写的《NASA 技术备忘录》中各章节的引言与结论，本章的各节标题引用了书中的结论。虽然这份《NASA 技术备忘录》已经绝版，但感兴趣的读者可以通过以下网址在线获取文件副本：https://ntrs.nasa.gov/api/citations/19720008366/downloads/19720008366.pdf。

——NK

标题中的“长期”是指火星探险。虽然大多数结论在今天依然正确，但我不同意第 10.8 节的说法，即女性和其他国籍的人不太可能参加第一次火星任务。尽管某一太空机构可能独自发起此类探险，但执行此类任务的成本和参与国际空间站的经验要求使首次火星探险更可能是由多国籍的混合性别乘组完成。此外，在太空中也会发生快速眼动睡眠（参见第 10.4 节），而且“潜艇船员妻子综合征”会同时影响乘组人员夫妻双方（参见第 10.6 节）。至于其他结论，读者可以自行判断它们与当今太空环境的相关性和准确性。

——NK

10.1　概　要

有句老话说，你无法给饥饿的孩子上课，也不能教育一个不快乐或焦虑的孩子。同样地，你也不能指望一个处于恐慌、疯狂或绝望边缘的成年人表现出最佳状态，甚至是理性的行为[1]。

（摘自 TMX 介绍——NK）

在全面检索后，本文对现有文献的结果进行了综述。开展这项研究的目的是检查现有研究的实验结果，这些研究涉及已知的和预期可能出现的心理和社会学因素，而这些因素可能对执行长期太空任务的乘组人员产生影响。对南极探险、潜艇巡逻、太空模拟舱以及限制和隔离环境的研究已经揭露出许多问题。这些问题在现有技术下无法解决，因此仍需进一步的工作。

10.2　压力及其测量

在一个人体验过压力环境之前，我们要审慎地评估他/她的价值。当漫长的下沉结束后，那些站起来努力拯救自己和船只的人，大概率不是船员们的领导者。坚持到最后的往往是那些性格冷静沉稳的人，并且当事情进展顺利时，他们不会受到打扰。

焦虑者和催促者都已精疲力尽，只剩下那些勤奋者开着船回家[2]。

在火星任务之前，太空中那些对人类产生影响的生理应激源可能已经得到很好的控制；因此，本报告将关注心理和社会应激源。然而，后续我们也将进一步讨论睡眠、昼夜节律和失重这些生理应激源，因为它们对行为至关重要。人类已经开发了包括心理生理学、心理学和社会学测试等多种方法来评估压力，但没有一个测试可以独立完整地阐述“正在发生什么”。因此，我们必须结合主观和客观测试，充分发挥二者的长处。研究人员将贝尔斯互动过程分析与各种心理和精神测试、日志和飞行后情况汇报相结合，成功地描述了太空舱模拟器中的双人互动以及人们感受到的潜在动机和情绪，并由此提出了一个涉及群体动力学的相对完整的情境阐述。未来的研究应重视这类多项测量方式的结合。

10.3 失重与低感觉输入

失去了感官输入，人的思想漂泊无助、不可避免退回到初级思维过程的萨尔加索海。那片海域瞬间消失，没有秩序、数量、方向或理性，生动鲜艳的幻觉漩涡般涌动迷惑感官[1]。

失重可以被看作是一种低感觉输入的状态。因此，失重像头低位卧床和单人隔离一样是一种感觉剥夺。总体感觉输入越低，其导致的生理、神经和心理异常就越严重。此外，感觉剥夺状态的影响是可累加的，失重加上低感觉输入状态将产生比单独低感觉输入更深远的影响。

繁重工作的高强度感官刺激可以使航天员对失重环境的反应降到最低。但是，长期任务可能会出现单调无聊的情况，因此必须作出必要的修正。实际情况是失重情境可能会持续存在，因此我们要认真对待。锻炼是抵抗失重所带来的负面影响的好方法。

10.4 关于昼夜节律与睡眠的结论

在地球引力层之外的星际太空飞行中……是连绵不断的阳光和天鹅绒般的黑色天空，那里白天和夜晚同时出现。在这个具有强烈对比度的区域——丰富的光周期或完全没有光周期，航天员仍受睡眠/休息/活动周期的影响这来源于地球上有规律的昼夜周期生活[3]。

在规划长期太空飞行任务时必须考虑昼夜节律问题。人的绩效具有昼夜周期性，研究人员可以通过了解其特征和相关动机来影响和控制人的绩效。近地任务和探月任务均存在睡眠—觉醒节律问题。正是基于对这一节律重要性的认识，航天员在任务期间仍使用类似于地球时间表的太空时间表。然而，交错飞行时刻表被认为更适合长期飞行。针对这一问题需要更多的研究。

据报道，乘组人员在地球和太空任务中都存在睡眠困难的问题，症状从肌肉紧张、疲劳到失眠。在失重状态下，人们的睡眠总量减少，是否存在快速眼动睡眠仍存疑。南极探险研究表明，人们在睡眠时的慢波活动减少；双子座Ⅶ号飞行数据和来自苏联的报告表明，人们在清醒状态下增加的慢波活动可能是一种定向反应。进一步的研究是必需的。

10.5 密闭、隔离和单调

长期密闭和隔离环境对身处其中的人们造成的最典型的影响似乎是焦虑、易怒、睡眠障碍以及较小程度的抑郁和敌意。另一方面，令人困惑的是，人们执行一般任务时却没有显著的绩效下降。总体而言，人们出现广泛的焦虑但没有绩效下降[4]。

密闭、隔离和单调是伴随航天员执行任何长期太空任务的三个重要应激源。对有关南极、潜艇和太空模拟研究的回顾表明，当上述应激源存在时，行为、人际关系和精神问题会更频繁地出现。然而，只要航天员具有很高的积极性，他们的表现足以成功完成任务。

几项研究证实了 Rohrer 的隔离反应三阶段[5]：高度焦虑期、抑郁期和期待期。第三阶段对于长时间太空飞行尤其重要，因为这一阶段的特征是可被观察到的绩效下降、敌意和青少年似的冲动行为，这些特征与这一阶段可能的复杂着陆活动不相容。

可通过多种方式降低飞行任务过程中单纯监控仪器这类单调活动的负面影响，包括提供较短的工作/休息轮换并以考虑乘组人员的个性（内向者更善于在低感觉输入条件下完成警觉性任务）为原则、通过改变感官输入的总量来保持乘组人员的高唤醒水平并提供监测反馈。

闲暇时间的安排不当也会导致单调。虽然必须考虑到乘组人员的个人喜好，现有文献已经指明了太空任务可以包含的休闲活动的种类。音乐作为主要的下班活动和工作伴奏尤其有价值。其他受欢迎的休闲活动包括阅读、聊天、看电视和电影。工作导向的休闲活动也应得到相应的价值；事实上，相较于更标准的“休闲”活动，科学家和技术人员可能更喜欢这些与工作相关的活动。

10.6 基于精神病学的考虑

第二次世界大战的经验表明……每个人都有他的极限……从精神分析的角度来看，可以说，无论是身体、心理，还是两者兼而有之的综合力量攻击自我且超过承受能力时，自我就会屈服。自我这一概念是有价值的，众所周知，大部分自我是完全无意识的，这可能是决定每个人极限点的关键[1]。

Freud 提出的人格动力学理论强调了在长期太空任务中必须考虑的几个概念：

无意识的驱动和动机、自我防御的保存以及控制焦虑。研究表明,精神问题的发生率会随长期密闭、隔离和单调而增加。

上述人格理论可以应用于几个特定的领域。Smith[6]将群体对危险的反应分为两个阶段,这种反应是人格功能的表现。研究表明,处于密闭环境的人们会通过一些间接手段(与驱动力相关的精神能量的表达)来缓解紧张:例如"pinging"、攻击性行为、对性的全神贯注、开玩笑、性幻想和对食物的兴趣增加。最后,"潜艇船员妻子综合征"是一种由无意识的愤怒和绝望引起的抑郁症,对经常离家在外的男性有影响。

性格测试可以预测人们对已知应激源的可能反应模式,并且可以筛选出有严重心理障碍的个体。然而,没有任何一个具有高信度的人格测试可以以相同的方式解释所有测试者的结果。临床观察和访谈技术必须与人格测试一起使用。

在长期太空任务期间,如果航天员出现精神问题,可采用以下治疗措施:在乘组中安排一名接受过心理治疗和精神药理学训练的乘组人员;通过视频通话促进其与地球上的家人或精神病学家对话;使用敏感性训练技术;催眠;甚至使用塞博格(cyborg)。

10.7 基于社会学的考虑

在隔离状态下,人际冲突会被放大,发泄情绪或逃避适应困难的机会也会减少。在这种情况下,愤怒逐渐累积至爆发。对隔离群体的研究无一例外都报告过这类摩擦。在许多情况下,这种冲突导致了团体的解体——甚至是谋杀[7]。

对长期任务期间影响乘组人员的社会学应激源研究表明,人数最多的奇数乘组最稳定;因此,在8~12人的乘组规模中,11人组成的乘组是理想的。在任务开始的一到三周半的时间里,团体内会形成一个非正式的组织结构。这一结构首先基于工作,然后基于人际关系。尽管可能会形成小团体,但更重要的危险可能是某一特定个体实际或感知到的被孤立("失神"现象)。领导力是一种强大的稳定力量,它同时服务于任务和社会情感,这对一个人来说是一项艰巨的任务。太空中社会角色的缺乏是另一个问题。然而,与地球上的家人和朋友通过视频交流可能有助于抑制角色缺乏的影响。乘组人员和任务控制中心间稳固的关系至关重要。最后,乘员敏感性的训练也十分有帮助。

10.8 乘组人员的选拔

……我们必须为需求的增加、候选人的增加、经验水平的下降以及候选人质量的下降做好准备,同时,心理和精神评估的重要性也相应增加[8]。

长期太空任务要完成的工作可以被分为四种类型:操作、维护、科学和人类支持。

因此,乘组中必须有两大学科的代表:飞行-工程类以及医学-科学类。过去,大多数太空飞行具有操作性目标,因此,驾驶活动占主导地位。然而,在长期探索任务中,飞行员和科学家必须能够共存,每类人格特质都将是任务所需的。

虽然我们已经讨论过让女性和其他国籍的人员加入,但因为许多复杂的文化、社会和政治议题,她们不太可能参与首次任务。后续需要在空间站这一理想的研究环境进行进一步探讨。

美国和苏联在选拔航天员时,考虑了许多心理、精神、生理和压力适应能力方面的因素。苏联已经开始认真考虑社会因素。虽然有一些先例,但在社会心理领域,长期任务与短期飞行显然有很大不同,值得进一步深入研究。

10.9 结束语

人们意识到,在密闭和隔离这类异常环境下存在着某些精神和社会学问题。最近,随着太空任务的出现,识别、定义和解决这些问题十分必要。失重使情况更加复杂。像火星探险这类长期任务,只有在所有精神病学和社会学问题都有最优解决方案才有可能执行。

美国国家航空航天局载人航天中心
休斯敦,得克萨斯州,1971 年 10 月 13 日
914-50-cd-95-72

参考文献

[1] Solomon, P. (1961). Motivation and emotional reactions in early space fights. In B. E. Flaherty (Ed.), Symposium on psychophysiological aspects of space fight (pp. 272-277). Columbia University Press.

[2] Duff, I. F. (1947). Medical study of the experience of submarines as recorded in 1,471 submarine patrol reports in World War Ⅱ. USN Bulletin of Medicine, Ⅸ.

[3] Morey, R. L. (1971). Circadian rhythms—Interaction of endogenous cycles as affected by prolonged existence in interplanetary spacecraft (private circulation).

[4] Kubis, J. F., & McLaughlin, E. J. (1967). Psychological aspects of space fight. Transactions of the New York Academy of Science, Series 11, 30(2), 320-330.

[5] Rohrer, J. H. (1961). Interpersonal relationships in isolated small groups. In B. E. Flaherty (Ed.), Symposium on psychophysiological aspects of space fight (pp. 263-271). Columbia University Press.

[6] Smith, W. M. (1966). Observations over the lifetime of a small isolated group. Psychological Reports, 19, 475-514.

[7] Haythorn, W. W., & Altman, I. (1963). Alone together. Research task MR 022 01 03—1002. Bureau of Medicine and Surgery, Navy Department.

[8] Hartman, B. C., & Flinn, D. E. (1964). Crew structure in future space missions. Lectures in aerospace medicine (pp. 50-72). Brooks Air Force Base, 3-7 Feb.

术语表和缩略语

氦-3 或 3H(Helium-3)

一种轻量且稳定的氦同位素,由两个质子和一个中子组成,可用于为聚变反应堆提供动力。

体动记录仪(Actigraphy)

一种监测人体休息和活动的非侵入性方法。

活动手表(Actiwatch)

一种类似于手表的设备,可记录运动和光线,提供有关活动和睡眠/唤醒模式的信息。

基于代理人的建模(Agent-based modeling,简称 ABM)

一种计算模型,用于模拟自主代理人(例如个人或群体)之间的交互,以理解整个系统的行为。

ANSMET

南极陨石搜寻极地考察(Antarctic Search for Meteorites polar field expedition)的英文简称。

远地点(Apogee)

月球或卫星轨道上距地球最远的点。

ARGOS

主动响应重力卸载系统(Active Response Gravity Offload System)的简称。

阿尔忒弥斯计划(Artemis Program)

目前,美国航天局的重返月球计划旨在将月球作为火星任务的中转站。

衰弱乏力(Asthenia)

俄罗斯的飞行外科医生发现,许多宇航员身上都存在对太空条件的适应性反应。

表现为疲劳、倦怠、无力、感觉阈值低、情绪不稳定和睡眠障碍等症状。其症状与神经衰弱(一种更严重的神经症)相似。

自治化(Autonomization)

生活在隔离和密闭的环境中(例如宇宙飞船)的群体成员的自我中心性增强的过程。

自治(Autonomy)

给予个人或团队执行任务(包括决策和解决问题)的自由裁量权和自由度。

后端(Back room)

在地面任务控制中心工作的人员,他们在公众视野中不可见,并且为*前端*(见下文)工作人员提供支持。

生物圈 2 号(Biosphere 2)

位于亚利桑那州的科学研究设施,通过模拟地球环境来支持和维持人类的生命。它被设计为一个封闭的生态系统,在 20 世纪 90 年代初支持了两次任务,但遇到了工程和团队动态等各种问题。

编织(Braiding)

一款应用程序,将远程工作的团队成员之间的通信构建为交织的"编织"(即主题),以帮助他们追踪对话发展。

漫谈或无指导汇报(Bull session or unguided debrief)

一群人聚集在一起讨论他们的情况,没有具体的议程或外部人员的参与,会议组织者是该小组的成员。

太空舱通信员(Capcom)

"太空舱通信员"(capsule communicator)的英文简称,传统上是指在地面任务控制中心担任与太空航天员联络的美国航天员。

CAPSULS

加拿大航天员太空单元生命模拟项目(Canadian Astronaut Program Space Unit Life Simulation)的英文简称。

CELSS

受控生态生命支持系统（Controlled Ecological Life Support System）的英文简称，它是位于中国深圳市绿航星际太空科技研究院的一个密闭隔离舱，用于进行长达 6 个月的 4 人的密闭隔离任务。

聊天机器人(Chatbot)

一款计算机程序，旨在通过语音命令或文本聊天模拟与人类用户的对话。

时间不足计划(Chronodeficiency planning)

根据航天员的报告修订太空任务的活动时间表，以解决航天员没有足够的时间进行活动的问题。

认知测试(Cognition test)

认知测试组由十项计算机化的神经心理学测试组成，这些测试被认为涉及特定的大脑区域。

补偿控制模型(Compensatory control model)

关于人类在应对压力和高负荷工作时所使用的调节个人绩效的系统模型。

康宏站(Concordia)

法国-意大利的南极科考站。

宇航员(Cosmonaut)

俄罗斯联邦航天局对航天员的俄语表述。

立方卫星(CubeSat)

具有特定尺寸的小型研究型航天器，属于纳米卫星类（即重量小于 10 千克）。

汇报(Debrief)

一群人聚集在一起讨论特定事件或情况的过程，会议包括外部人员（例如地面任务控制中心的工作人员），外部人员一人是主持人或作为共同主持人与指定的乘组成员一同承担这一角色。

需求特征偏差(Demand characteristic bias)

当受访者根据调查或调查员想要的预期回答问题时所产生的偏见。

Desert RATS

沙漠研究和技术研究(Desert Research and Technology Studies)的英文简称。

移置(Displacement)

将密闭隔离群体中的紧张和其他不愉快的情绪转移到作为安全目标的群体之外的人身上。

DLR

德国航空航天中心,位于德国科隆,全称为 *Deutsches Zentrum für Luft-und Raumfahrt*。

烦躁不安(Dysphoria)

不安或不满的状态。

地球消失现象(Earth-out-of-view phenomenon)

将地球视为太空中一个微不足道的点所带来的心理后果。

ECOPSY

生物学和心理学(Ecology and Psychology)项目的英文简称,该项目对 3 名男性进行为期 90 天的密闭研究,该研究在 1995 年 10 月 21 日—1996 年 1 月 22 日期间在俄罗斯生物医学问题研究所进行。

调谐(Entrainment)

一个生物体的生理过程或行为受训外部环境的节奏或周期性刺激而发生同步或调整的现象

舱外活动或太空行走(EVA)

舱外活动(extravehicular activity)的英文简称,指航天员在地球大气层以外的宇宙飞船外进行的任何活动。

EXEMSI

欧洲载人基础设施实验活动(Experimental Campaign for the European Manned Infrastructure)的英文简称。该实验于 1992 年 9 月 7 日—11 月 6 日在科隆的德国航空航天中心(DLR)对 3 名男性和 1 名女性进行了为期 60 天的隔离研究。

系外行星(Exoplanet)

围绕太阳以外的恒星运行的行星。

FMARS

闪线火星北极研究站(Flashline Mars Arctic Research Station)的英文简称。位于加拿大德文岛的模拟火星社会栖息地,6 人任务,为期 1 年。

始祖效应(Founder effect)

当一小群个体与较大群体分离时,基因组变异性就会减少。这可能导致与原始种群的遗传分化的趋势。

前端(Front room)

地面任务控制中心的工作人员,且它们在公众视野中可见。

g

力的单位的简称,等于地球重力施加的力。

门户空间站(Gateway)

作为*阿尔忒弥斯计划*(见上文)的一部分,该空间站将在*近直线晕轨道*(见下文)中绕月球运行,该空间站将作为前往月球和火星的中继站。

遗传漂变(Genetic drift)

一种进化机制,其特征是群体中特定版本基因的频率随机波动。这可以减少遗传变异。

GES

团队环境量表(Group Environment Scale)的英文简称。该量表用于衡量团队在各个维度(例如凝聚力、领导者支持)的总体人际氛围。

团队思维(Groupthink)

团体倾向于以考虑其他行动方案为代价来争取共识。

宜居区/适居带(Habitable Zone)

距恒星的距离,该距离的温度使得绕轨道运行的行星上的水可以以液态形式存在。

HERA

人类探索研究模拟项目(Human Exploration Research Analog)的英文简称。是NASA的隔离密闭设施,位于约翰逊航天中心,可支持4人长达45天的任务。

HI-SEAS

夏威夷太空探索相似与模拟项目(Hawaii Space Exploration Analog and Simulation)的英文简称。它是NASA的隔离密闭设施,位于夏威夷,可支持6人乘组最长1年的任务。

水平起飞飞行器(HTO Vehicle)

类似飞机的飞行器,可以水平起飞。

HUBES

长期太空飞行中的人类行为研究项目(HUman Behavior in Extended Spaceflight)的英文简称。1994年9月1日—1995年1月13日在NEK设施中对3名男性进行了为期135天的隔离研究。

载人着陆系统或 SpaceX 星舰 HLS(Human Landing System or SpaceX Starship HLS)

SpaceX星舰飞船的月球着陆器,它将把航天员从月球轨道运送到月球表面并返回。它是*阿尔忒弥斯计划*的一部分(见上文)。

人类系统整合(Human System Integration)

设计和开发一个系统的技术和管理流程,该系统能够有效且经济地整合人类的能力和局限性。

IBMP

生物医学问题研究所(Institute for Biomedical Problems)的英文简称,位于俄罗斯莫斯科。

ICCE

隔离、密闭和受控环境(Isolated,Confined,and Controlled Environment)的英文简称。主要指那些用于太空仿真舱的隔离、受限和受控环境,例如卧床实验、基于陆地或海洋的模拟舱。

ICE

隔离密闭环境(Isolated and Confined Environments)的英文简称，是包含 ICCE 和 ICEE 的通用术语。

ICEE

隔离、密闭和极端环境(Isolated，Confined，and Extreme Environment)的英文简称。主要指那些用于太空模拟任务中的隔离、密闭和极端环境，但这些任务也具有自己独立的非太空相关的任务，例如极地探险、南极站或潜艇。

信息分割(Information-splitting)

远程团队成员*轮流*(见下文)提供相关信息的情况，尤其是当他们通过信息文本进行交流时。

ISEMSI

欧洲载人航天基础设施的隔离研究(Isolation Study for the European Manned Space Infrastructure)的英文简称。该项目于 1990 年在挪威卑尔根的挪威水下技术中心(见下文)对 6 名男子进行了为期 28 天的隔离研究。

卡门线(或冯·卡门线)(Kármán or Von Kármán line)

根据国际标准，太空起始的高度为海拔 100 千米(62 英里)。

柯伊伯带(Kuiper Belt)

太阳系外层的扁平环，其中包含短周期彗星的核。

LDSE

远距离太空探索(Long-Distance Space Exploration)的英文简称。

“失神”现象(Long-eye phenomenon)

对于那些生活在南极洲受到隔离的团队，这个术语指的是那些因各类原因而被孤立在团队之外而凝视天空并经历解离状态甚至精神错乱的人。

火星 105 项目(Mars105 Program)

2009 年 3 月 31 日—2009 年 7 月 14 日，在 NEK 设施中，6 名男性乘组人员参加了 105 天的隔离研究。

火星 500 项目(Mars 500 Program)

2010 年 6 月 3 日—2011 年 11 月 4 日,在 NEK 设施中,6 名男性乘组人员参加了 520 天的隔离研究。

质量投射器(Mass driver)

一种电磁弹射器,通过连续发射一排电磁体,可以将装有有效载荷的金属容器沿着高速路径加速,最终达到月球逃逸速度。

MDRS

火星沙漠研究站(Mars Desert Research Station)的英文简称。该研究站位于美国犹他州沙漠的火星模拟栖息地,由火星协会运营,可支持 6 人进行长达 15 天的任务。

微重力(Microgravity)

太空中的近零重力条件。

地面任务控制中心(任务控制中心)(Mission Control Center, MCC, or Mission Control)

航天任务的指挥操作中心,通常位于对任务负主要责任的国家的特定地点,例如美国或俄罗斯。

MRAB

简版认知快速评估包(the MiniCog Rapid Assessment Battery)的英文简称。该评估包是一种自我评估测试,旨在帮助乘组人员评估他们在太空中的认知功能。

多团队系统(Multiteam system)

为了共同目标而联合起来的相互关联的团队网络(例如航天员、地面任务控制中心和航天局)。

近直线晕轨道(Near Rectilinear Halo Orbit,简称 NRHO)

围绕月球的偏心轨道,是*阿尔忒弥斯计划*(见上文)的一部分。

NEEMO

美国国家航空航天局极端环境任务行动计划(NASA Extreme Environment Mission Operations)的英文简称。该计划包括佛罗里达州海岸外的 NASA 潜水设施“水瓶座”(“Aquarius”),可支持 6 人完成长达 3 周的任务。

NEK

Nezemnyy Eksperimental'nyy Kompleks 的英文简称。它是俄罗斯莫斯科生物医学问题研究所的隔离设施。

大五人格量表(NEO-Personality Inventory)

由 Costa 和 McCrae 开发的性格测试,从五个主要维度(所谓的“大五”)来描述人们的特征:神经质、外向性、开放性、宜人性和尽责性。

NUTEC

挪威水下技术中心(Norwegian Underwater TEchnology Center)的英文简称,位于挪威卑尔根。

奥尼尔圆筒(O'Neill Cylinder)

普林斯顿大学物理学家 Gerard O'Neill 提议在地球附近建造一个巨型旋转载人圆柱形空间设施。

奥尔特云(Oort Cloud)

太阳系外的一个球形区域,长周期彗星的核就位于其中。

猎户座宇宙飞船(Orion capsule)

作为*阿尔忒弥斯计划*的一部分(见上文),是一种更大的类似于阿波罗的太空飞行器,其载人舱将把航天员运送到月球。它由欧洲航天局构建的*服务舱*(见下文)支持。

智能戒指(Oura ring)

一种传感环,可监测生命体征(例如心率、体温)并通过智能手机应用程序报告这些数据。

概观效应(Overview Effect)

Frank White 创造的一个术语,描述了人们从太空看到地球时的反应,其特点是对地球的敬畏感、对生命相互联系的理解以及对保护环境的责任感。

圆形监狱(Panopticon)

最初是指一座圆形监狱,牢房围绕中央井排列,可以随时观察囚犯。在用作太空舱时，设计特点是个人的房间围绕着用于公共活动的中心区域。

近地点(Perigee)

月球或卫星轨道上最接近地球的点。

个人特征量表(Personal Characteristics Inventory)

由 Spence 和 Helmreich 开发的性格测试，根据多个量表维度对人进行分类，其中两个分量表是工具性(与目标寻求和成就动机相关)和表达性(与人际敏感性和关注相关)。

POMS

心境状态量表(Profile Of Mood States)的英文简称。它是一项心理测试，可测量一个人在各个维度上的情绪(例如紧张-焦虑、抑郁-沮丧)。

PST

私人太空旅行者(Private Space Traveler)的英文简称。旅行者使用私人资金支付太空旅行费用，旅行通常由航空航天公司等商业实体开展。

邻近偏差(Proximity bias)

团队成员常忽视沟通延迟的影响。结果，他们会在自己通话结束后将听到的来自远程队员的通信误认为是对其刚才通话信息的回复。

心理封闭(Psychological closing)

航天员有选择性地向外界透露信息。

精神运动警觉性测试(Psychomotor Vigilance Test)

一种测量持续注意力的测试，用于测量人们对视觉刺激的反应时。

心理社会教育培训(Psychosocial Education Training，简称 PET)

解决个人和团体问题并讨论处理这些问题的相关对策的培训计划。

心理社会学(Psychosociology)

研究心理学和社会学的共同问题。

韧性(Resilience)

处理压力状况并快速恢复的能力。

RIDGE

太空的五种压力源的英文简称——辐射(Radiation)、隔离和限制(Isolation and confinement)、与地球的距离(Distance from Earth)、重力变化(例如微重力,Gravity alterations)和充满敌意的环境(Environment that is hostile)。

健康本源学(Salutogenesis)

分析充满挑战的情境对健康和成长的积极影响。

替罪羊(Scapegoat)

因某些问题而被群体其他成员孤立、责备或成为非理性敌意对象的人。

服务舱(猎户座)(Service Module(Orion))

欧洲航天局建造的猎户座系统组件,为载有航天员的*猎户座宇宙飞船*(见上文)提供电力、推进力、热控制、空气和水。它是*阿尔忒弥斯计划*的一部分(见上文)。

SFINCSS

对空间站上国际乘组飞行任务的模拟(Simulation of a Flight of International Crew on Space Station)的英文简称。1999年7月2日—2000年3月22日,在俄罗斯生物医学问题研究所分别进行的240天、110天和110天的隔离任务,各项任务分别包含4名男性、4名男性和3名男性加1名女性。同时,隔离任务还有来访的乘组人员。

航天飞行多团队系统(Spaceflight Multiteam System,简称SFMTS)

在国际太空任务中,航天员必须与多个任务控制组互动,这是一种*多团队系统*(见上文)。

SIRIUS

"天狼星",独特地面站的国际科学研究(Scientific International Research in Unique Terrestrial Station)的英文简称。隶属NEK设施,项目搭载6名混合性别乘组人员,任务期限长达1年。

太空适应综合征(Space Adaptation Syndrome)

许多航天员在执行太空任务期间适应微重力时都会经历"太空病"。

太空雾/太空傻瓜(Space fog 或 space stupids)

航天任务期间航天员在微重力环境下产生的一种认知缺陷状态,包括时间感知、知觉敏感性、空间定向、注意力和集中力、记忆力或精神运动能力的损害。

太空发射系统(Space Launch System,简称 SLS)

作为*阿尔忒弥斯计划*(见上文)的一部分,巨型火箭系统将把*猎户座宇宙飞船*和*服务舱*(见上文)发射到月球。

太空游客(Space tourists)

进入太空是为了体验或娱乐且不参与特定项目或活动的*私人太空旅行者*(见上文)。

航天飞行中的参与者(Space flight participant,简称 SFP)

私人太空旅行者(见上文)但并不承担航天员职权范围内的关键操作职责(例如驾驶或工程)。

斯坦福环面(Stanford Torus)

1975 年,NASA 在斯坦福大学举办的夏季研讨会上提出的概念,建议在地球附近建造一个巨型旋转载人环形空间设施。

地位平等化(Status leveling)

为了促进一个好的目标或完成任务而将领导权威分散至团队内部。

重叠(Step-ons)

团队成员在远程通信时出现的通信重叠的情况。即,当一名团队成员正在讲话时,他或她同时收到来自远程伙伴的通信。

压力(Stress)

压力对个体的影响。这种影响可以是身体上的、心理上的或人际关系上的。

应激源(Stressor)

对个体产生影响的物理、心理或人际环境的特征。

亚群体(Subgroup)

在大群体中因社会、国家、职业或个人利益而联系在一起的小群体。

潜艇船员妻子综合征(Submariner's wives syndrome)

在对潜艇船员的妻子的调查研究中,首先发现了这种家庭再适应问题。表现为潜艇船员的妻子在船员结束长期的海上执勤任务回家后出现了抑郁症和婚姻问题。

休眠(Suspended animation)

请参见术语*休眠(Torpor)*

塔拉科考队(Tara expedition)

使用可用作太空模拟任务的 36 米纵帆船*塔拉号*在极地地区进行海洋和环境科学考察。

第三季现象(Third quarter phenomenon)

在隔离和密闭环境中工作的人在任务完成一半后出现的情绪问题增加的现象。

休眠(Torpor)

生物体保持低代谢从而保持身体或精神的静止(但并不是死亡)。

轮替(Turn)

交流中的一个单位,涉及对话双方不间断的语音片段。

"一类两个"原则(Two-of-a-kind rule)

为了避免孤立和替罪羊现象,在一个群体中最好至少有两个人具有共同的人口学特征(例如性别、国籍、教育或培训)。

范艾伦辐射带(Van Allen Belts)

围绕地球的高度数千千米的两个强烈辐射带。

VIIP

视力障碍颅内压(Visual Impairment Intracranial Pressure)的英文简称,许多从太空返回的航天员发现他们出现了视力障碍和颅内压升高以及其他眼部变化。这种综合征被认为是由微重力和太空旅行的其他压力因素引起的。

垂直起飞飞行器(VTO vehicle)

像火箭一样垂直起飞的飞行器。

WES

工作环境量表(Work Environment Scale)的英文简称。该量表是一种心理测试,从各个维度(例如工作压力、上级支持)评估团队与工作相关的人际氛围。

WinSCAT

适用于 Windows 的航天认知评估工具(Spaceflight Cognitive Assessment Tool for Windows)的英文简称。它是 NASA 开发并应用的一个自我评估测试,旨在帮助机组人员评估他们在太空中的认知功能。

耶克斯-多德森定律(Yerkes-Dodson Law)

压力源的唤起与其对个体表现的影响之间的关系,通常绘制为“倒 U 形”曲线,其中在低和高唤起水平(在 X 轴)下,个体表现(在 Y 轴上)较差,在中度唤醒下表现较好。

授时因子(*Zeitgeber*)

使有机体的生物节律与一段时间(例如地球 24 小时昼夜周期)同步的环境线索(例如光照)。